Theorie der Wissenschaft

Wolfgang Deppert

Theorie der Wissenschaft

Band 1: Die Systematik der Wissenschaft

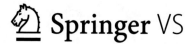 Springer VS

Wolfgang Deppert
Hamburg, Deutschland

ISBN 978-3-658-14023-6   ISBN 978-3-658-14024-3   (eBook)
https://doi.org/10.1007/978-3-658-14024-3

Die Deutsche Nationalbibliothek verzeichnet diese Publikation in der Deutschen Nationalbibliografie; detaillierte bibliografische Daten sind im Internet über http://dnb.d-nb.de abrufbar.

Springer VS

Springer VS ist ein Imprint der eingetragenen Gesellschaft Springer Fachmedien Wiesbaden GmbH und ist ein Teil von Springer Nature
Die Anschrift der Gesellschaft ist: Abraham-Lincoln-Str. 46, 65189 Wiesbaden, Germany

Inhaltsverzeichnis

Vorbemerkungen zum Zustandekommen und zum Zweck der Vorlesungen, aus denen die Manuskripte zu den vier Bänden zur „Theorie der Wissenschaft" hervorgegangen sind

Diese Vorlesungen sind durch eine sehr ernsthafte Befürchtung des ersten Präsidenten der Christian-Albrechts-Universität zu Kiel (CAU), Herrn Prof. Dr. Gerhard Fouquet, zustande gekommen, die er in der Ansprache zu seiner Amtseinführung am 29. Mai 2008 im Audimax unserer Universität mit großem Nachdruck geäußert hat und die ihn und mit ihm viele andere ebenso umtreibe,

> „die Sorge vor dem endgültigen Auseinanderfallen unserer Wissenschaften, als Wissenschaftler des Eigenen kein Verständnis mehr zu entwickeln für die anderen Wissenschaften, keine gemeinsame Sprache mehr zu haben mit der anderer Wissenschaftler und Wissenschaftlerinnen."

„Aber was ist denn daran so beängstigend?", könnte man sogleich fragen, „ist das nicht eine notwendige Konsequenz der Arbeitsteilung, die freilich auch in den Wissenschaften nötig ist, um Spitzenleistungen hervorzubringen? Ist es vielleicht nicht nur ein alter, nicht mehr wünschbarer Traum, *der universitäre Traum von der Einheit der Wissenschaft?*"
Die Beantwortung dieser Fragen führt uns schon gleich mitten in unser Thema; denn wir müßten ja wohl erst einmal klären, was wir denn meinen, wenn wir von Wissenschaft reden und was eine Vorstellung von der Einheit der Wissenschaft überhaupt bedeuten soll. Diese Fragen werden wir erst im Laufe dieser Vorlesung klar beantworten können.[1] Aber

---

1   Schon am Anfang dieses Werkes zur Wissenschaftstheorie sei betont, daß die Bestimmung des Wissenschaftsbegriffs sehr wohl in voller Klarheit möglich ist. Diese Bemerkung ist deshalb

© Springer Fachmedien Wiesbaden GmbH, ein Teil von Springer Nature 2019
W. Deppert, *Theorie der Wissenschaft*, https://doi.org/10.1007/978-3-658-14024-3_1

gewiß können wir auch schon mit einem oberflächlichen Verständnis von Wissenschaft sagen, daß sich unsere Gesellschaft die überaus teuren Unternehmungen der Universitäten sicher nur deshalb leistet, weil sie von den Wissenschaften, die an den Universitäten gelehrt und durch Forschungen in ihrem Bestand vergrößert werden, erhofft, daß sie mit dazu beitragen, die zum Teil auch großen Probleme des mitmenschlichen und natürlichen Zusammenlebens zu lösen oder wenigstens einer Lösung näher zu bringen. Nun sind aber alle wichtigen Problemstellungen in unseren Gesellschaften von sehr komplexer, interdisziplinärer Art, wie die Arbeitslosigkeit, die zunehmende Verarmung in diversen Teilen der Bevölkerung, die gerechte Verteilung der Bedarfs- und Genußgüter, die Bereitstellung gleicher Bildungschancen, die Gesundheitsfürsorge, die Umweltverschmutzung, die Orientierungsnot, die zukünftige Überlebenssicherung der Menschheit usw., usw. Sie lassen sich nur bewältigen, wenn die Fachleute verschiedenster Disziplinen in der Lage sind, miteinander an die Lösung der Probleme heranzugehen. Wie aber soll dies möglich werden, wenn die Wissenschaftler sich untereinander nicht mehr verstehen, wie es Herr Fouquet beklagt?

Wir haben also an unseren Universitäten Maßnahmen zu ergreifen, so daß die von uns ausgebildeten Wissenschaftler zu *interdisziplinärer Arbeit* in der Lage sind. Genau dies soll mit dieser Vorlesung erreicht werden. Um eine erste Vorstellung darüber zu vermitteln, wie das möglich werden kann, will ich die Wissenschaften mit Sprachen vergleichen, die im wesentlichen der gleichen Grammatik folgen. Wenn sich zeigen ließe, daß die Wissenschaften zumindest eine Strukturähnlichkeit hinsichtlich ihrer Vorstellungen von Erkenntnissen und den Möglichkeiten, sie zu gewinnen, besitzen; dann wäre das Bild von den verschiedenen Sprachen mit einer vergleichbaren Grammatik gar nicht so falsch, und es käme für die Ausbildung der Fähigkeit zum interdisziplinären Arbeiten vor allem darauf an, die Strukturen des wissenschaftlichen Arbeitens zu studieren, so daß das Umsteigen von einer Wissenschaft in eine andere im Rahmen des Sprachvergleichs lediglich in der Bewältigung der Aufgabe läge, die Vokabeln der anderen Wissenschaftssprache zu lernen, die sich insbesondere aus der Andersartigkeit des Objektbereiches ergibt, mit dem es die andere Wissenschaft zu tun hat.

Der Gedanke der Einheit der Wissenschaft läßt sich dann von innen oder von außen beschreiben, oder wie man gern wissenschaftlich sagt: *intentional* oder *extensional*. Die *intentionale Einheit der Wissenschaft* sei durch die gemeinsame Struktur, die gemeinsame Systematik der Erkenntnisgewinnung aller Wissenschaften gegeben und die *extensionale Einheit* dadurch, daß schließlich alle Objektbereiche, mit denen sich die universitären Wissenschaften beschäftigen, zusammengenommen die Gesamtwirklichkeit unserer Le-

---

bedeutsam, weil Alan F. Chalmers sich in seinem auch bei Springer seit 30 Jahren verlegten Werk zur Wissenschaftstheorie nicht im Stande sieht, eine eindeutige Definition des Wissenschaftsbegriffs abzugeben, obwohl Chalmers seinem englischen Original den Titel gegeben hat: „What is This Thing called Science?". Vgl. Alan F. Chalmers, *Wege der Wissenschaft, Einführung in die Wissenschaftstheorie*, Herausgg. und übersetzt von Niels Bergemann und Christine Altstötter-Gleich, sechste, verbess. Aufl., Springer-Verlag Berlin Heidelberg 1986, 1989, 1994, 1999, 2001, 2007.

benswelt ergäben. Wenn sich herausstellen sollte, daß diese beiden Einheitsbedingungen von den universitären Wissenschaften erfüllt werden, dann wäre damit die Ursprungsidee der Universität, die Vielfalt in der Einheit der Welt mit Hilfe der Wissenschaften zu beschreiben, erhalten geblieben oder durch die Bewußtmachung wieder hergestellt.

Wir können aber jetzt schon sagen, daß sich dieser Anspruch schon deshalb nicht erfüllen läßt, weil aufgrund der Finanzknappheit im Bildungswesen hier an der Kieler Universität und ebenso an vielen anderen Universitäten bereits eine größere Anzahl von wissenschaftlichen Instituten und wissenschaftlichen Seminaren geschlossen wurde. Die Universalität unserer Universitäten hat inzwischen Löcher wie ein Schweizer Käse, die von Jahr zu Jahr mehr werden. Diese Tendenz wird nur zu stoppen sein, wenn es gelingt, deutlich zu zeigen, welche Bedeutung das Streben nach universitärer Universalität für Schleswig-Holstein, für Deutschland, für Europa und für die Welt besitzt und insgesamt für die Gesamtheit der menschlichen Gemeinschaften und deren Zukunftssicherung.

Ziel dieser Vorlesungen zur Theorie der Wissenschaft ist, die Möglichkeit der Einheit der Wissenschaft in intentionaler und in extensionaler Hinsicht aufzuweisen, weil die Sorge unseres neuen Präsidenten, Herrn Prof. Dr. Gerhard Fouquet, um die Aufrechterhaltung der Einheit der Wissenschaft schon nach diesen kurzen Vorbemerkungen als voll begründet erscheint. Wir beginnen mit der ersten Vorlesung „Die Systematik der Wissenschaft" und setzen im Wintersemester 2008/2009 mit der Vorlesung „Das Werden der Wissenschaft" fort. Danach folgen die kritischen und zukunftsweisenden Vorlesungsteile.

Über das Verhältnis von Philosophie und Wissenschaft

2

Wo Probleme auftreten und verläßliche Lösungen gebraucht werden, da werden gern Wissenschaftler gesucht und gefragt; denn es gibt immer noch ein großes Vertrauen in die Wissenschaft, wenngleich dieser Vertrauensvorschuß schon allzuoft nicht eingelöst werden konnte. Darum wäre es für die Wissenschaftler wichtig, herauszufinden, worauf sich denn das Vertrauen in die Wissenschaft stützt oder stützen läßt. Wir werden uns vermutlich schnell einig sein, wenn wir diese Untersuchungen mit folgender Feststellung beginnen:

Wissenschaftliche Aussagen sind immer begründete Aussagen, es sind nicht bloße Meinungen, die sich so wie das Wetter stündlich oder auch nur täglich ändern können.

Demnach gibt es für wissenschaftliche Aussagen immer Begründungen. Diese Begründungen sind aber gewiß wieder Aussagen. Sollten diese begründenden Aussagen nicht auch wieder begründet sein? Aber gewiß doch! Denn die begründenden Aussagen sind natürlich auch wissenschaftliche Aussagen. Nun können und müssen wir aber weiter fragen: Wie steht es denn mit den Begründungen für die begründenden wissenschaftlichen Aussagen? Müssen die nicht auch wieder begründet sein? Aber gewiß doch! Und so müßten wir offenbar immer weiter fragen, und wir kommen dabei an kein Ende. Wir geraten, wenn wir nach den Begründungen von den Begründungen von den Begründungen usw. fragen, in einen unendlichen Regreß. Wir müssen dieses Fragen aber irgendwann einmal *begründet* beenden, sonst bleiben unsere Aussagen unbegründet und erreichen nicht den soeben bestimmten Status der Wissenschaftlichkeit. Bloß wodurch und wie läßt sich der Begründungsregreß *begründet* beenden?

© Springer Fachmedien Wiesbaden GmbH, ein Teil von Springer Nature 2019
W. Deppert, *Theorie der Wissenschaft*, https://doi.org/10.1007/978-3-658-14024-3_2

Gibt es eine Wissenschaft, deren Wissenschaftler uns auf diese Frage eine Antwort geben und die für uns dieses Problem des unendlichen Begründungsregresses lösen könnten? Vermutlich kennen Sie so wie ich keine Wissenschaft, die sich dieser Problemstellung angenommen hätte, weil ja alle Wissenschaften von diesem Problem betroffen sind. Dennoch gibt es ein alteingesessenes Expertenfach von Fragestellern, an die man sich in einem solchen Fall wenden könnte. Man nennt diese Experten Philosophen und deren Fach die Philosophie. Und aus guten Gründen sollte das Fach der Philosophie nicht als Wissenschaft bezeichnet werden; denn das Nachdenken über sich selbst, würde ja ein neues wissenschaftliches Objekt einführen, das aber gar nicht zum Objektbereich der Wissenschaft gehört. Die Wissenschaft, in der auch über sich selbst nachgedacht wird und nicht nur über ihren angestammten Objektbereich, wäre mithin ein ganz anderer Typ von Wissenschaft als alle anderen Wissenschaften, die nur versuchen, begründete Erkenntnisse über ihren Objektbereich, durch den sie charakterisiert sind, zu gewinnen. Darum scheint es mir sinnvoll zu sein, diesen neuen Typ von Wissenschaft aufgrund ihrer einmaligen Sonderstellung gar nicht zu den Wissenschaften zu zählen, sondern den althergebrachten Namen der Philosophie zu bewahren. Außerdem würden wir einen neuen Begründungsregreß für die Philosophie generieren, wenn wir auch sie als eine Wissenschaft verstünden. Das wäre nun aber ganz besonders unklug, was sich die Philosophen schon aufgrund ihrer eigenen historisch gewordenen Namensgebung gewiß nicht gern nachsagen lassen. Tatsächlich haben sich Philosophen bereits mit der Fragestellung des begründeten Beendens des Begründungsregresses beschäftigt, allerdings mit sehr verschiedenen Antworten. Klar scheint nur zu sein, daß wir so etwas wie Begründungsendpunkte oder auch Begründungsanfangspunkte brauchen. *Wie aber lassen sie sich bestimmen?*

Früher hat man gemeint, es gäbe absolut wahre Letztbegründungen. Diese Überzeugung entsprang der *Bewußtseinsform schlechthinniger Abhängigkeit vom Schöpfer allen Seins* und aller gedanklichen Inhalte, wie es Friedrich Schleiermacher in seiner Dogmatik[2] zum Ausdruck gebracht hat. Diese rationalistische Annahme läßt sich aus vielen Gründen nicht mehr aufrechterhalten, die alle darauf zurückführen, daß sich die Bewußtseinsformen geändert haben, was sich anhand einiger Beispiele nachweisen läßt. Da hat sich etwa gezeigt, daß alle Aussagen, von denen man meinte, sie seien gedanklich letztbegründet, sich doch als historisch abhängig erwiesen haben[3]. Dann kamen die Wahrnehmungstheoretiker, die sogenannten *Empiristen*, auf die Idee, die Begründungsendpunkte seien durch die Sinneseindrücke gegeben, was freilich wieder auf ein materielles Schöpfertum zurückführte. Da aber außerdem mit den Wahrnehmungen allenfalls einzelne Erkenntnisse verbunden sind, läßt sich aus ihnen nicht fehlerfrei auf allgemeine Gesetze schließen, was als das *In-*

---

2   Vgl. Friedrich Schleiermacher, *Der christliche Glaube nach den Grundsätzen der evangelischen Kirche im Zusammenhange dargestellt, Erster Band*, Reutlingen, in der J.J. Mäcken'schen Buchhandlung 1828, (9) S. 38, (36) S.156ff.

3   Dazu hat mein verehrter Lehrer Kurt Hübner in seinem Werk *Kritik der wissenschaftlichen Vernunft*, erstmals 1978 im Karl Alber Verlag in Freiburg erschienen, viele überzeugende Nachweise erbracht.

duktionsproblem bezeichnet wird, das grundsätzlich nicht durch Erfahrung lösbar ist, was David Hume überzeugend gezeigt hat.[4] Später haben die sogenannten *Kritischen Ratio-nalisten* versucht, ganz auf Begründungen zu verzichten, weil man allgemeine Sätze doch nur widerlegen aber niemals beweisen könne. Aber auch dieser Standpunkt erwies sich aus vielerlei Gründen, auf die wir später noch zu sprechen kommen werden, ebenso als haltlos. Heute werden wir sagen, die Begründungsendpunkte sind Überzeugungen der Forscher, die sie selbst nicht mehr bezweifeln können. Damit wird freilich das Unternehmen der Wissenschaft zu einem grundsätzlich von historischen, subjektiven Überzeugungen ab-hängiges Unternehmen. Im zweiten Teil dieser Untersuchung, wenn es um das Werden der Wissenschaft geht, wird sich zeigen, daß dies schon immer der Fall war, und sich recht gut begründen läßt.

Ganz im Gegensatz zu dieser Einsicht gebärden sich neuerdings *Neurowissenschaftler* so, als ob sie doch in der Lage wären, absolutes Wissen zu produzieren, mit dem sie sogar ihre eigenen bisherigen Erkenntnisgrundlagen widerlegen könnten. Klingt das nicht reich-lich absurd? Ja, das ist es wohl auch, aber, um das deutlicher zu machen, müssen wir ein wenig vorgreifen und das Verhältnis von Wissenschaft und Philosophie noch genauer ins Auge fassen.

Wie es der zweite Teil über das Werden der Wissenschaft im Einzelnen glaubhaft ma-chen wird, kommen wir heute um die Einsicht nicht herum, daß jedenfalls bislang keine voraussetzungslosen Erkenntnisse und kein unbedingtes Wissen zur Verfügung stehen. Und sogar das, was Erkenntnis bedeutet, und wie es überhaupt möglich ist, daß wir so etwas in unseren Vorstellungen finden können, das wir Erkenntnis nennen, ist bedingt und hat eine lange Geschichte, die Geschichte der Erkenntnistheorie. Die Erkenntnistheorie aber ist bis heute eines der wichtigsten Tätigkeitsfelder der Philosophen.

Nun wollen sicher alle Wissenschaften Erkenntnisse über ihren Objektbereich gewin-nen. Dabei benutzen sie, meist ohne es zu wissen, eine Erkenntnistheorie, die irgend wann einmal von Philosophen ausgearbeitet worden ist. Das gilt gewiß auch für die Neuro-wissenschaftler. Die Entwicklung der Erkenntnistheorie aber ist schon seit Empedokles, Demokrit, Protagoras, Sokrates, Platon und Aristoteles durch Argumente vorangetrieben worden. Wenn wir uns aber auf Argumente einlassen, dann benutzen wir dabei stets die Annahme, daß wir in unserem Geist frei dazu sind, dem besseren Argument zu folgen. Wenn das nicht so wäre, dann würden wir wohl kaum argumentieren. Und das gilt ins-besondere für die Entwicklung von empirischen Methoden – das sind Methoden, um über sinnliche Wahrnehmungen Erkenntnisse zu gewinnen. Solch eine Methode ist z.B. ein Experiment. Wenn wir nicht annehmen, frei darin zu sein, das Ergebnis des Experimentes als eine empirische Erkenntnis anzuerkennen, dann könnten wir uns die Mühe doch spa-ren, derart komplizierte experimentelle Methoden zu erdenken und auszuführen, wie es etwa die Neurowissenschaftler tun. Und nun wollen uns Neurowissenschaftler mit Experi-menten beweisen, daß sie diese Freiheit, die Ergebnisse ihrer Experimente anerkennen zu

---

4 Vgl. David Hume, *A Treatise of Human Nature: Being an Attempt to introduce the experimen-tal Method of Reasoning.*

können, gar nicht besitzen. Oh je, da scheint ja wohl argumentativ etwas daneben gegangen zu sein! Könnte es sein, daß dieser argumentative Wirrwarr dadurch zustande gekommen ist, daß sich diese Neurowissenschaftler nicht genügend darum gekümmert haben, was sie denn überhaupt tun, wenn sie ihre wissenschaftlichen Ergebnisse produzieren? Ich vermute, daß es wohl so ist. Dazu mögen hier noch ein paar Erläuterungen am Platze sein, die im Verlauf unserer weiteren Untersuchungen sehr viel genauer herausgearbeitet werden, die aber hier das grundsätzliche Verhältnis zwischen Philosophie und Wissenschaft noch deutlicher werden lassen.

Wenn wir es erst einmal hinnehmen, daß voraussetzungslose Erkenntnisse derzeit nicht denkbar sind, dann wäre es aber doch sehr wichtig, diese Voraussetzungen genauer anzusehen. Und da stoßen wir auf die zentrale Frage, die schon das gesamte erkenntnistheoretische Werk Immanuel Kants bestimmt hat, die Frage nach den Bedingungen der Möglichkeit von Erfahrung. Kant hat die Antworten auf diese Frage als *Metaphysik* bezeichnet, von der er meinte, daß sie fortan allen Wissenschaften zur Grundlage dienen würde. Diese Metaphysik besteht darin, daß Kant meint, alle bewußten Wesen würden ihr *Bewußtsein* durch das Zusammenspiel von drei Erkenntnisvermögen gewinnen[5], wenn diese zur Konstitution eines Objekts in der Erscheinungswelt gemeinsam tätig sind. Diese Erkenntnisvermögen sind die *Sinnlichkeit*, der *Verstand* und die *Vernunft*. Sie alle besitzen reine Formen, mit deren Hilfe die Objekte und die Erscheinungswelt gebildet werden. *Reine Formen* sind solche, die in keiner Weise von sinnlichen Wahrnehmungen abhängig sind. Die reinen Formen der Sinnlichkeit sind Raum und Zeit. Die reinen Formen des Verstandes sind 12 Kategorien, die Kant in vier Klassen einteilte und die er als Quantität, Qualität, Relation und Modalität bezeichnete. Die reinen Formen der Vernunft seien die Totalitätsbildungen der Welt, des Ichs und des höchsten Wesens Gott, welche alle zusammen Kants Prinzipien zur Beantwortung von Sinnfragen darstellen. Kant war davon überzeugt, daß die reinen Formen der Erkenntnisvermögen selbst *unbedingt* sind.

Inzwischen hat sich durch die Analyse von Erkenntnissen der modernen Physik gezeigt, daß auch diese Annahme nicht zu halten ist, sondern daß auch Kants Vorstellungen von den reinen Formen der Erkenntnisvermögen historisch bedingt sind. Dennoch arbeiten die allermeisten Wissenschaftler und auch die Neurowissenschaftler weitgehend auf der Grundlage des Wissenschaftsverständnisses, wie es Kant ausgearbeitet hat, was allerdings zu abstrusen Konsequenzen führt, wenn sie die Erkenntnistheorie selbst gar nicht kennen und wenn sie dann die Fehler machen, wie z.B., unser Gehirn wie ein *Ding an sich* zu behandeln, von dem sie unabhängig von den Bedingungen der Möglichkeit von Erfahrung Kenntnis erlangen könnten und als ob das Ich ein Objekt der Erscheinungswelt wäre, das sich mit wissenschaftlichen Methoden untersuchen ließe, offenbar nicht wissend, daß es sich bei der Vorstellung des Ichs im Rahmen der Kantischen Erkenntnistheorie um eine transzendentale Idee, eine reine Idee der Vernunft handelt, die in der Erscheinungswelt keine dingliche Entsprechung besitzt. Derlei Irrtümer hat Kant in seiner Kritik der reinen

---

5   Dies ist wohl die erste definitorische Bestimmung des Bewußtseinsbegriffs durch Kant, die
     sich in der philosophischen Literatur finden läßt.

Vernunft in aller Ausführlichkeit kritisiert, was hier allerdings nur angedeutet werden kann.

Aus diesem kurzen Vorgriff auf die historische Entwicklung der Erkenntnistheorie soll an dieser Stelle lediglich entnommen werden, daß alle Wissenschaften eine erkenntnistheoretische Fundierung brauchen. Diese wird seit altersher von den Philosophen bereitgestellt und sie heißt seit Kant die Metaphysik einer Wissenschaft. Sie besteht aus einer Festlegung des Erkenntnisbegriffs und der Bestimmung der Möglichkeiten, wie und unter welchen Annahmen Erkenntnisse über die zu erforschenden Objektbereiche überhaupt möglich sind, wobei der Objektbereich in den Naturwissenschaften die sinnlich erfahrbare Welt darstellt, während in den Geisteswissenschaften die Objektbereiche im wesentlichen Bereiche sind, deren Existenz in den diversen Vorstellungsvermögen der Menschen angesiedelt sind. So gibt es etwa die Objekte der historischen Forschung nur in unserem Vorstellungsvermögen, aber auch die Objekte der Kunst- oder der Sprachwissenschaften stammen ursprünglich aus dieser inneren Vorstellungswelt. Wenn zum Beispiel ein Musikwissenschaftler Beethovens dritte Sinfonie, die sogenannte Eroica, auf ihre musikalischen Formen hin untersucht, dann könnten wir ihn fragen, wo es denn sein Objekt, die Eroica, gibt, wo also die Eroica existiert. Existieren muß sie ja irgendwie, wenn sie ein Objekt möglicher wissenschaftlicher Untersuchung sein soll. Vermutlich wird unser Musikwissenschaftler erst einmal verdutzt über diese Frage dreinschauen und dann möglicherweise nach einigem Nachdenken feststellen, daß dieses Objekt in unserer Vorstellungswelt durch viele Akte musikalischer Kommunikation entsteht und dann dort auch gegeben ist. Das Entsprechende gilt für alle Erzeugnisse unseres Sprachvermögens und sicher auch für die Mathematik.

Beim ersten Hinsehen scheint es so zu sein, als ob es die Naturwissenschaften hinsichtlich der Bestimmung ihres Objektbereiches einfacher haben als die Geisteswissenschaften; denn diese bestehen doch aus den Gegenständen oder Phänomenen, die wir durch unsere fünf Sinne direkt oder mit Hilfe von Instrumenten wahrnehmen können. Das aber ist durchaus nicht ganz so der Fall; denn sie haben alle ihre Objekte mit Begriffen zu beschreiben. Begriffe aber lassen sich nicht sinnlich wahrnehmen. Sie entstehen erst durch Leistungen unseres menschlichen Geistes, die selbst aber durch die Geistesgeschichte tradiert und somit auch verändert werden. Und in der Verfolgung dieser Traditionen können wir die erstaunliche Feststellung machen, daß Sokrates im antiken Griechenland wohl der erste war, der überhaupt begrifflich dachte. Vor ihm wurde noch gar nicht bewußt im Geiste mit Begriffen hantiert, sondern mit Vorstellungen, auf die wir noch zu sprechen kommen, weil sie auch heute noch eine große Bedeutung haben. Und erstaunt sind wir auch, wenn sich bei dieser historischen Betrachtung herausstellt, daß Sokrates' Schüler Platon die Fähigkeit zum begrifflichen Denken vermutlich sogar willentlich nicht ausübte und oder wenigstens versuchte, diese in sich selbst zurückzudrängen seit sein Lehrer Sokrates nicht mehr lebte, der ja versucht hatte, das begriffliche Denken in seinem Schüler Platon zu entwickeln. Da aber Platon die Meinung vertrat, daß dieses begriffliche Denken relativistischer Natur ist und darum mit Notwendigkeit in den Untergang seines Lehrers geführt hatte, wollte er sich ganz bewußt von dessen begrifflichem Denken verabschie-

den.[6] Darum sind Platons Ideen jedenfalls keine Begriffe; denn in den Ideen wird noch
Begriffliches und Existentielles, wie im mythischen Denken üblich, innig miteinander
verbunden und nicht voneinander getrennt und unterschieden.

Das Verhältnis zwischen Philosophie und Wissenschaft möchte ich metaphorisch mit
zwei grundverschiedenen Gewerken aus dem Bauwesen vergleichen: mit dem Tiefbau
und dem Hochbau. Die Tiefbauer haben sich um das Fundament zu kümmern, damit die
Hochbauer darauf ihre Gebäude errichten können. Je höher und schwerer das Gebäude
werden soll, um so gründlicher müssen die Tiefbauer daß Fundament dazu legen und sicherstellen, daß es dauerhaft stabil bleibt und nicht etwa von Wassereinbrüchen unterspült
wird. Daraus ergibt sich bereits im Bauwesen eine notwendige Zusammenarbeit zwischen
Hoch- und Tiefbauern. Denn natürlich werden die Tiefbauer dafür zur Rechenschaft gezogen werden, wenn ihr Fundament nicht hält und das darauf errichtete Gebäude darum
sogar einstürzt. Um dies zu vermeiden brauchen sie aber auch die Erfahrungswerte der
Hochbauer. Übertragen auf das Verhältnis zwischen Philosophie und Wissenschaft bedeutet dies: Je größer und folgenreicher ein wissenschaftliches Gebäude werden soll, umso
gründlicher haben die Philosophen die erkenntnistheoretischen Grundlagen für die mannigfaltigen Erkenntnisse der betreffenden Wissenschaft zu legen. Und auch dabei sollte
es eine Zusammenarbeit zwischen Erkenntnistheoretikern und Wissenschaftlern geben.

Aus diesem Beispiel wird noch einmal deutlich, warum wir die Philosophie nicht als
Wissenschaft auffassen sollten, weil ihre wesentliche Aufgabe gerade darin besteht, den
Wissenschaften eine tragfähige Erkenntnistheorie zu liefern. Das bedeutet allerdings
nicht, daß nicht auch die Philosophie sich um ihre eigenen Grundlagen zu kümmern hat.
Wie sich noch zeigen wird, sind diese sogar noch tiefer angelegt als die erkenntnistheoretischen Bemühungen für die Grundlegung der Wissenschaften. Dies liegt mit daran, daß
Kants metaphysische Grundlagen der Wissenschaften, die er selbst für unbedingt gehalten
hat, sich doch auch als historisch abhängig erwiesen haben[7], so daß wir nun zusätzlich
darüber nachzudenken haben, wodurch sich heute eine Metaphysik begründen läßt. An
dieser Stelle genügt es mir, festzustellen, daß alle Wissenschaften einer metaphysischen
Grundlegung bedürfen, obwohl sich inzwischen wieder ein Umgang mit dem Wort ‚metaphysisch' einzubürgern beginnt, der auf die nebulösen Vorstellungen über Metaphysik
aus der Zeit vor Kant zurückgreift. Ich möchte davor warnen, diesem verschwommenen
und verwirrenden Sprachgebrauch zu folgen, wenn etwa von *metaphysikfreier Ethik* oder
metaphysikfreier Wissenschaft geredet wird. Nach dem hier verwendeten klaren Begriff
von Metaphysik bedeutet metaphysikfreie Wissenschaft eine Wissenschaft, in der nicht
geklärt ist, was Erkenntnis bedeutet und in der ebenso nicht geklärt ist, wie und wodurch

---

6   Vgl. W. Deppert, *Einführung in die antike griechische Philosophie. – Die Entwicklung des
    Bewußtseins vom mythischen zum begrifflichen denken, Teil 3 Platon*, nicht druckfertiges
    Vorlesungsmanuskript der Vorlesungen WS 2000/2001/2002/2003 und unveröffentlichtes
    Buch-Manuskript, Hamburg 2014.

7   Dazu hat mein verehrter Lehrer Kurt Hübner in seinem Werk *Kritik der wissenschaftlichen
    Vernunft*, erstmals 1978 im Karl Alber Verlag in Freiburg erschienen, einen überzeugenden
    Nachweis erbracht.

Erkenntnisse überhaupt erst möglich werden. Eine *metaphysikfreie Ethik* würde entsprechend eine Ethik sein müssen, in der es keinen Begriff von ethischer Erkenntnis gibt und keine Vorstellung darüber, wie sich ethische Erkenntnisse gewinnen lassen.

Aus dem hier dargestellten Verhältnis von Philosophie und Wissenschaft ergibt sich, daß es eine der edelsten Gemeinschafts-Aufgaben für wissenschaftlich interessierte Philosophen und für philosophisch interessierte Wissenschaftler ist, die Theorie der Wissenschaft weiterzuentwickeln. Ich sehe die Theorie der Wissenschaft als ein dynamisches Unternehmen an, das wesentlich durch die Zusammenarbeit zwischen Philosophen und Wissenschaftlern möglich wird.[8] Denn die philosophischen Konstruktionen einer Erkenntnistheorie können auf ihre Anwendbarkeit und ihre Fruchtbarkeit hin nur von den anwendenden Wissenschaftlern selbst beurteilt werden. Darum bedarf eine dynamische Theorie der Wissenschaft des steten Dialogs zwischen Erkenntnistheoretikern und Wissenschaftlern. Obwohl alle Wissenschaften aus den Fragestellungen und Erkenntnisbemühungen der Philosophen hervorgegangen sind, haben sich Philosophie und Wissenschaft inzwischen zum Nachteil beider auseinandergelebt. Newton war noch sein eigener Philosoph. Er hat aber durch das Studium der philosophischen Arbeiten von Michael Servet, Giordano Bruno, Galileo Galilei und René Descartes die Grundlagen der Physik so gründlich gelegt, daß sie, 100 Jahre später von Immanuel Kant systematisiert, in der Technik bis heute mit großer Verläßlichkeit verwendet werden können, wenn nicht zu hohe Geschwindigkeiten oder zu kleine Wirkungsgrößen dabei auftreten. Der Erfolg der Naturwissenschaften ist der gründlichen Bereitstellung erkenntnistheoretischer Begriffe und Methoden durch die Philosophen zu verdanken.

Im ersten Drittel des 20. Jahrhunderts geriet die newtonsche klassische Mechanik durch Einsteins Relativitätstheorie und durch Heisenbergs Quantentheorie ins Wanken. Einstein und Heisenberg und viele andere, die an der Weiterentwicklung von Relativitätstheorie und Quantentheorie beteiligt waren, hatten sich sehr gründlich philosophisch gebildet, weil es um neue erkenntnistheoretische Grundlagen auf den beiden Gebieten der kleinsten und der schnellsten Größen in der Physik ging. Bis heute sind jedoch diese Grundlagen nicht in befriedigender Weise neu erstellt worden, obwohl Werner Heisenberg schon 1928 in Leipzig in einem Vortrag vor Philosophen dazu aufgefordert hat, indem er sagte:

> „Es wäre eine ungeheuer interessante, aber auch sehr schwere Aufgabe, noch einmal das Kantsche Grundproblem der Erkenntnistheorie aufzurollen, sozusagen von vorne anzufangen und noch einmal die Scheidung zu versuchen, wieviel unserer Erkenntnis aus der Erfahrung stammt und wieviel aus dem Denkvermögen. Die von Kant gezogene Grenze hat sich nicht halten lassen; aber kann man eine neue Grenze ziehen? Doch dies ist Ihre Aufgabe,

---

8 Dies gehört zum bedeutsamen wissenschaftstheoretischen Vermächtnis von Kurt Hübner. Vgl. dazu W. Deppert, „Ein großer Philosoph: Nachruf auf Kurt Hübner und Aufruf zu seinem Philosophieren", in: *Journal for General Philosophy of Sciences (JGPS), Zeitschrift für allgemeine Wissenschaftstheorie, Vol. 46, Nr. 2*, pp. 251–268, Springer 2015.

nicht die der Naturwissenschaftler, die nur Material liefern sollen, mit dem Sie weiterarbeiten können."[9]

Um Heisenbergs Aufforderung realisieren zu können, haben Philosophen allerdings die neuen Theorien der Physik und die Methoden ihrer Bestätigung mit größtmöglicher Genauigkeit zu studieren. Inzwischen sind es freilich nicht nur die erkenntnistheoretischen Grundlagen der Physik, sondern auch die vieler anderer Wissenschaften und ganz gewiß nicht nur die der Naturwissenschaften, die neu überdacht werden müssen, was nur durch eine vorurteilsfreie Zusammenarbeit von Wissenschaftlern und Philosophen möglich werden kann. Auch für diese Zusammenarbeit soll diese Untersuchung werben, wofür abschließend noch einige fruchtbare Beispiele erbracht werden.

---

9   Vgl. Werner Heisenberg, Erkenntnistheoretische Probleme in der modernen Physik, 1928, vor
     Philosophen an der Universität Leipzig gehaltener Vortrag, abgedruckt in: Werner Heisenberg,
     Gesammelte Werke, Abt. C: Allgemeinverständliche Schriften, Bd. I, *Physik und Erkenntnis*
     (1927–1955), München 1984, S.22–28, S.28.

Zur Systematik dieser Untersuchung

3

Von vornherein sei zugegeben: es handelt sich bei dem Wort ‚Systematik' um eine Art Lieblingswort von mir. Und nicht selten haben mich auch Kollegen fragend angesehen, wenn ich das Wort ‚systematisch' verwendete; denn oft genug läßt sich die Systematik hinter einem Problembereich nur erahnen, auch wenn ich davon überzeugt bin, daß es sie gibt. Was heißt nun aber Systematik?

▶ **Definition** *Eine **Systematik** ist eine Anleitung für das Bilden von Zusammenhängen und Zusammenhangsstrukturen von Objekten oder für das Einordnen von Objekten in bereits bestehende Zusammenhangsstrukturen.*

Unter *Strukturen* verstehe ich Zusammenhänge von Zusammenhängen oder etwas weniger allgemein: bestimmte gegebene Beziehungen zwischen Zusammenhangsformen.

So entwickeln z. B. die Biologen eine Systematik zum Einordnen aller Lebewesen, wobei freilich an dieser Systematik fortlaufend zu arbeiten ist, weil sich immer wieder Inkonsistenzen in dem Verfahren des Einordnens herausstellen. Diese Systematik besteht aus Strukturen, in denen Zusammenhänge von Zusammenhängen von Zusammenhängen in fast beliebiger Schachtelung gebildet werden. Ebenso versuchen die Sprachwissenschaftler in der Grammatik eine Systematik zum Bilden und Einordnen von Wörtern und Sätzen in verschachtelte Ordnungen von sprachlichen Zusammenhängen aufzubauen.

Wenn ich von der Systematik der Wissenschaft spreche, dann bedeutet dies, die Anleitung darzustellen, nach der es möglich ist, zwischen den Objekten des Objektbereichs einer Wissenschaft Zusammenhänge zu erstellen, die Struktur dieser Zusammenhänge aufzuhellen, um möglichst viele Objekte darin einordnen zu können. Dabei ist implizit, d.h., noch in versteckter Weise, ein Erkenntnisbegriff mitgedacht. Um nun eine Systematik aufzustellen, durch die die Systematik der Wissenschaft aufgezeigt werden kann, wie es in dieser Untersuchung geschehen soll, muß damit begonnen werden, eine erste Vorstellung von Erkenntnis zu beschreiben. Danach sind die Mittel zu untersuchen, durch die

© Springer Fachmedien Wiesbaden GmbH, ein Teil von Springer Nature 2019
W. Deppert, *Theorie der Wissenschaft*, https://doi.org/10.1007/978-3-658-14024-3_3

diese Beschreibung möglich ist, und dies sind vor allem die *Begriffe*. Die Begriffe sind indessen das grundlegendste Handwerkszeug der Wissenschaftler. Es muß darum der Versuch gestartet werden, eine möglichst klare Vorstellung davon zu gewinnen, was ein Begriff ist oder besser, in welcher Weise wir mit Begriffen umgehen können, damit wir mit ihnen Objekte, ihre Zusammenhänge und Zusammenhangsstrukturen beschreiben können. Insbesondere haben wir die Menge von Begriffen nach qualitativen, komparativen und metrischen Begriffen zu gliedern, so wie es Rudolf Carnap vorgeführt hat.[10] Wenn auf diese Weise das Handwerkszeug der Wissenschaftler vorgestellt ist, kann genauer auf die Erkenntnistheorie eingegangen werden, die von den Wissenschaftlern verwendet wird, um über ihren spezifischen Objektbereich Erkenntnisse gewinnen zu können. Dabei spielen ganz bestimmte Begriffe eine hervorragende Rolle, wie etwa die Begriffe der Wahrheit und der Falschheit. Wie wir mit diesen umgehen können, wird durch einen kleinen Exkurs in den Bereich der Wissenschaft der Logik erklärt. Dabei soll deutlich herausgearbeitet werden, daß die Logik keine Aussagen über die Welt enthalten soll, damit sie dazu benutzt werden kann, aus bestimmten Aussagen über unsere Welt auf andere Aussagen über unsere Welt, wie es z. B. Voraussagen sind, schließen zu können.

Damit haben wir das Handwerkszeug bereitgestellt, um zu Unterscheidungen von denkbaren Objektbereichen zu kommen, die sich wissenschaftlich untersuchen lassen, d.h. es soll versucht werden, eine gewisse Systematik für die Unterscheidung der verschiedenen Wissenschaften zu liefern. Danach ist zu zeigen, daß alle diese Wissenschaften, trotz der Verschiedenheit ihrer Objektbereiche erstaunliche Gemeinsamkeiten in ihrer Methodik besitzen. In ihnen allen sind nämlich bestimmte Festsetzungen zu treffen, um überhaupt wissenschaftlich tätig werden zu können. Meistens liegen diese Festsetzungen allerdings nicht explizit vor, sondern sie werden von Forschergeneration zu Forschergeneration tradiert. Diese Festsetzungen lassen sich aufgrund der verwendeten Erkenntnistheorie klassifizieren, wodurch eine Art Grammatik der Wissenschaft deutlich wird. Wer diese Grammatik beherrscht, sollte in der Lage sein, von einer Wissenschaft in eine andere Wissenschaft umzusteigen, wenn er deren Festsetzungen und die spezifischen Grundbegriffe dieser Wissenschaft studiert. Dadurch sind Wissenschaftler zum interdisziplinären Arbeiten befähigt, was heute – wie bereits gezeigt – von größter gesellschaftlicher Bedeutung ist.

In diesem ersten Durchgang zu einer Theorie der Wissenschaft wird lediglich eine Beschreibung des wissenschaftlichen Arbeitens gegeben. Man nennt dies eine *deskriptive Wissenschaftstheorie*. Es gibt aber auch die sogenannten *normativen Wissenschaftstheorien*, deren Vertreter aufgrund von bestimmten metaphysischen Festsetzungen meinen fordern zu können, wie Wissenschaftler vorzugehen haben, damit ihre Ergebnisse das Prädikat ‚wissenschaftlich‘ verdienen. Diese normativen Wissenschaftstheorien sind im wesentlichen:

---

10   Vgl. Rudolf Carnap, *Einführung in die Philosophie der Naturwissenschaft*, München 1969.

1. der *logische Positivismus* oder auch der *logische Empirismus* genannt,
2. der *kritische Rationalismus*, der sich in eine Theorie- und eine Programmform aufspaltet und
3. der *Konstruktivismus*.

Diese normativen Wissenschaftstheorien werden erst im dritten Teil dieser Lehrbuchreihe systematisch vorgestellt, und es wird aufgezeigt, was man von ihnen lernen kann und welche ihrer Forderungen zumindest als fraglich erscheinen. Insgesamt aber muß zu diesen normativen Wissenschaftstheorien doch gesagt werden, daß sehr viele Wissenschaftler es zu Recht moniert haben, daß Philosophen der normativen Wissenschaftstheorien sich anmaßen zu behaupten, sie wüßten allein, wie Wissenschaft zu betreiben sei. Denn wenn auch die erkenntnistheoretischen Grundlagen der Wissenschaften in der Vergangenheit von den Philosophen gelegt worden sind, so haben inzwischen die Wissenschaftler seither ihre Wissenschaft weiter und weiter oft mit sehr großem Erfolg vorangetrieben. Und sie haben sicher auch auf intuitive Weise an den Grundlagen Änderungen vorgenommen; denn inzwischen ist es sogar im Alltagsleben klar, daß im Zuge der Aufklärung sich jeder Mensch allmählich zu seinem eigenen Philosophen heranbilden muß. Die Zeiten sind endgültig vorbei, in denen sich Philosophen als Regenten oder gar als Diktatoren der menschlichen Innenwelten aufspielen konnten. Im Zuge einer fruchtbaren Arbeitsteilung, wie es etwa im Bauwesen vernünftig ist, Hochbauer von Tiefbauern zu unterscheiden, hat es aber heute noch Sinn, im akademischen Bereich philosophische Grundlagenarbeit von wissenschaftlicher Aufbauarbeit abzugrenzen.

Inzwischen ist es eine Tatsache, daß die einst großen und bedeutenden wissenschaftstheoretischen Institute, nacheinander geschlossen werden. Sie waren jedoch durchweg einer bestimmten normativen wissenschaftstheoretischen Richtung verpflichtet, die sich für mein Dafürhalten längst überlebt haben. Es wird jetzt darum gehen, an den Universitäten interdisziplinäre Institute und Seminare einzurichten, in denen Wissenschaftstheoretiker und Wissenschaftler zusammenarbeiten, indem sie voneinander lernen und gemeinsam interdisziplinäre Problemstellungen aufgreifen, um sie einer Lösung näherzubringen.

Das hier gezeichnete Bild vom Vorgehen der Wissenschaftler, durch das die Idee von der Einheit der Wissenschaft wieder lebendig werden soll, ist selbst historisch bedingt, weil es eine lange geistesgeschichtliche Entwicklung zu diesem Bild hin gegeben hat. Über das *Werden der Wissenschaft* aber wird erst im zweiten Teil dieser Arbeit ausführlich berichtet.

Eine erste Vorstellung von Erkenntnissen

4

Im Rahmen einer Theorie über die Evolution des Bewußtseins läßt sich zeigen[11], daß eine Bewußtseins- und Erkenntniskonstitution schon in den einfachsten Lebewesen gegeben sein muß. Wenn wir Menschen durch einen unvorstellbar langen Zeitraum aus diesem einfachsten ersten Leben geworden sind, dann ist zu erwarten, daß auch unsere Erkenntnisfunktionen aus den einfachsten Erkenntnisfunktionen über eine lange Kette ihrer Veränderungen und Optimalisierungen hervorgegangen sind. Dies bedeutet, daß auch unsere heutige Erkenntniskonstitution intuitive Anteile besitzen wird, die sich möglicherweise sogar von ihrer Quelle her jeder Erkennbarkeit entziehen. Tatsächlich können wir an uns beobachten, daß sich Phasen von dunklem und hellerem Bewußtsein unterscheiden lassen und daß es wenige Augenblicke gibt, in denen sich unser Bewußtsein schlagartig aufhellt, so als ob ein Strahl göttlichen Glücks unsere Gegenwart durchdringt, so daß wir uns ganz mit der Gegenwart und dem Geschehen in ihr vereinigt fühlen. Diese plötzlichen Erlebnisse ganz bewußter Gegenwart können von sehr verschiedener Intensität sein, so daß wir sie kaum bemerken oder daß wir von ihnen beseligt und in besonderer Weise aktiviert werden.

Diese Erlebnisse hellen eine irgendwie geartete dunkle Situation auf und zwar dadurch, daß in ihnen schlagartig Zusammenhänge bewußt werden, die vorher so nicht im Bewußtsein waren, darum heißen sie ***Zusammenhangserlebnisse***.[12] Sie haben immer *die Eigenschaft, unsere Gefühlslage positiv zu beeinflussen*. Wir sind darum geneigt, zu versuchen,

---

11   Vgl. dazu W. Deppert, Relativität und Sicherheit, in: Michael Rahnfeld (Hg.): *Gibt es sicheres Wissen?*, Bd. V der Reihe *Grundlagenprobleme unserer Zeit*, Leipziger Universitätsverlag, Leipzig 2006, ISBN 3–86583–128–1, ISSN 1619–3490, S. 90–188.

12   Zur Theorie der Zusammenhangserlebnisse vgl. ebenda Unterabschnitt 3.2.2. Die Erfahrungen von Zusammenhangserlebnissen scheint auch Henri Bergson mit seinem Begriff der ‚reinen Dauer' beschrieben zu haben, woraus er seine ganze Zeittheorie entwickelt. Vgl. Henri Bergson, *Essai sur les données immédiates de la conscience*, Paris 1889, deutsch: *Zeit und Freiheit*, Westkulturverlag Anton Hain, Meisenheim am Glan 1949.

© Springer Fachmedien Wiesbaden GmbH, ein Teil von Springer Nature 2019
W. Deppert, *Theorie der Wissenschaft*, https://doi.org/10.1007/978-3-658-14024-3_4

Zusammenhangserlebnisse zu wiederholen, zu reproduzieren. Wenn uns das immer wieder und sogar auf methodische Weise für ein bestimmtes Zusammenhangserlebnis gelingt, dann können wir von einer *Erkenntnis* sprechen. Denn jede Erkenntniskonstitution ist eine Zusammenhangsstiftung.[13] Daß uns aber Erlebnisse von Zusammenhängen beglücken können, ist sicher evolutionär zu begründen; denn *alles Leben lebt von Zusammenhängen*, und Isolation bedeutet Tod.

▶ **Definition**   *Zusammenhangserlebnisse* sind Erlebnisse, in denen irgendeine Form von Zusammenhang geahnt oder sogar bewußt wird und welche die Gefühlslage stets positiv verändern.

Die Vorstufe zur Entstehung von Erkenntnissen sind Zusammenhangserlebnisse, wobei es geschehen kann, daß bei dem Versuch, sie zu reproduzieren, wir wiederum intuitiv den Eindruck gewinnen, daß der Zusammenhang, von dem wir intuitiv glaubten, daß er bestünde, gar nicht vorhanden ist. Dann wird sich unsere Gefühlslage so ins Negative verändern, wie das entsprechende vorausgegangene Zusammenhangserlebnis uns positiv stimmte. Solche Erlebnisse, durch die wir das Nichtbestehen von geglaubten Zusammenhängen gewahr werden, heißen *Isolationserlebnisse*.[14]

▶ **Definition**   Ein *Isolationserlebnis* ist ein Erlebnis, durch das sich ein Zusammenhangserlebnis als Irrtum erweist und die Gefühlslage sich so ins Negative verschiebt, wie das Zusammenhangserlebnis dieselbe positiv verändert hatte.

Natürlich werden wir danach streben, uns vor Isolationserlebnissen zu schützen. Dies können wir im mitmenschlichen Bereich gewiß dadurch versuchen, indem wir uns unverstellt geben und nach einem möglichst guten gegenseitigen Verstehen streben. Aus dem Streben nach der Vermeidung von Isolationserlebnissen läßt sich sogar eine ganze Ethik ableiten, die das individualistische Streben nach Sinnhaftigkeit des eigenen Handelns und Lebens zu ihrem Ausgangspunkt wählt.[15] Möchte man aber das Entstehen von Isolationserlebnissen dadurch vermeiden, daß man versucht herauszufinden, wie es überhaupt zu

---

13   Kant bezeichnet einen Vorgang dieser Art in der *transzendentalen Deduktion* seiner *Kritik der reinen Vernunft* als Synthesis, die sich so wie die hier bezeichneten Zusammenhangserlebnisse immer in einen Akt der Spontaneität ereignet.

14   Zu der kleinen Theorie der Zusammenhangserlebnisse vgl. W. Deppert, „Hermann Weyls Beitrag zu einer relativistischen Erkenntnistheorie", in: Deppert, W.; Hübner, K; Oberschelp, A.; Weidemann, V. (Hg.), *Exakte Wissenschaften und ihre philosophische Grundlegung*, Vorträge des internationalen Hermann-Weyl-Kongresses Kiel 1985, Peter Lang, Frankfurt/Main 1988 oder ders. Der Reiz der Rationalität, in: *der blaue reiter*, Dez. 1997, S. 29–32.

15   Vgl. W. Deppert, *Individualistische Wirtschaftsethik (IWE)*, Springer Gabler, Wiesbaden 2014 oder 13 Jahre früher in: W. Deppert, „Individualistische Wirtschaftsethik", in: ders., D. Mielke, W. Theobald (Hg.): *Mensch und Wirtschaft. Interdisziplinäre Beiträge zur Wirtschafts- u. Unternehmensethik*, Leipziger Universitätsverlag, Leipzig 2001, S. 131–196.

Zusammenhangserlebnissen kommt, dann wird sich lediglich feststellen lassen, daß in uns ein *zusammenhangstiftendes Vermögen* wirksam ist, welches in uns Zusammenhangserlebnisse hervorbringt und zwar auf individuelle und durchaus geheimnisvolle Weise. Die individuellen Neigungen und Begabungen sind ein Ausweis für die große Variabilität von je spezifischen Empfänglichkeiten unter den Menschen für besondere Zusammenhangserlebnisse.

Wollte man versuchen, die Wirksamkeit und Arbeitsweise des zusammenhangstiftenden Vermögens zu ergründen, so hätte man wiederum auf Zusammenhangserlebnisse zurückzugreifen, d. h., wir müßten die zu ergründende Wirksamkeit des zusammenhangstiftenden Vermögens schon immer voraussetzen, so daß wir uns an dieser Stelle einem unergründbaren Geheimnis ausgeliefert sehen, das wir allenfalls verehren, aber nicht erkennen können.[16] Weil das so ist, eröffnet sich hiermit ein Zugang zu einer *Verbindungsstelle aller Religionen*; denn sie alle versuchen Antworten auf die Fragen zu geben, wodurch die Zusammenhänge in der Welt geschaffen werden oder auch wer sie schafft und wodurch oder von wem sie wieder aufgelöst werden, wobei die höchste Form der Zusammenhangserlebnisse sicher als Liebe bezeichnet werden kann. Wir erfahren sie als höchstes Glück, aber wissen nicht, wie sie entsteht und wie sie wieder vergeht. Darum liegt es in allen Religionen nahe, die *Liebe* als göttliche Macht zu begreifen, über die der Mensch nicht verfügen kann. Wer dennoch Liebe fordert, verlangt Unmögliches, wie es aber dennoch im Gebot der Feindesliebe oder auch nur der Nächstenliebe geschieht. Daraus konnte also nichts werden, und wir müssen uns gar nicht darüber wundern.

▶ **Definition** Das *Zusammenhangstiftende* ist die Bezeichnung für das unergründlich geheimnisvoll Wirkende, das alle Zusammenhänge in der Welt und auch die Zusammenhangserlebnisse in uns sogar auf individuell ausdifferenzierte Weise hervorbringt, durch das alle Sinnvorstellungen in den verschiedensten Religionen miteinander trotz unterschiedlichster Bezeichnungen verbunden sind, warum es durchaus mit dem traditionell religiösen Ausdruck des *Göttlichen* treffend bezeichnet werden kann, wenn damit keinerlei Personalbeziehungen mitgedacht werden.

Trotz der grundsätzlichen Unergründlichkeit dieses zusammenhangstiftenden Vermögens können wir durchaus mit Erfolg versuchen, verschiedene Verfahren zu entwickeln, um die Wahrscheinlichkeit für das Auftreten von Zusammenhangserlebnissen zu erhöhen oder um Zusammenhangserlebnisse möglichst sicher reproduzierbar zu machen. Tatsächlich

---

16 Aus diesen Gründen habe ich schon vor 40 Jahren vom Göttlichen als dem unpersönlich Zusammenhangstiftenden gesprochen. Vgl. W. Deppert, „Atheistische Religion", *Glaube und Tat* 27, 89–99 (1976). Es bot sich an, diese Thematik vor nicht langer Zeit fortzuführen in dem Aufsatz „Atheistische Religion für das dritte Jahrtausend oder die zweite Aufklärung", erschienen in: Karola Baumann und Nina Ulrich (Hg.), *Streiter im weltanschaulichen Minenfeld – zwischen Atheismus und Theismus, Glaube und Vernunft, säkularem Humanismus und theonomer Moral, Kirche und Staat*, Festschrift für Professor Dr. Hubertus Mynarek, Verlag Die blaue Eule, Essen 2009.

hat schon René Descartes, der mittelalterlichen Vorschrift des ‚more geometrico' folgend,
das Verfahren des argumentativen Fortschreitens durch die fortlaufende Zusammenset-
zung einfachster Verstehensschritte, welches ja kleinste Zusammenhangserlebnisse sind,
entwickelt, um zu wahren Urteilen zu kommen. Diese einfachsten Verstehensschritte waren für Descartes in ihrer Einsichtigkeit klar und deutlich. Und da Descartes Gott als
das allervollkommenste Wesen ansah, so mußte es auch gütig sein und deshalb garantieren, daß alles, was klar und deutlich eingesehen werden kann, auch wahr ist. Dieses
schrittweise Beweisverfahren des Zuammensetzens einfachster Verstehensschritte hat
sich in der gesamten Wissenschaft durchgesetzt, vor allem aber in der Mathematik. Weil
diese Methode zu einer weitgehenden Intersubjektivität der Reproduktion von Zusammenhangserlebnissen führt, hat es den bis heute andauernden enormen Aufschwung der
Wissenschaften gegeben. Und aufgrund dieses Erfolges ist der Eindruck entstanden, als
ob das begrifflich-wissenschaftliche Vorgehen das einzige Verfahren zur Reproduktion
von Zusammenhangserlebnissen ist. Dies ist allerdings sicher ein verhängnisvoller Irrtum!
Natürlich gibt es in allen Lebensbereichen Zusammenhangserlebnisse und auch Möglichkeiten, sie zu reproduzieren, anders wäre ein Verstehen zwischen Menschen aber auch
zwischen Mensch und Tier gar nicht möglich.

Wir können die Fähigkeit zur Reproduktion von Zusammenhangserlebnissen allgemein
als *Rationalität* verstehen, d. h., so viele verschiedene Verfahren, die wir zum Reproduzieren von Zusammenhangserlebnissen benutzen können, so viele verschiedene Rationalitäten besitzen wir auch. Da haben wir z. B. diverse künstlerische Rationalitäten entwickelt,
bei denen es selbstverständlich auch um die Reproduktion von Zusammenhangserlebnissen geht, wobei die Bedingungen für das Auftreten von Zusammenhangserlebnissen stets
nahe bei den Bedingungen für deren Reproduzierbarkeit liegen. Dabei lassen sich vermutlich die Bedingungen für das Auftreten von künstlerischen Zusammenhangserlebnissen nicht so deutlich herausarbeiten, wie dies im wissenschaftlichen Bereich der Fall ist.
Kunstwerke sind in ihrer Funktion, neue Zusammenhangserlebnisse anzuregen, nahezu
unerschöpflich. Denn die Künste sind als nichtsprachliche Kommunikationsmittel zu verstehen. Sie kommunizieren Strukturen, die sich in der Sprech- oder Schriftsprache nicht
so adäquat darstellen lassen, wie in der besonderen Sprache einer Kunst. Dabei werden
in der Musik wohl die abstraktesten Formen von Zusammenhängen hörbar, in denen eine
große Vielfalt von Verstehbarkeit angelegt ist. So geht etwa von besonders geschätzten
Interpreten musikalischer Kunstwerke eine große Anziehungskraft aus, weil das Publikum in deren Interpretationen immer wieder neue Zusammenhänge erleben kann. Und
wenn die neue Kunst, insbesondere die Neue Musik, ihren Kontakt zum Publikum nicht
gänzlich verlieren möchte, dann hat sie sich um mögliche Bedingungen für das Zustandekommen von Zusammenhangserlebnissen sehr viel mehr zu kümmern, als dies bis heute
der Fall gewesen ist.

Wir können reproduzierbare künstlerische Zusammenhangserlebnisse mit vollem
Recht als künstlerische Erkenntnisse bezeichnen, die allerdings sprachlich kaum zu fas-
sen sind, sondern nur durch das Medium, durch das sie vermittelt und angeregt werden.
Und entsprechend können wir von *künstlerischer Rationalität* sprechen, die neben der

wissenschaftlichen Rationalität nicht unterbewertet werden darf, weil sie die Menschen oft sehr viel tiefer ergreift als dies mit wissenschaftlichen Erkenntnissen möglich ist.

▶ **Definition**   Die Fähigkeit, Zusammenhangserlebnisse methodisch zu reproduzieren, mag allgemein als *Rationalität* bezeichnet werden, so daß es so viele Rationalitäten gibt, wie sich Methoden der Reproduktion von Zusammenhangserlebnissen angeben lassen: *wissenschaftliche, musikalische, malerische, tänzerische Rationalitäten*, aber auch *fußballerische* oder gewiß auch *mitmenschliche Rationalität*, usw.

Obwohl im mitmenschlichen Bereich die wichtigsten Zusammenhangserlebnisse stattfinden, haben wir Menschen kaum Methoden tradiert, um unsere mitmenschliche Rationalität auszufalten und weiterzuentwickeln. Wir sind weitgehend auf eigene subjektive Intuitionen angewiesen, wobei uns Männern die Frauen meistens überlegen sind. Ganz sicher aber wird dabei offenkundig, daß das zusammenhangstiftende Vermögen in jedem Menschen auf eine sehr spezifische Weise tätig ist. Was dem einen zu einer klaren Erkenntnis wird, bleibt dem anderen für immer verschlossen. Es ist darum unumgänglich festzustellen, daß die *Relativität von Erkenntnissen* schon deshalb *unhintergehbar* ist, weil die Bedingungen für ihr Zustandekommen grundsätzlich subjektiv verschieden sind, obwohl es in besonderen Fällen möglich ist, zu einer mehr oder weniger verläßlichen *Intersubjektivität* vorzudringen.

Aus den hier angestellten Überlegungen über das Zustandekommen von Erkenntnissen ergibt sich zwingend, daß die Sicherheitsvorstellungen von Erkenntnissen auf der Beachtung der Bedingungen gründen muß, durch die sie überhaupt möglich werden. Dies ist eine Verallgemeinerung des metaphysischen Grundsatzes von Immanuel Kant, der ja darin besteht, die Bedingungen der Möglichkeit von Erfahrungen zu untersuchen, wobei heute zu beachten ist, daß diese Bedingungen – wie bereits erwähnt – nicht mehr als unbedingt angesehen werden können, da sie in jedem Fall historisch abhängig sind.[17]

Die wichtigste Bedingung für intersubjektiv reproduzierbare Zusammenhangserlebnisse ist das Einhalten von Vereinbarungen. Im begrifflich-wissenschaftlichen Arbeiten ist dies das genaue Beachten von Definitionen, die nichts anderes als Vereinbarungen über den Gebrauch von Wörtern sind, mit denen Begriffe gekennzeichnet werden.

▶ **Begriffsklärung**   Eine *Definition* ist eine Vereinbarung über den Gebrauch von Begriffswörtern, und *Begriffswörter* sind die Worte, mit denen ein Begriff charakterisiert wird.

---

17   Vgl. dazu etwa Kurt Hübner, *Kritik der wissenschaftlichen Vernunft*, Alber Verlag Freiburg 1978 oder W. Deppert, Die zweite Aufklärung, (Ausgearbeitete Fassung eines am 28. 11. 1999 gehaltenen Vortrags zum Thema „Auf dem Weg zur zweiten Aufklärung: Von der Vernunft der Allgemeinheit zur Vernunft des Einzelnen" während der DfW-Tagung „Wege in die Freiheit – Zur Zukunft der Freigeistigen individualistischen Bewegung" in Klingberg/Scharbeutz vom 26.11. bis 28.11.1999) leicht verändert erschienen in: *Unitarische Blätter*, 51. Jahrgang, Heft 1,2,4 und 5 (2000), S. 8–13, 86–92, 170–186, 232–245.

Im täglichen Leben gehen wir laufend mit Begriffen um, für die es meistens keine klaren Definitionen gibt. Begriffe treten also nicht nur in Erkenntnissen auf, sondern auch in Vereinbarungen, die wesentlich mit dafür verantwortlich sind, ob es uns gelingt, durch ihre Beachtung und Einhaltung mehr Sicherheit in unser tägliches Leben zu tragen. Diese Sicherheit ist zweifellos abhängig von zwischenmenschlichen Vereinbarungen, insbesondere aber auch von deren Genauigkeit. Weil aber in der Mathematik und in der Logik nur vereinbarte Begriffe verwendet werden, läßt sich in ihnen eine Sicherheit im Argumentieren üben, die im täglichen Leben nur selten erreichbar ist.

Oft wird gemeint, daß das Verstehen im wissenschaftlichen Argumentieren sehr viel exakter sei, als im zwischenmenschlichen Bereich. Auch dies ist sicher ein Irrtum; denn in unseren alltäglichen Gesprächen haben wir noch die vielfältigen körpersprachlichen Kommunikationsmöglichkeiten zur Verfügung, durch die die Übermittlung der Bedeutungen der Wörter und Sätze sehr viel nuancierter möglich ist, als dies beim wissenschaftlichen Kommunizieren der Fall ist. Wenn wir uns auf den ersten Begriff von Erkenntnis als *reproduzierbarer Zusammenhangserlebnisse* einlassen und uns klarmachen, daß diese Zusammenhangserlebnisse umso komplexer werden, je mehr kommunikative Fähigkeiten dabei im Spiel sind; dann ließe sich davon sprechen, daß die Alltagserkenntnisse des täglichen Lebens sehr viel reichhaltiger sind als die wissenschaftlichen Erkenntnisse, weil an ihnen verschiedenste Rationalitäten beteiligt sind und nicht nur eine, wie in der Wissenschaft, bei der nur die Rationalität der Reproduktion von Zusammenhangserlebnissen durch schrittweises Zusammenfügen einfachster und damit sicher reproduzierbarer Zusammenhangserlebnisse die wichtigste Rolle spielt. Und weil in der Mathematik und in der Logik die denkbar einfachsten Verstehensschritte verwendet werden, darum sind auch die Mathematik und die Logik prinzipiell die einfachsten Fächer, die wir überhaupt haben, aber sie sind überdies glänzende Übungsfelder, um mehr Verläßlichkeit ins tägliche Leben zu tragen.

▶ **Definition**   *Erkenntnisse* sind zuverlässig reproduzierbare Zusammenhangserlebnisse.

Aufgrund der Tatsache, daß wir bei einer Kommunikation, bei der wenigstens zwei Sinne beteiligt sind, wie das Hören und das Sehen, ein sehr viel genaueres Verstehen erleben können, als wenn nur eines dieser beiden beteiligt ist, halte ich es gerade im Zeitalter der eindimensionalen Massen-Kommunikationsmittel für sehr wichtig, daß wir die direkte Kommunikation von Mensch zu Mensch wieder mehr pflegen und sei es auch nur dadurch, daß wir hier an der Universität Vorlesungen und Seminare veranstalten, bei denen wenigstens zwei Sinne für den Verstehensprozeß zur Verfügung stehen. Ganz generell gilt, daß es wichtig ist, unsere verschiedenen Rationalitäten zum Reproduzieren von Zusammenhangserlebnissen zu kultivieren und zu trainieren; denn es ist offensichtlich so, daß diese Rationalitäten miteinander verbunden sind und vermutlich voneinander abhängen, vielleicht sogar in gegenseitiger Abhängigkeit. Ich weiß von mir aus meiner Schulzeit, daß ich schwierige Aufgaben dann besser lösen konnte, wenn ich erst einmal ein wenig Klavier spielte. Und ich weiß auch, daß sogar körperliche Zusammenhangserlebnisse etwa

beim Laufen zu unerwarteten Problemlösungen führen können. Als ich vor schier unlös-
baren Problemen während der Arbeit an meiner Habilitationsschrift saß, habe ich mir
mein Laufzeug angezogen und bin in Kiel um das Nordmarksportfeld gelaufen, das glücklicherweise ganz leicht von der UNI laufend zu erreichen ist. Etwa nach der siebten Runde
wurde es plötzlich klar im Kopf, und die Probleme lösten sich auf. Diese Technik habe
ich Dr. Jürgen Wiegand zu verdanken, der mich damals zum Langlaufen brachte. Und ich
gebe diese Anregung hier als eine Technik zum Problemlösen gern weiter, zumal ich die
Freude habe, Jürgen Wiegand regelmäßig in meinen Vorlesungen begrüßen zu können.
Dies ist wohl auch nicht nur eine Technik zum Problemlösen, sondern sogar auch ein
erstes Verfahren zum Anregen von Zusammenhangserlebnissen. Wenn denn in unserem
Gehirn chemische Prozesse ablaufen, dann wissen wir doch von chemischen Versuchen,
daß sie schneller ablaufen, wenn wir das Reagenzgläschen ein wenig schütteln, und das
tun wir ja wohl auch mit unserem Gehirn, wenn wir ein bißchen oder gar auch ein bißchen länger laufen. Demnach gibt es eine Fülle von Zusammenhangserlebnissen, die ganz
anderen Lebensbereichen als denen der wissenschaftlichen Tätigkeiten entstammen, die
jedoch außerordentlich fruchtbar für den Fortgang der Wissenschaft sind.

   Dies betrifft insbesondere auch die wissenschaftlichen Grundlagen. Wenn wir die Frage des wissenschaftlichen Fortschritts durch Veränderungen der Grundlagen einer Wissenschaft genauer behandeln, dann werden wir aus den Arbeiten meines hochverehrten
Lehrers Kurt Hübner lernen, daß die Anregungen zur Änderung in den metaphysischen
Grundlagen einer Wissenschaft niemals aus den Wissenschaften selbst stammen, sondern
aus ganz anderen z.B. religiösen oder ästhetischen Überzeugungen der Wissenschaftler,
durch die eine wissenschaftliche Revolution initiiert wurde. Wissenschaftliche Revolutionen sind genau die wissenschaftlichen Standpunkts- und Richtungsänderungen, die durch
metaphysische Änderungen einer Wissenschaft bedingt sind.

   Zusammenfassend sei nun zu den ersten Vorstellungen über Erkenntnisse festgestellt,
daß sie aus *reproduzierbaren Zusammenhangserlebnissen* bestehen. Diese sind selbst zu
erklären über ein *Zusammenhangstiftendes Vermögen*, das wir getrost in allen Lebewesen
als wirkend annehmen können, das jedoch das Bewußtsein von Zusammenhängen in den
Lebewesen auf eine ganz spezifische und undurchschaubar geheimnisvolle Weise hervorbringt. Und durch diese Formulierung sei noch einmal darauf hingewiesen, daß wir damit
eine Stelle bezeichnen an der sich alle Religionen berühren; denn sie bestehen alle wesentlich aus bestimmten Vorstellungen darüber, wie die Zusammenhänge in die Welt kommen
und wie die Lebewesen und insbesondere der Mensch sie dazu nutzen kann, um das eigene
Leben im Zusammenleben mit anderen Lebewesen zu erhalten.

   Nun finden aber alle Zusammenhangserlebnisse stets nur in einzelnen Menschen statt.
Und dies bedeutet, daß auch die Vorstellungen über dieses Zusammenhangsstiftende, d.h.,
die religiösen Überzeugungen, ursprünglich im einzelnen Menschen entstehen, so daß wir
eine *Religion des Einzelnen* von der *Religion einer Gemeinschaft* zu unterscheiden haben
die sich entweder dadurch bildet, daß ein einzelner Mensch seine eigene Religion anderen
Menschen aufprägt oder daß einzelne Menschen feststellen, daß sie ähnliche religiöse
Überzeugungen in sich vorfinden. Die letztere Art der Bildung von Religionsgemeinschaf-

ten ist erst in der Neuzeit möglich geworden, da sie eine selbstverantwortliche Lebenshaltung voraussetzt. Die herkömmlichen Religionen und ihre Konfessionen haben sich im
Gegensatz dazu durch das weitgehende Vorherrschen von autoritativen Lebenshaltungen
gebildet, in denen die Menschen aus dem Bewußtsein der eigenen Unvollkommenheit sich
Autoritäten unterwarfen, die in der Lage waren, ihre göttliche Herkunft nicht nur glaubhaft zu machen, sondern auch noch unter Beweis zu stellen. Darum waren die Religions-
stifter Menschen, die ihre Zusammenhangserlebnisse, die in ihnen stattfanden, als göttliche Kontakte oder gar als Mitteilungen einer Gottheit verstanden, die sie zu verbreiten
hatten und wodurch sie selbst erheblich an Ansehen und Autorität gewannen. Und da die
Gehirne der Tiere und der Menschen durch die Evolution als Sicherheitsorgane konzipiert
worden sind, durch die solche Bewußtseinsformen zur optimalen Überlebenssicherheit
eingestellt werden, finden wir einige wenige Menschen in der Frühgeschichte mit *aktiven*
autoritativen und große Menschenmassen mit *passiven autoritativen Bewußtseinsformen*
vor, wobei die letzteren auch als Unterwürfigkeitsbewußtsein bezeichnet werden. Und die
wenigen Menschen mit einer aktiven autoritativen Bewußtseinsform sichern ihre Existenz
durch die bekannten Unterwerfungsmethoden, wie sie vor allem in den Offenbarungsreligionen in der Geschichte aufgetreten sind und besonders in großen Kreisen der islami-
schen Bevölkerungen noch immer vorhanden sind.

In unserer Zeit, da mehr und mehr Menschen in eine *selbstverantwortliche Lebenshal-*
tung hineinwachsen, kann sich ein Unterwürfigkeitsbewußtsein kaum noch ausbilden, das
aber nötig ist, um an einen Schöpfergott glauben zu können, wie es die Glaubensbekennt-
nisse der Offenbarungsreligionen erfordern. Es ist darum nun zur selbstverantwortlichen
Aufgabe eines jeden einzelnen Menschen geworden, sich *auf dem Wege der sokratischen*
Selbsterkenntnis über seine eigenen religiösen Überzeugungen bewußt zu werden, um
sein Leben in eigener Verantwortung sinnvoll gestalten zu können. Und die *eigenen re-*
ligiösen Überzeugungen bestehen gerade aus den selbst gewonnenen Einsichten darüber,
wodurch eigene Handlungen sinnvoll werden oder wie sich Sinn ins eigene Leben tragen
läßt, so daß sich in uns das beglückende Gefühl einstellt, sinnerfüllt zu leben.

▶ **Definition**   *religiöse Überzeugungen* sind solche, mit denen Handlungen mit Sinn erfüllt
werden.

Und die dazu nötigen Erkenntnisse gewinnen wir durch unsere reproduzierbaren Zusammenhangserlebnisse, ihre nachforschende Auswertung und ihre Anwendung.

Nach dieser ersten Vorstellung der Bedeutung des Wortes ‚*Erkenntnis*' soll nun der
Erkenntnisbegriff etwas genauer gefaßt und vor allem das Problem, das sich mit einem
genaueren Erkenntnisbegriff verbindet, dargestellt werden.

Der Erkenntnisbegriff

5

5.1 Das Erkenntnisproblem

Unter *Erkenntnis* wird hier ganz allgemein *die Kenntnis eines gelungenen Versuchs verstanden, etwas Ungeordnetes zu ordnen.*[18]

▶ **Definition** *Erkenntnis* besteht aus der Kenntnis eines gelungenen Versuchs, etwas Ungeordnetes zu ordnen.

Das bedeutet, einen gegebenen Bereich von Erkenntnisobjekten einem Ordnungsverfahren zu unterwerfen oder einen Zusammenhang hineinzutragen, was freilich nur auf dem Wege von Zusammenhangserlebnissen möglich ist. Ein Ordnungsverfahren ist stets in bezug auf das Zu-Ordnende etwas Allgemeines und das Zu-Ordnende selbst etwas Einzelnes, so daß eine Erkenntnis auch als eine Zuordnung von etwas Einzelnem zu etwas Allgemeinem zu verstehen ist, wodurch eine besondere Zusammenhangsform gekennzeichnet ist.

▶ **Definition** Eine *Erkenntnis in allgemeinster Form* ist eine Zuordnung von etwas Einzelnem zu etwas Allgemeinem, um etwas Ungeordnetes zu ordnen.

Wenn ich z. B. die Äpfel in einem Korb zähle, dann trage ich an die Menge der Äpfel die Ordnung der natürlichen Zahlen heran, und in der höchsten beim Abzählen erreichten Zahl *erkenne* ich die *Anzahl der Äpfel.* Dabei war freilich der Inhalt des Korbes vor dem ordnenden Vorgang des Zählens nicht in totaler Unordnung, denn immerhin war schon

---

18 Vieles von dem, was hier über Erkenntnis gesagt wird, ist mit einigen Abwandlungen meinem Aufsatz entnommen: „Relativität und Sicherheit", abgedruckt in: Michael Rahnfeld (Hg.), *Gibt es sicheres Wissen?*, Bd. V der Reihe *Grundlagenprobleme unserer Zeit*, Leipziger Universitätsverlag, Leipzig 2006, ISBN 3–86583-128–1, ISSN 1619–3490, S. 90–188.

© Springer Fachmedien Wiesbaden GmbH, ein Teil von Springer Nature 2019
W. Deppert, *Theorie der Wissenschaft*, https://doi.org/10.1007/978-3-658-14024-3_5

bekannt, daß die Gegenstände in dem Korb Äpfel sind. Das Ungeordnete, über das ich durch einen Ordnungsversuch eine Erkenntnis erzielen will, soll so verstanden werden, daß es in bezug auf die gefragte Ordnung vor dem Erkenntnisgewinn noch ungeordnet war. Hinsichtlich einer anderen Ordnung kann jenes Ungeordnete sehr wohl schon geordnet gewesen sein. Und überdies können nach einem gelungenen Ordnungsversuch weitere Ordnungen angelegt werden, um so zusätzliche Erkenntnisse über den gleichen Objektbereich zu gewinnen, etwa wenn man untersucht, wieviele von den Äpfeln noch unreif, ganz reif oder auch wurmstichig sind.

Die Vorstellungen von etwas Ungeordnetem und einer Ordnung, durch die eine Erkenntnis gewonnen werden soll, sind also bereits aufeinander bezogen, und zwar gerade so, wie eine Frage auf ihre Antwort. Eine *Frage* setzt schon immer etwas Bekanntes voraus; denn durch eine Frage wollen wir Kenntnis über das bekommen, was in einem Ordnungszusammenhang noch fehlt. Die *Information*, die die Fehlstelle gemäß der Frage ausfüllt, ist die gesuchte *Antwort*. Um eine Frage stellen zu können, muß auch das Ungeordnete bereits aus etwas Bekanntem bestehen. Eine Frage eröffnet einen Erkenntnisprozeß; denn dieser ist ja nichts anderes, als das Stellen von Fragen und das Finden von Antworten.

▶ **Definition**   Ein *Erkenntnisprozeß* ist das systematische Stellen von Fragen und das methodisch geleitete Finden von Antworten.

Wie der erste Erkenntnisbegriff der reproduzierbaren Zusammenhangserlebnisse, ist auch der spezifizierte Erkenntnisbegriff so konzipiert, daß es mit ihm keine Denkmöglichkeit gibt, von absoluten Erkenntnissen zu sprechen; denn jede Erkenntnis ist abhängig von dem Objektbereich, über den eine Erkenntnis erzielt werden soll und von den Ordnungen, die zur Erkenntnisgewinnung benutzt werden. Darum steht jede Erkenntnis unter Bedingungen ihrer Gewinnung und ist somit relativ, d.h. von diesen Bedingungen abhängig. An dieser Stelle mag ein Wort zur Bedeutung dieser Einsicht gesagt sein, daß all unsere Erkenntnisse stets relativ und somit von Bedingungen abhängig sind. In der Philosophie hat sich schon seit längerer Zeit eine Einstellung breit gemacht, daß der Relativismus zu meiden sei, weil damit der Beliebigkeit Tür und Tor geöffnet sei. *Das Gegenteil aber ist der Fall*; denn ein *beliebiges Urteil* steht unter keinerlei Bedingung ist also *nicht relativ*. *Beliebigkeit ist das Gegenteil von Relativität und Relativismus.*[19] Jemand, der sich nach absoluter Erkenntnis sehnt, müßte das Problem bewältigen, wie denn ein Erkenntnisbe-

---

19 Leider ist auch mein hochverehrter Lehrer Kurt Hübner an einigen Stellen seines Werkes, insbesondere in seinem christlich bestimmten späten Alterswerk in diese Falle der fehlerhaften Verwechslung von Relativität und Beliebigkeit getappt, warum er für seine historistische Wissenschaftstheorie meist den Ausdruck eines Relationismus verwendete, obwohl es zweifellos ein Relativismus ist, da Hübner herausarbeitet, daß alle wissenschaftlichen Erkenntnisse hinsichtlich der in ihnen verwendeten Begrifflichkeiten historisch abhängig sind und mithin nur relative Gültigkeit besitzen.

griff zu fassen ist, der nicht schon durch seine Definition eine absolute Erkenntnis ausschließt, und das scheint nicht möglich zu sein.

Eine absolute Erkenntnis dürfte jedenfalls keine Antwort auf eine Frage sein; denn dann wäre diese Erkenntnis bezogen auf die Fragestellung und mithin von der Fragestellung abhängig, was der Vorstellung von Absolutheit als Unbedingtheit widerstritte. Nun könnte jedoch die Frage auf den Kenntniserwerb eines Begründungsendpunktes gerichtet sein, also auf etwas, das definitionsgemäß nicht noch weiter von Begründungen abhängt und somit durch weitere Begründungen nicht bedingt ist und deshalb als unbedingt aufgefaßt werden könnte. Nun hat sich gewiß längst gezeigt, daß solche Begründungsendpunkte als Überzeugungen zu verstehen sind, die der Überzeugte selbst nicht mehr begründen kann. Diese Überzeugungen sind jedoch von demjenigen abhängig, der sie besitzt und sind mithin nicht unbedingt, also auch nicht absolut, es sei denn, man wollte eine relative Absolutheit einführen, die sich nur auf die Überzeugungen eines Einzelnen bezieht. Ein Begriff von relativer Absolutheit wäre freilich ein Widerspruch in sich selbst; denn die allgemeinste Bedeutung von Absolutheit bedeutet ja die vollständige Abgetrenntheit, wie immer man sich das vorstellen mag, etwa wie Karl Barth es in bezug auf den absoluten Gott als das ganz Andere ausdrückte. Die Vorstellung aber von einer absoluten Erkenntnis als einer von allen anderen Erkenntnissen gänzlich abgetrennten Erkenntnis, bedeutet nun tatsächlich, daß eine absolute Erkenntnis keine Frage beantworten kann. Mit einer solchen Erkenntnis könnten wir auch gar nichts anfangen; denn durch sie ließe sich gar kein Bezug zu unserer Lebenswirklichkeit herstellen. Und aus ihrer Beziehungslosigkeit würde zwangsläufig unsere Interesselosigkeit an einer absoluten Erkenntnis folgen: eine absolute Erkenntnis könnte gar keine Beziehung zum Sein haben und darum auch keine Aussage über das Sein enthalten. Demnach erweist sich die Vorstellung von einer absoluten Erkenntnis schon an der Stelle einer möglichen Definition von Erkenntnis als obsolet. Schon die Frage nach absoluter Erkenntnis zu stellen, hat keinen Sinn, sie ist sinnlos.[20] Darum ist der bewußt relativistisch angelegte Erkenntnisbegriff weiterzuentwickeln.[21]

Das bekannte Ungeordnete sei *das Einzelne des Erkenntnisgegenstandes* genannt. Eine Erkenntnis liegt dann vor, wenn durch sie bekannt wird, in welche Ordnung das Einzelne paßt. Die Ordnung, mit der der Ordnungsversuch gelingt, bezeichne ich als *das Allgemeine des Erkenntnisgegenstandes*. Um das Allgemeine dem Einzelnen des Er-

---

20   Dieses Schicksal erleidet auch der von Hübner in seinem christlichen späten Alterswerk eingeführte Begriff des *Logos der Offenbarung*, der ja gar kein Logos sein kann und auch keiner ist, sondern eine ontologische Glaubensannahme. Vgl. dazu Kurt Hübner, *Glauben und Denken*, Mohr Siebeck Verlag, Tübingen 2001, S. 15–24.

21   Es ist für mich ganz unverständlich, wieso es immer noch Kolleginnen und Kollegen gibt, welche die Hegelsche Philosophie weiter betreiben, in der Hegel ganz betont davon ausgeht, es gäbe etwas Absolutes, das stets mitzudenken sei. Nach dem hier nur kurz Dargestellten können derartige philosophische Bemühungen zu nichts Brauchbarem führen, es sei denn, man hielte den Abgesang der Philosophie, der heute immer noch vermehrt gesungen wird, für etwas Brauchbares, um sich damit als einen tiefen und mithin großen Denker á la Hegel darzustellen, der etwas von sich gibt, das sich nicht verstehen läßt.

kenntnisgegenstandes zuordnen zu können, bedarf es einer **Ordnungsregel**. Im Beispiel
des Zählens der Äpfel in einem Korb sind die einzelnen Äpfel das Einzelne und die *Kar-
dinalzahl der Menge der Äpfel* das Allgemeine des Erkenntnisgegenstandes, während das
Verfahren des Abzählens die Ordnungsregel ist.

   Derjenige, der die Erkenntnis gewinnen will, wird auch noch gewisse Sicherheiten an-
streben, um Irrtümer bzw. Isolationserlebnisse zu vermeiden, bzw. um die Sicherheit dafür
zu haben, daß die Ordnungsregel richtig angewandt wurde und daß das Einzelne tatsächlich zu dem Allgemeinen paßt. Erkenntnis bedarf eines *Sicherheitskriteriums*. Solange
das Zählen in der Schule noch richtig gelernt wird und solange noch Äpfel von Birnen
unterschieden werden können, dürfte das Abzählen von Äpfeln keine größeren Schwierigkeiten bereiten, wenngleich es jedermann schon widerfahren sein wird, daß er sich einmal verzählte. Als Sicherheitskriterium wird ihm vielleicht die Forderung genügen, beim
Abzählen mehrfach das gleiche Ergebnis erzielt zu haben. Es sollte aber auch an dieser
Stelle nicht übersehen werden, daß das Zählen die denkbar einfachste Form des Anein-
anderreihens von reproduzierbaren Zusammenhangserlebnissen darstellt. Es ist das elementare Zusammenhangserlebnis, daß wir uns durch aneinandergereihte Schritte sicher
fortbewegen können, ohne daß wir dabei wüßten, wie wir es machen, wenn wir Schritte
mit unseren Beinen ausführen, ja wir kennen nicht einmal die vielen Muskeln, Sehnen und
Nerven, die nur bei einem einzigen Schritt beteiligt sind, und dennoch erleben wir es Tag
für Tag, daß wir uns schrittweise sicher fortbewegen können. Diese sicher reproduzierbaren Zusammenhangserlebnisse haben wir lediglich auf das Fortschreiten beim Zählen
übertragen. Außerdem wird es Gründe dafür geben, warum man Erkenntnisse anstrebt; so
zählt man vielleicht darum die Äpfel ab, um zu errechnen, wieviel Geld der Verkauf der
Äpfel erbringen könnte. Erkenntnis läßt sich somit auffassen als eine bestimmte Relation
zwischen den folgenden sechs Festsetzungen:

1. dem *Einzelnen des Erkenntnisobjekts*,
2. dem *Allgemeinen des Erkenntnisobjekts*,
3. der *Ordnungsregel*,
4. *Sicherheitskriterien* für die Richtigkeit der Zuordnung von Einzelnem zu Allgemei-
    nem mit Hilfe einer Ordnungsregel,
5. dem *Erkennenden* selbst, der die Zuordnung als eine Kenntnis aufnehmen muß, und
6. dem *Zweck*, dem die Erkenntnis dienen soll.

Das **Erkenntnisproblem** besteht in der *Bestimmung dieser* **Erkenntnisbestandteile**, *deren* **Verhältnis** *zueinander und in der Klärung ihrer* **Verfügbarkeit**. Das schwierigste
Problem aber besteht in der Frage, wie es in uns zu einer Erkenntnisbildung kommt, d.h.
wie es möglich ist, daß sich in unserer Vorstellungswelt aus den genannten Erkenntnis-
bestandteilen eine Erkenntnis bildet. Die wichtigsten Bauelemente von Erkenntnissen,
mit denen auch die Erkenntnisproblematik beschrieben wird, sind Begriffe und zwar in
theoretischer wie in praktischer Hinsicht. Bevor aber eine möglichst weitgehende Klärung unseres Umgangs mit Begriffen erfolgt, werde ich erst einmal der Frage über die

Sicherheit von Erkenntnissen nachgehen. Dazu ist es erforderlich, das schwierige Problem der Bildung von Erkenntnissen in uns selbst zu behandeln. Erst danach soll darüber nachgedacht werden, was Begriffe bedeuten, welche Arten der Verwendung es für Begriffe gibt, welche Arten des Denkens daraus folgen und welche Konsequenzen dies für den wissenschaftlichen Umgang mit Begriffen hat.

5.2   Zur Frage nach der Erkenntnisentstehung

5.2.1   Zu den Bedingungen des Erkennens: der Wille, das Bewußtsein und ihre Formen

Philosophieren heißt *gründlich nachdenken*. Wenn darüber nachgedacht werden soll, wie Erkenntnisse in uns entstehen, muß zuvor die Frage bearbeitet werden: Warum entstehen in einem lebenden System, wie es jeder Mensch ist, Erkenntnisse? Wenn es gelingen könnte, diese Frage für eine bestimmte Klasse von lebenden Systemen oder gar für alle lebenden Systeme zu beantworten, dann sollte die Antwort gewiß auch für uns Menschen gültig sein. Dazu sei ersteinmal ein möglichst einfacher Begriff von einem Lebewesen wie folgt bestimmt:

▶ **Definition**   *Lebewesen* sind offene Systeme, die ein Überlebensproblem haben und die es eine Zeit lang überwinden können.

Dabei läßt sich von einem Überlebensproblem nur dann sprechen, wenn man dem betreffenden System einen Überlebenswunsch unterstellen kann. Dazu werden wir uns verleiten lassen, wenn sich an einem System beobachten läßt, daß es gewisse Maßnahmen ergreift, welche dazu geeignet sind, die Systemzerstörung zu verhindern, sobald eine Situation auftritt, die eine Gefahr der Systemzerstörung anzeigt. Diese Definition von Lebewesen ist wiederum relativistisch zu verstehen; denn auch Systeme von Lebewesen sind Lebewesen, wenn diese Systeme in der Lage sind, sich vor Zerstörung zu bewahren. Auch ein Ameisenhaufen, ein Bienenvolk, ein Termitenhügel ja sogar ein Wald sind Lebewesen. So habe ich z. B. die Warnrufe der Wacholderdrosseln oder Häher insbesondere der Eichelhäher noch aus meiner Kindheit gut im Ohr, wenn ich zu ungestüm in einen Wald lief. Dann warnten gewiß nicht nur die Wacholderdrosseln und die Häher alles andere Getier im Walde durch ihre keckernden und zeternden Warnrufe vor dem möglicherweise Gefahr bringenden Eindringling. Aber auch alle menschlichen Gemeinschaftsbildungen wie Familien, Vereine, Wirtschaftsbetriebe, Gemeinden, Staaten und schließlich auch Universitäten sind Lebewesen, da sie alle in ihrem Überleben von Gefahren bedroht sind. Diese Definition von Lebewesen fordert die Frage heraus, welche Funktionen in einem System überhaupt realisiert sein müssen, damit das unterstellte Überlebensproblem erfolgreich bewältigt werden kann.

Es sind offenbar fünf Haupt-Funktionen, die freilich schon Zusammenfassungen von weiteren Funktionen beinhalten, die zur Lebenserhaltung vorhanden sein müssen:

1. Eine *Wahrnehmungsfunktion*, durch die wahrgenommen werden kann, was außerhalb und innerhalb des Systems geschieht.
2. Eine *Erkenntnisfunktion*, durch die festgestellt werden kann, ob die wahrgenommenen Situationen Gefahren für das System darstellen oder nicht.
3. Eine *Maßnahmebereitstellungsfunktion*, durch die Maßnahmen bereitgestellt werden, um durch deren Anwendung einer erkannten Gefahr zu entgehen oder ihr zu begegnen.
4. Eine *Maßnahme-Durchführungsfunktion*, durch die die passende Maßnahme zur Gefahrenbekämpfung ausgewählt und durchgeführt wird. Oft wird diese Funktion auch als der Vitalimpuls bezeichnet, da durch ihn eine bestimmte Aktivität des Systems sichtbar wird.
5. Eine *Energiebereitstellungsfunktion*, damit die oben genannten vier Funktionen überhaupt aktiv sein können, wozu eine gewisse Menge an Energie vonnöten ist.

Das Ins-Werk-Setzen all dieser Funktionen läßt sich schlicht als *Überlebenswille* interpretieren. Weil sich die Situationen für ein Lebewesen laufend ändern und weil nicht selten sehr schnell reagiert werden muß, um das Überleben zu sichern, ist es erforderlich, daß diese fünf Überlebensfunktionen und der Überlebenswille mit einer ganz sicher funktionierenden Verkopplungsorganisation miteinander verbunden sind. Aus vielerlei Gründen ist diese Verkopplungsorganisation mit dem ***Bewußtsein des Lebewesens*** zu identifizieren. Tatsächlich können wir die Tätigkeit dieser Funktionen sämtlich auch in unserem Ich-Bewußtsein wahrnehmen, seit wir in unserer Kindheit damit begonnen haben, die durch die Erhaltungsfunktionen zu erhaltende eigene Ganzheit intuitiv zu erfassen und sie mit dem Wort ‚Ich' zu bezeichnen.

▶ **Definition** Das ***Bewußtsein eines Lebewesens besteht aus der neuronalen Verkopplungsorganisation der Überlebensfunktionen des Lebewesens,*** deren Nervenenden in den Gehirnen ankommen, wodurch das Gehirn zum ***Sicherheitsorgan des Lebewesens*** wird.

Diese Bewußtseinsdefinition gewinnt an Einsichtigkeit, wenn man sich vorstellt, daß die mit einem Überlebensproblem gekennzeichneten Systeme einer evolutionären Situation der Überlebenskonkurrenz ausgesetzt sind und daß *die* Systeme die besseren Überlebenschancen haben, die ihre Funktionen zu Wahrnehmungen, zu Erkenntnissen, zu Maßnahmen, zu Maßnahmedurchführungen und zu ihrer Energiebereitstellung verbessern. Dazu gehören die Ausbildungen von Gedächtnis- und Gedächtniszugriffsfunktionen sowie deren Verbesserungen, wodurch vielfältige Reflexionsschleifen mit Vergleichs- und Bewertungsfunktionen und Hierarchien von Willensformen entstehen, weil der Wille zu genaueren Wahrnehmungen und Erkenntnissen, zur effektiveren Maßnahmenbereitstellung sowie deren gezielter Auswahl und Anwendung und zu verläßlichen Energiebereitstellungen obsiegt, der das Überleben sicherer macht.

Die Verkopplungsorganisation des Bewußtseins findet im Gehirn statt oder anders gesagt, das evolutionär entstandene Organ, in dem die Verkopplungen, die das Bewußtsein ausmachen, stattfinden, nennen wir das *Gehirn* der tierischen Lebewesen. Damit sind die Gehirne die Sicherheitsorgane der Tiere und freilich auch der Menschen, die das zu Sichernde und das zu Erhaltende als ihr Ich bezeichnen. Und weil im Überlebenskampf der natürlichen Evolution nur die Systeme überleben, in denen sich optimierte Willens- und damit auch Wertehierarchien ausgebildet haben, konnte es dazu kommen, daß wir in unserem Bewußtsein sogar den Willen zur Unterordnung vorfinden, wenn wir das Vertrauen haben können, daß von einem übergeordneten Willen größere Lebenssicherheit ausgeht. Diese Willensform, die zugleich eine Form eines Unterwürfigkeitsbewußtseins ist, findet sich bereits bei allen Herdentieren[22] aber auch in allen heranwachsenden Tieren, die des Schutzes ihrer Eltern bedürfen, und wir Menschen kennen es, wenn wir uns einer fachlichen Autorität unterwerfen, sei es einem Arzt, einem Rechtsanwalt oder einem tüchtigen Unternehmensberater. Daraus wird auch verständlich, warum die ersten Bewußtseinsformen, die wir bei Menschen beschreiben können, die mythischen Bewußtseinsformen sind, die mit einer autoritativen Lebenshaltung verbunden sind, in der sich die Menschen in ihrem Handeln einer Autorität unterwerfen.

Die hier verwendete Lebewesen-Definition ist bewußt im Rahmen der allgemeinen Systemtheorie gehalten, weil dadurch eine anwendbare Definition eines zur Evolution fähigen Bewußtseins möglich wird und weil nur so die Hoffnung auf die Möglichkeit einer sehr einfachen Erklärung für die Lebensentstehung gegeben ist, wie sie später noch vorgeführt wird. In der bisherigen theoretischen Biologie wird Leben meist mit Hilfe der chemisch hoch entwickelten Form von DNS-Molekülen bestimmt, was eine Erklärung für die Lebensentstehung quasi unmöglich macht und deshalb wissenschaftlich nicht brauchbar und auch nicht akzeptabel ist.[23]

5.2.2   Zur Entstehung der Mythen und Religionen

Aus der Sicht der biologischen und der kulturellen Evolution ist das Gehirn das Sicherheitsorgan aller dem Tierreich zuzuordnenden Lebewesen. Also üben auch unsere menschlichen Gehirne die Funktion von Überlebenssicherungsorganen aus, was sie insbesondere durch die Ausbildung von Bewußtseinsformen tun. Durch die wahrhaft ungeheure Flut von Impulsen, die unaufhörlich über unsere Sinnesorgane, den elementaren Überlebensfunktionen, unseren Gehirnen zufließen, kommt ihnen die Ordnungsfunktion zu, über-

---

22   Der Papst bezeichnet sich bis heute noch als Oberhirte, der sogar in Glaubensdingen mit dem Prädikat der Unfehlbarkeit ausgestattet ist, was zweifellos größtmögliche Sicherheit verspricht. Leider kann dieses Versprechen von einem Menschen niemals eingehalten werden, wodurch die Katholische Kirche und ihre Vertreter immer wieder in größte Schwierigkeiten geraten.

23   Vgl. etwa Heinz Penzlin, *Das Phänomen Leben. Grundfragen der Theoretischen Biologie*, Springer-Verlag, Berlin, Heidelberg 2014.

schaubare und wiedererkennbare und immer wieder auftretende Einheiten zu bilden und
diese den ebenfalls zu bildenden deutlich unterscheidbaren Lebensbereichen zuzuordnen.
Wie schon im Tierreich das Überleben der Nachkommen von der frühen Unterordnung
unter den Willen der Elterntiere abhängt, so beginnt bei den Menschen die Kultur damit, daß ihre Gehirne zu den von ihnen abgegrenzten und bestimmten Lebensbereichen
weibliche oder männliche Gottheiten erfinden, welche über die so bestimmten Gebiete
gebieten, in denen das Überleben der Nachkommen nur durch das fraglose Unterordnen
unter die ebenfalls erfundenen Gebote dieser Gottheiten gesichert werden kann. Und dies
wird von den Gehirnen durch die Ausbildung von Bewußtseinsformen sichergestellt, wovon das Unterwürfigkeitsbewußtsein die erste dieser Bewußtseinsformen ist. Und die so
ganz natürlich entstehenden ersten Kulturformen bilden die erste menschliche Kulturstufe
des Mythos aus, die Kurt Hübner erstmalig so akribisch beschrieben hat, daß die Beschreibungsformen des Mythos ganz mit den aus den evolutionstheoretischen Einsichten
gewonnenen Überlebensleistungen der menschlichen Gehirnphylogenese genau zusam-
menpassen. Darum ist Hübners Leistung für die weitere Erforschung des biologischen und
kulturellen Wesens des Menschen in einer wissenschaftlich zu erforschenden Anthropo-
logie gar nicht zu überschätzen.[24]

Hübner hat dieses Unternehmen einer wissenschaftlichen Erforschung des menschlichen Wesens – selbst auf intuitive Weise schon in seinem Werk „Kritik der wissenschaftlichen Vernunft" beginnend und in seinem Werk „Die Wahrheit des Mythos" stei-
gernd – sehr systematisch vorangetrieben, indem er die Entwicklung der menschlichen
Sinnstiftungsfähigkeiten in Form seiner Untersuchungen über die erst mit dem allmäh-
lichen Zerfall des Mythos beginnende Ausbildung von Religionsformen startet, welche –
aus dem Mythos kommend – erste Beschreibungsformen der Theologie hervorbringen. An
den ersten theologischen Denkformen und deren Verbindungen zu den von Hübner her-
ausgearbeiteten mythischen Denkformen von *mythischer Substanz*, *mythischer Qualität*
und *mythischer Quantität*, die im frühen Christentum von Bedeutung sind, zeigt Hübner
bereits, daß auch die nach dem Beginn des Zerfalls des Mythos auftretenden Religionsformen noch stark von mythischen Inhalten abhängig sind. Das ist alles leicht verständlich,
wenn man sich die Rolle der biologischen und der darauf folgenden kulturellen Evolution,
die sich über die Verschaltungsentwicklungen in den menschlichen Gehirnen vollzogen
hat, klarmacht. Schwerer verständlich ist allerdings, daß die aus dem mythischen Bewußtsein entstandenen Religionsformen noch immer weltbeherrschend sind, in denen sich die
Führungsfiguren selbst sogar noch als Hirten oder gar Oberhirten bezeichnen.

Demnach brauchen alle lebenden Systeme zur Bewältigung ihrer Überlebensproblematik eine ausgeprägte Erkenntnisfunktion. Und auch hier ist der gewählte Erkenntnisbegriff
gültig, indem einzelne wahrgenommene Situationen danach klassifiziert werden, ob von
ihnen eine Gefahr ausgeht oder nicht. Diese Klassifikationen aber sind das Allgemeine, in
das die einzelnen Situationen einzuordnen sind, was freilich bei den weitaus meisten lebenden Systemen ganz intuitiv geschieht. Erkenntnisse sind demnach feststellbare Zusam-

---

24   Vgl. Kurt Hübner, *Die Wahrheit des Mythos*, Beck Verlag, München 1985.

menhänge. Irrtümer aber lassen sich als Isolationen bezeichnen, in denen ein Zusammenhang, der eine Erkenntnis konstituiert, fehlt. Zusammenhangserlebnisse können darum Isolationserlebnisse zur Folge haben, die unsere Gefühlslage entsprechend der Erlebnisintensität negativ beeinflussen. Erkenntnisse fördern die Überlebenssicherheit, einerlei, ob es sich dabei um die Erkenntnisse von Gefahren, um Erkenntnisse von besseren Schutzmaßnahmen oder auch um Erkenntnisse über genießbare Nahrungsmittel handelt. Und darum ist es evolutionär bedingt, daß Zusammenhangserlebnisse unsere Gefühlslage positiv verändern und Isolationserlebnisse entsprechend negativ. Dies alles wird von unseren Gehirnen gesteuert und geleistet; denn sie sind unsere Sicherheitsorgane, und sie produzieren das mythische Bewußtsein und erfinden dazu die Götter und auch den einen Gott in den monotheistischen Religionen. Schließlich produzieren sie auch unsere Zusammenhangserlebnisse und belohnen unsere Bemühungen um Überlebenssicherheit mit besonderen Glückshormonen, wenn die methodische Reproduzierbarkeit der Zusammenhangserlebnisse gelingt, so daß wir dann beinahe beseligt von Erkenntnissen sprechen können.

Derartige Begründungen für die Möglichkeit von Wissenschaft, die als Metaphysik bezeichnet wird, erfordern begriffliches Denken, wozu wir Begriffe verwenden. Begriffe und deren Verbindungen sind das Handwerkzeug allen Argumentierens, des alltagssprachlichen und des wissenschaftlichen. Darum sollten wir nun herausfinden, was es mit den Begriffen auf sich hat, wie sie und ihre Verbindungsformen möglichst genau bestimmt werden können und in welchem besonderen Verhältnis sie zu den Erkenntnissen stehen, die durch sie nicht nur in den Wissenschaften möglich werden.

Was Begriffe sind und wozu wir wir sie gebrauchen können

6.1 Zu den grundsätzlichen Schwierigkeiten bei der Klärung des Begriffs vom Begriff

Obwohl Begriffe das wichtigste geistige Handwerkszeug der Neuzeit sind, ist es schwierig oder gar unmöglich, genau zu sagen, was wir unter einem Begriff verstehen. Denn dazu müßten wir uns von der Bedeutung der Begriffe einen Begriff machen:

Wir bräuchten einen Begriff vom Begriff!

Und schon haben wir uns in einem Zirkel verfangen oder sind in einen unendlichen Regreß des Begriffs vom Begriff vom Begriff usw. hineingeraten, so wie wir dies bereits von den Begründungen her kennen. Wir können nur versuchen darzustellen, *wie* wir Begriffe gebrauchen und *wozu* sie zu gebrauchen sind, d. h., wie mit ihnen hantiert wird und wie sie funktionieren. Indem wir die verschiedenen Arten des *Gebrauchs* und der *Funktion* von Begriffen klassifizieren, bringen wir sie wiederum auf Begriffe, die dann auch einen Namen erhalten sollen. Die Benennung eines spezifischen Gebrauchs oder einer Funktion wird im folgenden summarisch durch die Angabe von *Merkmalen* oder auch von *Kennzeichen* vorgenommen. Es wird dann einzeln zu untersuchen sein, inwiefern die Kennzeichen bzw. die Merkmale der Begriffe sie durch ihren Gebrauch oder durch ihre Funktion eindeutig als Begriffe charakterisieren.

Um den Gebrauch von Begriffen zu erfassen, ist nicht nur das Verhältnis der Begriffswelt zur Erscheinungswelt, d. h., zu der Welt des zu Begreifenden zu betrachten, sondern auch das Verhältnis der Begriffe untereinander. Denn indem Begriffe auf etwas zu Begreifendes angewendet werden, sind sie selbst als das Begreifende vom Begriffenen streng zu unterscheiden. Der erste, der in der Philosophiegeschichte den Unterschied zwischen

© Springer Fachmedien Wiesbaden GmbH, ein Teil von Springer Nature 2019
W. Deppert, *Theorie der Wissenschaft*, https://doi.org/10.1007/978-3-658-14024-3_6

dem Begriffenen und dem Begreifenden oder zwischen dem Beschriebenen und dem Beschreibenden klar herausgearbeitet hat, ist *Aristoteles*. Gleich zu Beginn seiner *Kategorienlehre* stellt er diesen Unterschied mit Hilfe seines Begriffs des *Homonymen* dar. Denn das Wort, mit dem wir einen Begriff bezeichnen, ist gleichlautend mit dem Wort, mit dem der zu beschreibende Gegenstand benannt wird. Auf diese begriffstheoretische Großtat des Aristoteles werde ich noch mehrfach genauer zu sprechen kommen.

Der Beantwortung der Frage, was wir unter einem Begriff verstehen, können wir nur in dem begrifflichen Bereich unseres Denkens näherkommen. Aufgrund der beschriebenen Zirkelhaftigkeit jedes Definitionsversuchs dessen, was wir mit dem Wort ‚Begriff‘ bezeichnen, läßt sich nur der relationale Umgang mit Begriffen bestimmen, wozu auch das Verhältnis des Begreifenden zum Begriffenen gehört. Darum läßt sich der Umgang mit Begriffen auf zweierlei Weise betrachten:

Zum einen *stehen* Begriffe untereinander *in gewissen Verhältnissen* oder *in bestimmten Beziehungen*, die gesondert von den Funktionen der Begriffe behandelt werden müssen. Hier läßt sich von *Zusammenhangsformen der Begriffe* oder von ihrem *rein begrifflichen Bezug* sprechen. Zum anderen *bewirkt* der Umgang mit Begriffen etwas. Die Anwendung der Begriffe hat entweder auf sie selbst oder auf das andere, worauf sie angewandt werden, eine Wirkung. Diese Wirkung sei als die *Funktion der Begriffe* gekennzeichnet. Wirkungsvorstellungen werden stets *existentiell* gedacht, d.h., es muß da etwas *geben*, worauf die Begriffe einwirken. Darum kann man die Funktion der Begriffe als ihren *existentiellen Bezug* bestimmen.

Die Funktionen der Begriffe hängen aber unlöslich mit ihren Zusammenhangsformen zusammen; denn das, was Begriffe bewirken, wird durch die Zusammenhangsformen der wirksamen Begriffe bestimmt, und umgekehrt lassen sich die Zusammenhangsformen als Wirkungen der Begriffe verstehen, durch die diese Formen von begrifflichen Zusammenhängen hervorgebracht werden. Nehmen Sie etwa das Beispiel des Periodensystems der Elemente. Da werden existierende chemische Elemente mit Begriffen bezeichnet, die untereinander einen theoretisch gut bestimmten Zusammenhang haben, etwa durch die Kernladungszahl, die Massenzahl, durch die Edelgaselektronenkonfiguration und die Unterscheidung der Elektronenkonfiguation eines Atoms von der der Edelgase. Hier haben die Zusammenhangsformen der Begriffe bewirkt, daß behauptet werden konnte, es müßten noch bestimmte chemische Elemente zu finden sein, und diese wurden dann auch tatsächlich gefunden. Hier läßt sich eine enorme Wechselwirkung zwischen begrifflichen Konstruktionen und ihren Anwendungen feststellen. Aber gerade deshalb sollen im Folgenden diese beiden Aspekte der statischen Zusammenhangsformen und der dynamischen Funktionalität in der Beschreibung des Wesens der Begriffe – auch aus noch zu erläuternden prinzipiellen Gründen – auseinandergehalten werden. Wenn von Merkmalen oder von Kennzeichen der Begriffe gesprochen wird, ist jeweils zu klären, in welchen Hinsichten ein Merkmal für die Funktionen, d. h. für den existentiellen Bezug oder für die Zusammenhangsformen, d. h., für den begrifflichen Bezug der Begriffe relevant ist.

6.2   Die Merkmale oder Kennzeichen der Begriffe hinsichtlich ihrer Zusammenhangsformen und ihrer Funktionen

Die erkenntnistheoretische Funktion der Begriffe ist einfach zu beschreiben. Denn in jeder Erkenntnis wird einem einzelnen Gegenstand ein Begriff zugeordnet, wobei als ein Gegenstand irgendein abgrenzbares Etwas unserer Vorstellungs- oder Erscheinungswelt gelten kann. Wenn z. B. jemand im Herbst in den Wald geht und einen dunkelbraunen, runden Gegenstand sieht, der auf einem etwas helleren, runden Stiel steht, dann wird er vielleicht sagen: „Das ist ein Pilz." Dadurch wird dem einzelnen wahrgenommenen Gegenstand ein Begriff zugeordnet und die Erkenntnis gewonnen: „Dieser Gegenstand ist ein Pilz."

Das Einzelne, das in einer Erkenntnis einem Allgemeinen zugeordnet wird, kann aber auch ein abstrakter Gegenstand sein. Als Beispiel dazu möge folgende Erkenntnis betrachtet werden:

„*Das Denken des Philosophen Sokrates ist eine Quelle unserer heutigen Gedanken.*"

Diese Erkenntnis sei als E1 bezeichnet. Die abstrakten einzelnen Gegenstände, die in E1 verwendet werden, sind einerseits ‚*das Denken des Sokrates*' und andererseits ‚*unsere heutigen Gedanken*'. Da es sich bei dieser Erkenntnis E1 um eine zusammengesetzte Erkenntnis handelt, müssen wir, um dies genauer sehen zu können, die genannte Erkenntnis E1 in die folgenden zwei Erkenntnisse E1a und E1b aufspalten:

- **E1a**: *Das Denken des Sokrates ist eine Gedankenquelle (QS).*

In dieser Erkenntnis ist ‚das Denken des Sokrates' das Einzelne und das ‚Gedankenquellesein' das Allgemeine. Wir können durch diese Erkenntnis die Definition D1 einführen, wobei eine Definition lediglich eine Abkürzung für einen begrifflichen Zusammenhang darstellt:

- **D1**: *Die Gedankenquelle QS bezeichnet ‚das Denken des Sokrates' als die Menge der bis heute wirksamen sokratischen Gedanken.*

Mit dieser Definition können wir nun die Erkenntnis E1b wie folgt formulieren:

- **E1b**: *Einige unserer Gedanken haben ihren Ursprung in der Gedankenquelle QS.*

In der Erkenntnis E1b sind es ‚*unsere Gedanken*', die das Einzelne des Erkenntnisgegenstandes darstellen und die dem Allgemeinen des bezeichneten gemeinsamen Ursprungs, nämlich dem ‚*Denken des Sokrates*' in Form von QS, zugehören.

Einmal tritt hier in E1a ‚*das Denken des Sokrates*' als etwas Einzelnes auf und mit Hilfe der Definition D1 in E1b als etwas Allgemeines. Dabei zeigt sich bei diesem Beispiel für abstrakte Erkenntnisgegenstände bereits der eigentümliche Fall, daß etwas Existierendes – die Gedanken des Sokrates – die Funktion des Einzelnen und – in anderer Hinsicht – die Funktion des Allgemeinen besitzen kann.

Aber auch bei schlichten Erkenntnissen können abstrakte Gegenstände auftreten. Dies läßt sich z. B. selbst im Walde erfahren, wenn unser Pilzsammler einen Pilzkundigen fragt, was für ein Pilz der gerade als Pilz erkannte Gegenstand ist. Dann wird der Pilzkundige vielleicht sagen: *„Dieser Pilz ist ein Maronenröhrling.“* In dieser Erkenntnis wird der Begriff ‚*Pilz*‘ in der Kombination mit dem hinweisenden Wort ‚*dieser*‘ bereits zur Kennzeichnung eines Gegenstandes benutzt, der dann dem Begriff ‚*Maronenröhrling*’ zugeordnet wird. Das Wort ‚*Maronenröhrling*’ bezeichnet hier einerseits den Begriff ‚*Maronenröhrling*’ und anderseits den Gegenstand ‚*Maronenröhrling*’. Diese doppelte Verwendung des Wortes ‚*Maronenröhrling*’ bezeichnet Aristoteles als Homonymität. Wenn man nun weiter fragt, ob man den Pilz essen kann, dann wird der Kenner sagen: *„Maronenröhrlinge gehören zu den guten Speisepilzen.“* In dieser Erkenntnis wird der Begriff ‚*Maronenröhrling*‘ als etwas Einzelnes behandelt, während das Allgemeine der Begriff des guten Speisepilzes ist, d. h., hier tritt schon der abstrakte Fall einer dreifachen begrifflichen Konstruktion auf: Der Begriff ‚*Guter Speisepilz*’ umfaßt den Begriff ‚*Maronenröhrling*’, und dieser wird von dem Begriff ‚*Pilz*‘ umfaßt.

Die Begriffshierarchie sieht so aus:

Der Begriff ‚*Pilz*‘ enthält den Begriff ‚*Guter Speisepilz*‘ und dieser enthält den Begriff ‚*Maronenröhrling*‘. Wenn man für die Relation des Umfassens ‚*A umfaßt B*’ „*A > B*“ schreibt, dann kann man diese begriffliche Relation der Pilze im Walde wie folgt darstellen:

Begriff ‚*Pilz*‘ > Begriff ‚*Guter Speisepilz*‘ > Begriff ‚*Maronenröhrling*‘.

Schon bei den einfachen Erkenntnissen im Walde fällt auf, daß das Einzelne einer Erkenntnis durchaus ein Begriff sein kann; denn der Begriff ‚*Maronenröhrling*‘ ist einer der einzelnen Begriffe, der von dem Begriff ‚*Guter Speisepilz*‘ umfaßt wird, und dieser ist wiederum ein einzelner Begriff, der etwa neben den weiteren einzelnen Begriffen des mäßigen Speisepilzes, des ungenießbaren Pilzes oder des giftigen Pilzes von dem Begriff ‚*Pilz*‘ umfaßt wird.

Diese Eigenschaft der Begriffe, in ihrer Relation zu anderen Begriffen die Funktion des Einzelnen oder die Funktion des Allgemeinen zu besitzen, findet sich überall, wo wir Begriffe anwenden, nicht nur in unseren Erkenntnissen über unsere sinnlich wahrnehmbare Welt, sondern ebenso in abstrakten Erkenntnissen. So könnte der geneigte Hörer dieser Vorlesung zu der Erkenntnis kommen: *„Philosophie ist nützlich“*, wobei der abstrakte Gegenstand ‚*Philosophie*‘ zugleich ein Begriff ist, der dem allgemeineren Begriff der Nützlichkeit zugeordnet wird. Denn so wie das Wort ‚*Maronenröhrling*‘ einen Begriff kennzeichnet, weil wir damit viele einzelne Pilze bezeichnen können, gilt dies auch für das Wort ‚*Philosophie*‘. Schließlich sind wir der Auffassung, daß die Philosophie als etwas Allgemeines verschiedene Tätigkeiten des Geistes umfaßt, die einzelne Arten der

Philosophie darstellen. So versuchen wir in der Philosophie, Methoden zum Erkennen des Seins zu entwickeln und Methoden zur Bestimmung des Wollens[25]. Man unterscheidet diese beiden Arten des Philosophierens als theoretische und als praktische Philosophie, wobei die praktische Philosophie allerdings auch enorm theoretisch sein kann, wenn man sich etwa Kants ,*Kritik der praktischen Vernunft*' anschaut. Das Wort ,*theoretisch*' wird dabei in dem ursprünglichen Sinn gebraucht, wonach es bedeutet ,*einen Bereich des Seins zu überschauen*'. Auch das Wort ,*praktisch*' wird hier in einem ursprünglicheren Sinn verwandt als es heute benutzt wird. Es bedeutet: *Die Bestimmung des Willens betreffend.* Theoretische und praktische Philosophie wären aber zu nichts nütze, wenn sie sich nicht anwenden ließen, darum läßt sich noch von einer weiteren Art der Philosophie sprechen, die ich hier als *angewandte Philosophie* oder auch als *ergastische Philosophie* (gr. ἡ ἐργασία = das Arbeiten, die Tätigkeit oder ἐργαστίκός = arbeitsam, bewirkend, wirksam, produktiv) bezeichnen möchte.

Zur ergastischen Philosophie gehören die angewandte theoretische Philosophie der Wissenschaftstheorie und die angewandte praktische Philosophie mit den Bereichen der Wirtschaftsphilosophie, der politischen Philosophie und auch der „Zoo" der Bindestrich-Ethiken, wie etwa Wirtschafts- und Unternehmens-Ethik, Medizin-Ethik, Pharmazie-Ethik, Umwelt-Ethik, u.s.w.. Der Begriff ,*Philosophie*' enthält demnach eine ganze Menge von einzelnen Begriffen, mit denen Teilgebiete der Philosophie gekennzeichnet werden, und für diese philosophischen Unterbegriffe gilt das Nämliche, d. h., auch sie enthalten als etwas Allgemeines weitere einzelne Spezialbegriffe, usf.

Die Doppelgesichtigkeit des Maronenröhrling-Begriffs oder des Philosophie-Begriffs, je nach Hinsicht etwas Einzelnes oder etwas Allgemeines zu bedeuten, gilt nicht nur für sie, sondern für alle Begriffe. Es ist ein formales Kennzeichen der Verwendung von Begriffen, das schon im rein begrifflichen Bereich auftritt und das im wissenschaftlichen Arbeiten wiederkehrt und – wie am Pilzbeispiel gezeigt – sich ebenso im tagtäglichen Leben strukturierend auswirkt, das sich wie folgt formulieren läßt:

▶ **Definition**   *Begriffe* sind diejenigen sprachlichen Elemente, mit denen wir je nach Hinsicht etwas Allgemeines oder Einzelnes beschreiben. Wenn wir dies aber in einer Verwendung zugleich können, dann handelt es sich dabei nicht um Begriffe.

Damit läßt sich nun ein erster Gebrauch von Begriffen klassifizieren und wie folgt kennzeichnen:

---

25 Früher hat man nicht vom Wollen, sondern nur vom Sollen gesprochen, wie etwa David Hume oder sogar auch noch Kant. Inzwischen ist klar geworden, daß wir auch jedes Sollen nur ausführen können, wenn wir es auch wollen, da unsere Muskeln zur Ausführung einer Handlung nur durch unser Wollen gesteuert werden, niemals aber durch das Sollen. Darum hat schon Kant bemerkt, daß wir niemals zu einer unmoralischen Handlung gezwungen werden können; denn bei der konkreten Ausführung müssen wir sie schließlich auch wollen, weil sich sonst keine Hand und kein Fuß rührt. Vgl. den Abschnitt „Vom Sollen zum Wollen" in W. Deppert, *Individualistische Wirtschaftsethik (IWE)*, Springer Gabler Verlag, Wiesbaden 2014, S. 67ff.

▶ **Definition**   *Erstes Kennzeichen von Begriffen: das zweiseitige oder zweischneidige Merkmal:* **Begriffe** sind solche sprachlichen Bedeutungsträger, die je nach Hinsicht entweder etwas Allgemeines oder etwas Einzelnes bedeuten.

Die *Zweiseitigkeit* dieses Kennzeichens der Begriffe wird aus offensichtlichen Gründen als das *zweiseitige Merkmal der Begriffe* bezeichnet; denn es hebt die beiden Hinsichten hervor, unter denen Begriffe betrachtet werden können, als etwas Einzelnes oder als etwas Allgemeines. Es tritt schon auf, wenn man nur mit Begriffen hantiert oder nur über die Beschreibung von etwas nachdenkt, ohne dabei zu berücksichtigen, ob und in welcher Weise dieses Etwas existiert oder existieren könnte. Hier handelt es sich um den reinen begrifflichen Bezug der Begriffe zueinander.

Das zweiseitige Merkmal der Begriffe ist das erste Mal von Aristoteles in seiner Kategorienlehre (2a14–16) mit den beiden Möglichkeiten, erste oder zweite Wesenheit zu sein, beschrieben worden, indem etwas je nach Hinsicht Art (εἶδός) oder Gattung (γένος) ist. Die eine Seite des Begriffs, Einzelnes sein zu können, ist für Aristoteles durch die Art gegeben und die zweite Seite, Allgemeines sein zu können, durch die Gattung. Und auch Aristoteles denkt in seiner Bestimmung des Art- und des Gattungsbegriffes bereits relativistisch; denn das, was in einer Hinsicht eine Gattung ist, kann in einer anderen Hinsicht eine Art sein, und ebenso kann man eine Art zu einer Gattung machen, wenn man zu ihr Unterarten bestimmt.

Das zweiseitige Merkmal der Begriffe ist ein relationales Merkmal, das die Form des Begriffspaares ‚Einzelnes – Allgemeines' hat. Es besitzt die Funktion, den Aufbau von hierarchischen Begriffssystemen zu bewirken. Diese Funktion soll jedoch noch später im Rahmen eines besonderen Merkmals beschrieben werden.

Oft wird gemeint, ein Begriff sei in jedem Fall etwas Allgemeines. Denn er umfasse stets das Einzelne, das mit ihm, etwa mit Hilfe eines hinweisenden (deiktischen) Wortes wie ‚dieses', angezeigt wird oder das ihm in einer Erkenntnis zugeordnet wird. Dies gilt, wenn Begriffe als Hinweise (Denotationen) auf etwas anderes als das, was sie selber sind, verwendet werden.[26] Wenn mit ihnen die Verhältnisse von Begriffen zu anderen Begriffen beschrieben werden, dann können Begriffe, wie im ersten Kennzeichen von Begriffen beschrieben, auch etwas Einzelnes sein. Das Merkmal, etwas Einzelnes zu sein, geht den Begriffen erst verloren, wenn wir sie auf Existenzbereiche anwenden, denen sie nicht zugehören.

Daß wir verschiedene Existenzbereiche zu unterscheiden haben, wird bei dem Versuch klar, die folgende Frage zu beantworten: *„Gibt es etwas, was es nicht gibt?".* Diese Frage läßt sich nur dann bejahend beantworten, wenn wir die beiden Verwendungen von *„es*

---

26   Vgl. W. Deppert, Zeichenkonzeptionen in der Naturlehre von der Renaissance bis zum frühen 19. Jahrhundert, in: Roland Posner, Klaus Robering, Thomas Sebeok (Hg.) *Semiotik; Semiotics. Ein Handbuch zu den zeichentheoretischen Grundlagen von Natur und Kultur; A Handbook on the Sign-Theoretic Foundations of Nature and Culture.* 2. Teilband / Volume 2, Walter de Gruyter, Berlin / New York 1998, Nr. 71. S. 1362 – 1376.

gibt" in der Fragestellung auf verschiedene Existenzformen beziehen, so daß nur die Existenz in einer bestimmten Existenzform, wie etwa die Existenz in der Erscheinungswelt abgesprochen wird, wenn wir behaupten, daß es etwas gibt, was es nicht gibt. Ohne diese Unterscheidung wäre diese Behauptung eine Kontradiktion, die freilich immer falsch ist. Wenn Begriffe die Eigenschaft haben, *nur* etwas Allgemeines sein zu können, dann stammen sie aus einer anderen Welt, einem anderen Existenzbereich als das Einzelne, das mit ihrer Hilfe unter etwas Allgemeines gebracht wird.[27] Und dies ist immer dann der Fall, wenn mit Hilfe eines Begriffs eine Erkenntnis gewonnen wird, wie etwa die: „Dieser Gegenstand der Erscheinungswelt ist ein Pilz". Obwohl der Begriff ‚Pilz' nicht in der Erscheinungswelt anzutreffen ist, formulieren wir doch mit seiner Hilfe eine Erkenntnis über die Erscheinungswelt. Und dies gilt für alle Erkenntnisse über irgendwelche Existenzbereiche, es sei denn, es handelt sich um den Existenzbereich der Begriffe selbst, den es natürlich auch geben muß; denn sonst könnten wir keine Begriffe zur Hand haben.

Eine weitere Funktion der Begriffe besteht also darin, daß wir mit ihnen in bestimmten Existenzbereichen Klassen oder Mengen von Gegenständen dadurch bilden und bezeichnen, daß wir mit Begriffen Gegenstände klassenbildend zusammenfassen. Demgemäß unterscheiden wir durch die Anwendung der Begriffe ‚Stuhl', ‚Tisch', ‚Bank' oder ‚Bett' die Menge der Stühle, von der Menge der Tische, und diese von der Menge der Bänke oder auch von der Menge der Betten u.s.w.. In dieser Verwendung haben die Begriffe einen Allgemeinheitscharakter gegenüber den einzelnen Gegenständen, die von den Begriffen in Klassen oder Mengen zusammengefaßt und mit den Namen der Begriffe, den *Begriffsnamen* bezeichnet werden. Man nennt dieses anwendende funktionale Begriffsverständnis auch das *extensionale* Verständnis der Begriffe. Denn mit der Extension eines Begriffes wird der Umfang der Menge oder der Klasse der Gegenstände bezeichnet, die durch den Begriff erfaßt wird. Dadurch teilen wir die Gegenstände eines Existenzbereichs in verschiedene Klassen auf und strukturieren damit diesen Existenzbereich. In der Alltagssprache benutzen wir Begriffe ganz selbstverständlich und strukturieren damit ebenso selbstverständlich unsere sinnlich wahrnehmbare Welt, etwa wenn wir sagen: *„Die uns umgebenden Gegenstände können wir aufteilen in Stühle, Tische, Wände, Blumen, Fliegen, Lampen, Steckkontakte, Menschen, u.s.w."* Damit können wir ein zweites formales Kennzeichen von Begriffen angeben.

▶ **Definition**   *Zweites Kennzeichen von Begriffen: Das strukturierende Merkmal:* **Begriffe** *sind solche sprachlichen Bedeutungsträger, die in ihrer Anwendung auf Existenzbereiche in denselben unterscheidbare Strukturen hervorbringen.*

Dieses *strukturierende Merkmal* benutzt Rudolf Carnap, um seine Theorie der drei Begriffsarten aufzustellen, die er als (1) klassifikatorische oder qualitative, (2) komparative

---

27   Nur in dieser Hinsicht hat die Ideenlehre Platons etwas für sich, indem sie deutlich macht, daß die Ideen als Urbilder der Gegenstände in der Welt des Werdens und Vergehens einem anderen Existenzbereich angehören als die Gegenstände, deren Abbilder sie sein sollen.

und (3) metrische oder quantitative Begriffe bezeichnet. Diese Begriffstheorie wird an anderer Stelle noch im einzelnen dargestellt werden.[28] Die mit dem strukturierenden Merkmal verbundene Funktion der Begriffe läßt sich nur erfüllen, wenn die Begriffe schon eine Bedeutung haben, bevor sie zur Klassenbildung benutzt werden. Diese Bedeutung heißt die *Intention* eines Begriffs. Sie bestimmt die Absicht, den Sinn oder die Bedeutung, die mit der Mengenbildung des Begriffs verbunden ist. Von einem relationalen Aspekt läßt sich bei diesem strukturierenden Merkmal insofern sprechen, als daß die Relationalität der Begriffe untereinander, die für das Strukturieren eines Existenzbereiches verwendet werden, auf diesen Existenzbereich mitübertragen wird. So haben wir bereits die Relationalität des Begriffspaares ‚Ursprüngliches – Abgeleitetes‘ auf menschliche Gedanken übertragen, so daß in der schon diskutierten Erkenntnis E1 unsere heutigen Gedanken zu etwas Einzelnem werden, während die sokratischen Gedanken durch ihren Quellencharakter die Struktur des Allgemeinen erhalten.

Normalerweise wird zur Strukturierung mit Begriffen der Existenzbereich der sinnlich wahrnehmbaren Gegenstände, die sogenannte *Erscheinungswelt*, gewählt.[29] Es kann aber Begriffe geben, die in dem Existenzbereich der sinnlich wahrnehmbaren Welt keine Anwendung finden, weil darin keine derartigen Gegenstände vorkommen, wie etwa das geflügelte Pferd *Pegasus*. Daraus zu schließen, daß solche Begriffe überhaupt keinen Gegenstand finden können, auf den sie anwendbar sind, ist ein beliebter Fehler der Analytischen Philosophie, seitdem Willard Van Orman Quine ihn in seinem Aufsatz ‚On what there is‘ 1948 in der Zeitschrift *Review of Metaphysics*[30] mit Inbrunst vorgetragen hat.[31] Sicher hat auch der Begriff ‚Philosophie‘ keinen Anwendungsbereich in der sinnlich wahrnehmbaren

---

28 Vgl. Carnap, Rudolf, *Einführung in die Philosophie der Naturwissenschaft*, München 1969.

29 Die *Erscheinungswelt* kann hier durchaus im Sinne Kants verstanden werden, der in der Transzendentalen Deduktion seiner *Kritik der reinen Vernunft* die Konstitution der Begriffe, der dazu passenden Objekte und das sie vorstellende Bewußtsein in einem Akt begreift, den er als die synthetische Einheit der transzendentalen Apperzeption kennzeichnet. Es stellt sich aber heraus, daß er die mit der reinen, ursprünglichen Synthesis der Apperzeption dargestellte Verbindbarkeit der reinen Formen der Sinnlichkeit mit den reinen Formen des Verstandes auf andere Existenzbereiche zu übertragen weiß. Dies gilt für den Existenzbereich der intelligiblen Welt (Klassifizierung der transzendentalen Ideen mit Hilfe der Kategorien oder entsprechende Klassifizierung der Begriffe des Guten und Bösen in Kants *Kritik der praktischen Vernunft*) oder für den Existenzbereich der ästhetischen Objekte (Aufteilung der Momente des Geschmacksurteils nach den vier Kategorienklassen in der Analytik des Schönen in Kants *Kritik der Urteilskraft*). Die hier im nächsten Abschnitt vorgenommene Unterscheidung von existentiellem und begrifflichem Denken ist demnach eine Verallgemeinerung von Kants Unterscheidungen von Sinnlichkeit, Verstand und Vernunft, wobei der Verstand das begriffliche Denken repräsentiert und die Sinnlichkeit und die Vernunft die Existenzbereiche liefern, auf die das begriffliche Denken des Verstandes angewandt werden kann.

30 Abgedruckt in: Quine, Willard Van Orman, *From a Logical Point of View*, Cambridge, Mass. 1953, veränderte Aufl. 1961. Deutsche Übers. Van Orman Quine, Willard, *Von einem logischen Standpunkt*, Ullstein Verlag, Frankfurt/M. 1979.

31 Dieser Existentialuniversalismus, nach der es nur eine Existenzform gibt, führt bei Nelson Goodman in seinem sehr lehrreichen Buch „Languages of Art" (Hackett Publishing Company,

Welt, weil das, was er umfaßt, wie etwa die praktische oder die theoretische Philosophie, keine sinnlich wahrnehmbaren Gegenstände sind. Dies gilt entsprechend für Gedanken oder Gedankenquellen. Aber läßt sich deshalb sinnvoll behaupten, es gäbe die Philosophie nicht, sei es nun als Lehrfach, als Interessengebiet oder als Tummelplatz für Wichtigtuer, oder gar, es gäbe gar keine Gedanken? Gewiß nicht, auch für Quine nicht; denn sonst hätte er sein Leben lang sich mit nichts beschäftigt oder wie man mit Nelson Goodman sagen könnte, mit leeren Denotationen von leeren Denotationen von leeren Denotationen …[32] Wir haben also der Vorstellungswelt selbst einen eigenen Existenzbereich zuzuweisen, der – wie sich bereits erwiesen hat – weiter untergliedert werden muß.[33] Gerade die Existenz dieser Vorstellungswelt ist als Erfüllung unseres Vorstellungsinnenraumes entscheidend für die Bestimmung des Menschen als eines historischen Wesens. Die Anwendungsfunktion der Begriffe bezieht also Begriffe auf einen bestimmten Existenzbereich, sei es auf den der sinnlich wahrnehmbaren Welt oder auf einen aus der Vorstellungswelt. Diese Funktion der Begriffe ist der *existentielle Bezug* der Begriffe. Er erfüllt die erkenntnistheoretische Funktion der Begriffe, Erkenntnisse über einen bestimmten Objektbereich mit Hilfe von Begriffen gewinnen zu können. Denn Erkenntnisse sind, wie gesagt, zu verstehen als Zuordnung eines einzelnen Gegenstandes eines bestimmten Existenzbereiches zu einem Begriff. In dieser Funktion tritt jeder Begriff als etwas Allgemeines auf. Diese Funktion bringt die zweite Kennzeichnung der Begriffe allgemein zum Ausdruck: Die Funktion der Begriffe besteht in ihrer *strukturgebenden* Anwendung auf bestimmte Existenzbereiche. Denn eine Struktur ist das Allgemeine zum Strukturierten; weil das Strukturierte mit der Struktur etwas Gemeinsames besitzt. Seit Aristoteles (*Metaphysik*, Buch VII(Z) 1038b11f.) ist dies die Definition von etwas *Allgemeinem*, daß es mehrerem zukommt.[34]

Vom existentiellen Bezug ist der *relationale oder der rein begriffliche Bezug* der Begriffe zu unterscheiden. Dabei geht es um die Beziehungen der Begriffe untereinander, d.h., um die Zusammenhangsformen der Begriffe, durch die das intentionale Verständnis der Begriffe erst möglich wird. Zum relationalen Bezug der Begriffe gehören die defini-

---

Indianapolis/Cambridge 1976, S.21) zu der skurrilen Behauptung, es gäbe leere Denotationen (null denotations).

32   Ebenda.

33   Immanuel Kant hat genau deshalb die Vernunft kritisiert, weil sie immer wieder dazu verleitet ist, Gegenstände der intelligiblen Welt für Gegenstände der Erscheinungswelt zu halten. Darüber hinaus zeigt Kant in seiner *„Kritik der reinen Vernunft"* mit aller Akribie, daß sich die Vernunft stets in Widersprüche verwickeln muß, wenn sie etwa den Fehler macht, den Vernunftideen einen Gegenstand in der Erscheinungswelt zuzuordnen.

34   Vgl. *Aristoteles' Metaphysik*, Bücher VII(Z) – XIV(N), Griechisch-Deutsch, Übers. Hermann Bonitz, hrsg. von Horst Seidel, Philosophische Bibliothek Band 308, Hamburg 1991. An der Stelle 1038b11f. Oder S. 60f. heißt es: „Denn das erste Wesen eines jeden Einzelnen ist diesem Einzelnen eigentümlich und findet sich nicht noch in einem anderen, das Allgemeine aber ist mehrerem gemeinsam; denn das heißt ja allgemein, was seiner Natur nach mehreren zukommt."

torischen Zusammenhänge sowie die schon genannte Zweiseitigkeit oder Doppelgesichtigkeit der Begriffe, das erste formale Kennzeichen der Begriffe, auf der einen Seite der Medaille etwas Einzelnes zu sein und auf der anderen etwas Allgemeines darzustellen, warum dieses Merkmal der Begriffe auch das *zweiseitige* Merkmal heißt.

Der *definitorische Zusammenhang* zwischen Begriffen stellt in der Regel eine einseitige Abhängigkeitsbeziehung dar, durch die das Definierte (das Definiendum) von den definierenden Bestandteilen (dem Definiens) abhängig gemacht wird und nicht umgekehrt. Wenn eine Klasse von Begriffen auf diese Weise verbunden wird, dann sei dieses definitorische System von Begriffen ein *definitorisch-hierarchisches Begriffssystem* genannt. Man kann auch von Begriffspyramiden sprechen, deren Begriffe definitorisch auf *undefinierte Grundbegriffe* zurückgeführt werden. Stellen wir hingegen begriffliche Beziehungen in Form wechselseitiger Bedeutungsabhängigkeiten von Begriffen untereinander fest, so sei von *ganzheitlichen Begriffssystemen* gesprochen.[35]

Hierarchische Begriffssysteme sind bisher *das* typische Kennzeichen wissenschaftlicher Begriffsbildung gewesen, während ganzheitliche Begriffssysteme mehr im Mythos, z. B. als die Paarbeziehung der Göttinnen Hemera (Tag) und Nyx (Nacht) oder in der Alltagssprache zu finden sind, etwa in Form von Begriffspaaren wie ‚links-rechts‘, ‚groß-klein‘, ‚wahr-falsch‘, ‚tot-lebendig‘, ‚Form-Inhalt‘ usw. oder von Begriffstripeln wie ‚vergangen-gegenwärtig-zukünftig‘, ‚lang-breit-hoch‘ oder von höher-elementigen Begriffs-n-tupeln wie sie durch die Organe eines Organismus gegeben sind. Die einseitigen und wechselseitigen Abhängigkeiten von Begriffen liefern ein drittes Kennzeichen von Begriffen.

▶ **Definition** *Drittes Kennzeichen von Begriffen: Das systembildende Merkmal:* **Begriffe** *sind solche sprachlichen Bedeutungsträger, die untereinander in einseitiger oder in wechselseitiger Bedeutungsabhängigkeit stehen können.*

Dieses *systembildende Merkmal der Begriffe* ist für hierarchische Begriffssysteme eine Folge des zweiseitigen Merkmals der Begriffe. Denn wenn jeder Begriff als etwas Einzelnes oder als etwas Allgemeines begriffen werden kann, dann entstehen durch jeden Begriff Begriffshierarchien aufsteigender oder absteigender Allgemeinheit. Darauf soll nun noch im Einzelnen eingegangen werden.

Der enorme Erfolg der Naturwissenschaften in den letzten 400 Jahren ist ganz sicher auf die Verwendung hierarchischer Begriffssysteme zurückzuführen. Diese beschreiben keine gegenseitigen Abhängigkeiten in ihren linearen Differentialgleichungen. Sie haben eine Baukasteneigenschaft, indem etwa die Summe zweier Lösungen wieder eine Lösung derselben Differentialgleichung ist. Inzwischen hat sich aber herausgestellt, daß dieses sehr erfolgreiche Baukastenprinzip der Naturwissenschaften schier unüberwindliche

---

35 Vgl. W. Deppert, Hierarchische und ganzheitliche Begriffssysteme, in: G. Meggle (Hg.), *Analyomen 2 – Perspektiven der analytischen Philosophie, Perspectives in Analytical Philosophy*, Bd. 1. *Logic, Epistemology, Philosophy of Science*, De Gruyter, Berlin 1997, S. 214–225.

Hindernisse aufwirft, wenn es darum geht, gegenseitige Abhängigkeiten zu beschreiben, die auf nichtlineare Differentialgleichungen führen. Diese sind in den allermeisten Fällen nicht analytisch lösbar und zeigen hinsichtlich ihrer Abhängigkeit von Anfangs- und Randbedingungen ein chaotisches Verhalten. Überall wo Systeme mit Wechselwirkungen zu beschreiben sind, sei es in der Gravitationstheorie, in der Quantentheorie, in der Physiologie lebender Systeme oder auch in der Volkswirtschaftslehre, jedes Mal stoßen wir in der mathematischen Beschreibung dieser Systeme auf unlösbare Probleme.

Das systembildende Merkmal der Begriffe besteht jedoch aus zwei Formen der Bedeutungsabhängigkeit der Begriffe. Bisher wurde in der Mathematik und der Naturwissenschaft ausschließlich auf die einseitige Bedeutungsabhängigkeit gesetzt und die gegenseitige Bedeutungsabhängigkeit vollständig vernachlässigt, so daß nur hierarchische Begriffssysteme betrachtet wurden. Durch die wechselseitige oder gegenseitige Bedeutungsabhängigkeit kann es aber ganzheitliche Begriffsysteme geben. Eigentümlicherweise bilden wir die ganzheitlichen Begriffsysteme nicht zielbewußt aus; doch finden wir sie in unserer Sprache in Form von Begriffspaaren oder Begriffstripeln vor. Vor allem aber lassen sich die grundlegenden ganzheitlichen Begriffsysteme wie es z.B. die Begriffspaare sind, nicht wie die hierarchischen Begriffsysteme schrittweise aufbauen. Entweder versteht man beide Begriffe des Begriffspaares gleichzeitig oder gar nicht. Wir können nicht erst definieren, was ‚hoch' bedeutet und daraus dann erklären, was ‚tief' heißt, es sei denn wir benutzen dazu das Begriffspaar ‚oben – unten', aber dann müssen wir dessen Bedeutung schon als Ganzes kennen. Außerdem benutzen wir ganzheitliche Begriffsysteme bereits in der Anatomie von Lebewesen. Diese stellen offenbar Ganzheiten dar, indem nämlich ihre Organe in gegenseitiger existenzieller Abhängigkeit stehen, was sich daran erkennen läßt, daß das ganze System zugrunde geht, wenn nur ein Organ vollständig versagt oder zerstört ist oder auch herausgenommen wird. Das Benutzen von ganzheitlichen Begriffsystemen erfolgt aber auch in der Medizin nur intuitiv, ohne einen erkenntnistheoretisch ausgearbeiteten Begriff von ganzheitlichen Begriffsystemen zu haben.

Es könnte nun sehr wohl möglich sein, daß die hier nur kurz angerissenen mathematischen Probleme in den Wissenschaften, in denen Systeme mit gegenseitigen Abhängigkeitsformen eine Rolle spielen, einer Lösung näher gebracht werden können, wenn wir es lernen, ganzheitliche Begriffsysteme mathematisch zu beschreiben und zu klassifizieren. Aufgrund der Wichtigkeit dieser Bemerkung, müssen wir auf diese Zusammenhänge an anderer Stelle noch näher eingehen.

Zusammenfassend kann die Frage nach den Kennzeichen oder den Merkmalen von Begriffen wie folgt beantwortet werden:

▶ **Definition** *Begriffe sind sprachliche Bedeutungsträger, die* **das zweiseitige, das strukturierende und das systembildende Merkmal** *besitzen.*

Es mag abschließend noch deutlich darauf hingewiesen werden, daß Begriffe hier stets an eine sprachliche Repräsentation gebunden sind. Lebewesen, von denen wir nicht wissen, ob sie über irgend eine Art von Kommunikationsmittel verfügen, brauchen sicher zur

Überwindung ihres Überlebensproblems auch bestimmte innere Repräsentationsfunktionen, etwa um ein Gedächtnis für Gefahrensituationen und mögliche Abwehrreaktionen ausbilden zu können. Wenn wir diese Verhaltensformen an Lebewesen studieren, dann können wir freilich nicht anders, als zu versuchen, diese mit unseren begrifflichen Mitteln zu erfassen. Daraus zu erschließen, daß die untersuchten Lebewesen darum auch über ein begriffliches Denken verfügen, ist eine besondere Form eines naturalistischen Fehlschlusses, indem von einer Theorie auf die Existenz dessen geschlossen wird, was in der Theorie aus erkenntnislogischen Gründen als Gegenstand angenommen werden muß. Dennoch ist es sicher erlaubt, Theorien über das Verhalten von Lebewesen zu machen, nur die Art der Verfügbarkeit von Begriffen kann grundsätzlich nicht erschlossen werden. Und dies gilt sogar für Menschen mit einem mythischen Bewußtsein.

Bei ihnen liegt aber mit dem Vorhandensein einer Sprache eine wesentliche Voraussetzung zur Begriffsbildung bereit, indem sich die Sprachinhalte von dem tatsächlichen Vorhandensein der entsprechenden Objekte in der sinnlich wahrnehmbaren Wirklichkeit zu lösen beginnen, so daß der Sprache dann die Aufgabe zufallen kann, eine hinweisende Funktion auf etwas Wirkliches zu besitzen, das etwas anderes ist, als die Sprache selbst. Damit läßt sich erkennen, daß eine wesentliche Voraussetzung für das Denken in Begriffen die Sprachlichkeit ist, die eine Trennung von Wort und Wirklichkeit und somit eine Trennung von Beschreibendem und Beschriebenem zuläßt. Natürlich ist es denkbar, daß diese Verweisungsfunktion auch in Kommunikationsmitteln auftritt, die von der Sprech- oder Schriftsprache verschieden sind, wie es etwa für die vielen Formen von Zeichensprachen gilt. Auch dann sind die Bedingungen für die Bildung und Anwendung von Begriffen erfüllt. So haben wir etwa bei den Tieren anzunehmen, daß auch sie in der Lage sind, ihre Umwelt danach zu klassifizieren, was eine Gefahr bedeuten und womit der eigene Energiebedarf gedeckt werden kann.

6.3 Die Unterscheidung von existentiellem, begrifflichem und anwendendem oder ergastischem Denken

Die Ableitung und Besprechung der genannten drei Merkmale von Begriffen haben deutlich gemacht, daß wir drei verschiedene Arten des Denkens unterscheiden können:

1. Das Denken über etwas in einer bestimmten Existenzform Gegebenes. Dieses Denken mag das *existentielle Denken* genannt werden.[36]

---

36 Wie sich bereits zeigte, sind Kants reine und empirische Anschauungen spezielle Formen des existentiellen Denkens aber auch die Vernunfttätigkeit, die über die transzendentalen Ideen oder über die Begriffe des Guten und des Bösen nachdenkt und sogar auch die Tätigkeit der Urteilskraft, die die Momente des Schönen zu unterscheiden weiß.

2. Das Denken in rein begrifflichen Bezügen der Begriffe, indem Begriffe konstruiert oder etwa in Definitionen miteinander kombiniert werden. Dieses Denken heißt das *begriffliche Denken*.[37]

3. Das Denken, durch das begriffliche mit existentiellen Vorstellungen verbunden werden. Dies kann dadurch geschehen, daß Existenzbereiche durch Begriffe bestimmt oder daß Begriffe auf Inhalte dieser Existenzbereiche angewandt werden. Dieses verbindende Denken mag als das *anwendende oder auch als das ergastische Denken* bezeichnet werden. Es ordnet den vom existentiellen Denken gedachten Existenzbereichen Strukturen des begrifflichen Denkens zu.

Diese Einsichten seien noch einmal kurz anhand der erkenntnistheoretischen Funktionen der Begriffe zusammengefaßt:

Wir wollen mit Begriffen etwas beschreiben, und das heißt: Begriffe sind *Werkzeuge* des Beschreibens. Darum können wir erstens darüber nachdenken, *was* wir, zweitens *womit* wir und drittens *wie* wir, d. h., mit welchen Werkzeugen wir etwas beschreiben wollen. So bemerkte schon Aristoteles, daß wir den Begriff ‚Mensch‘ benutzen, um einen Menschen zu beschreiben, daß aber der Begriff ‚Mensch‘ von dem wirklichen Menschen, den wir damit kennzeichnen, sehr verschieden ist. Und dennoch müssen wir das gleiche Wort dazu benutzen, und darum führt Aristoteles – wie bereits erwähnt – gleich zu Beginn seiner Kategorienschrift den Begriff der *Homonymität* ein, um uns auf die folgenden zwei grundsätzlich verschiedenen Denkmöglichkeiten aufmerksam zu machen:

1. Das Denken über das Existierende, über das, was es gibt, was vorhanden ist und was wir beschreiben wollen. Diese Art des Denkens ist das bereits beschriebene *existentielle Denken*.

2. Das Denken über die Mittel und Möglichkeiten, etwas Existierendes zu beschreiben. Diese Art des Denkens werde das *begriffliche Denken* genannt, da mit ihm etwas begriffen wird.

Das begriffliche Denken stellt die Denkwerkzeuge bereit, mit denen im existentiellen Denken das Vorhandene beschrieben wird, während wir im existentiellen Denken darüber nachdenken, was es gibt, in welcher Existenzform es auftritt und in welcher nicht. So interessieren wir uns im begrifflichen Denken vordringlich um begriffliche Konstruktionen, um die Konstruktion von Begriffssystemen und wie wir damit etwas beschreiben können, was wiederum begrifflich gefaßt ist. Solche begrifflichen Fassungen können etwa die Vorstellungen von einem Gegenstand oder einer Klasse von Gegenständen oder von unterscheidbaren Bereichen von Gegenständen sein.

Meistens findet das begriffliche Denken intuitiv statt, so daß wir für viele der im täglichen Leben benutzten Begriffe gar keine expliziten Definitionen kennen. Der junge Im-

---

37 Wie bereits erwähnt, vollzieht sich bei Kant das begriffliche Denken im Verstand, da dieser für Kant das Vermögen zu Begriffen ist.

manuel Kant ist der Meinung, daß wir die Begriffe durch ihren sprachlichen Gebrauch erlernen und eben nicht durch Definitionen. Zu dem gleichen Ergebnis kommt der ältere Ludwig Wittgenstein in seinen *Philosophischen Untersuchungen*, freilich fällt ihm vermutlich aus Unkenntnis des Kantischen Werkes nicht auf, daß er den Gebrauch, durch den die Worte ihre Bedeutung erhalten, klassifizieren muß, wenn denn der Hinweis auf die Bedeutungskonstitution durch den Wortgebrauch überhaupt einen erkenntnistheoretischen Gewinn bringen soll. Wittgenstein läßt sich in diesem Spätwerk sogar zu der unhaltbaren These hinreißen, wir würden nur in Sprache denken.[38] Wie oben eindringlich dargelegt, brauchen aber alle Lebewesen Erkenntnisse, um ihre Überlebensproblematik zu bewältigen, wozu sie gewiß auch über eine nichtsprachliche Denkfähigkeit verfügen können müssen. Natürlich funktioniert dies nicht absichtsvoll, sondern intuitiv. Entsprechend ist in uns noch die Fähigkeit zu einem intuitiven Umgang mit unserer Umwelt und sicher auch mit unserer Innenwelt angelegt, und dies bedeutet, auch die Fähigkeit zu einer intuitiven Begriffsbildung, die ganz gewiß aber durch den sprachlichen Gebrauch unterstützt werden kann. Aber hat denn Herr Wittgenstein niemals einen musikalischen Gedanken gedacht und diesen Gedanken auch weitergedacht, so wie dies alle Komponisten tun, was aber im Prinzip auch jeder können würde, wenn er in der Schule nur das Notenschreiben so gelernt hätte, wie das Buchstabenschreiben. Entsprechendes gilt für alle Kunstarten, in denen wir in den Formen denken, die eine Kunstart bestimmen. Und all dies sind natürlich keine sprachlichen Gedanken, warum es ja die Künste gibt, weil wir etwas zu denken vermögen, was sich nicht sprachlich ausdrücken läßt, aber auch nach Kommunikation drängt. Dennoch werde ich mich einstweilen nur auf das sprachliche Kommunizieren beschränken, wenn es hier um die verschiedenen Arten des Denkens geht, die sich freilich auch entsprechend in den verschiedenen Kommunikationsformen der Künste ausdifferenzieren lassen.

Auf das anwendende Denken nimmt Aristoteles in seiner Kategorienschrift nicht explizit Stellung. Aber es ist auch schon bei ihm deutlich, daß das existentielle Denken mit den Anwendungsbezügen der Begriffe arbeitet, während das begriffliche Denken mit den relationalen oder den rein begrifflichen Bezügen der Begriffe selbst umgeht.

Nun bedeutet die *bestimmte Existenz* von etwas, daß wir auf dieses Etwas in irgendeiner Hinsicht bezug nehmen, auf es hinweisen können, was eine besondere Funktion des anwendenden Denkens ist. Und es gibt so viele Existenzformen, wie wir grundsätzlich verschiedene Möglichkeiten des Denotierens, des Aufweisens oder Hinweisens besitzen. Wir müssen aber diesen Hinweis stets mit bestimmten begrifflichen Mitteln vollbringen. *Darum ist existentielles Denken über das ergastische oder anwendende Denken stets vom begrifflichen Denken abhängig.* Wir können in irgendeiner Existenzform grundsätzlich nur das erkennen, was wir auch begrifflich erfassen können. Das ist die Einsicht, die wir in voller Klarheit erst von Immanuel Kant gelernt haben. Aber es gilt auch das Umgekehrte: Unseren bewußten oder unbewußten begrifflichen Konstruktionen liegt immer irgend etwas Gegenständliches, etwas Existentielles zugrunde, und sei es nur in Form von

---

38 Vgl. Ludwig Wittgenstein, *Philosophische Untersuchungen*, in: Ludwig Wittgenstein, Schriften 1, Suhrkamp Verlag, Frankfurt am Main 1969, S. 279–544.

noch unklaren Repräsentanten für etwas Existentielles in unserer Vorstellungswelt als so etwas, wie Ahnungen oder Visionen oder gar Gefühle, die auf etwas hinweisen, das sich uns noch nicht zu erkennen gegeben hat. Alle diese Zusammenhänge können intuitiv, d. h., ohne daß sie bewußt erkannt sind, vorhanden sein und etwa bei der Begriffsbildung wirksam werden.

Das systembildende Merkmal der Begriffe ist hier durch die Zusammenhangsform der Begriffe eingeführt worden, die durch die Möglichkeit bestimmt ist, Begriffe durch Definitionen miteinander zu verbinden. Wenn sich ein Begriffssystem auf einen bestimmten Existenzbereich anwenden läßt, dann müssen die durch die Begriffe des Begriffssystems markierten Gegenstände dieses Existenzbereiches in eben dem systematischen Zusammenhang stehen, wie dies für die Begriffe des Begriffssystems gilt. Darauf wies ich bei der Besprechung des strukturierenden Merkmals der Begriffe bereits hin, als ich behauptete, daß die Relationalität der Begriffe untereinander, die für das Strukturieren eines Existenzbereiches verwendet werden, auf diesen Existenzbereich mit übertragen wird. Als Beispiel gab ich die Relationalität des Begriffspaares ‚Ursprüngliches – Abgeleitetes‘ an, die sich auch auf menschliche Gedanken anwenden läßt, etwa wenn behauptet wird, daß die Gedanken des Sokrates einen Ursprungscharakter für unsere heutigen Gedanken besitzen.

In der erfolgreichen Anwendung begrifflicher Zusammenhänge tritt eine Besonderheit des existentiellen Bezuges der Begriffe zutage, die bisher nur angedeutet aber nicht genügend klargestellt wurde. Dies ist die Möglichkeit, daß, so wie im begrifflichen Bezug eine Unterscheidung von Einzelnem und Allgemeinem möglich ist, auch im existentiellen Bezug Einzelnes von Allgemeinem unterschieden werden kann. Ein Raum enthält zum Beispiel Teilräume, die auch als Unterräume bezeichnet werden mögen, und ein Unterraum kann wiederum Unterunterräume enthalten, usf.. Das Entsprechende läßt sich für Zeiten sagen, die kleinere Zeiten umfassen, usw. Und das gleiche Verhältnis haben wir sogar schon im Mythischen bei Ober- und Untergottheiten, oder bei den diversen Ausformungen ein und derselben mythischen Substanz. Und kennen wir diese Beziehung nicht auch aus unserer Naturwahrnehmung? Ist nicht der Apfelbaum das Allgemeine zu den einzelnen Apfelblüten, den Apfelblättern und schließlich zu den Äpfeln, die er trägt? Gewiß doch! Bei all diesen Beispielen sind offensichtlich – wenn wir nur die aristotelische Definition des Allgemeinen strikt anwenden – Unterscheidungen zwischen Allgemeinem und Einzelnem möglich, die in der gleichen Existenzform liegen. Ganz selbstverständlich ist uns diese Beziehung in der Existenzform der mathematischen Konstrukte oder auch in der Existenzform der begrifflichen Konstruktionen.

Hierbei läßt sich der Unterschied zwischen dem begrifflichen und dem existentiellen Denken noch etwas deutlicher herausarbeiten. Denn wenn ich in ein und derselben Existenzform mit meinen Konstruktionen bleibe, dann kann ich begriffliches und existentielles Denken kaum oder gar nicht unterscheiden. Wenn ich z. B. in der Existenzform der begrifflichen Konstruktionen arbeite und begrifflich denke, weil ich noch keine Idee verfolge, auf welche Existenzform ich meine Konstruktionen anwenden will, dann könnte man sagen, daß das Herstellen von Zusammenhängen mit bestimmten Begriffen auf die gleiche Existenzform bezogen ist, in der es diese Begriffe gibt. Dabei können Begriffe auf Begriffe angewendet werden, wodurch ein sehr kompliziertes Gestrüpp von begrifflichen Beziehungen entstehen kann, wie wir es z. B. in der Mathematik vorfinden. Wer nun meint – wie z. B. der junge Willard Van Orman Quine – , es gäbe für ihn nur eine einzige Existenzform, der kann nicht zwischen dem Wirklichen und dem Möglichen unterscheiden, und er müßte darum ein mythisches Bewußtsein besitzen, in dem sich Wort und Wirklichkeit noch nicht trennen lassen. Sobald ich aber etwas denken kann, das in der Erscheinungswelt *nicht* wirklich ist, dann habe ich die Welt des Denkens von der Welt der Sinnlichkeit abgespalten, und meine Begriffe gibt es in der Existenzform des Denkens, wenn ich sie durch begriffliches Denken hergestellt habe. Wenn ich sie aber auf eine andere als die begriffliche Welt anwenden will, dann steige ich deutlich in das existentielle Denken um.

Wenn man ganz genau hinschaut, dann läßt sich der Unterschied zwischen begrifflichem und existentiellem Denken auch innerhalb des Arbeitens in einer einzigen Existenzform ausmachen. Denn im existentiellen Denken stelle ich eine Verbindung zu etwas her, was es schon gibt, während ich im begrifflichen Denken versuche, etwas Neues hervorzubringen, d. h., im begrifflichen Denken befinde ich mich in einem Möglichkeitsraum, dessen Möglichkeiten allerdings von den Bedingungen der Existenzform des Denkens abhängen, in der etwas für möglich gehalten wird. Darum entsprechen im Kantischen Sinne dem existentiellen Denken das Verbinden von Vorstellungen in der Sinnlichkeit, dem ergastischen oder anwendenden Denken der Bezug des Verstandes mit Hilfe der Einbildungskraft auf das in der Sinnlichkeit Gegebene, während das begriffliche Denken in der aktiven Tätigkeit des Verstandes des Umgangs mit Begriffen zu sehen ist. Kant spricht von der Spontaneität des Verstandes und meint damit das aktive Vermögen, etwas Begriffliches hervorzubringen, während die Sinnlichkeit nur die passive Fähigkeit besitzt, affiziert zu werden. Dadurch liegt in ihr das gegebene Material der Sinnlichkeit vor, aus dem der Verstand mit seinen Begriffen und der produktiven Einbildungskraft schließlich auch die Objekte konstituiert. Das hier vertretene Konzept geht freilich insofern über Kant hinaus, als daß in ihm viele verschiedene Existenzformen angenommen werden, etwa auch *die* der im Verstande konstruierten Begriffe.

Die Feststellung, daß sich der relationale Bezug der Begriffe untereinander durch ihren existentiellen Bezug ihrer Anwendung auf die Gegenstände des Objektbereiches überträgt, sollte uns gewiß nicht zu der Behauptung verleiten, daß die Apfelbäume deshalb Äpfel tragen, weil wir unsere Begriffe so gebaut haben, daß sie diesen Umstand beschreiben können. Dies bedeutet, daß uns das Gegebene sicher zu bestimmten Begriffsbildungen anregt. Und wenn wir das in einer Existenzform Gegebene begrifflich erfassen wollen, dann müssen wir uns mit unseren Begriffskonstruktionen so lange herummühen, bis wir den Eindruck haben können, daß sie nun adäquat passen. In einer vollständig befriedigenden Weise wird dies aber wohl kaum jemals gelingen. Hierdurch wird noch einmal der Unterschied zwischen dem begrifflichen und dem existentiellen Denken deutlich: Während ich im begrifflichen Konstruieren frei bin und darum sehr viel mehr konstruieren kann, als ich jemals adäquat anwenden könnte, muß ich im existentiellen Denken stets darauf bedacht sein, daß sich das Konstruierte auf einen bestimmten Existenzbereich zum Passen bringen läßt.

6.4   Konsequenzen aus den definierten Merkmalen der Begriffe

6.4.1   Innen- und Außenbetrachtungen und ganzheitliche und hierarchische Begriffssysteme

Es sind die relationalen Beziehungen zwischen Begriffen, die ich als Zusammenhangsformen der Begriffe bezeichnet habe und die nun zu untersuchen sind. Dazu ließen sich das zweischneidige oder zweiseitige Merkmal und das als systembildend gekennzeichnete Merkmal der Begriffe als zwei Grundformen des Zusammenhangs von Begriffen finden. Diese beiden Merkmale machen zwei verschiedene Betrachtungen oder Bestimmungen von Begriffen möglich, je nachdem, ob man die Begriffe als etwas Allgemeines oder als etwas Einzelnes betrachtet. Versteht man einen Begriff als etwas Allgemeines, so führt dies zur *Innenbetrachtung*, d. h., man kann nach denjenigen Begrifflichkeiten fragen, die von dem betreffenden Begriff als Allgemeines umfaßt werden. Versteht man den Begriff als etwas Einzelnes, so läßt sich die *Außenbetrachtung* dieses Begriffes vornehmen, d.h., man sucht nach Beziehungen des Begriffs zu anderen Begriffen, in denen dieser Begriff mit anderen Begriffen stehen könnte, wobei diese Beziehungen das Allgemeine liefern, unter das der Begriff als etwas Einzelnes subsumiert werden kann. Diese Überlegungen zeigen, daß es sinnvoll ist, von *unbestimmten Innen- und Außenbetrachtungen* zu sprechen, wenn sie sich auf das zweiseitige Merkmal der Begriffe beziehen und von *bestimmten Innen- und Außenbetrachtungen*, wenn sie aufgrund des systembildenden Merkmals vorgenommen werden.

Faßt man im Sinne des zweiseitigen Merkmals der Begriffe einen Begriff als etwas Allgemeines auf, so führt seine relationale Bestimmung zu seiner *unbestimmten Innenbetrachtung*. Durch diese Innenbetrachtung eines Begriffes B können wir erfahren, welche einzelnen Begriffe B_j er umfaßt. So findet man für den Begriff ‚Brot‘ in seiner Innenbetrachtung die Begriffe ‚Schwarzbrot‘, ‚Weißbrot‘, ‚Rosinenbrot‘, ‚Leinsamenbrot‘, ‚Knäckebrot‘, usw. Diese Innenbetrachtung ist unbestimmt, weil sich nicht sagen läßt, wann und wodurch eine vollständige Angabe aller Begriffe gefunden ist, die der Begriff Brot umfaßt. Sieht man hingegen den Begriff B als etwas Einzelnes an, dann kommen wir zu seiner *unbestimmten Außenbetrachtung*, durch die wir erfahren, in welcher Beziehung der Begriff B zu ganz anderen Begriffen A_j steht. So zeigt sich für die Außenbetrachtung des Begriffes ‚Brot‘, daß er mit den Begriffen ‚Kuchen‘, ‚Brötchen‘, ‚Kopenhagener‘, ‚Berliner‘, ‚Torte‘, ‚Plätzchen‘, usw. unter dem Allgemeinbegriff ‚Backware‘ zusammengefaßt werden kann. Diese Außenbetrachtung ist unbestimmt, weil die Innenbetrachtung des Oberbegriffs ‚Backware‘ unbestimmt ist, aber sie ist es auch darum, weil wir den Begriff ‚Brot‘ auch unter einen anderen allgemeineren Begriff, wie z.B. ‚menschliches Erzeugnis‘ einordnen können, und dann stünde der Begriff ‚Brot‘ in seiner Außenbetrachtung in einem Zusammenhang mit Begriffen wie ,Tisch', ,Eisenbahn', ,Computer' oder auch ,Raumstation'.

Kant hat diese Fähigkeit des Menschen, Einzelnes mit Hilfe von beliebigen Begriffen zusammenfassen zu können, die reflexive Urteilskraft des Menschen genannt[39], die für ihn aus prinzipiellen Gründen niemals zu eindeutigen Urteilen führen kann. Dies läßt sich entsprechend für die sogenannten Innen- und Außenbetrachtungen eines Begriffs einsehen. So kann man jeden Oberbegriff, wie etwa den der Backware wieder als etwas Einzelnes auffassen. Denn der Begriff ,Backware' ist mit den Begriffen ,Gemüse', ,Obst', ,Fleisch', ,Käse', usw. vergleichbar, wenn man sie unter dem Oberbegriff ,Eßware' zusammenfaßt. Und auch diese Außenbetrachtung ist in dem genannten Sinne nicht eindeutig bestimmt; denn sie könnte auch anders vorgenommen werden. Demnach können wir unbestimmte Außenbetrachtungen von unbestimmten Außenbetrachtungen von unbestimmten Außenbetrachtungen usf. untersuchen und ebenso unbestimmte Innenbetrachtungen von unbestimmten Innenbetrachtungen usf. Und gewiß wird ein Begriff durch seine fortgesetzten Außen- und Innenbetrachtungen immer schärfer bestimmt, auch wenn es sich um unbestimmte Innen- und Außenbetrachtungen handelt. Bestimmte Innen- und Außenbetrachtungen finden sich, wenn wir Begriffe mit Blick auf die systembildenden Merkmale der Begriffe untersuchen. Danach sind Begriffe *Bedeutungsträger*, die untereinander *in einseitiger oder in wechselseitiger Bedeutungsabhängigkeit* stehen können. Die Innenbetrachtung eines Begriffs beleuchtet dann die Frage, durch welche Begriffe seine Bedeutung festgelegt ist, und die Außenbetrachtung untersucht, welche Begriffe der betrachtete Begriff in ihrer Bedeutung mitbestimmt.

Bei *definitorisch-hierarchischen Begriffssystemen* führt die Folge der möglichen Innenbetrachtungen zu Endpunkten, die als undefinierte Grundbegriffe bezeichnet werden. Die Folge der Außenbetrachtungen ist hingegen unbegrenzt. Da es sich hier um definitorisch festgelegte Zusammenhänge zwischen den Begriffen handelt, liegt das Ergebnis jeder Innen- und jeder Außenbetrachtung eindeutig fest.

Bei *ganzheitlichen Begriffssystemen* führt die Folge der Innenbetrachtungen wie die der Außenbetrachtungen zu dem betrachteten Begriff zurück, da die Bedeutungsabhängigkeit zirkulär ist. Auch diese Zusammenhänge sind eindeutig bestimmt, obwohl sie in den meisten Fällen nicht durch definitorische Willkür zustandekommen, sondern aus dem Sprachgebrauch entnommen sind oder aufgrund der Erforschung von Ganzheiten gefunden werden. Die definitorischen und ganzheitlichen systembildenden Merkmale führen also auf *bestimmte* Innen- und Außenbetrachtungen von Begriffen. Für Kant ist hier die bestimmende Urteilskraft im Einsatz.[40]

---

39   Vgl. Immanuel Kant, *Kritik der Urteilskraft*, Verlag von F. T. Lagarde, Berlin 1790 und 1793, A XXIV, B XXVI.0

40   Vgl. ebenda A XXIII/XXIV und B XXV/XXVI. Kant schreibt dort: „Urteilskraft überhaupt ist das Vermögen, das Besondere als enthalten unter dem Allgemeinen zu denken. Ist das Allgemeine gegeben, so ist die Urteilskraft, welche das Besondere darunter subsumiert, be-*stimmend*. Ist aber nur das Besondere gegeben, wozu sie das Allgemeine finden soll, so ist die Urteilskraft bloß *reflektierend*." Ich habe hier die Innenbetrachtung unbestimmt genannt,

6.4.2   Begründungsendpunkte, die mythogenen Ideen

Aufgrund ihres strukturierenden Merkmals, durch das mit Hilfe von Begriffen Existenzbereiche strukturiert werden können, haben Begriffe eine ordnungsstiftende Funktion für
die Existenzbereiche und deren Verbindungen. Diese Ordnungsfunktionen können sie nur
erbringen, wenn das Ganze *dessen* irgendwie vorgestellt wird, das zu ordnen ist, und wenn
bestimmt ist, worin die kleinsten ordnenden Elemente zu erblicken sind. Dies gilt für die
einzelnen Existenzbereiche ebenso wie für die einzelnen Lebensbereiche und für deren
Zusammenfassungen bis zu einem größten vorstellbaren Ganzen, das alle unterscheidbaren Teilbereiche enthält. Die Vorstellungen davon, was das größte Ganze jeweils ist und
welches die kleinsten Ordnungselemente sind, können keine Begriffe sein; denn sie erfüllen weder das zweiseitige noch das systembildende Merkmal; denn für das größte Ganze
gibt es keine der beiden Außenbetrachtungen, und für die kleinsten Elemente gibt es keine
der beiden Innenbetrachtungen. Wenn das Größte und das Kleinste keine Begriffe sein
können, dann gibt es für sie auch nicht mehr die Unterscheidung von Existentiellem und
Begrifflichem, also können sie auch nicht das strukturierende Merkmal der Begriffe erfüllen. Man könnte solche Vorstellungen Grenzbegriffe nennen, obwohl es keine Begriffe
sind. In diesen Vorstellungen werden entweder größte Allgemeinheit mit einer Einheits-
vorstellung oder größte Vereinzelung mit allgemeinster Gestaltungs- und Wirkmächtig-
keit verbunden. Solche Vorstellungen seien *mythogene Ideen* genannt.[41]

So ist etwa die weitverbreitete Überzeugung, daß alles in einer allumfassenden Wirklichkeit existiere, eine mythogene Idee. Aber auch die neuzeitlichen wissenschaftlichen
Überzeugungen von der *einen* Zeit, die alles Geschehen mit sich reißt, von dem *einen*

---

wenn ein Begriff als ein Allgemeines aufgefaßt und nachgeschaut wird, welche einzelnen Begriffe er umfaßt. Die hierbei verwendete Bedeutung des Wortes ‚unbestimmt' ist eine andere,
als Kant sie verwendet. Kant meint, wenn man das Allgemeine kennt, dann kann man die
Frage sicher beantworten, ob ein Einzelnes unter dieses Allgemeine fällt oder nicht. Dieser
Zusammenhang wird hier nicht bestritten, sondern ebenso vorausgesetzt. Der andere Sinn, in
dem ich von unbestimmt spreche, bedeutet, daß in der Innenbetrachtung eines Begriffes als ein
Allgemeines nicht festliegt, wie viele einzelne Begriffe unter ihn fallen; denn es könnte immer
noch einen einzelnen Begriff geben, den man bisher übersehen hat, oder der neu erfunden
wird. Bei unserem Beispiel des Begriffes ‚Brot' ist es wohl ganz und gar nicht möglich, alle
Brotsorten aufzuzählen, die es auf der Welt gibt. Und wenn man es doch könnte, dann wäre
es ein leichtes, eine neue Brotsorte dazu zu erfinden. Gibt es denn schon ein Quitten-Kohlra-
bi-Artischocken-Haselnuß-Hafer-Weizenbrot? Nein? Na denn, nur zu!

41   Den Hinweis für diese Wortwahl erhielt ich von Kurt Hübner. Vgl. Deppert, Mythische Formen in der Wissenschaft: Am Beispiel der Begriffe von Zeit, Raum und Naturgesetz, in: Ilja
Kassavin, Vladimir Porus, Dagmar Mironova (Hg.), *Wissenschaftliche und Außerwissenschaftliche Denkformen*, Zentrum zum Studium der Deutschen Philosophie und Soziologie,
Moskau 1996, S. 274–291. Referat zum 1. Symposium des ‚Zentrums zum Studium der deutschen Philosophie und Soziologie in Moskau' vom 4. bis 9. April 1995 in Moskau. Dort definierte ich: „Eine Vorstellung, die im Rahmen wissenschaftlichen Arbeitens auftritt und in
der Einzelnes und Allgemeines in einer Vorstellungseinheit zusammenfallen, nenne ich eine
mythogene Idee."

Weltraum, in dem alles Geschehen stattfindet und von der *einen* Naturgesetzlichkeit, nach der alles Geschehen abläuft, sind mythogene Ideen.[42] Entsprechend ist die Vorstellung, daß alles, was ist, aus kleinsten, unteilbaren Teilchen zusammengesetzt ist, wiederum eine mythogene Idee, seien es nun nach moderner Auffassung Energiequanten oder nach Demokrits Überzeugung Atome. Hieraus ergibt sich, daß auch die moderne Wissenschaft grundsätzlich nicht ohne mythogene Ideen auskommen kann; denn sie bilden den Rahmen, innerhalb dessen die wissenschaftlichen Objekte und Ziele erst beschreibbar werden.

An diesen Beispielen zeigt sich, daß mythogene Ideen nicht nur einheitliche Vorstellungen sind, die wie die Begriffe allein noch keine Aussagen sind, sondern daß sich mit mythogenen Ideen Aussagen verbinden, die für denjenigen, der sie in seinen Vorstellungen auffindet, Überzeugungscharakter besitzen, so daß sie nicht mehr bezweifelbar sind. Diese Struktur ist analog zu derjenigen, durch die Axiome in Axiomensystemen miteinander verbunden sind. Denn die Axiome sind mit Bezug auf das von ihnen aufgebaute Axiomensystem nicht bezweifelte Aussagen über die sogenannten undefinierten Grundbegriffe, die sich im Rahmen des von ihnen begründeten Axiomensystems selbst nicht begründen lassen. Mythogene Ideen sind, wie die Axiome eines Axiomensystems, Ableitungsendpunkte für begriffliche Konstruktionen und zugleich Begründungsendpunkte für jegliches begründendes Unternehmen, wie es etwa die Wissenschaft ist. Mythogene Ideen haben wie die Axiome eines Axiomensystems formal und strukturell die gleiche Bedeutung. Durch sie werden Bedeutungen konstituiert, d.h., es werden Begründungen geliefert. Damit dies aber möglich ist, muß es unter den undefinierten Grundbegriffen eine minimale Bedeutungsbeziehung geben. Gemäß David Hilberts Vorschlag, die axiomatischen Aussagen als implizite Definitionen der in ihnen enthaltenen undefinierten Grundbegriffe zu verstehen, hat Frege festgestellt, daß alle Auflösungsversuche, wie sie in Gleichungssystemen mit mehreren Unbekannten üblich sind, zu der Erkenntnis führen, daß die undefinierten Grundbegriffe semantisch durch Zirkeldefinitionen miteinander verbunden sind. Dies bedeutet: *die Systeme der Axiome eines Axiomensystems sind ganzheitliche Begriffssysteme*. Die definitorischen Begriffssysteme, die aus den Axiomen gewonnen werden können, und die dann als Axiomensysteme bezeichnet werden, sind aufgrund der einseitigen Abhängigkeit des Definiendums vom Definiens hierarchische Begriffssysteme. Es ist darum das Ziel der Wissenschaften, ihre hierarchischen Begriffssysteme auf undefinierten Grundbegriffen zu gründen, so daß ihre Begriffshierarchien zu Axiomensystemen werden. Damit sind über die Axiomensysteme hierarchische Begriffssysteme von ganzheitlichen Begriffsystemen abhängig. Es fällt dabei deutlich ins Auge, daß das biologische Wunder, daß aus einem einzigen Ei sich ein großer vielverzweigter Organismus entwickeln kann, nur dann verstanden werden kann, wenn eine gründliche Analyse der möglichen ganzheitlichen Begriffssysteme vorgenommen wird.

Aufgrund der formalen und strukturellen Identität von undefinierten Grundbegriffen und mythogenen Ideen ließe sich die Suche nach ihnen erleichtern, wenn diese Analyse

---

42   Vgl. ebenda.

der möglichen ganzheitlichen Begriffssysteme weiter vorangetrieben worden ist. Hier ist reichlich Forschungsbedarf, dem sich gerade junge Leute zuwenden sollten!

Wie auf diese Weise sogar noch uralte mythische Ordnungskonzepte bis in die modernste Physik hinein wirksam sind, läßt sich erkennen, wenn wir allgemeinste naturwissenschaftliche Zielvorgaben, die einen wissenschaftlichen Begründungsendpunkt darstellen und mithin einer mythogenen Idee entspringen, sich als in ungebrochener Traditionenfolge aus dem Mythos stammend erweisen. Es ist heute das weithin akzeptierte Ziel, alle Vorgänge und Erscheinungen der Wirklichkeit durch physikalische Gesetze zu erklären oder gar auf physikalische Gesetze zurückzuführen. Physikalische Gesetze aber sind heute durch Einsteins Kovarianzforderung bestimmt, nach der nur diejenige gesetzesartige Formulierung ein Naturgesetz sein kann, die sich kovariant schreiben läßt, d.h., die unabhängig von jedem möglichen Bezugssystem formulierbar ist. Eine Behauptung über das Funktionieren der Welt, die diese Bedingung erfüllt, wäre eine Charakterisierung des Kosmos als eines Ganzen. Denn wenn eine Behauptung nur für bestimmte Bezugssysteme Gültigkeit beanspruchen könnte, dann würde sie diese Bezugssysteme auszeichnen und nicht den ganzen Kosmos. Die heute anerkannten physikalischen Gesetze erfüllen vermutlich die Kovarianzbedingung[43], und sie haben sich durch Experimente und Beobachtungen bestätigen lassen, d. h., die physikalischen Gesetze sind kosmische Gesetze, die den Kosmos als ein Ganzes charakterisieren.

Natürlich ist die Vorstellung von dem einen Kosmos eine mythogene Idee, die es so im Mythos noch nicht gegeben hat. Die Meinung aber, daß alle Ordnung aus dem Kosmos kommen müsse und daß es deshalb kosmische Gesetze sein müssen, die alles Geschehen bestimmen und mithin ordnen, diese mythogene Zielidee stammt direkt aus dem Mythos. Nach Mircea Eliade wird in der Zeit des Mythos „die unbebaute Gegend (-) zuerst „kosmisiert" und erst dann bewohnt".[44] Dies bedeutet, daß die mythischen Menschen die einzig verläßlichen Ordnungen in dem für sie göttlichen Geschehen des regelmäßigen Umlaufs der Gestirne erblickten. Erst wenn die göttliche Ordnung des Kosmos auf die „wilden, unbebauten Landstriche" projiziert wurde, konnte der Mensch sie bebauen. Selbst die Gliederung und Organisation der Königreiche wurde nach kosmischen Zahlenverhältnissen vorgenommen, die man den Umlaufverhältnissen der Gestirne entnahm. Deshalb mußte der Senat in Rom aus 12 Senatoren bestehen oder ein Inselstaat aus zwölf Hauptinseln, u.s.w. Dieser Glaube an die ordnende Kraft des Kosmos hat sich trotz des Wechsels von religiösen und philosophischen Vorstellungen über die Jahrhunderte bis in unsere Zeit erhalten und findet seinen exaktesten Ausdruck im Kovarianzprinzip von Einsteins Allgemeiner Relativitätstheorie.[45]

---

43   Allerdings habe ich noch große Zweifel, ob sich die Kovarianzbedingung für alle thermodynamischen Gesetzmäßigkeiten erfüllen läßt, da diese eine spezifische Abhängigkeit von Bezugssystemen zeigen.

44   Eliade, Mircea, *Der Mythos der ewigen Wiederkehr*, Düsseldorf, 1953, S. 2Of.

45   Vgl. Wolfgang Deppert, 1986a, Kritik des Kosmisierungsprogramms, in: Hans Lenk(Hrsg.), *Zur Kritik der wissenschaftlichen Rationalität, Festschrift für Kurt Hübner*, Freiburg 1986,

Nach aller Erfahrung im Umgang mit Naturwissenschaftlern sind ihnen solche Behauptungen ein Graus. Es ist, als ob damit ihr naturwissenschaftliches Weltbild verunreinigt würde, wenn gezeigt wird, daß das wissenschaftliche Arbeiten maßgeblich von mythogenen Ideen getragen wird und sogar von mythogenen Ideen bestimmt wird, die selbst noch aus dem Mythos stammen. Der Glaube der Naturwissenschaftler an die orientierende Kraft der menschlichen Vernunft stammt auch aus der Antike, nicht aber aus dem Mythos. Und dieser Glaube ist der Motor des Orientierungsweges der griechischen Antike. Er hat damals wie heute versucht, alles Mythische zu verdrängen und mit den Mitteln der Vernunft Klärung und Orientierung zu schaffen. Diese Mittel sind wesentlich durch die hier beschriebenen Eigenschaften der Begriffe bestimmt. Dadurch ist begreiflich, daß die Orientierung stiftenden mythogenen Ideen nicht in dieser Funktion erkannt werden konnten, und daß man bis heute versucht, mythogene Ideen mit begrifflichen Mitteln zu beschreiben. Dadurch aber werden die mythogenen Ideen relativiert, indem sie entweder in einen allgemeineren Rahmen eingeordnet oder auf etwas noch Elementareres zugeführt werden. Die mythogene Idee verliert dadurch ihren Endpunkt-Charakter und mithin ihre Orientierungskraft. Die ehemals mythogene Idee wird zum Begriff. Sie wird durch den begrifflichen Zugriff gleichsam zerschnitten, daß sie die begriffliche Doppelgesichtigkeit erhält, je nach Hinsicht in den begrifflichen Relationen entweder etwas Allgemeines oder etwas Einzelnes zu sein. Darum wurde für diese Eigenschaft der Ausdruck ‚zweischneidiges‘ Merkmal der Begriffe gewählt. Dieses Merkmal zerschneidet förmlich eine mythogene Idee in einen allgemeinen und einen einzelnen Teil und schafft damit Orientierungsnot. Das begriffliche Denken hat in der europäischen Geistesgeschichte dadurch eine Relativierungsbewegung hervorgebracht, durch die die Orientierung schaffenden mythogenen Ideen immer wieder zerstört wurden.

Unser gesamtes Bildungssystem ist darauf ausgerichtet, den Menschen schon von klein auf das begrifflich-wissenschaftliche Denken beizubringen, ohne die orientierende Bedeutung mythogener Ideen im Blick zu haben und die Fähigkeit zur Bildung neuer mythogener Ideen zu schulen. Wir erleben darum zur Zeit eine Orientierungskrise von einem bisher nicht gekanntem Ausmaß.

In meinen Kant-Vorlesungen habe ich immer wieder nachgewiesen, daß alle Menschen davon überzeugt sein dürfen, in sich selbst mythogene Ideen auffinden zu können. Geht man davon aus, daß jeder Mensch sinnstiftende Fähigkeiten besitzt, was ja mit Religiosität gemeint ist, dann müssen in den Menschen mythogene Ideen angelegt sein; denn diese werden für das Ausführen von sinnvollen Handlungen vorausgesetzt, auch wenn sie nicht im wachen Bewußtsein auftreten. Sie lassen sich aber aufspüren, was freilich die lebenslange Aufgabe von Menschen ist, die ihr Leben selbstbewußt und selbstverantwortlich gestalten wollen. Insbesondere gilt dies für Wissenschaftler, die ihre eigene Wissenschaft mit ihrem eigenen Sinnstreben verbinden wollen.

S. 505–512 und Wolfgang Deppert, *Zeit. Die Begründung des Zeitbegriffs, seine notwendige Spaltung und der ganzheitliche Charakter seiner Teile*, Steiner Verlag, Stuttgart 1989, S. 22–25.

6.5   Wissenschaftliche Begriffsbestimmungen, Begriffsgattungen und -arten

6.5.1   Begriffliche Gliederungen in der Anwendung von Begriffen zum Erkenntnisgewinn über einen bestimmten Objektbereich

Die Frage danach, was wir unter Begriffen verstehen, konnte nicht explizit geklärt werden, sondern nur über die Beschreibung der Funktionen und der Relationen von Begriffen. Während die Relationalität von Begriffen in den theoretischen Wissenschaften von größtem Interesse ist, sind in den pragmatischen Wissenschaften die Funktionen der Begriffe grundlegend für alle Strukturen wissenschaftlichen Arbeitens. In den pragmatischen Wissenschaften geht es um die Anwendung begrifflicher Konstruktionen zur Lösung irgend eines Problems. Um die grundsätzlichen Strukturen für den Erkenntnisgewinn in den pragmatischen Wissenschaften beschreiben zu können, ist zu untersuchen, welche verschiedenen Funktionen der Begriffe sich in ihrer Anwendung auf bestimmte Existenzbereiche grundsätzlich angeben lassen. Wenn sich die Unterscheidungen von begrifflichen Funktionen gemäß des ersten Merkmals der Begriffe aufgrund ihrer Zweiseitigkeit hierarchisch anordnen lassen, dann soll von *Gattungen und Arten der Begriffe* gesprochen werden. Hinsichtlich dieser Unterscheidung haben die Anhänger der normativen Wissenschaftstheorie des Logischen Positivismus sehr gute konstruktive Arbeit geleistet, indem sie sich als *Werkzeugmacher der wissenschaftlichen Arbeit* betätigt haben. Es ist vor allem Rudolf Carnap (1891 – 1970) gewesen, der die wissenschaftliche Begriffstheorie durch seine sehr genaue Unterscheidung von qualitativen, komparativen und quantitativen Begriffen bereichert hat. Dazu hat er Konstruktionsschemata angegeben, nach denen die qualitativen Begriffe die allgemeinsten sind und somit als höchste Gattung der wissenschaftlichen Begriffe anzusehen sind. Aus den qualitativen oder auch klassifikatorischen Begriffen entstehen durch Spezialisierung die komparativen oder auch topologischen Begriffe und aus diesen durch weitere Spezialisierung die quantitativen oder metrischen Begriffe.

6.5.2   Formale Relationen als begriffliche Konstruktionsmittel

Begriffliche Konstruktionen, die grundsätzlich für alle Wissenschaften tauglich sind, sollten durch ihre Konstruktion keinerlei spezifische Strukturen von irgend einem der möglichen Existenzbereiche enthalten, auf die sie angewandt werden können. Dies entspricht bereits der Hauptforderung, die an die Logik zu stellen ist, daß sie nämlich keinerlei Aussagen über die zu beschreibende Welt enthält. Die formale Relationen-Theorie ist ein erstes Beispiel, durch das sich einsehen läßt, wie ein solches Unternehmen überhaupt möglich sein kann. Das strukturierende Mittel dazu sind *formale Relationen*, verstanden als *Untermengen von cartesischen Produktmengen*. Eine *cartesische Produktmenge* ist so zu bilden, daß jedes Element der einen Menge mit jedem Element der anderen zu einem geordneten Paar kombiniert wird. Die Produktmenge besteht ausschließlich aus solchen geordneten Paaren. Die cartesische Produktmengenbildung zweier Mengen M_1 und M_2 sei symbolisiert durch $M_1 © M_2$. Und Relationen werden nun formal als Untermengen solcher cartesischen Produktmengen definiert. Der Begriff Untermenge wird hier synonym zum Begriff der Teilmenge verwendet.

Als erstes Beispiel für eine Relation, die als eine bestimmte Untermenge der cartesischen Produktmenge zu verstehen ist, möge die *symmetrische Relation* dienen. Sie ist eine Untermenge des cartesischen Produkts einer Menge M mit sich selbst, geschrieben als $M © M$. Seien a und b Elemente der Menge M, in der Untermenge, die eine symmetrische Relation darstellt, gibt es dann zu dem Paar (ab) der Untermenge, das durch die cartesische Produktbildung aus den Elementen a und b der Menge M entstanden ist, auch das Paar (ba) aber es können auch die Paare (aa) oder (bb) in der Untermenge enthalten sein, die durch die cartesische Produktbildung der Elemente a und b mit sich selbst entstehen. Sei etwa die Menge M bestimmt durch $M := \{a,b,c,d\}$, dann ist die cartesische Produktmenge $M © M$ durch folgende Mengentafel gegeben:

$$
M \times M = \begin{array}{c|cccc}
 & a & b & c & d \\
\hline
a & aa & ab & ac & ad \\
b & ba & bb & bc & bd \\
c & ca & cb & cc & cd \\
d & da & db & dc & dd \\
\end{array}
$$

Folgende Untermenge dieses cartesischen Produktes stellt eine spezifische Symmetrie-Relation dar:

$$
\begin{array}{cccc}
.. & ab & .. & .. \\
ba & .. & .. & .. \\
.. & .. & cc & cd \\
.. & .. & dc & dd. \\
\end{array}
$$

Wenn die cartesische Produktbildung 2-fach ist, spricht man von 2-stelligen Relationen. Ist sie n-fach, dann heißen sie n-stellige Relationen. Zum formalen Kennzeichnen der Relationen schreibt man einen die Relation kennzeichnenden großen Buchstaben zwischen die Elemente und wenn es irgendeine Relation sein soll, dann schlicht R. Die Elemente werden meist mit kleinen Buchstaben bezeichnet, so daß der Ausdruck aRb bedeutet: der Gegenstand a steht zum Gegenstand b in der Relation R. Ferner werden noch folgende Zeichen benutzt:

ε steht für die Element-Menge-Beziehung a ε M := das Element a gehört der Menge M an,
$\forall$ steht für den Ausdruck 'für alle'. Der Ausdruck $\forall_{a\,\varepsilon\,M}$ wird gelesen: für alle a aus M,
$\rightarrow$ steht für die Wenn-dann-Verknüpfung,
$\neg$ steht für die Verneinung, z.B. $\neg$ (1 = 2) liest man als: Es gilt nicht, daß 1 = 2 ist.
$\wedge$ steht für eine Und-Verknüpfung von Aussagen.

Mit Hilfe dieser Kennzeichnungen lassen sich nun folgende elementare Relationen definieren:

Reflexivität: $\forall_{m\,\varepsilon\,M}$(mRm), gelesen: für alle m aus M gilt: m steht zu sich selbst in der Relation R.
Irreflexivität: $\forall_{n\,\varepsilon\,M}\,\neg$(nRn), gelesen: für alle n aus M gilt: n steht zu sich selbst nicht in der Relation R.
Symmetrie: $\forall_{m,\,n\,\varepsilon\,M}$ (mRn $\rightarrow$ nRm), gelesen: für alle m und n aus M gilt: Wenn m mit n in der
                  Relation R steht, dann auch n mit m.
Asymmetrie: $\forall_{m,\,n\,\varepsilon\,M}$ (mRn $\rightarrow$ $\neg$nRm), gelesen: für alle m und n aus M gilt: Wenn m mit n in der
                  Relation R steht, dann nicht n mit m.
Transitivität: $\forall_{m,\,n,\,o\,\varepsilon\,M}$(mRn $\wedge$ nRo $\rightarrow$ mRo), gelesen: für alle m, n und o aus M gilt: Wenn m mit n
                  und n mit o in der Relation R stehen, dann stehen auch m mit o in der Relation R.
Atransitivität: $\forall_{m,\,n,\,o\,\varepsilon\,M}$(mRn $\wedge$ nRo $\rightarrow$ $\neg$mRo), gelesen: für alle m, n und o aus M gilt: Wenn m mit
                  n und n mit o in der Relation R stehen, dann steht m nicht mit o in der Relation
                  R.

Diese elementaren Relationen erfüllen die Konstruktionsbedingung, daß sie keine Annahmen über die Struktur unserer sinnlich wahrnehmbaren Welt enthalten. Dies gilt auch für die *abgeleiteten Relationen*, die durch mögliche Zusammensetzungen dieser elementaren Relationen definiert werden. Die für Carnaps Begriffstheorie wichtigste abgeleitete Relation ist die **Äquivalenzrelation**. Sie wird aus den elementaren Relationen der *Reflexivität*, der *Symmetrie* und der *Transitivität* gebildet. Die Äquivalenzrelation ist klassenbildend, da ihre Untermengendarstellung als Vereinigung (symbolisiert durch „$\otimes$") von cartesischen Produkten von Untermengen der Basismenge dargestellt werden kann. Dies mag an folgendem Beispiel klar werden. Gegeben seien die Basismenge M := (a,b,c,d,e,f,g,h) und folgende Untermengen M1 := (a,b), M2 := (c) und M3 := (d,e,f,g,h). Die Produktmengendarstellung dieser Untermengen M1©M1 $\otimes$ M2©M2 $\otimes$ M3©M3 liefert folgende Untermengen von M©M:

	a	b	c	d	e	f	g	h
a	x	x						
b	x	x						
c			x					
d				x	x	x	x	x
e				x	x	x	x	x
f				x	x	x	x	x
g				x	x	x	x	x
h				x	x	x	x	x

Jede der drei Untermengen der Menge M bildet nach der Bildung des cartesischen Produkts eine eigene Klasse in dem Produktraum aus. Und für jede dieser Produktraummengen sind die drei Eigenschaften der Reflexivität, der Symmetrie und der Transitivität erfüllt. Dies bedeutet für die Elemente der Ursprungsmenge M, daß die Anwendung der Äquivalenzrelation genau diese Klassen-Aufteilung hervorbringt, wie sie durch die gewählten Untermengen von M angegeben sind.

Die einfachste Äquivalenzrelation ist die Gleichheitsrelation G. Sie bewirkt die Klassenaufteilung einer Menge in bezug auf die Feststellung der durch die Relation bestimmten Gleichheit in bezug auf eine bestimmte Eigenschaft. Dies sind dann Klassen gleicher Eigenschaft. Wenn man an Gegenständen die gleiche Eigenschaft feststellt, dann sagt man auch, sie koinzidieren hinsichtlich dieser Eigenschaft oder sie koinzidieren durch das Zusammenfallen in die gleiche Klasse der Äquivalenzrelation, und man spricht darum auch gern von einer **Koinzidenzrelation K**. Carnap benutzt des weiteren noch eine zweite wichtige abgeleitete Relation, die er die *Vorgängerrelation* **V** nennt und die aus den elementaren Relationen der *Irreflexivität*, der *Asymmetrie* und der *Transitivität* zusammengesetzt ist. Eigentümlicherweise werden von den logischen Empiristen keine weiteren abgeleiteten Relationen benutzt, obwohl noch weitere Zusammensetzungen von elementaren Relationen möglich sind. Für mein Dafürhalten werden sie noch bedeutsam, um das Raum- und Zeitkontinuum noch grundlegender darzustellen als es derzeit üblich ist.[46] Hier sollen einstweilen nur die genannten abgeleiteten Relationen der Koinzidenzrelation und der Vorgängerrelation benutzt werden, um mit ihnen nach dem Vorbild der logischen Empiristen die grundsätzlichen Gattungen und Arten von wissenschaftlichen Begriffen mit den definitorischen Mitteln der Mengenlehre möglichst genau darzustellen.

Die logischen Empiristen und vor allem Rudolf Carnap haben durchaus Großartiges geleistet, um nicht empirische Mittel bereitzustellen, um empirische Größen messen zu können, aber sie haben sich ausgeschwiegen in der Frage, wie Empirisches denn überhaupt zu erkennen und von Nicht-Empirischem zu unterscheiden ist. Darum soll nun in die Abfolge der weiteren Begriffsentwicklung der logischen Empiristen ein Zwischenabschnitt zu der Frage eingeführt werden, wodurch sich empirische Begriffes überhaupt erkennen und auszeichnen lassen.

6.5.3   Was empirische Begriffe und Erkenntnisse sind und wie sie sich gewinnen lassen

Diese Fragestellung wird augenfällig, wenn man beim Nachdenken über mögliche Begriffe, die zum Beschreiben des gewählten wissenschaftlichen Objektbereichs tauglich sein könnten, auf Begriffe stößt, für die nur eine einzige Anwendung denkbar ist; denn für derartige begriffliche Beschreibungen des Objektbereichs sind ja gar keine empirischen

---

46   Vgl. W. Deppert, *Zeit – Die Begründung des Zeitbegriffs, seine notwendige Spaltung und der ganzheitliche Charakter seiner Teile*, Steiner Verlag Stuttgart, Stuttgart 1989.

Untersuchungen über die Anwendbarkeit dieser Begriffe denkbar, weil sie ohnehin schon durch das Nachdenken über deren Anwendbarkeit nur eine einzige Anwendung besitzen. Und daraus ergibt sich nun eine notwendige Bedingung für empirische Begriffe, die auf apriorische Weise abgeleitet werden kann und die als *Auswahlprinzip* bezeichnet worden ist und wie folgt bestimmt wurde:

▶ **Definition**   „Das *Auswahlprinzip* besagt, daß die empirische Allgemeinheit eines Begriffs dann gegeben ist, wenn es zu ihm andere Begriffe gibt, die seine Funktion übernehmen können und deren faktische Anwendbarkeit aber auf empirische Weise ausgeschlossen wurde.“[47]

Unter Physikern bestand lange die Meinung, daß die Anwendung des Begriffs ‚Zeitpfeil‘ auf empirischem Wege möglich sei, weil angeblich auch die Umkehr des Zeitpfeils denkbar sei. Als sich aber zeigte, daß der Zeitbegriff in einen erkenntnislogischen und viele ontologische Zeitbegriffe aufzuspalten ist und daß der erkenntnislogische Zeitbegriff einen unumkehrbaren Zeitpfeil enthält, konnte es keine empirische Anwendung des Begriffs ‚Zeitpfeil‘ mehr geben, weil nur noch *ein* eindeutig bestimmter Zeitpfeil denkbar war und ist[48], der dann allerdings auch für die Beschreibung des tatsächlichen zeitlichen Geschehens stets als äußerlich wirklich anzusehen ist.

Daraus ergibt sich die Bestimmung von Begriffen, deren empirische Anwendbarkeit auf apriorische Weise einsehbar ist, indem in einem Begriffssystem, durch das ein Objektbereich der Sinnenwelt beschrieben werden soll, Begriffe vorhanden sind, welche innerhalb des Begriffssystems die gleiche Funktion erfüllen und mithin austauschbar sind und darum als *begriffssystematische Isotope* bezeichnet werden können. Diese Begriffe besitzen die Eigenschaft, daß ihre Anwendbarkeit empirisch nachgewiesen werden kann. Sie sind darum als *potentielle empirische Begriffe* zu bezeichnen.[49] An den potentiell empirischen Begriffen zeigt sich die besondere Aufgabenstellung der theoretischen Naturwissenschaften, die möglichen Denkbarkeiten über einen Objektbereich der Sinnenwelt zusammenzustellen, in beeindruckend deutlicher Weise. Danach ist bereits apriorisch zu bestimmen, welche Begriffe überhaupt dazu tauglich sind, die Besonderheiten der sinnlich wahrnehmbaren Welt zu beschreiben, sie müssen nämlich die Bedingung erfüllen, zu den begriffssystematischen Isotopen zu gehören, und sinnliche Erfahrungen können nur solche sein, die mit Hilfe von solchen empirischen Begriffen beschrieben werden.

Apriorische Vorstellungen aber, in denen keinerlei Bezüge zur sinnlich wahrnehmbaren Wirklichkeit auftreten, gelten schon für Immanuel Kant als nutzlose Hirngespinste,

---

47   Vgl. ebenda S. 47 oder in W. Deppert, *Zur Theorie des Zeitbegriffs*, Habilitationsschrift für das Lehrgebiet Philosophie, Kiel Juni 1983, S. 57f.

48   Vgl. ebenda.

49   Vgl. ebenda und W. Deppert, Die Allgemeinherrschaft der physikalischen Zeit ist abzuschaffen, um Freiraum für neue naturwissenschaftliche Forschungen zu gewinnen, in: Hans Michael Baumgartner (Hg.), *Das Rätsel der Zeit. Philosophische Analysen*, Alber-Reihe Philosophie, Verlag Karl Alber, Freiburg/München 1993, S. 141ff.

die für die Philosophie von überhaupt keinem Interesse sind, und darum muß für alle apriorischen Begriffe eine transzendentale Deduktion durchgeführt werden, um den Nachweis zu erbringen, daß sie in irgendeiner Beziehung eine Funktion zur Erkenntnis von irgend einem Teil der Sinnenwelt besitzen. Erstaunlicherweise erfüllt Kant damit sogar die Bedingung des empiristischen Abgrenzungskriteriums von Rudolf Carnap, der sich den mühsamen Aufbau seines Empirismus hätte sparen können, wenn er nur die transzendentale Deduktion der reinen Verstandesbegriffe in Kants KrV in diesem Sinne richtig verstanden hätte.

6.5.4   Qualitative oder klassifikatorische Begriffe

Wenn man über diese apriorische Bestimmungsmöglichkeit empirischer Begriffe verfügt, dann erst kann man den Begriffsapparat der logischen Empiristen zur wissenschaftlichen Erfassung der Sinnenwelt loslassen. Und da sind die Äquivalenzrelation oder auch die Koinzidenzrelation die Ausgangspunkte der empiristischen Begriffsbildung, der *klassifikatorischen* oder *qualitativen Begriffe*, wie Carnap[50] sie nennt. Sie sollen im einfachsten Fall Äquivalenzrelationen von Merkmalen sein, wie sie in sogenannten Protokollsätzen vorkommen. Dabei kommt den *Protokollsätzen* die Aufgabe zu, empirische Wahrheiten über unsere sinnlich wahrnehmbare Welt wiederzugeben. Es handelt sich dabei um einzelne oder singuläre Aussagen über Sinneswahrnehmungen, die zu einer bestimmten Zeit an einem bestimmten Ort stattfinden. Diese Wahrnehmungen und die zugehörigen Raum- und Zeitangaben sind in Protokollen festzuhalten. In den Protokollen dürfen nur Begriffe verwendet werden, die nach dem Verfahren zur Begriffsbildung der logischen Empiristen gewonnen wurden. Das kann man sich in etwa so vorstellen:

Im Verlaufe des kindlichen Spracherwerbs, werden uns schon früh bestimmte Zuordnungen zwischen etwas Wahrzunehmendem und bestimmten Wörtern unserer Sprache vorgeführt. Wir lernen dabei etwa, was sich wahrnehmen läßt, wenn jemand von rund oder von kantig, von groß oder klein, dick oder dünn, von schwer oder leicht oder hart oder weich spricht. Und dann können wir Kombinationen von solchen Merkmalen machen, wie z. B. rund und groß und dick und leicht und weich. Und immer, wenn diese Merkmale gemeinsam auftreten, werden wir vielleicht das Wort ‚Ball' sagen. Oder bei der zu bemerkenden Kombination der Merkmale kantig und groß und dünn und schwer und hart werden wir vielleicht ‚Brett' sagen. Dabei entsteht eine Klassenbildung, d. h. hier: die Einteilung von Gegenständen in Bälle und Bretter, durch die Zuordnung der genannten Merkmalskombinationen zu Gegenständen.

Die Klassenbildung entsteht dabei durch die Gleichheitsrelation, d.h., die Relation: *‚bestimmte gleiche Merkmale besitzen'*. Die Gleichheitsrelation erfüllt trivialerweise die drei Grundrelationen der Reflexivität, Symmetrie und Transitivität, wie jeder leicht nach-

---

50   Vgl. Rudolf Carnap, Rudolf, *Einführung in die Philosophie der Naturwissenschaft*, München 1969.

prüfen kann. Aber man darf nicht meinen, daß die Klasse von Gegenständen, die durch einen klassifikatorischen Begriff, wie er durch eine bestimmte Merkmalsgleichheit von Gegenständen bestimmt ist, eine völlige Gleichheit der Gegenstände dieser Klassen bedeutet; denn die Gleichheit bezieht sich nur auf ganz bestimmte Merkmale, wobei andere Merkmale der in einer so bestimmten Klasse von Gegenständen sehr verschieden sein können. Zur Bildung eines klassifikatorischen oder qualitativen Begriffs werden nur die Merkmale von Gegenständen miteinander verglichen, die in der Merkmalskombination enthalten sind, durch die die Merkmals-Gleichheits-Relation definiert ist. Eine bestimmte Merkmalskombination läßt sich auch als eine Qualität eines Gegenstandes begreifen, und darum spricht Carnap bei dieser Art der Begriffsbildung durch die Äquivalenzrelation *‚gleiche Merkmale besitzend‘* von *qualitativen Begriffen.*

Durch die Bildung *qualitativer Begriffe* mit Hilfe von Merkmalskombinationen läßt sich die Charakteristik des zweiseitigen Merkmals der Begriffe sehr einfach demonstrieren. Denn wir brauchen aus einer begriffsdefinierenden Merkmalskombination nur ein Merkmal zu entfernen und schon haben wir damit einen allgemeineren qualitativen Begriff bestimmt, während wir durch Hinzufügung von Merkmalen einzelne Begriffsarten des ursprünglichen Begriffs definieren können. Wir können also mit Hilfe der Veränderung von Merkmalskombinationen hierarchische Begriffssysteme aus Oberklassen von Oberklassen und Unterklassen von Unterklassen bilden, wie es etwa so in den botanischen Klassifikationen zur Bestimmung von Pflanzenarten durchgeführt wird. In dem berühmten Pflanzenbestimmungsbuch von Schmeil-Fitschen „Flora von Deutschland und angrenzender Länder" ist dieses Klassifizierungsverfahren in vorbildlicher Weise angewandt worden. Und dabei finden bereits auf sehr elementare Weise grundlegende Erkenntnisse statt, indem Einzelnes zu etwas Allgemeinem zugeordnet wird.

Nach dem hier dargestellten zweiten Merkmal der Begriffe läßt sich nun sagen, daß die von Carnap als klassifikatorisch beschriebene Eigenschaft der Begriffe gerade als das strukturbildende Merkmal der Begriffe zu verstehen ist, das alle Begriffe besitzen, wenn man sie auf einen bestimmten Existenzbereich anwendet. Die meisten Begriffe, mit denen wir im täglichen Gebrauch umgehen, strukturieren den Existenzbereich der sinnlich wahrnehmbaren Welt in etwa so, wie dies die logischen Positivisten dachten. Dadurch wird die Menge der identifizierbaren Gegenstände unserer sinnlich wahrnehmbaren Welt in Klassen eingeteilt, warum Carnap die qualitativen Begriffe auch als klassifikatorische Begriffe bezeichnet. Das Einteilen und Strukturieren eines Objektbereichs mit Hilfe von klassifikatorischen Begriffen ist eine der möglichen Anfänge einer Wissenschaft, die sich um Erkenntnisse eines bestimmten Objektbereichs bemüht; denn die Eingrenzung des Objektbereichs einer Wissenschaft erfordert den sicheren Umgang mit klassifikatorischen Begriffen.

6.5.5   Komparative oder topologische Begriffe

Will man innerhalb einer Klasse, die einen Begriff bildet, weitere Begriffe einführen, so kann man mit Hilfe einer zusätzlichen Äquivalenzrelation K Unterklassen bilden, um auf diese Unterklassen eine besondere Struktur aufzuprägen. Z. B. sei innerhalb der Menge der wahrnehmbaren Gegenstände die Klasse der festen Körper charakterisiert, wodurch zugleich der Begriff des festen Körpers extensional bestimmt sei. Diese Klasse läßt sich durch die Koinzidenzrelation der gleichen Schwere in die Koinzidenzklassen gleich schwerer Körper aufteilen, und es fragt sich, wie diese Unterklassen innerhalb der Klasse der festen Körper weiter strukturiert werden können. Dazu eignet sich die Vorgängerrelation V, die aus den Relationen der Irreflexivität, der Asymmetrie und der Transitivität zusammengesetzt ist. Diese Relation ist von Rudolf Carnap als *Vorgängerrelation* bezeichnet worden, weil sie die Unterklassen, die aufgrund der Äquivalenz- oder Koinzidenzrelation K gebildet wurden, in eine Reihenfolge des Vor- oder Nacheinander einordnet.

Die Kombination aus einer Koinzidenzrelation K und einer Vorgängerrelation V bewirkt eine Aufreihung der Koinzidenzklassen, die als *Quasireihe* bezeichnet wird.[51] Der Ausdruck ‚Quasireihe' wurde von Gustav Hempel eingeführt, weil hier eine Aufreihung von Klassen und nicht von einzelnen Elementen oder Gegenständen vorgenommen wird. Diese Kombination von K und V definiert einen *komparativen* oder *topologischen Begriff*. Dieser Begriff wird komparativ genannt, weil er einen eindeutigen Vergleich zwischen den Gegenständen zuläßt, welche die mit diesem Begriff verbundenen Relationen erfüllen. Die Klassenbildung, die dadurch entsteht, daß die Gegenstände in einer bestimmten Gleichheitsrelation stehen, liefert über die Erfüllung der Vorgängerrelation eine eindeutige Nachbarschaftsbeziehung des Voreinanders oder Nacheinanders zwischen den Gegenstandsklassen, und darum bezeichnet Rudolf Carnap die komparativen Begriffe auch als topologische Begriffe; denn die mathematische Topologie ist die Lehre von den Nachbarschaftsbeziehungen mathematischer Gegenstände. Diese Begrifflichkeiten mögen durch die Veranschaulichung einer Quasireihenbildung mit Hilfe des folgenden Beispiels erläutert werden:

Die Klasse der Metalle (‚Metall' ist ein klassifikatorischer Begriff) werde mit Hilfe der Begriffe ‚ist schwerer als' und ‚ist gleichschwer mit' nach ihrer unterschiedlichen bzw. gleichen Schwere pro Volumeneinheit aufgereiht. Der Begriff ‚ist schwerer als' ist eine Vorgängerrelation; denn sie ist irreflexiv (ein Metall ist nicht schwerer als es selbst), asymmetrisch (wenn ein Metall a schwerer ist als das Metall b, dann ist das Metall b nicht schwerer als das Metall a) und transitiv (wenn ein Metall a schwerer ist als das Metall b und dieses schwerer ist als das Metall c, dann ist das Metall a auch schwerer als das Metall c). Damit ist die Relation ‚ist schwerer als' ein komparativer Begriff, da er die Klasse der Metalle in eine Reihenordnung bringt. Die Quasireihe entsteht, da nicht die Metalle,

---

51   Vgl. Hempel, Carl Gustav, *Grundzüge der Begriffsbildung in der empirischen Wissenschaft*, Düsseldorf 1974, S. 58. Übersetzung des Originals *Fundamentals of Concept Formation in Empirical Science*, Toronto 1952.

sondern Klassen von Metallen aufgereiht werden. Die Metalle, die die Koinzidenzrelation ‚ist gleich schwer wie‘ erfüllen, bilden die Klassen der gleichschweren Metalle aus (dies mögen verschiedene Legierungen mit gleichem spezifischem Gewicht sein). Aus diesen Klassen der gleichen Schwere besteht die Aufreihung, die durch die Relation ‚ist schwerer als‘ bewirkt wird.

Es ist gewiß richtig, daß die Mittel, die zur Konstruktion der klassifikatorischen und komparativen Begriffe benutzt wurden, noch keine Charakteristika der empirischen Welt enthalten, weswegen aber die Anwendbarkeit auf bestimmte Objektbereiche empirisch zu überprüfen ist. Bei den Metallen werden wir keine Probleme in der Anwendung bekommen. Bei den Flüssigkeiten könnte dies schon schwieriger werden, wenn wir nicht die Forderung erheben, daß die Vergleiche der Wichte der Flüssigkeiten stets bei gleicher Temperatur durchgeführt werden.

Die Kombination einer Äquivalenzrelation und einer Vorgängerrelation, durch die ein *komparativer* oder *topologischer Begriff* definiert wird, sagt noch nichts darüber aus, ob er sich in der Empirie anwenden läßt; denn dieser Begriff ist lediglich durch die rein logischen Mittel der Relationen-Kombination konstruiert worden. Wir haben es dabei mit einem Arbeiten im begrifflichen Denken zu tun, so daß die Frage der Anwendbarkeit dieser Konstruktion erst noch durch einen Anwendungsversuch auf einen bestimmten Existenzbereich zu klären ist. Carnap hat die Anwendungsfrage stets nur für den Fall des Existenzbereiches der sinnlich wahrnehmbaren Welt untersucht, die Welt, die Kant auch als Erscheinungswelt bezeichnet.

Dazu ist für jeden komparativen Begriff eine eindeutig bestimmte Vergleichsoperation festzulegen, nach der die Objekte, die in eine Quasireihe eingeordnet werden sollen, paarweise so miteinander verglichen werden können, daß durch den Vergleich festgestellt wird, in welche der Klassen sie einzuordnen sind. Dieser Vergleichsoperation müssen zum Zwecke der Aufstellung einer Quasireihe alle Elemente des Objektbereiches, auf dem ein komparativer Begriff definiert werden soll, unterzogen werden. Und um sicher zu sein, daß sich die Ordnung in der Quasireihe nicht im Laufe der Zeit ändert, müßte dieser Vergleich immer wieder durchgeführt werden. Sobald jedoch Änderungen in den Klassenzuordnungen der Objekte bemerkt werden, muß entweder die Vergleichsoperation etwa durch die Einführung von konstant zu haltenden Randbedingungen eindeutiger bestimmt werden oder aber die Konsequenz gezogen werden, daß die gewählten Objekte zur Einführung eines topologischen Begriffs nicht tauglich sind. Dieser Fall kann z.B. eintreten, wenn in der Psychologie der Begriff der *psychischen Nähe zwischen je zwei Personen* als komparativer Begriff eingeführt werden soll. Denn es ist denkbar, daß sich Person A zu Person B psychisch gleich nah sind wie Person B und Person C, daß sich aber Person A und Person C psychisch sehr viel weniger nah sind. Außerdem wird sich wohl kaum ein Begriff der psychischen Nähe einführen lassen, durch den eine zeitlich konstante psychische Nähe zwischen zwei Personen bestimmbar wäre. Zur Einführung eines komparativen oder topologischen Begriffs brauchen wir also eine in einem genügend großen Zeitraum *stabile Quasireihe*. Denn erst, wenn sich eine Quasireihe als stabil erwiesen hat, wird durch sie ein empirischer Begriff der Komparativität bestimmt.

6.5.6   Quantitative oder metrische Begriffe

Die *metrischen* oder *quantitativen Begriffe* sollen dazu dienen, Objekte hinsichtlich bestimmter Eigenschaften zu messen und das heißt, diese Eigenschaften durch Zahlen zu charakterisieren, so etwa die Höhe eines Kirchturms, das Gewicht eines Elefanten, das Volumen einer Ameise oder die Dauer einer Sonnenfinsternis, usw. Die Eigenschaften, die mit Zahlen genauer gekennzeichnet werden sollen, werden Dimensionen genannt, wie z.B. Länge, Masse, Kraft, Volumen, Zeitdauer, usw. Die metrischen oder quantitativen Begriffe werden mit Hilfe eines Verfahrens gebildet, durch das die Klassen einer Quasireihe auf die geordnete Menge der rationalen Zahlen abgebildet werden. In der Mathematik wird eine Abbildung von Zahlen auf Zahlen eine Funktion genannt. In Anlehnung daran wird die Abbildung von Objektklassen auf Zahlen als ein *Funktor* bezeichnet. Das Verfahren, durch das ein Funktor bestimmt wird, heißt die *Metrisierung einer Quasireihe.*

Alles Messen ist ein Vergleichen mit vorher festgelegten Maßstäben. Maßstäbe sind Gegenstände einer ausgewählten Klasse der Quasireihe. Um mit ihnen Gegenstände ausmessen zu können, die größer sind als sie, benötigen wir eine Kombinationsoperation O, die es erlaubt, aus je zwei Gegenständen der Klassen der Quasireihe einen neuen Gegenstand zu erzeugen, der wiederum in einer der Gegenstandsklassen eindeutig eingeordnet werden muß. Die Gegenstände oder Objekte mögen mit p bezeichnet werden, und die Zugehörigkeit zur Klasse i mit dem unteren Index i als p_i. Ein zweiter unterer Index wird, wenn nötig, dazu verwendet, um die einzelnen Objekte der betreffenden Klasse zu kennzeichnen. Die Kombinationsoperation, durch die zwei Objekte p_i und p_j der Klassen i und j miteinander zu einem neuen Objekt p_k verbunden werden, schreibt sich dann wie folgt:

$$p_k := p_i \, O \, p_j \, .$$

Das Zeichen „:=" dient hier immer als Definitions- oder Zuordnungszeichen. Um zu einer Metrisierungsfunktion $\mu(p_i)$, die auch als Funktor bezeichnet wird, zu kommen, sind folgende Festsetzungen zu treffen, damit eine eindeutige Abbildung der Klassen der Quasireihe auf die rationalen Zahlen möglich wird:

1. Die *Einheitsfestsetzung*, durch die festgelegt wird, welcher Koinzidenzklasse $\{K_i\}$ der Quasireihe die Maßzahl 1 zukommt, so daß für alle $p_{ik} \, \varepsilon \, \{K_i\}$ gilt $\mu(p_{ik}) = 1$.

2. Die *Gleichheitsfestsetzung*, die einerseits bereits durch die Koinzidenzrelation K, die die Klassen der Quasireihe hervorbringt, bestimmt ist und andererseits durch die Regel, daß die Elemente ein und derselben Koinzidenzklasse in der Metrisierung den gleichen Zahlenwert erhalten. In der hier gewählten Schreibweise bedeutet der erste Index die Zugehörigkeit zur Klasse, so daß die Objekte p_{ik} und p_{ij} der gleichen Klasse $\{K_i\}$ angehören und darum auch ihre Metrisierung gleich sein muß:
$$\mu(p_{ik}) = \mu(p_{ij}).$$

3. Von einer *extensiven Metrisierung* oder kurz von *Extensivität* soll gesprochen werden, wenn gilt:

$\mu(p_{ik} \, O \, p_{jl}) = f(\mu(p_{ik}), \mu(p_{jl}), c_k)$, wobei c_k irgendeine Konstante darstellt.

4. Im Falle der *additiven Extensivität* ist die Funktion f lediglich die Addition, so daß gilt:

$$\mu(p_{ik} \, O \, p_{jl}) = \mu(p_{ik}) + \mu(p_{jl}) \ .$$

5. Die *Skalenfestlegung*, die für die Kombinationsregel über die Zuordnungsregel der extensiven Additivität eine Verhältnisskala oder durch eine intensive Zuordnungsregel eine Intervallskala bestimmt.[52] Von einer intensiven Metrisierung wird gesprochen, wenn sie nicht extensiv ist.

Die Skalenfestlegung ist von der Eigenschaft der Objekte abhängig, die metrisiert und damit zu einer Dimension gemacht werden soll. Unserer Intention folgend, mit jeweils einer begrifflichen Konstruktion zu beginnen, um danach festzustellen, wie sich die Konstruktionen anwenden lassen, soll erst einmal untersucht werden, welche Typen von Skalen wir überhaupt sinnvoll betrachten könnten. Da es sich bei der Metrisierung um eine Abbildung von Objekten auf die geordnete Menge der rationalen Zahlen handelt, läßt sich nach der Eindeutigkeit dieser Abbildung fragen. Denn schon in der Einheitsfestsetzung liegt ja eine Willkür, und es fragt sich, ob sich diese Willkür durch die Festlegung eines Transformationsverhaltens unschädlich machen läßt.

Betrachten wir eine allgemeine lineare Transformation des Funktors μ in einen Funktor μ', die durch die Transformationsgleichung $\mu' = \alpha\mu + \beta$ bestimmt ist, wobei α und β irgendwelche konstante reelle Zahlen sind. Für diese Transformation läßt sich in bezug auf die Metrisierung von zwei verschiedenen Objekten p und q folgender rechnerischer Zusammenhang feststellen:

$$\mu'(p) = \alpha\mu(p) + \beta \ , \ \mu'(q) = \alpha\mu(q) + \beta$$
$$\mu'(p) - \mu'(q) = \alpha\mu(p) - \alpha\mu(q) \quad = \alpha(\mu(p) - \mu(q))$$
$$\frac{\mu'(p) - \mu'(q)}{\mu(p) - \mu(q)} = \alpha$$

Durch diese kleine Rechnung bemerken wir, daß das Verhältnis der Differenzen der transformierten und der ursprünglichen Metrisierung von je zwei Objekten stets gleich der Transformationskonstanten α ist. Und da sich die Differenzen auch als Intervalle verstehen lassen, spricht man in dem Fall des allgemeinen linearen Transformationsverhaltens ($\mu' = \alpha\mu + \beta$) von einer ***Intervallskala***.

---

52 Vgl. Carnap, Rudolf, *Einführung in die Philosophie der Naturwissenschaft*, München 1969, S. 69 – 83.

Für den Fall, daß $\beta = 0$ ist, so daß sich die Transformationsgleichung reduziert auf:
$\mu' = \alpha\mu$, ergibt das Verhältnis der transformierten zur nicht transformierten Metrisierung
eines Objekts p

$$\frac{\mu'(p)}{\mu(p)} = \alpha$$

bereits den Zahlenwert α. In diesem Fall wird von einer **Verhältnisskala** gesprochen,
weil schon das Verhältnis zweier verschiedener Metrisierungen von ein und demselben
Objekt eine konstante Zahl ergibt. Läßt sich eine Metrisierung mit einer Verhältnisskala
durchführen, dann ist diese Metrisierung bis auf einen konstanten Faktor eindeutig. Durch
den dementsprechenden Funktor μ, durch den die Metrisierung eines mit Hilfe der Kombinationsoperation zusammengesetzten Objekts durchgeführt wird, erhält die metrisierte
Größe dann die Eigenschaft der additiven Extensivität

$$\mu(p_{ik} \, O \, p_{jl}) = \mu(p_{ik}) + \mu(p_{jl}) \, ,$$

das heißt, die Zahlenwerte der metrisierten Objekte p_{ik} und p_{jl} werden addiert, um den
Zahlenwert für das zusammengesetzte Objekt $p_{ikjl} := p_{ik} \, O \, p_{jl}$ zu erhalten. Die additive
Extensivität gilt für die Dimensionen der Länge, der Zeitdauer (oder kurz: der Zeit), der
Masse, der Kraft und mithin auch für die des Gewichts, entsprechend auch für die des
Volumens, der Geschwindigkeit oder der Beschleunigung und für viele weitere abgeleitete
Dimensionen.

Wenn eine Metrisierung nach den hier beschriebenen Regeln durchgeführt wird, dann
wird diese als *elementare Metrisierung* bezeichnet. Von *abgeleiteten Metrisierungen*
spricht man, wenn bei einer Metrisierung bereits vorhandene metrische Begriffe benutzt
werden, die durch eine elementare Metrisierung definiert wurden.

In der Definition der Begriffe der extensiven und der intensiven Metrisierung bin ich
mit Rudolf Carnap und Wolfgang Stegmüller nicht einig; denn sie benutzen lediglich den
Begriff der additiven Extensivität, und alles, was sich nicht additiv extensiv metrisieren
läßt, das bezeichnen sie bereits als intensiv. Dadurch entstehen aber folgende Schwierigkeiten:

a) Der Begriff der Geschwindigkeit ist extensiv, weil er eine abgeleitete Metrisierung
   durch die elementaren Metrisierungen der Länge und der Zeitdauer erfährt. Setzt man
   jedoch sehr hohe Geschwindigkeiten in der Nähe der Lichtgeschwindigkeit zusammen, dann gilt nach der speziellen Relativitätstheorie ein relativistisches Geschwind-
   igkeitsadditionstheorem, welches nicht additiv ist, und dann wird lediglich durch besondere Randbedingungen aus einem extensiven ein intensiver Begriff. Eine solche
   Inkonsistenz wollen wir uns aber als korrekte Begriffskonstrukteure nicht gestatten.
   Wolfgang Stegmüller ist allerdings der Auffassung, daß der Begriff der Geschwindigkeit aufgrund der speziellen Relativitätstheorie von vornherein als ein intensiver Begriff zu verstehen sei und daß seine extensive Verwendung eine Vernachlässigung der

wahren relativistischen Verhältnisse sei. Auch dies ist vom Standpunkt einer sauberen Begriffskonstruktion aus gesehen äußerst unbefriedigend; denn schließlich haben wir den Begriff der Geschwindigkeit aus den Begriffen der Länge und der Zeit konstruiert. Stegmüller würde vermutlich dem entgegenhalten, daß wir auch schon die metrischen Begriffe der Länge und der Zeit mit Hilfe der Lorenz-Transformationen hätten metrisieren müssen um damit die relativistische Längen-Kontraktion und die relativistische Zeit-Dilatation zu berücksichtigen, und dies hätte dann schon bei den Metrisierungen der Länge und der Zeit zu intensiven Größen geführt. Das würde aber bedeuten, daß wir überhaupt keine extensiven Begriffe mehr hätten, womit wir uns eine sinnvolle Unterscheidungsmöglichkeit von Begriffsmetrisierungen genommen hätten.

b) Wenn wir den ohmschen elektrischen Widerstand mit Hilfe der Kombinationsoperation der Reihenschaltung metrisieren, dann erhalten wir einen additiv extensiven Begriff; denn es gilt für zwei ohmsche Widerstände R_1 und R_2, daß sie sich in der Reihenschaltung zum Gesamtwiderstand $R = R_1 + R_2$ addieren. Wenn wir dies jedoch mit der Kombinationsoperation von parallel geschalteten Widerständen R_1 und R_2 täten, dann addierten sich dabei die Widerstände nicht mehr, sondern der Gesamtwiderstand R ergäbe sich aus der Beziehung

$$R = \frac{R_1 R_2}{R_1 + R_2}$$

so daß wir eine intensive Metrisierung des ohmschen elektrischen Widerstandes bekämen. Auch dies ist von der konstruktiven Seite der Begriffe her nicht zu verantworten. Wir können die grundsätzliche Unterscheidung von extensiven und intensiven Begriffen nicht von den Operationen abhängig machen, mit denen wir die zu metrisierenden Objekte miteinander zu neuen zusammengesetzten Objekten kombinieren.

c) Mittelwerte von extensiven Größen sind grundsätzlich intensive Größen, weil sie niemals additiv sind. Auch dies ist begriffskonstruktivistischer Unsinn.

Um den Begriff der Extensivität im Bereich der Metrisierungen sauber zu definieren, habe ich bereits vor über 20 Jahren den Vorschlag gemacht, von Extensivität stets dann zu sprechen, wenn die Metrisierung einer zusammengesetzten Größe durch einen Funktor gegeben ist, der durch eine mathematische Funktion der metrisierten Werte der zusammengefügten Objekte und höchstens noch weiterer Konstanten bestimmt ist, was durch folgende Schreibweise mit Hilfe von logischen Symbolen so ausgedrückt sei: Eine Metrisierung heißt *extensiv*, wenn sie folgende Extensivitätsformel erfüllt:

Extensivitätsformel: $\mu(p_{ik}\ O\ p_{jl}) = f(\mu(p_{ik}), \mu(p_{jl}), c_m)$
wobei die Zeichen folgendes bedeuten:
$\mu(p)$ ist der Funktor, durch den dem Objekt eine Zahl zugeordnet wird.
p_{ik} ist das k-te Objekt der i-ten und p_{jl} das j-te Objekt der l-ten Koinzidenzklasse

„O" bedeutet die Kombinationsoperation, durch die die Objekte p_{ik} und p_{jl} zu dem neuen Objekt p zusammengefügt werden, dessen Klassenzugehörigkeit erst noch bestimmt werden müßte.

f ist die mathematische Funktion, die den Zahlenwert des zusammengefügten Objekts p aus den Zahlenwerten der Objekte p_{ik} und p_{jl} sowie den Konstanten c_m bestimmt.

Durch diese Definition der Extensivität wird die additive Extensivität zum Spezialfall, indem die Funktion f nur aus der Addition der Zahlenwerte der beiden miteinander verbundenen Objekte besteht, so daß dann gilt:

$$\mu(p_{ik} \, O \, p_{jl}) = \mu(p_{ik}) + \mu(p_{jl}).$$

Damit haben wir hinsichtlich der Geschwindigkeitsdefinition in der Relativitätstheorie diese als extensiv anzusehen. Anders ist dies bei der Metrisierung der Temperatur; denn für diese müßte der metrisierende Funktor eines zusammengesetzten Objekts weitere Funktionen enthalten, die sich auf andere Metrisierungen als die der Temperatur-Metrisierung beziehen. Wenn wir etwa für eine Tasse mit heißem Kaffee die Temperatur-Metrisierung betreiben wollen, nachdem wir die Verbindungsoperation des Hineingießens von kalter Milch vorgenommen haben, dann brauchen wir nicht nur die Temperaturen der Milch und des Kaffees, sondern auch noch die Metrisierung ihrer Volumina und außerdem noch die Konstanten der spezifischen Wärme von Kaffee und Milch. Damit aber kann die Metrisierung der Temperatur niemals die oben angegebene Extensivitätsformel erfüllen.

Indem *intensive Metrisierungen* so definiert werden, daß sie die Extensivitätsformel nicht erfüllen können, haben wir eine saubere konstruktive Unterscheidung zwischen *extensiven* und *intensiven* metrischen Begriffen, so daß sich sogar von verschiedenen Begriffsqualitäten sprechen läßt, die sich freilich dann nicht ändern, wenn sich ihre Anwendungsbedingungen etwa aufgrund von irgendwelchen Transformationen ändern. Begriffe sind so zu konstruieren, daß sie angewandt werden können, und das heißt, daß sie sich nicht je nach Anwendung anders verhalten. Wenn dies doch der Fall sein sollte, dann haben wir uns um genauere Begriffsbestimmungen zu bemühen, wie dies leider in der Quantenmechanik immer noch nicht gelungen ist[53]; denn sogar bei der Messung gleichartig präparierter quantenmechanischer Systeme erhält man eine ganze Verteilung von verschiedenen Ergebnissen.

Ganz unabhängig von den zu metrisierenden Begriffsqualitäten haben alle Metrisierungen noch die Bedingung zu erfüllen, daß die Reihenfolge in der Quasireihe, die für die Koinzidenzklassen der zu metrisierenden Objekte durch die Vorgängerrelation gegeben

---

53 Wie sich in noch folgenden Ausführungen zeigen wird, können diese Unklarheiten in der Quantenmechanik durch die Einführung des Begriffs der inneren Wirklichkeit aufgelöst werden.

ist, durch die Anwendung des Funktors nicht geändert wird. In formaler Schreibweise stellt sich diese Metrisierungsvorschrift wie folgt dar:

$$\forall_{K, L \varepsilon Q} \ (\ K > L \ \rightarrow \ \mu(\ p \varepsilon K\ ) > \mu(\ q \varepsilon L\ )\ )$$

gelesen: Für jede Klasse K und L aus der Quasireihe Q gilt:
Wenn die Klasse K die Elemente enthält, die den Elementen der Klasse L aufgrund der Vergleichsoperation vorausgehen (Vorgängerrelation V (größer als) der Quasireihe Q), dann ist der Zahlenwert der Metrisierung µ für ein Objekt p aus K größer als der Zahlenwert des Objektes q aus L.

Damit sind die Bedingungen formuliert, die für die extensive und intensive Metrisierung von Objekten erfüllt sein müssen.

Durch das empiristische Metrisierungsverfahren soll nach der Ideologie der logischen Positivisten oder – wie man sie auch nennt – der logischen Empiristen sichergestellt werden, daß jeder metrische Begriff einen wohldefinierten Sinn besitzt. Carnap fordert sogar, „daß wir Regeln für den Meßprozeß haben müssen, um Ausdrücken wie ‚Länge‘ und ‚Temperatur‘ einen Sinn zu geben.“[54] Tatsächlich aber werden die Begriffe Länge, Zeit und Masse nach den gleichen formalen Regeln, nämlich nach denen der additiven Extensivität, metrisiert. Wie sollen sich dann Länge, Zeit und Masse durch das Metrisierungsverfahren unterscheiden lassen? Daß dies aus der Form des Metrisierungsverfahrens nicht möglich ist, sieht auch Carnap. Darum soll seine Forderung mit Hilfe der Kombinationsoperation, die man freilich auch Verbindungsoperationen nennen kann, erfüllt werden, die für Metrisierungen grundsätzlich erforderlich sind. Carnap sagt dazu:

„Die Operationen, durch welche extensive Größen zusammengefügt werden, sind für die verschiedenen Größen äußerst verschieden.“[55]

Diese Operation kann aber nur durch eine Intention zustandekommen, die dem metrischen Begriff vorausgeht, da sie die der Begriffsbildung zugrundeliegende Klassenbildung erst möglich macht. Der Forscher muß intuitiv wissen, aus welchen Objekten er eine Klassenbildung vornehmen kann, die zur Längen-, zur Gewichts-, zur Temperatur- oder zur Zeitmessung geeignet ist. Der Sinn der metrischen Begriffe kann also nicht ausschließlich durch das Metrisierungsverfahren bestimmt sein; denn dies setzt bereits die Bedeutungskonstitution der Dimension voraus, die metrisiert werden soll. Sie ist demnach wesentlich durch eine semantische Vorstellung bedingt, die der Forscher durch seinen historisch gewordenen sprachlichen Kontext mitbringt.

---

54   Vgl. Carnap, Rudolf, *Einführung in die Philosophie der Naturwissenschaft*, München 1969, S.69.

55   Ebenda, S.77.

6.5.7   Probleme der Mathematisierbarkeit insbesondere der Arithmetisierung oder der Metrisierung wissenschaftlicher Objektbereiche

Im Begriff der Naturerkenntnis wird die Anwendbarkeit von sprachlich gegebenen oder konstruierten Strukturen auf unsere sinnlich erregten Vorstellungen gedacht.[56] So erkennen wir etwa mit der sprachlichen Struktur des Begriffspaares (links, rechts), daß Menschen ein Links-Rechts-Paar von Augen, Armen, Beinen, Lungenflügeln, Nieren, etc. haben, oder durch die geometrische Konstruktion des Kreises kommen wir zu der Erkenntnis, daß Säugetiere einen großen und einen kleinen Blutkreislauf besitzen.

Als Leitbild für die Konstruktion von Strukturen dienen die mathematischen Konstruktionen. Der Grad der Wissenschaftlichkeit wird sogar durch die Mathematisierbarkeit eines Erkenntnisbereiches bestimmt. In diesem Bild von Wissenschaftlichkeit ist die Physik durch ihre mathematische Erfassung der sinnlich gegebenen Wirklichkeit die ideale Naturwissenschaft. Darum versuchen alle Naturwissenschaften, einen höheren Grad von Wissenschaftlichkeit auf dem Wege der Physikalisierung zu erreichen. Ist diese Konsequenz aber korrekt?

An den soeben gegebenen Beispielen läßt sich leicht erkennen, daß die Erkenntnisse, die mit Hilfe von sprachlich vorliegenden Strukturen in ihrer Genauigkeit nicht im geringsten den Erkenntnissen nachstehen, die mit Hilfe von mathematischen Konstruktionen gewonnen werden. Um hier keine unnötigen Mißverständnisse aufkommen zu lassen, sollten wir darum die *Mathematik* von vornherein als die allgemeine Strukturwissenschaft bestimmen, so daß sie die sprachlich gegebenen Strukturen mitumfaßt[57]. Betrachtet man etwa den Zitrat-Zyklus des Stoffwechsels, so ist damit eine Struktur gegeben, die sehr

---

56   Seit einiger Zeit wird diese Auffassung als „semantic view of theories" oder als „Strukturalismus" oder als „nonstatement-view" bezeichnet (vgl. Stegmüller, W., *Theorie und Erfahrung*, 3.Teilband. *Die Entwicklung des neuen Strukturalismus seit 1973*, Berlin 1982 oder: Balzer, W., *Empirische Theorien: Modelle – Strukturen – Beispiele*, Braunschweig 1982 oder auch: Beatty, J., Optimal-Design Models and the Strategy of Model Building in Evolutionary Biology, in: *Philosophy of Science*, 47, 1980, 532–561.). Es handelt sich dabei aber um keinen neuen erkenntnistheoretischen Ansatz, auch wenn er in einem mengentheoretischen Gewand daherkommt. Schon Kants zentraler erkenntnistheoretischer Gedanke besteht darin, daß der Mensch der Natur die Gesetze vorschreibe. Dies bedeutet, daß vom Menschen die grundsätzlichen Strukturen, in denen Naturgesetze überhaupt beschreibbar sind, durch die reinen Formen der Anschauung konstruiert werden. Diese allgemeinen Strukturen liegen auch bereits bei Kant in den apriorischen mathematischen Konstruktionen vor, die allerdings bei den Strukturalisten auf mengentheoretische Strukturen eingeschränkt sind.

57   Insbesondere vertrete ich die Auffassung, daß die Bedingungen der Möglichkeit von Mathematik erst durch bestimmte Strukturen gegeben sind, die der Sprache zugrunde liegen. Vgl. Deppert, W., Hermann Weyls Beitrag zu einer relativistischen Erkenntnistheorie, in: Deppert et al., *Exact Sciences and their Philosophical Foundations. Exakte Wissenschaften und ihre philosophische Begründung*. Vorträge d. Internationalen Hermann-Weyl-Kongresses, Kiel 1985, Frankfurt/Main 1988, S.445–467.

wohl mit Hilfe von mathematischen Konstruktionen gefunden worden und einer weiteren mathematischen Analyse zugänglich ist.

Ich bin also ganz und gar der Meinung, daß auch die Untersuchung der Strukturen ganzheitlicher Begriffssysteme in das Aufgabengebiet der Mathematik fällt, d.h., auch die Beschreibungsmittel für das einzeln Existierende gehören der Mathematik an. Wie bereits kurz erwähnt, sind die Begriffe des Einzelnen und des Allgemeinen seit dem Sieg der Nominalisten im mittelalterlichen Universalienstreit derart auf verschiedene Daseinsbereiche bezogen worden, daß mit dem Begriff ‚Einzelnes‘ bis heute weitgehend nur auf sinnlich existentielle Betrachtungsweisen gezielt wird und der Begriff ‚Allgemeines‘ nur der begrifflichen Seite einer Beschreibung zugehört. Denn nach den Vorstellungen der Nominalisten (Individualisten) sollte es doch keine eigene sinnlich wahrnehmbare Existenz eines Allgemeinen geben.

Durch die Bestimmung des Begriffs vom Begriff, wie ich ihn hier vorgenommen habe, je nach Hinsicht selbst etwas Einzelnes oder etwas Allgemeines zu sein, wird es möglich, das Begriffspaar ‚Einzelnes – Allgemeines‘ sowohl auf die existentielle wie auf die begriffliche Betrachtungsweise anzuwenden. Benutzt man dieses Begriffspaar zu existentiellen Beschreibungen, dann beziehen sich die Begriffe ‚Einzelnes‘ und ‚Allgemeines‘ auf verschiedene Existenzformen. So wird man z.B. einen durch ganzheitliche Begriffssysteme beschriebenen einzelnen Organismus gewiß einer anderen Existenzform zuordnen als die Gesetze, die ihn in seiner Existenz bestimmen.

Aus diesen Überlegungen wird noch einmal deutlich, daß es keinen Grund dafür gibt zu meinen, daß die Mathematik nur für die Darstellungsmittel des Allgemeinen einzusetzen ist. Sie ist auch, wie die Sprache selbst, dazu verwendbar, das einzeln Existierende darzustellen. Dadurch wird es möglich, eine *Wissenschaft vom Einzelnen* zu konzipieren.

In dem soeben gegebenen Beispiel des Zitrat-Zyklus‘ läßt sich nun schon die Frage diskutieren, ob es richtig ist zu meinen, daß aufgrund der mathematischen Darstellung der Physik die Naturwissenschaft insgesamt physikalisiert werden sollte, weil nur dadurch das Ideal der Mathematisierbarkeit erreicht werden könnte. Bei dem Zitrat-Zyklus handelt es sich um die systematische Erfassung von Molekülumwandlungen. Die mathematische Struktur, die dazu benutzt wird, hat überhaupt nichts zu tun mit der mathematischen Struktur, die erreicht würde, wenn man die Molekülumwandlungen über die Quantenmechanik mit Hilfe von hochgradig komplexen Schrödinger-Gleichungen beschreiben wollte.

Die nicht-reduktionistischen ganzheitlichen Strukturen, wie sie im Zitrat-Zyklus verwendet werden, lassen also durchaus eine Mathematisierbarkeit zu, während das Beharren auf dem physikalistisch-reduktionistischen Ansatz einen Verzicht auf Mathematisierbarkeit und mithin einen Mangel an wissenschaftlicher Begriffsbildung zur Folge hat. In vielen Fällen ist eine Mathematisierung gerade dadurch möglich, daß der physikalistisch-reduktionistische Anspruch unberücksichtigt bleibt. Demnach steht das physikalistisch-reduktionistische Forschungsprogramm dem wissenschaftlichen Anspruch der Mathematisierbarkeit oft entgegen, d.h., der Grund, die Physikalisierung der

Naturwissenschaften deshalb zu betreiben, um eine Mathematisierung zu gewährleisten, entfällt.

Im herkömmlichen Sinne wurde die Mathematisierbarkeit meist als bloße Arithmetisierbarkeit verstanden, d.h., man meinte, daß mit Hilfe der Mathematik die Phänomene nach Maß und Zahl beschreibbar werden sollten. Obwohl diese Auffassung von der Rolle der Mathematik im naturwissenschaftlichen Erkenntnisprozeß längst nicht mehr zu rechtfertigen ist, bleibt es lohnend, die Bedingungen näher zu betrachten, die für eine Arithmetisierung eines Objektbereiches gestellt werden müssen. Unter der Arithmetisierbarkeit eines Objektbereiches verstehe ich hier die Möglichkeit, für eine charakteristische Größe dieses Objektbereiches ein quantitatives Maß einzuführen oder wie man auch sagt, diese Größe zu metrisieren[58]. Diese Bedingungen wurden in den vorangegangenen Unterkapiteln behandelt. Sie bestehen darin, Objekte hinsichtlich der zu metrisierenden Eigenschaft in eine lineare Anordnung zu bringen, damit sich danach eine Zuordnung zu der Zahlengeraden vornehmen läßt.

Der Begriff ‚linear‘ bedeutet soviel wie ‚einer Linie gemäß‘, wobei ‚Linie‘ nicht als eine geometrische Figur zu verstehen ist, sondern wie eine Anordnung des Nebeneinander oder auch des Hinter- oder Voreinander. Die geometrische Figur einer Linie ist selbst erst eine solche Anordnung von geometrischen Punkten. Ich spreche hier bewußt von Anordnungen und nicht von Ordnungen, wie es die Mathematiker tun, weil ich damit herausheben möchte, daß es bei einer Anordnung von Elementen nicht nur um die Beschreibung einer bereits vorliegenden Ordnung geht, wie z.B. die Aufeinanderfolge der Häuser einer Straße, sondern daß darüber hinaus noch ein Kriterium dafür gegeben sein muß, nach dem für jedes Element entschieden werden kann, an welche Stelle der Ordnung es anzuordnen ist. Bei den natürlichen Zahlen ist dieses Kriterium durch die Größe der Zahl gegeben, d.h. die Hausnummern sind (im Normalfall) angeordnet, nicht aber die Häuser.

Um eine Menge von Objekten in eine Anordnung zu bringen, bedarf es eines *Vergleichskriteriums*, durch das zugleich die Qualität der zu metrisierenden Größe bestimmt ist. Will man für die Objekte etwa ein Maß für deren Länge einführen, dann wird dieses Vergleichskriterium in einem eindeutig bestimmten Längenvergleich bestehen müssen. Führt man diesen Vergleich mit einer beliebigen Menge von Objekten durch, dann wird sich zeigen, daß bei wiederholtem Vergleich bestimmter Objekte stets das gleiche Ergebnis herauskommt, bei anderen jedoch nicht, und bei wieder anderen stellt sich heraus, daß sie sich überhaupt nicht vergleichen lassen.

So wird es sich als unmöglich erweisen, ein Brett mit einer Melodie hinsichtlich ihrer Länge zu vergleichen. Wenn man aber dasselbe Brett mit der Größe eines Menschen ver-

---

58 Eine besonders einfache Darstellung des klassischen Metrisierungsverfahrens findet man bei Carnap, Rudolf, *Einführung in die Philosophie der Naturwissenschaft*, München 1969, eine Zusammenfassung dessen, insbesondere für die Metrisierung der Zeit in Deppert, W., *Zeit. Die Begründung des Zeitbegriffs, seine notwendige Spaltung und der ganzheitliche Charakter seiner Teile*, Franz Steiner Verlag, Stuttgart 1989.

gleicht, dann liefert der Vergleich ein Ergebnis. Aber das Ergebnis dieses Vergleichs wird sich stark ändern, wenn ich den Vergleich von Geburt an etwa in einem zeitlichen Abstand von einem Jahr vornehme. Vergleiche ich hingegen die Finger und die Zehen ein und desselben Menschen, dann wird vermutlich das Ergebnis dieses Vergleichs unabhängig vom Lebensalter konstant bleiben.

Tatsächlich ist die Relation der Gleichheit, durch die Vergleiche überhaupt erst möglich sind, wie bereits bekannt, eine *Äquivalenzrelation*. Sie besteht aus den elementaren Relationen der Reflexivität, Symmetrie und Transitivität und ist demzufolge klassenbildend, d.h., diejenigen Objekte, die bei Vergleichen immer wieder das gleiche Ergebnis ergeben, bilden je eine Klasse.

Wenn wir etwa die Länge von Gegenständen metrisieren wollen, dann haben wir sie nach einem Verfahren zu vergleichen, so daß durch den Vergleich die Eindeutigkeit des Ergebnisses nicht beeinträchtigt wird. Wenn sich nun herausstellt, daß bei mehrfachen Vergleichen die Ergebnisse unterschiedlich sind, dann müssen wir davon ausgehen, daß die Körper nicht starr sind, sondern, daß ihre Länge in der Zeit variabel ist. Dies mag an unterschiedlichen Temperatur- oder Druckverhältnissen liegen, so daß wir vorschlagen könnten, den Objektbereich auf die starren Körper und bei konstanter Temperatur zu beschränken. Dazu könnten wir die Vergleiche in bezug auf einen Körper vornehmen, von dem wir Grund haben anzunehmen, daß dieser starr ist. Aber wenn wir ganz sicher über seine Starrheit sein wollten, dann müßten wir über einen anderen Körper verfügen, dessen Starrheit nachgewiesen ist. Dies ist aber nicht möglich, weil wir bei dem Nachweis in einen unendlichen Regreß hineingerieten, ähnlich wie bei dem bereits bekannten Begründungsregreß. Darum hat Rudolf Carnap vorgeschlagen, den Begriff der relativen Starrheit einzuführen, der so bestimmt sein soll, daß diejenigen Körper als relativ starr zueinander gelten, deren Längenvergleich stets den gleichen Wert liefert.

Diese Definition der relativen Starrheit ist eine Äquivalenzrelation, die wiederum verschiedene Klassen von Gegenständen ausbildet, die zu einander relativ starr sind. Dies können z.B. in bezug auf die Anwendung der Vergleichsoperation bei wechselnden Temperaturen die Körper mit gleichem Wärmeausdehnungskoeffizienten sein. Denn Körper mit gleichem Wärmeausdehnungskoeffizienten, werden bei Längenvergleichen stets gleiche Längenverhältnisse aufweisen, auch wenn diese Vergleiche bei verschiedenen Temperaturen stattfinden. Körper mit verschiedenen Ausdehnungskoeffizienten gehören dann in verschiedene Klassen relativer Starrheit. Die Gleichheit oder die Verschiedenheit der Wärmeausdehnungskoeffizienten läßt sich allerdings nur über die Klassenbildungen relativer Starrheit bei verschiedenen Temperaturen erschließen. Aber auch jeder Organismus wird vermutlich eine eigene Klasse relativer Starrheit ausbilden, weil sich die Längenverhältnisse der verschiedenen Organe und Extremitäten während des Wachstums und möglicherweise während des größten Teils des ganzen Lebens nicht ändern.

Diese Klassenbildung ist auch dann zu beobachten, wenn die zu vergleichenden Objekte periodische Vorgänge sind. Das klassenbildende Kriterium ist hier die *Gleichtaktigkeit*. Wenn periodische Prozesse im gleichen Takt gehen oder – wie man ebenfalls nach Rudolf Carnap sagt – *periodisch äquivalent* sind, dann bilden sie *Klassen periodischer Äquiva lenz* aus, sogenannte *PEP-Klassen*[59]. So ist etwa mit dem Herzschlag eines Lebewesens eine große PEP-Klasse verbunden. Ganz allgemein kann man davon ausgehen, daß jeder circadiane Rhythmus[60] durch eine PEP-Klasse bestimmt ist. Aufgrund sehr genauer Messungen scheint auch der physikalische Kosmos in Bezug auf alle vier (oder gar fünf) fundamentalen Wechselwirkungen ein und dieselbe PEP-Klasse auszubilden.[61]

Aufgrund der bereits bestimmten Metrisierungsbedingungen von Objektbereichen lassen sich die Bedingungen der Arithmetisierbarkeit wie folgt zusammenfassen:

1. Ein Objektbereich kann mit Hilfe eines Vergleichskriteriums in eine Anordnung gebracht werden.
2. Es ist eine Verbindungsoperation bestimmbar, durch die aus je zwei Objekten eindeutig ein drittes erzeugt werden kann.
3. Die durch die Verbindungsoperation erzeugten Elemente lassen sich auf eindeutige Weise mit Hilfe des Vergleichskriteriums in die bereits vorhandene Anordnung einordnen.
4. Es ist ein Einheitsobjekt bestimmt.

Die genauere Betrachtung, wie diese Bedingungen erfüllt werden können, führt zu der außerordentlich folgenreichen Feststellung, daß das Vergleichskriterium aufgrund der Struktur einer Äquivalenzrelation zu einer Klassenbildung der Anordnungen führt, d. h. zu *Metrisierungsklassen*. Diese Metrisierungsklassen bilden die Grundlage für eine Arithmetisierung nicht-reduktionistischer Formen wissenschaftlichen Arbeitens.

Aus dem dargestellten Metrisierungskonzept geht hervor, daß die metrische Bestimmung von Größen durchaus nicht so eindeutig ist, wie es im Zuge des physikalistischen Reduktionismus suggeriert wird. So scheint es z.B. sehr fraglich zu sein, für die Charakterisierung von Organismen Längenmaße der Physik zu verwenden, weil – wie soeben dargelegt – Objekte, die einem bestimmten Organismus angehören, in eine andere Klasse der Längenmetrisierung fallen, als etwa metallische Gegenstände. Um diese Unterscheidung

---

59   Die Äquivalenzrelation der periodischen Äquivalenz ist für je zwei periodische Prozesse durch die Konstanz ihrer Frequenzverhältnisse definiert. Der Name PEP-Klasse leitet sich aus der englischen Bezeichnung ‚periodic-equivalent-process' ab. Vgl. ebenda, 4.Kap.

60   Der Begriff ‚circadianer Rhythmus', der von Franz Halberg geprägt worden ist, bezeichnet einen periodischen Vorgang, der innerhalb einer Tag-Nacht-Periode ungefähr (circa) einmal abläuft. Circadiane Rhythmen sind heute in einer überwältigend großen Zahl bekannt und zwar nicht nur für einzelne Organismen, sondern auch für einzelne Organe und Zellen. Vgl. Ward, R.R., *Die biologischen Uhren* Rowohlt, Reinbek 1973, übers. v. *The Living Clocks*, New York 1971, Bünning, E., *Die physiologische Uhr, Circadiane Rhythmik und Biochronometrie*, Berlin/Heidelberg/New York 1977, Winfree, A., *Biologische Uhren, Zeitstrukturen des Lebendigen*, Heidelberg 1988, übers. v. *The Timing of Biological Clocks*, New York 1987, S. 187/88.

61   Vgl. Mercier, A. (1978), Physical and metaphysical Time, *EPISTEMOLOGIA I*, 1978, S. 337–352.

zu kennzeichnen, werde ich von physikalischen und von organismischen Metrisierungs-klassen sprechen oder kurz von *physikalischen* und *organischen Klassen*.

Man erkennt an dieser Unterscheidung, daß das physikalistisch-reduktionistische For-schungsprogramm in vielen Fällen nicht nur einer strukturellen Mathematisierung son-dern sogar auch einer Arithmetisierung entgegensteht. Der physikalistische Reduktionist müßte aber darauf bestehen, die Reduktion der organischen Klassen auf physikalische Klassen zu versuchen, was jedoch zumindest aus pragmatischen Gründen keinen Erfolg haben kann. Akzeptiert man hingegen das Auftreten von organischen Klassen und metri-siert diese dadurch, daß einem Objekt einer solchen Klasse das Einheitsmaß zugesprochen wird, dann läßt sich für jede organische Klasse eine eigene Metrisierung durchführen, d.h., die organischen Objektbereiche werden dadurch einer arithmetischen Behandlung zugänglich gemacht. Hierbei ist freilich zu beachten, daß eine solche Metrisierung nur für die Objektklasse gültig ist, aus der das Einheitsobjekt stammt und die durch die Äquiva-lenzrelation eines Vergleichskriteriums zustande gekommen ist.

Im physikalistisch-reduktionistischen Forschungsprogramm wird dennoch mit Selbst-verständlichkeit davon ausgegangen, daß sich alle Objekte der sinnlich wahrnehmbaren Welt, unter ein und dieselbe Arithmetisierung bringen lassen, d.h., daß es nur einen me-trisch bestimmten physikalischen Raum und nur eine metrisch bestimmte physikalische Zeit gibt, in die alles sinnlich wahrnehmbare Geschehen eingebettet ist. Entsprechend soll es nur eine Art von Masse, von Energie und von Impuls geben, da deren Erhaltungssätze Konsequenzen der Symmetrien des einen Raumes und der einen Zeit sind[62]. Die Vorstel-lungen von dem einen und zugleich allgemeinsten Raum und der einen und zugleich allge-meinsten Zeit aber sind mythogene Ideen, die in der Tradition des der mythischen Vorstel-lungswelt entsprungen Kosmisierungsprogramms stehen, das aber heute zu kritisieren ist.

Wenn ich Objekte in ihrem gesetzmäßigen Verhalten mit metrischen Größen beschrei-be, die einer anderen Metrisierungsklasse entstammen als die zu erfassenden Objekte, dann werde ich allenfalls statistisch interpretierbare Ergebnisse erwarten können. Wenn ich etwa die Geschwindigkeitsänderung frei fallender Körper mit dem Zeitmaß, das durch meinen Puls gegeben ist, feststellen wollte, so wäre vermutlich das Ergebnis von den kör-perlichen Situationen abhängig, in denen ich mich während der Untersuchung befinde, so daß ich gezwungen wäre, statistische Methoden zur Auswertung der Ergebnisse zu benutzen. Wird hingegen der Abbau eines bestimmten Medikaments im Blut eines Säuge-tieres mit Hilfe eines physikalischen Zeitmeßgerätes gemessen, so sind wir längst daran gewöhnt, daß wir nur statistisch interpretierbare Werte erhalten werden. Dieses Ergebnis ist unter der Einsicht auch zu erwarten, daß die Zeitmetrisierungsklassen physikalischer Objekte andere sind als die von organismischen Systemen. Es ist darum folgende *Ad-äquatheitsforderung* an die Verwendung von metrischen Größen zu stellen:

---

62   Vgl. das Theorem von Emmy Noether in irgend einem Lehrbuch der Theoretischen Physik.

***Metrische Größen sind nur auf die Objekte anzuwenden, die aus
der gleichen Metrisierungsklasse stammen, durch die die Metrisierung
der metrischen Größe vorgenommen wurde.***

Es ist zu vermuten, daß es Metrisierungsklassen gibt, die für verschiedene metrische
Größen zusammenfallen oder durch gleiche Objektmengen bestimmt sind. Dies gilt z.B.
für die physikalischen Klassen, die zusammen das metrische System der physikalischen
Welt bilden. Das entsprechende ist für die organischen Klassen zu erwarten, d.h. auch
die organischen Klassen werden hinsichtlich der Längen- und Zeitmetrisierung in einem
Organismus gleiche Objektmengen hervorbringen. Wenn die Metrisierungsklassen verschiedener Metrisierungen durch gleiche Objektmengen erzeugt werden, dann möchte
ich die Vereinigung dieser Klassen ein *metrisches System* nennen. Entsprechend heißen
die dazugehörigen metrischen Größen *Systemgrößen*, insbesondere ist von *Systemlängen*,
Systemräumen und *Systemzeiten* die Rede, und die Gesetze, die unter Verwendung dieser
Systemgrößen gefunden werden, sind als *Systemgesetze* zu bezeichnen[63].

Da die physikalischen metrischen Größen nur speziellen Metrisierungsklassen, den
physikalischen Klassen, entstammen, ist auch die physikalische Zeit als eine besondere Systemzeit und der physikalische Raum als ein besonderer Systemraum aufzufassen.
Entsprechend sind auch die kosmischen Gesetze nur noch spezielle Systemgesetze und
die organischen Systemgesetze sind keine kosmischen Gesetze, wenngleich man ihnen
dennoch den Status von Naturgesetzen zubilligen muß. Der Begriff des Systemgesetzes
gestattet es, das Kosmisierungsprogramm und den damit verbundenen physikalistischen
Reduktionismus erfolgreich zu kritisieren[64]! Freilich sind alle diese Überlegungen noch
rein theoretischer Natur. Es bedarf einer Fülle empirischer Untersuchungen, um Metrisierungsklassen und metrische Systeme festzustellen und schließlich mit Hilfe von organischen Systemgrößen zu organischen Systemgesetzen vorzustoßen.[65] Es ist zu hoffen, daß
es auf diesem Wege möglich wird, auch in der Medizin zu strikten Gesetzmäßigkeiten zu

---

63   Zur Einführung der Begriffe Systemraum, Systemzeit und Systemgesetz vgl. Deppert, W.,
      *Zeit. Die Begründung des Zeitbegriffs, seine notwendige Spaltung und der ganzheitliche Cha-
      rakter seiner Teile*, Franz Steiner Verlag, Stuttgart 1989, S. 212–225.

64   Zur Kritik des Kosmisierungsprogramms vgl. Deppert, W., Kritik des Kosmisierungspro-
      gramms, in: Lenk, H. (Hrsg.),*Zur Kritik der wissenschaftlichen Rationalität. Zum 65. Ge-
      burtstag von Kurt Hübner.*, Alber Verlag, Freiburg 1986.

65   Ludwig von Bertalanffy hat bereits eine ganz ähnliche Vorstellung als sogenannte „organis-
      mische Auffassung" von der biologischen Forschung mit folgenden Worten charakterisiert:
      „In der Auffindung dieser System- und Organisationsgesetze erblickt die organismische Auf-
      fassung die wesentliche und eigenartige Aufgabe der Biologie. Diese biologische Ordnung ist
      spezifisch und geht über die Gesetzmäßigkeiten im Bereich des Unbelebten hinaus, aber wir
      vermögen durch fortschreitende Forschung immer tiefer in sie einzudringen. Sie erfordert die
      Untersuchung auf allen Stufen: auf der der physikalisch-chemischen Einheiten, Vorgänge und
      Systeme, auf der biologischen der Zelle und des vielzelligen Organismus, auf jener der über-
      individuellen Lebenseinheiten. Jede dieser Stufen zeigt neue Eigenschaften und Gesetzmäßig-
      keiten." Vgl. L. v. Bertalanffy, *Das biologische Weltbild*, Böhlau, Bern/Wien 1949/90, S. 31.

kommen, die gewiß nur für einen Patienten Gültigkeit besitzen können. Allerdings könnte es sein, daß *Supersystemgesetze* auffindbar sind, die als bestimmte Klassenbildungen
von verschiedenen Systemgesetzen zu verstehen sind. So läßt sich in der herkömmlichen
Medizin z. B. die Anatomie als eine Ansammlung von Supersystemgesetzen verstehen, da
in ihr trotz der Verschiedenheit der einzelnen Organe und Gewebe und deren Anordnung
in den einzelnen Organismen für ihre Gesamtheit weitreichende Klassenbildungen möglich sind. Mithin ist die herkömmliche Anatomie als Beispiel für eine sehr erfolgreiche
nicht-reduktionistische Forschung aufzufassen.

6.5.8   Der Ganzheitsbegriff

Der Ganzheitsbegriff spielt in der Philosophie und in der damit verbundenen Geistesgeschichte seit der Antike eine hervorragende Rolle. So wurden in platonischer Tradition
Staatstheorien oder gar Theorien des ganzen Kosmos in Analogie zur Ganzheitsvorstel-
lung der Leib-Seele-Einheit des Menschen konstruiert. Aristoteles unternimmt bereits
Definitionsversuche des Ganzheitsbegriffs, indem er das Ganze als „dasjenige, an dem
nichts fehlt" oder „dasjenige, das nichts außer sich hat" bestimmt[66]. Diese Definitionen
sind ebenso wie Aristoteles' Bemerkung, daß das Ganze mehr sei als die Summe seiner
Teile, für einen konkreten begrifflichen Zugriff unergiebig. Darum ist der Ganzheitsbegriff, der sich auf derartige Definitionen stützt, nur einem intuitiven Verständnis zugänglich. Dies hatte zur Folge, daß bis in unsere Zeit hinein der Ganzheitsbegriff in dem strengen wissenschaftlichen Sinne der Mathematisierbarkeit nicht verwertbar war.

Erst Kant benutzt über die Kategorie der Gemeinschaft, die den Begriff der Wechselwirkung beinhaltet, einen Ganzheitsbegriff, der über den intuitiv erfaßbaren Inhalt hin-
ausreicht. In der *transzendentalen Methodenlehre der Kritik der reinen Vernunft* führt
Kant im dritten Hauptstück (Die Architektonik der reinen Vernunft) den Systembegriff
ein, indem er schreibt:

> „Ich verstehe aber unter einem Systeme die Einheit der mannigfaltigen Erkenntnisse unter
> einer Idee. Diese ist der Vernunftbegriff von der Form eines Ganzen, sofern durch denselben
> der Umfang des Mannigfaltigen sowohl, als die Stelle der Teile untereinander, a priori be-
> stimmt wird."[67]

---

66   Vgl. Aristoteles, *Physikvorlesung* 207a 9–12, Übersetzung zitiert aus Wagner 1979, 77f.
67   Vgl. Kant, I. , *Kritik der reinen Vernunft*, Riga 1781/1787, A832/B860.

Etwas später im Text sagt er:

> „Das Ganze ist also gegliedert und nicht gehäuft; es kann zwar innerlich aber nicht äußerlich
> wachsen, wie ein tierischer Körper, dessen Wachstum kein Glied hinzusetzt, sondern ohne
> Veränderung der Proportion, ein jedes zu seinen Zwecken stärker und tüchtiger macht."[68]

Kant bestimmt hier den Ganzheitsbegriff über den des Systems, das er als einen geglie-
derten Zusammenhang von Teilen beschreibt, wobei die Gliederung einer bestimmten
Gliederungsidee folgt. Diese Gliederungsidee scheint er bisweilen als die der wechselseitigen Abhängigkeit zu verstehen. So bestimmt er die Ganzheit der Erscheinungswelt zu
einem gegebenen Zeitpunkt über die „durchgängige Wechselwirkung", in dem er verlangt:
„sofern die Gegenstände als zugleich existierend verknüpft vorgestellt werden sollen, so
müssen sie ihre Stelle in einer Zeit wechselseitig bestimmen, *und dadurch ein Ganzes
ausmachen*."[69] Hier spricht Kant vom *Ganzen* einer Vorstellung, das durch die wechselseitige Bestimmung der Zeitstelle der Gegenstände entsteht. Dabei ist die Wechselseitig-
keit als das transzendentale Schema vorgestellt, das die Gleichzeitigkeit von Ereignissen
bestimmt, während die einseitige Abhängigkeit der Kausalverknüpfung die Aufeinanderfolge der Zeiten bewirkt. Kant denkt hier die ganzheitsbestimmende Wechselwirkung also
als eine nicht-kausale gegenseitige Abhängigkeit, die nicht in der Zeit abläuft, sondern die
die eindeutigen Zeitpunkte der Gleichzeitigkeit erst ermöglicht.

Diesen Gedanken, daß man es bei Ganzheiten mit gegenseitigen Abhängigkeiten ihrer
Teile zu tun hat, nimmt auch v. Bertalanffy auf. Er formuliert folgendes Prinzip der Ganzheit:

> „Nicht nur die Teile und Teilvorgänge müssen erkannt werden, sondern auch deren mannig-
> faltige Wechselbeziehungen und ihre Gesetzmäßigkeiten".[70]

Damit ist wesentliche Vorarbeit dafür geleistet, den Ganzheitsbegriff für eine wissenschaftliche Forschung, die der Mathematisierbarkeit nicht entbehren muß, verfügbar zu
machen; denn daraus geht hervor, daß eine Ganzheit durch eine bestimmte Strukturierung
seiner Teile zu charakterisieren ist. Welche Arten von Strukturierungen sind aber zur Bestimmung des Ganzheitsbegriffs geeignet?

Bei Aristoteles waren es die Begriffe von Vollständigkeit und Abgeschlossenheit, durch
die etwas Ganzes ausgezeichnet sein sollte. Es fragt sich, welche Form der Beziehung von

---

68 Vgl. ebenda, A833/B861.

69 Vgl. ebenda, A211ff./B256ff. Die Hervorhebung ist von mir hinzugefügt. Der Gedanke, daß
    die Denkmöglichkeit der Gleichzeitig im Ganzen der Welt, ein wirksames Zusammenhang-
    stiftendes Prinzip in der Welt voraussetzt, wird erst im weiteren Verlauf dieser Arbeit im Ab-
    schnitt 10.9 über die Begrifflichkeit der inneren Wirklichkeit herausgearbeitet.

70 Vgl. v. Bertalanffy, L. v., *Das biologische Weltbild*, Böhlau, Bern/Wien 1949/90, S. 169f.

Teilen etwas Vollständiges oder Abgeschlossenes von innen her, d.h. von den Teilen her, hervorbringt.

Da diese Beziehungen von Teilen stets durch Begriffe zu beschreiben sind, bietet es sich an, gleich die Formen zu betrachten, durch die Begriffe miteinander in Beziehung stehen können. Da es in der Wissenschaft stets darum geht, komplexe Begriffe auf einen überschaubaren Bestand an Begriffen zurückzuführen, so sind es offenbar die Beziehungen von Begriffen untereinander, die durch Definitionen zustande kommen, auf die sich alle Begriffsverbindungen reduzieren lassen. Wie sich bereits gezeigt hat, handelt es sich dabei um definitorische Abhängigkeitsverhältnisse, von denen es genau zwei elementare Formen gibt, die der einseitigen und die der gegenseitigen Abhängigkeit.

Aufgrund dieser beiden grundlegenden Beziehungen von Begriffen habe ich bereits zwei verschiedene Formen von Begriffssystemen eingeführt, die ganzheitlichen und die hierarchischen Begriffssysteme. Die Beziehung der Begriffsteile von ganzheitlichen Begriffssystemen besteht in *der* der gegenseitigen definitorischen Abhängigkeit. Dadurch sind ganzheitliche Begriffssysteme von innen her als vollständig und als abgeschlossen anzusehen. Daraus ergibt sich folgende adäquate

Definition des Begriffs ‚Ganzheit‘:

> *Eine* **Ganzheit** *ist bestimmt durch die gegenseitige Abhängigkeit seiner Teile*, oder *eine Menge von Elementen ist dann eine* **Ganzheit**, *wenn sie sich in eindeutiger Weise auf ein ganzheitliches Begriffssystem abbilden läßt.*

In realen ganzheitlichen Systemen werden die Abhängigkeiten zwischen den Teilen nur auf dem Wege der Konstruktion sehr komplizierter und komplexer ganzheitlicher Begriffssysteme definitorisch beschreibbar sein. Im Falle von natürlichen und technischen Systemen wird man versuchen, die Abhängigkeiten durch Kausal-, Formal- und Materialgesetze zu beschreiben[71], während in sozialen Systemen diese durch Regeln angebbar sein können. In lebendigen Systemen treten gegenüber physikalischen Systemen neue Formen existentieller Abhängigkeit auf. So können die Organe oder Zellen eines Organismus nicht unabhängig voneinander existieren[72], wie es etwa für die Teile eines Moleküls oder eines Atoms gilt.

Da es verschiedene Formen von Abhängigkeiten gibt, auf die sich die Definition des Ganzheitsbegriffs anwenden läßt, ist es wichtig festzuhalten, daß ein System nur in den Hinsichten als ganzheitlich anzusehen ist, für die gegenseitige Abhängigkeiten auftreten. So sind Regelkreise nur in Bezug auf die Regelgröße ganzheitliche Systeme. Sie lassen sich darum in anderen Hinsichten wiederum in größere Regelkreise einbauen. Und leben-

---

71   Vgl. dazu Deppert, W., *Zeit. Die Begründung des Zeitbegriffs, seine notwendige Spaltung und der ganzheitliche Charakter seiner Teile*, Franz Steiner Verlag, Stuttgart 1989, S. 168f.

72   Eine Ausnahme sind Zellen oder Organe, die in vitro (im Reagenzglas) mit Hilfe von künstlich aufrecht erhaltenen Lebensbedingungen am Leben gehalten werden können.

de Systeme sind in Bezug auf ihre Energieversorgung keine Ganzheiten, weil sie in dieser Beziehung in einseitiger Weise von ihrer Umwelt abhängig sind, sie sind darum grundsätzlich offene Systeme.

Während für die existentiell gegenseitigen Abhängigkeiten die so voneinander abhängigen Teile notwendig existieren müssen, lassen sich die einseitig existentiellen Abhängigkeiten nach notwendigen, hinreichenden und sichernden Abhängigkeiten unterscheiden. So ist es für den Organismus eines Säugetieres notwendig, mit Nahrung versorgt zu werden. Die Ablagerung von Fettreserven ist hingegen nicht notwendig, diese haben nur eine sichernde Funktion. Ferner ist es für den Erhalt der Lebensfunktionen für Muskelzellen lange Zeit hinreichend, sie mit einer isotonischen Lösung zu versorgen, welche lediglich die osmotischen Druckverhältnisse aufrecht erhält. Dies gilt für die Gehirnzellen nicht, für sie ist es notwendig, ständig mit frischem Blut versorgt zu werden, da eine Unterbrechung der Blutzufuhr von nur wenigen Minuten den Gehirntod herbeiführt. Aber auch auf der Basis von nur sichernden gegenseitigen existentiellen Abhängigkeiten lassen sich ganzheitliche Strukturen aufzeigen, wie etwa bei vielen Symbiosen. Das gilt z.B. für die Symbiose vom Einsiedlerkrebs und der Seeanemone oder für die, die in einer Flechte zwischen einer Alge und einem Pilz besteht. In diesen Fällen können die Symbiosepartner sehr wohl allein existieren, sie gewinnen jedoch durch die gegenseitige Abhängigkeit in der Symbiose enorme existenzsichernde Vorteile.

Lebende Systeme sind demnach durch spezielle Formen von einseitigen aber besonders von gegenseitigen Abhängigkeiten existentieller Art ausgezeichnet. Mir scheint, daß dies bereits eine hinreichende Bedingung für das Auftreten von Metrisierungsklassen ist, die von den physikalischen Klassen verschieden sind. Dies ist darum zu erwarten, weil die Bedingung der gegenseitigen Abhängigkeit auch als eine Äquivalenzrelation zwischen den Teilen eines Ganzen aufgefaßt werden kann.[73] Daraus läßt sich nun folgern, daß reale Ganzheiten über die bereits dargestellten Metrisierungsklassen beschreibbar werden, d. h., ihre system-charakterisierenden Größen sind metrisierbar und mithin mathematisierbar. Ein ganzheitliches System kann in mehreren Hinsichten eine Ganzheit sein, so daß die Frage aufkommt, inwieweit sich diese verschiedenen Arten von gegenseitigen Abhängigkeiten klassifizieren lassen.

73　Formal ist dies leicht einzusehen, wenn man sich überlegt, daß die Relation der gegenseitigen Abhängigkeit bewirkt, daß ein Teil von sich selbst abhängig ist (Reflexivität), daß, wenn ein Teil A gegenseitig von einem Teil B abhängt, auch umgekehrt B von A gegenseitig abhängig ist (Symmetrie) und daß entsprechend auch die Transitivität erfüllt ist.

6.5.9 Strukturen des Ganzheitsbegriffs

6.5.9.1 Unterscheidungsmöglichkeiten von Begriffspaaren

Die genaueste Darstellung des Ganzheitsbegriffs ist bisher mit Hilfe von ganzheitlichen Begriffssystemen möglich. Darum soll es hier einstweilen nur um die Fragen gehen, wie sich ganzheitliche Begriffssysteme unterscheiden lassen und wie es möglich ist, ganzheitliche Begriffssysteme aufzubauen, so daß sie durch diesen Aufbau immer strukturreicher werden, wie wir dies ja an den lebenden Ganzheiten in wunderbarer Weise beobachten können.

Zweifellos ist die Sprachform des Begriffspaares eine grundlegende Form für die Konstitution von Bedeutungen, und es fragt sich nun, ob es auch noch unterscheidbare Formen von Begriffspaaren gibt.

Zur Untersuchung dieser Frage betrachte ich die Begriffspaare (rechts, links) und (wahr, falsch). Die Elemente des ersten Begriffspaares scheinen schwer eindeutig bestimmbar zu sein, das weiß jedenfalls jedes Kind, wenn es den Unterschied zwischen rechts und links lernen soll; etwa durch die Regel: links ist dort, wo der Daumen rechts ist. Das Verwechseln von links und rechts hat vermutlich etwas mit der Struktur dieses Begriffspaares zu tun. Wenn hingegen die Elemente des Begriffspaares (wahr, falsch) verwechselt werden, dann wird man dies nicht auf die Eigenart dieses Begriffspaares zurückführen, sondern eher auf eine Eigenart des Verwechselnden, auf eine *angebliche* Verwechslung, da stets angenommen wird, daß der Unterschied von wahr und falsch eindeutig ist. Diese Beispiele weisen darauf hin, daß wir zwei unterscheidbare Grundformen von Begriffspaaren kennen, und zwar

1. asymmetrische Paare und
2. symmetrische Paare.

Diese beiden Grundformen sollen dabei als die abstrakten Formen aufgefaßt werden, von denen die Begriffspaare unserer Sprache Modelle bzw. Mischungen dieser Modelle sind. So ist z.B. das Begriffspaar (links, rechts) kein reines Modell des symmetrischen Paares, da wir es im Laufe des Heranwachsens wohl doch einmal lernen, links und rechts voneinander zu unterscheiden. Ein reines Modell ist es nur in bezug auf einen bestimmten Raumbegriff, etwa den der Euklidischen Geometrie. Dabei fällt nun auf, daß die räumlichen Begriffspaare wie (oben, unten), (vorn, hinten) und (rechts, links) in bezug auf den Euklidischen Raum offenbar alle als Modelle des symmetrischen Paares verstanden werden können, während die zeitlichen Begriffspaare wie (früher, später) und (Vergangenheit, Zukunft) wohl als Modelle des asymmetrischen Paares betrachtet werden müssen.

Im Sprachgebrauch können wir die Probe, ob es sich bei einem Begriffspaar um ein symmetrisches oder ein asymmetrisches handelt, durch die doppelte Anwendung machen. Und da stellen wir dann leicht fest, daß links von links immer noch links ist und rechts von rechts auch rechts bleibt. Die doppelte Anwendung des Begriffspaar (wahr, falsch) weist dagegen deutlich die Asymmetrie aus; denn die Behauptung: „es ist wahr, daß eine Aussage wahr ist", behauptet erneut die Wahrheit dieser Aussage, die Behauptung aber: „es ist falsch, daß eine bestimmte Aussage falsch ist!, behauptet deren Wahrheit.

Die Sprache sagt uns, daß Begriffe etwas sind, mit dem etwas anderes begriffen werden soll. Dies geschieht in der Anwendung von Begriffen. Dann ist ein Begriff als ein Begriff von etwas zu verstehen. Der Bezug des Begriffes zu dem von ihm Begriffenen kann in verschiedenen Formen auftreten. Dadurch lassen wir aufgrund der strukturellen Verschiedenheit dieser Bezüge Begriffspaare unterscheiden. Diese Strukturunterschiede beziehen sich darauf, ob die Elemente eines Begriffspaares unter gleichen Bedingungen am selben Objekt entweder beide vorkommen oder nur einzeln. So kann etwa eine Aussage unter gleichen Bedingungen nicht zugleich wahr und falsch sein, ein Ereignis nicht zugleich vergangen und zukünftig, ein Teilchen nicht zugleich positiv und negativ geladen sein. Im Gegensatz dazu hat jeder Gegenstand zugleich eine Form und einen Inhalt, oder es gibt für jeden Begriff ein Innen- und Außenverhältnis, und schließlich hat jede Medaille bekanntlich eine Vorder- und eine Rückseite; aber: zu jedem stattfindenden Ereignis gibt es auch ein anderes Ereignis, das früher war, und noch ein anderes, das später sein wird.

Demnach gibt es also verschiedene Arten von Begriffspaaren, die sich danach unterscheiden, wie sie ihren Objekten zugeordnet werden, und ferner gibt es für einige Begriffspaare auch noch verschiedene Arten dieser Zuordnung. Einige Begriffspaare werden ihren Objekten stets zugleich zugeschrieben, wie etwa Form – Inhalt, sie sollen *umgreifende Paare* heißen, und von einigen Begriffspaaren kann nur jeweils ein Element einem Objekt zugeordnet werden, wie etwa (positive Ladung, negative Ladung) oder (vergangen, zukünftig); diese Begriffspaare sollen *gliedernde Paare* heißen.

Ist es nicht auffallend, daß die Unterscheidungen von Begriffspaaren wieder mit Begriffspaaren vorgenommen werden? Dies sind die Begriffspaare (symmetrisch, asymmetrisch) und (umgreifend, gliedernd). Und auch diese beiden Paare scheinen wieder ein Begriffspaar zu sein; denn das erste bezieht sich nur auf den Umgang von Begriffen mit Begriffen und das zweite auf den Umgang von Begriffen mit Objekten, d.h. das Begriffspaar [(symmetrisch, asymmetrisch), (umgreifend, gliedernd)] führt zurück auf die Begriffsunterscheidung von begrifflichem und existentiellem Denken. Diese sind aber gegenseitig aufeinander bezogen, denn man könnte sagen: „Begriffliches Denken ohne etwas Existentielles ist leer und existentielles Denken ohne begriffliches Denken ist blind", so wie Kant bereits formulierte: „Begriffe ohne Anschauungen sind leer und Anschauungen ohne Begriffe sind blind". Demnach lassen sich Begriffspaare mit Hilfe einer zweifachen Stufung von Begriffspaaren strukturieren, so daß die Frage nach *elementaren Begriffspaaren* aufkommt, die sich nicht auf andere Begriffspaare zurückführen lassen. Bevor ich aber auf diese Frage weiter eingehe, möchte ich ersteinmal die Möglichkeiten diskutieren, wie sich mehr-elementige ganzheitliche Begriffssysteme aus einfachen Begriffssystemen aufbauen lassen.

6.5.9.2 Konstruktionsverfahren für ganzheitliche Begriffssysteme

Eine erste Idee dazu läßt sich durch die schlichte Einsicht gewinnen, daß ein jedes Begriffssystem als ein Begriff aufgefaßt werden kann und umgekehrt jeder Begriff als ein Begriffssystem. So liefert etwa die Innenbetrachtung eines Begriffs ein Begriffssystem. Nehmen wir dazu als Beispiel den Begriff der Familie. Diesen Begriff können wir durch das Begriffspaar (Eltern, Kind) darstellen, wobei der Begriff ‚Kind' natürlich auch so verstanden werden kann, daß es sich dabei um mehrere Kinder handelt. Verbinden wir nun das Familienbegriffspaar (Eltern, Kind) mit dem Begriffspaar (männlich, weiblich), so daß jedes Element des einen Begriffspaares mit jedem Element des anderen Begriffspaares verbunden wird, dann erhalten wir eine Begriffspaarverbindung, die ich als *cartesische Kombination* bezeichne. Wir erhalten dann das Begriffsquadrupel (Eltern männlich, Eltern weiblich, Kind männlich, Kind weiblich), was wir auch als (Vater, Mutter, Sohn, Tochter) bezeichnen können. Durch cartesische Kombinationen lassen sich demnach aus Begriffspaaren mehrelementige ganzheitliche Begriffssysteme erzeugen. Und dieses Verfahren läßt sich beliebig fortführen, indem wir etwa das Quadrupel (Vater, Mutter, Sohn, Tochter) mit sich selbst cartesisch kombinieren, so daß wir den Begriff einer Großfamilie bekommen, den wir so zusammenfassen können:

(väterliche Großeltern, mütterliche Großeltern, Vater, Mutter,
Sohn, Tochter, Enkel des Sohnes, Enkel der Tochter).

Wenn man bedenkt, daß die Begriffe ‚Großeltern' und ‚Enkel' noch mit Hilfe des Begriffspaares (männlich, weiblich) zerlegt werden können, dann bekämen wir ein 12-tupel von Begriffen und kein 16-tupel, wie es eigentlich für eine cartesische Kombination von zwei Quadrupeln zu erwarten wäre. Das liegt daran, daß die Kombinationen „Vater-Sohn" und „Vater-Tochter" wieder den Begriff ‚Vater' ergeben und die Kombinationen „Mutter-Sohn" und „Mutter-Tochter" entsprechend den Begriff ‚Mutter'. Das Nämliche gilt für die Kombinationen „Sohn-Vater" und „Sohn-Mutter" und „Tochter-Vater" und „Tochter-Mutter", die in dem Begriffspaar (Sohn, Tochter) zusammenfallen. Hätten wir für die cartesische Kombination das Begriffsquadrupel (Vater, Mutter, Bruder, Schwester) gewählt, dann hätten wir in die Großfamilie auch noch die Onkels und Tanten einzubeziehen. Wir hätten anstelle der cartesischen Kombination auch ein anderes Verfahren wählen können, um aus dem Familienbegriffspaar (Eltern, Kind) ein höher-elementiges ganzheitliches Begriffssystem zu gewinnen, indem wir die durch die Innenbetrachtung der Begriffe ‚Eltern' und ‚Kind' für den Elternbegriff das Begriffspaar (Vater, Mutter) einsetzen und für den Kind-Begriff das Begriffspaar (Sohn, Tochter). Dann hätten wir wiederum das Familien-Quadrupel (Vater, Mutter, Sohn, Tochter) erhalten. Dieses Verfahren sei als das *Aufblähen* eines ganzheitlichen Begriffssystems bezeichnet, das darin besteht, daß Einzelbegriffe eines ganzheitlichen Begriffssystems selbst als ganzheitliche Begriffssysteme verstanden werden.

In dem hier gewählten Familienbeispiel führen das Aufblähen und die cartesische Kombination zu dem gleichen Ergebnis. Das muß aber nicht so sein, vor allem dann, wenn nur einige Begriffe aufgebläht werden. Dies könnte zum Beispiel hilfreich sein, wenn die Familie nur ein Kind oder nur ein Elternteil besitzt. Das Verfahren des Aufblähens sei noch einmal erläutert durch das Aufblähen des Begriffs „Vergleich". Die Innenbetrachtung des Begriffes „Vergleich" führt darauf, daß er durch das Begriffspaar „Gleichheit – Ungleichheit" näher bestimmt wird. Die Begriffe der Gleichheit und der Ungleichheit lassen sich mit dem Begriffspaar „vollständig – unvollständig" aufblähen, indem von vollständiger bzw. unvollständiger Gleichheit gesprochen wird. Graphisch läßt sich dies folgendermaßen darstellen:

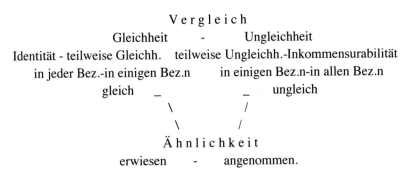

Teilweise Gleichheit und teilweise Ungleichheit ließen sich auch mit dem Begriffspaar ‚erwiesene und angenommene Ähnlichkeit' bezeichnen. Die Hinsichten der möglichen Gleichheiten und Ungleichheiten können wiederum mit Hilfe von ganzheitlichen Begriffssystemen unterschieden werden, was schließlich zu einer Klassifikation aller Begriffe führen würde, denn natürlich lassen sich alle Begriffe in ganz speziellen Hinsichten miteinander vergleichen. Dieses Beispiel des Aufblähens zeigt:

1. das Aufblähen ist ein offener Prozeß, der immer weiter betrieben werden kann,
2. es sind keine Begriffe denkbar, die nicht in irgendeiner Hinsicht miteinander verbunden sind,
3. die verschiedenen Stufen des Aufblähens erzeugen hierarchische Begriffssysteme.

Die Konsequenzen, die sich aus dem schlichten Vorgang des Aufblähens von Begriffssystemen ergeben, weisen bereits auf die prinzipielle Offenheit oder Nichtabschließbarkeit der Sprache und damit auch der Wissenschaft hin, aber auch auf die Einheit der Sprache und entsprechend der Wissenschaft in dem Sinne, daß sich alle Begriffe der Sprache und Wissenschaft in irgendeiner Weise miteinander in Zusammenhang bringen lassen. Schließlich ist bereits erkennbar, wie aus ganzheitlichen Begriffssystemen hierarchische Begriffssysteme ableitbar sind.

Über das Verfahren des Aufblähens hinaus ergeben die gliedernden Paare eine besondere Möglichkeit zur Bildung von Begriffstripeln. Der Begriff der gliedernden Paare

ergab sich durch den spezifischen Bezug, den Begriffspaare auf ihre Objekte haben können. Wenn es Objekte gibt, die aus gewissen Gründen Bezugsobjekte eines Begriffspaares
sein sollten, bei denen aber die Zuordnung zu einem ihrer zwei Elemente nicht gelingt, so
läßt sich ein drittes Element, das sog. *neutrale* Element einführen, und dadurch wird aus
dem Begriffspaar ein *Begriffstripel*. So spricht man von einer neutralen Ladung, wenn ein
Teilchen weder positiv noch negativ elektrisch geladen ist, oder von einer neutralen chemischen Lösung, wenn sie weder basisch noch sauer ist. So entstand aber auch Reichen-
bachs dreiwertige Logik, als sich in der Quantenmechanik Aussagen fanden, die im Sinne
der Aussagenlogik nicht wahrheitsdefinit[74] waren und für die Reichenbach den neutralen
Wahrheitswert „unbestimmt" einführte. Entsprechend ist das Sächliche in der Sprache als
das neutrale Geschlecht zu verstehen, und der Zeitmodus der Gegenwart wäre in dieser
Betrachtungsweise als der neutrale Zeitmodus angebbar.

Es gibt aber noch eine andere Möglichkeit, das neutrale Element eines Gegensatzpaares
zu interpretieren. Und zwar kann die Betrachtung des Paares als ein Ganzes, als die Verschmelzung beider entgegengesetzter Elemente zum neutralen Element aufgefaßt werden.
Bei elektrischen Ladungen wird oft die neutrale Ladung als Vereinigung gleich großer
negativer und positiver Ladungen verstanden, etwa wenn ein Photon, das ja elektrisch
neutral ist, durch Paarvernichtung eines Elektron-Positron-Paares entsteht. Auch hinsichtlich des Tripels der Zeitmodi ist diese Auffassung zu finden, daß nämlich die Gegenwart
als die Vereinigung von Zukunft und Vergangenheit aufgefaßt wird. So ist für Brentano
nach der Beschreibung von Husserl alles, was ist, ein „zukünftig Gewesenes". Die Bildung
eines neutralen Elements scheint nach den hier gegebenen Beispielen nur auf Gegensatz-
paare anwendbar zu sein. Dies ist aber nicht der Fall; denn wenn man die Bildung eines
neutralen Elementes formal als die Hinzufügung des Elements begreift, das als der Begriff des zu erweiternden Begriffssystems verstanden wird, dann ließe sich z.B. aus einem
Quadrupel ein Quintupel herstellen, wenn zu den vier Begriffen des Quadrupels noch der
Begriff des Quadrupels selbst als fünftes Element hinzugefügt wird. Formal ist das sicher
möglich, aber es scheint mir einstweilen noch fraglich zu sein, ob es für diese verallge-
meinerte Form der Bildung des neutralen Elementes eine Anwendung gibt, wenngleich
sich im Gesellschaftsrecht so etwas andeutet, wenn die Gesellschafter Anteile an ihrer
Gesellschaft halten und die Gesellschaft als Ganzes selbst auch.

Eine vierte Möglichkeit zur Erstellung ganzheitlicher Begriffssysteme haben wir bereits intuitiv bei der Darstellung der komparativen und metrischen Begriffe benutzt. Diese
Form sei die *operierende Kombination* genannt; denn sie besteht darin, daß wir mit Hilfe eines Begriffspaares auf dem Anwendungsbereich eines anderen operieren. So haben
wir etwa das Begriffspaar (mehr, weniger) auf die einzelnen Elemente der Begriffspaare
(heiß, kalt), (schwer, leicht) oder (kurz, lang) angewandt, um dadurch die sogenannte Quasireihe zu erzeugen. Dazu bedienen wir uns noch einer Vergleichsoperation, und d.h., wir

---

74   Der Ausdruck „wahrheitsdefinit" bedeutet lediglich, daß man einer Aussage einen Wahrheitswert zuordnen kann. In der sogenannten zweiwertigen Logik sind dies die Prädikate entweder
‚wahr' oder ‚falsch'.

operieren mit einem weiteren Begriffspaar (gleich, ungleich). Wir könnten auch sagen, daß wir darin den Begriff ‚ungleich‘ mit Hilfe des Begriffspaares (mehr, weniger) aufblähen, und das bedeutet, den Begriff ‚ungleich‘ durch das Begriffspaar (mehr, weniger) zu ersetzen, so daß wir das Begriffstripel (gleich, mehr, weniger) erhalten und mit diesem auf den Begriffspaaren (schwer, leicht), (kurz, lang) oder (heiß, kalt) operieren. Wir können die Begriffspaare (schwer, leicht), (kurz, lang) oder (heiß, kalt) aber auch durch die Operation mit dem Begriffspaar (mehr, weniger) erzeugen, wenn wir es auf die Begriffe ‚Gewicht‘, ‚Länge‘ oder ‚Wärme‘ anwenden. Genau genommen haben wir die operierende Kombination schon benutzt, als wir das Familien-Quadrupel auf sich selbst anwandten; denn das mußte ja so verstanden werden, daß das erste Quadrupel auf dem zweiten operiert, so daß es heißt „Vater vom Vater, Vater von der Mutter, Mutter vom Vater, Mutter von der Mutter, Vater vom Sohn, Vater von der Tochter, usw.“. Nur so läßt sich ja diese cartesische Kombination sinnvoll durchführen.

Ich möchte nun die Vermutung äußern, daß die operierende Kombination von Begriffen von besonderer Bedeutung sein wird, um Begriffssysteme zu konstruieren, die sich dazu eignen, lebende Systeme adäquat zu beschreiben; denn im Prinzip ist ja dabei von einer Ganzheit auszugehen, die in sich eine Paarigkeit besitzt, aufgrund derer sie sich in solche Teile zerlegen läßt, die wiederum die Eigenschaft besitzen, sich in zwei Teile zu teilen und so fort. Ob dabei das hier beschriebene Verfahren des Aufblähens oder ein anderes anzuwenden ist, wird sich zeigen. Bei der geschlechtlichen Verschmelzung wird‘s vermutlich die cartesische Kombination sein, mit der sich dieser Prozeß adäquat beschreiben läßt.

6.5.9.3 Elementare und fundamentale ganzheitliche Begriffssysteme

Die Frage, ob es auch ganzheitliche Begriffssysteme gibt, die sich nicht durch Begriffspaare aufbauen lassen und somit als *elementare ganzheitliche Begriffssysteme* zu bezeichnen sind, kann durch Beispiele leicht bejaht werden. So wird z.B. in dem Kinderspiel „Stein-Schere-Papier“ ein elementares Tripel benutzt. Bei der Besprechung des Gesetzesbegriffs wird sich noch zeigen, daß die Begriffe ‚Ursache‘ und ‚Wirkung‘ nur scheinbar ein Begriffspaar sind, da zwischen ihnen noch eine Regel oder ein Gesetz wirken muß, das ein Ereignis zur Ursache und ein späteres zur Wirkung werden läßt. Also muß wenigstens noch ein Gesetz dazu gedacht werden, so daß die Begriffe ‚Ursache‘ und ‚Wirkung‘ dem Begriffstripel (Ursache, Gesetz, Wirkung) angehören. Bei noch genauerer Betrachtung ist ein Gesetz nicht ohne seinen Anwendungsbereich zu denken, so daß wir an ein elementares Quadrupel der Form (Ursache, Gesetz, Anwendungsbereich, Wirkung) zu denken hätten, daß als *Gesetzesquadrupel* bezeichnet werden mag. In Axiomensystemen lassen sich leicht Begriffs-n-tupel mit n > 3 angeben. Auch finden wir in der Beschreibung von Organismen mit Hilfe von Organen und ihren organismuserhaltenden Funktionen ebenso mehrelementige elementare ganzheitliche Begriffssysteme, wie dies in einfacherer Form für die Beschreibung von Regelsystemen gilt. Die angegebenen Verfahren zur Erzeugung von ganzheitlichen Begriffssystemen aus Paaren lassen sich entsprechend auf die elementaren Begriffs-n-tupel übertragen. Aber natürlich können diese Verfahren grundsätzlich

mit allen Begriffssystemen betrieben werden und auch nicht nur mit ganzheitlichen Begriffssystemen. Des besseren Überblicks wegen seien die vier besprochenen Verfahren
hier zusammengefaßt:

1. *Aufblähen von Begriffssystemen*
    Die Begriffselemente werden mit Hilfe eines ganzheitlichen Begriffssystems selbst
    wieder als ein solches betrachtet.
2. *Bildung eines neutralen Elementes*
    Hierbei wird ein ganzheitliches Begriffssystem als ein Begriff aufgefaßt und dieser
    Begriff als neues Element dem Begriffssystem hinzugefügt. Dieses Verfahren eignet
    sich für gliedernde ganzheitliche Begriffssysteme.
3. *Cartesische Kombination*
    Neue Begriffselemente werden durch Zusammenfügen aller Elemente eines ganzheit-
    lichen Begriffssystems mit allen Elementen eines anderen ganzheitlichen Begriffs-
    systems gebildet.
4. *Operierende Kombination*
    Ein ganzheitliches Begriffssystem wird auf den Anwendungsbereich eines anderen
    ganzheitlichen Begriffssystems angewandt.

Bei der letztgenannten operierenden Kombination hat sich noch einmal deutlich gezeigt,
daß wir Begriffe auf Begriffe, aber ebenso Begriffe auf bestimmte Objekte anwenden
können. Dabei fallen wichtige Unterschiede auf, die im Folgenden noch zu besprechen
sind.

Es ist bisher nur nebenbei erwähnt worden, daß das Bedeutungswissen über die sprachliche Verwendung von Begriffspaaren nur als Ganzes und nicht schrittweise erworben
werden kann. Und dies gilt generell überhaupt für ganzheitliche Begriffssysteme, weil die
Bedeutungen ihrer begrifflichen Bestandteile zirkulär miteinander verbunden sind. Dies
ist vermutlich auch der Grund dafür, daß man sich meines Wissens bei den Semiotikern
gar nicht um sie gekümmert hat; denn Zirkeldefinitionen gelten als verboten. Die Zirkel-
freiheit des begrifflichen Aufbaus besitzt bei den logischen Konstruktivisten (Erlanger
Schule) sogar den Status einer heiligen Kuh, obwohl sie intuitiv – aber niemals offen ein-
gestanden – laufend mit Begriffspaaren umgehen.

Es stellt sich darum umso dringender die Frage nach dem erkenntnistheoretischen Ort
ganzheitlicher Begriffssysteme. Ich habe schon mehrfach die Vermutung ausgesprochen,
daß es keine semantischen Einheiten gibt, die eine noch einfachere Struktur haben, als die
Begriffspaare. Man könnte dies allenfalls für mythogene Ideen vermuten, weil die Einheit-
lichkeit der mythogenen Vorstellungen gerade ihr Kennzeichen ist. Aber auch die mythogenen Ideen scheinen systematisch aufeinander bezogen zu sein. So besitzt etwa die mythogene Idee des Schöpfergottes immanent die Dualität von Schöpfer und Geschöpf. Und die
bereits genannten mythogenen Ideen der Naturwissenschaftler „der eine kosmische Raum",
„die eine kosmische Zeit" und „die eine umfassende Naturgesetzlichkeit" stehen in Beziehung durch die Begriffspaare (Statisches, Dynamisches) oder (Regel, Geregeltes). Nach

der Sprachphilosophie Wilhelm von Humboldts ist dies alles nicht verwunderlich, weil in
dieser jede Sprache bereits als eine Ganzheit in dem hier dargestellten Sinn betrachtet wird,
d.h., wir befinden uns mit unserer Sprachlichkeit schon immer in gegenseitigen Abhängigkeiten, denen wir grundsätzlich nicht entfliehen können. Dennoch bauen wir in unserer
Sprache enorme hierarchische Systeme auf. Und es zeigte sich bereits, daß die beeindru-
ckenden hierarchischen Begriffssysteme, die die Mathematiker hervorgebracht haben, aus-
nahmslos aufgrund von Axiomen zustandekommen, deren undefinierte Grundbegriffe die
gegenseitige Bedeutungsabhängigkeit ganzheitlicher Begriffssysteme besitzen.

Wenn wir dies alles in unserem Bewußtsein gründlich bedenken – und philosophieren
heißt ja nichts anderes als genau dies – , dann könnten wir den Gedanken riskieren, daß
sich vielleicht *fundamentale ganzheitliche Begriffssysteme* auszeichnen lassen, auf denen
unser gesamtes Bedeutungsverstehen aufruht, wobei zuzugeben ist, daß sich auch diese
historisch wandeln werden.

Nun will ich hier gewiß nicht versuchen, ein System fundamentaler ganzheitlicher Begriffssysteme anzugeben, aber es sollen doch wenigstens Wege gewiesen werden, die man
gehen könnte, um ein solches Unternehmen in Angriff zu nehmen, wobei uns gewiß klar
sein muß, daß für das Ergebnis niemals Eindeutigkeit beansprucht werden kann, weil, wie
sich gleich zeigen wird, schon die ersten Schritte dazu willkürlich sind.

Eine erste Möglichkeit bestünde darin, den Versuch zu starten, die Vollständigkeit der
Kantschen Urteilstafel nachzuweisen. Das Aufweisen von Vollständigkeit ist bislang nur
mit Hilfe von ganzheitlichen Begriffssystemen möglich, wobei diese Vollständigkeit stets
von dem dazu ausgewählten ganzheitlichen Begriffssystem abhängig ist. Vollständigkeits-
behauptungen können darum nur relativ sein. Ich sehe keine Möglichkeit dafür, dies intellektuell redlich zu bestreiten. Der Reichsche Versuch, die Vollständigkeit der Kantischen
Urteilstafel zu beweisen, mußte schon deshalb mißlingen, weil er über das Instrumentarium
der ganzheitlichen Begriffssysteme nicht verfügte.[75] Dies könnte man freilich auch von Kant
sagen, der hat aber im Gegensatz zu Klaus Reich diese Begrifflichkeit dennoch verwendet,
obwohl er sie nicht mit einem Namen versehen hat. Kant hat nämlich seinen Begriff der Gemeinschaft, mit dem Ganzheitsbegriff, der hier eingeführt wurde, weitgehend identifiziert.

Ein Vollständigkeitsbeweis müßte von Kants Definition des Urteils ausgehen, und urteilen heißt für ihn „verschiedene Vorstellungen unter einer gemeinschaftlichen zu ordnen"
(KdrV, A68, B93). Gemeinschaftliche Vorstellungen sind aber nicht schon diese, die nur
etwas Gemeinsames besitzen, nein, für Kant ist mit der Kategorie der Gemeinschaft auch
die Form der wechselseitigen – oder wie ich gern sage – der gegenseitigen Abhängigkeit
gegeben. Dann aber fällt in der Tafel der Urteilsformen auf, daß die ersten beiden Klassen,
die Quantität und die Qualität, bereits ein erstes Begriffspaar bilden, und es fragt sich, ob
dies auch für die nächsten beiden Klassen, die Relation und die Modalität, gilt. In der relationalen Betrachtungsweise der Urteilsformen zeigt Kant auf, wie sich Begriffe überhaupt
aufeinander beziehen können, d. h., Kant kennzeichnet damit die Formen des begrifflichen

---

75   Vgl. Klaus Reich, Die Vollständigkeit der kantischen Urteilstafel, Meiner Verlag, Hamburg
     1986, 3. Aufl., Nachdr. d. 2. Aufl. Schoetz, Berlin 1948.

Denkens. In der vierten Klasse der Urteilsformen beschreibt Kant schließlich, wie sich Begriffliches mit Existentiellem verbinden läßt. Demnach scheinen sich die beiden letzten Klassen der Urteilsformen auf das Begriffspaar (begriffliches, existentielles) Denken reduzieren zu lassen. Die beiden ersten Klassen können mit dem Begriff ‚Realitätsformen‘ und die beiden letzten Klassen mit dem Begriff ‚Denkformen‘ zusammengefaßt werden, so daß sich die gesamte Urteilstafel mit dem Begriffspaar (Realitätsformen, Denkformen) beschreiben ließe. Damit hätten wir das Begriffspaar (Realität, Geist) als ein mögliches fundamentales Begriffspaar herausgearbeitet. Es muß allerdings zugestanden werden, daß dabei die gedanklichen Schritte in grob vereinfachender Weise gegangen wurden. Dazu wurde der Ausgangspunkt der Betrachtungen in Kants Definition des Urteils gewählt. Wir könnten nun noch etwas formaler werden, indem wir vom Begriff der Definition ausgehen, weil dieser ein fundamentales Instrument für all unsere Weltbetrachtungen darstellt.

Nun ist eine *Definition* eine *Gleichsetzung* von Definiendum und Definiens, von dem Zu-Definierenden mit dem Definierenden, wobei das Definiens aus einer Relation von Elementen besteht. Diese Darstellung dessen, was Definition bedeuten soll, setzt die Kenntnis von zwei Begriffspaaren voraus; denn um zu wissen, was ‚Gleichsetzung‘ bedeutet, müssen wir das Begriffspaar (Gleichheit, Ungleichheit) kennen, und um das Definierende, das Definiens, aufstellen zu können, müssen wir mit dem Begriffspaar (Relation, Element), das aus dem Begriffspaar (Element, Menge) entsteht, und mit dem Begriffspaar (Verbindendes, Verbundenes) umgehen können.

Der Begriff ‚Gleichheit‘ aber ist eine besondere Relation, ein spezifisch Verbindendes, das in einer Definition zum definitorischen Zusammenhang führt. Es ist also auch klar, daß wir, um die Begriffspaare (gleich, ungleich) und (Element, Relation) verstehen zu können, auch die Bedeutung des Begriffspaares (einzeln, allgemein) oder auch (Einheit, Vielheit) kennen müssen; denn das, was an vielem Einzelnen gleich ist, das ist ein Allgemeines. Ferner können wir das Begriffspaar (gleich, ungleich) nur über das Begriffspaar (bejahend, verneinend) oder wie man auch sagt (Affirmation, Negation) anwenden. Gewiß lässt sich auf diese Weise eine Fülle von weiteren ganzheitlichen Begriffssystemen angeben, deren Bedeutung wir auch noch kennen müssen, um zu verstehen, was hier mit einer Definition gemeint ist.

Für das Verständnis des Begriffes ‚Definition‘ sind demnach folgende Begriffspaare wichtig, die hier in einem ersten Anlauf als fundamentale Begriffspaare bezeichnet werden sollen:

(Gleichheit, Ungleichheit), (Element, Menge), (Verbindendes, Verbundenes), (einzeln, allgemein), (Einheit, Vielheit), (bejahend, verneinend).

Wenn wir diese Begriffspaare für fundamental halten, dann muß sich daraus eine Fülle von Begriffspaaren ableiten lassen, die sich aus bestimmten Kombinationen dieser Begriffspaare darstellen. Und dies ist tatsächlich der Fall; denn

1.   Wahrheit ist stets die Bejahung einer irgendwie gearteten Gleichheit und
2.   Falschheit die Verneinung derselben, wobei sich die bereits festgestellte Asymmetrie des Begriffspaares (wahr, falsch) von der des Paares (ja, nein) ererbt.

3. Die Symmetrie und Asymmetrie aber könnte man noch zurückführen auf die Begriffspaare (Gleichheit, Ungleichheit) und (bejahend, verneinend), indem wiederum festgestellt wird, daß die doppelte Bejahung *gleich* einer Bejahung, während die doppelte Verneinung *ungleich* einer Verneinung ist. In dem Begriffspaar (gleich, ungleich) aber ist die Asymmetrie nicht mehr abzuleiten, sie muß intuitiv angenommen und verstanden sein.

4. Wie wir bereits sahen, können wir das Begriffstripel (gleich, mehr, weniger), das wir zum Erstellen einer Quasireihe benötigen, auf das Begriffspaar des Vergleichs (gleich, ungleich) und das der Behauptung (ja, nein) zurückführen, wobei aber noch die Begriffspaare (Betrachter, Betrachtetes) und (Beurteiler, Beurteiltes) mitgedacht werden müssen,

5. diese beiden Begriffspaare, die meist in dem Begriffspaar (Subjekt, Objekt) zusammengefaßt werden, können aus dem Begriffspaar (Verbindendes, Verbundenes) unter Benutzung der anderen fünf fundamentalen Begriffspaare abgeleitet werden.

Wir werden noch Gelegenheiten haben, um viele weitere Begriffspaare auf diese Weise auf die hier genannten fundamentalen Begriffspaare zurückzuführen. Die vorgeführten Überlegungen, die dem Auffinden von fundamentalen Begriffspaaren dienen sollten, sind erst einmal als eine gewisse Art von begrifflicher Spielerei zu betrachten, da es ihnen an einer strengen Systematik mangelt. Dies soll hier allenfalls als eine Anregung zum Weiterdenken verstanden werden. Sicher aber ist, daß wir einige sehr fundamentale Begriffspaare in der Wissenschaftstheorie in sehr aufhellender Weise benutzen. Zwei von ihnen, die insbesondere von Immanuel Kant detailliert beschrieben wurden, die Begriffspaare (analytisch, synthetisch) und (a priori, a posteriori oder empirisch) und die Möglichkeiten, sie miteinander zu verbinden, werden im folgenden Abschnitt vorgestellt.

6.5.9.4   Die Begriffspaare (analytisch, synthetisch) und (a priori, a posteriori oder empirisch) und ihre Kombinationen

Die Begriffspaare (analytisch, synthetisch), (a priori, a posteriori oder empirisch) operieren auf Begriffen wie ‚Aussage', ‚Urteil' oder ‚Satz'. Seit Kant definieren wir ein *analytisches Urteil* als eine solche Aussage, deren Wahrheitswert wir durch die bloße Analyse der in dem Urteil verwendeten Begriffe feststellen können. Ob ein analytischer Satz wahr oder falsch ist, läßt sich ohne zusätzliche Informationen entscheiden, wenn wir die Definitionen der in diesem Satz verwendeten Begriffe kennen. Für eine synthetische Aussage oder ein *synthetisches Urteil* gilt dies nicht, d.h., wir brauchen noch zusätzliche Informationen, um festzustellen, ob eine synthetische Aussage wahr oder falsch ist. In den allermeisten Fällen sind diese zusätzlichen Informationen durch sinnliche Wahrnehmungen oder kurz durch Empirie zu bekommen. Unter einem *apriorischen Urteil* wird ein solches verstanden, welches ohne jegliche Erfahrung oder – wie oft gesagt wird – vor aller Erfahrung zustandekommt. Apriorische Aussagen können auch solche sein, die Erfahrungen erst ermöglichen oder wie Kant sagt, die Bedingungen der Möglichkeit von Erfahrung sind. Metaphysische Aussagen sind im Kantischen Sinne darum stets apriorisch. Wenn wir allerdings bedenken, daß auch die metaphysischen Überzeugungen historisch bedingt sind, so ist es vernünftig, den Begriff ‚apriorische Aussagen' zu relativieren und von einem historisch bedingten Apriori zu sprechen. Einfacher scheint die Situation für die aposteriorischen oder empirischen Aussagen zu sein; denn diese sind ja von vornherein so bestimmt, daß sie Erfahrungsurteile sind, die durch sinnliche Wahrnehmungen zustande gekommen sind. Dennoch gibt es nicht selten Fälle, in denen von Erfahrungen gesprochen wird, die jedoch keine empirische Basis besitzen können. Um dies zu klären, bedarf es – wie bereits gezeigt – eines Kriteriums für das Vorliegen von empirischer Erfahrbarkeit, auf das wegen seiner großen Bedeutung hier noch einmal eingegangen sei. Dieses Kriterium nenne ich das *empirische Auswahlkriterium*; es lautet:

Ein Begriff ist aposteriorisch oder empirisch, *wenn es zu ihm mindestens einen anderen Begriff gibt, der in dem zugehörigen Begriffssystem die gleiche Funktion hat und dessen faktische Anwendbarkeit auf empirische Weise ausgeschlossen oder aufgewiesen werden kann.*

„Auf empirische Weise" heißt hier immer über äußere ursprüngliche Zusammenhangserlebnisse. Das Auswahlprinzip besagt mit anderen Worten, daß es für einen empirischen Begriff wenigstens die Denkmöglichkeit des „Anders-Seins" geben muß. Ich spreche gern von **Begriffs-Isotopen**, wenn diese Begriffe in einem Begriffssystem die gleiche Stelle einnehmen können, so wie die Isotope eines chemischen Elements im Periodensystem die gleiche Stelle wie das Element einnehmen. Wenn es jedoch zu einem Begriff kein Begriffsisotop gibt, dann kann dieser kein empirischer Begriff sein, weil keine Denkmöglichkeit für eine empirische Auswahl angegeben werden kann.

Als Beispiel für einen solchen Fall mag der Begriff des Zeitpfeils dienen. In der theoretischen Physik hat sich seit der Diskussion über die sogenannten Antiteilchen eingebürgert, von positiver oder negativer Zeitrichtung zu sprechen und damit die Denkmöglichkeit zweier verschiedener Zeitrichtungen, sogenannter *Zeitpfeile* zu eröffnen. Weil aber alle unsere Erfahrungen stets von vorausgehenden Erfahrungen abhängig sind, ist es nicht denkbar, daß wir zwei identisch gleiche Erfahrungen nacheinander machen können. Darum stapeln sich unsere Erfahrungen in einer nicht umkehrbaren Weise. Dies bedeutet, daß unser Erfahrungsbegriff bereits einen Zeitpfeil in sich trägt, so daß die Erfahrbarkeit einer davon verschiedenen Zeitrichtung undenkbar ist. Die theoretischen Physiker haben sich durch die übliche Geometrisierung der Zeit dazu verleiten lassen, zu meinen, wir könnten durch empirische Untersuchungen den Zeitpfeil bestätigen, den wir aber schon immer mit unseren Erfahrungen voraussetzen. Die Richtung der Zeit erfüllt mithin nicht das Auswahlkriterium und ist somit kein Erfahrungsbegriff. Die Richtung der Zeit ist apriorisch bestimmt.

Die Begriffspaare (analytisch, synthetisch) und (a priori, empirisch) lassen sich theoretisch miteinander cartesisch kombinieren, so daß folgendes Begriffsquadrupel entsteht:

(analytisch a priori, analytisch empirisch, synthetisch a priori, synthetisch empirisch).

Die Anwendbarkeit der Kombinationen ‚analytisch a priori' und ‚synthetisch empirisch' ist nie in Zweifel gezogen worden. Anders verhält es sich mit den beiden anderen Kombinationsmöglichkeiten. Kant hatte behauptet, daß es synthetisch-apriorische Urteile geben müsse, da durch diese die Erfahrungskonstitution überhaupt erst möglich sei. Vor allem die anglo-amerikanischen Schulen des Empirismus haben den Begriff des synthetischen Apriori abgelehnt und daraufhin die analytische Philosophie begründet, die im wesentlichen nur noch aus Sprachanalyse bestehen sollte. Dabei wurde jedoch übersehen, daß es die Möglichkeit für empirische Sätze in unserem Gemüt geben muß; denn es muß in uns die apriorische Möglichkeit vorgesehen sein, synthetische Sätze überhaupt denken zu können, welches ja die Struktur aller empirischen Sätze ist. Es muß also in uns die Form synthetischer Sätze a priori angelegt sein, sonst könnten wir empirische Erfahrungen gar nicht machen.

Die mangelnde Einsicht der Empiristen über diesen sehr einfach einzusehenden Zusammenhang hat eine mangelhafte Kantrezeption im ganzen anglo-amerikanischen Bereich bewirkt, wodurch erklärlich ist, warum insbesondere die amerikanische Philosophie bis heute an ziemlicher Kümmerlichkeit leidet, indem sie ganz bestimmte argumentative Standards nicht erreicht. Daß diese zum Leidwesen der Nachkriegszeit weltweit kaum bemerkt wurde, liegt an dem übermächtigen politischen Anspruch, der seit dem 2. Weltkrieg von den USA ausgegangen ist. In der Wiener Schule des Empirismus wurde dieser Fehler des anglo-amerikanischen Empirismus schon vor dem 2. Weltkrieg durch den Berliner Hans Reichenbach korrigiert, indem er einsah, daß wir für jegliche Art von Wissenschaft Postulate – wie er sie nannte – brauchen, die stets die Form synthetisch apriorischer Sätze besitzen müssen.

Die auch mögliche Kombination ‚analytisch empirisch' in dem oben genannten Begriffsquadrupel wurde selbst von Kant für nicht anwendbar gehalten und darum auch nicht besprochen. Aber auch dies halte ich nicht für korrekt. Denn sobald es sich herausstellt, daß bestimmte Begriffe eines Begriffssystems sich auf die sinnlich wahrnehmbare Wirklichkeit anwenden lassen, dann liefert die Konstruktion des Begriffssystems die Möglichkeit, auf analytische Weise nach der Anwendbarkeit weiterer Begriffe dieses Begriffssystems zu fragen.

Nehmen wir zur Erläuterung etwa das Beispiel das Begriffssystem ‚Pflanzenfresser', die aufgrund ihrer geringen Wehrhaftigkeit sehr schnell möglichst viel Pflanzenmaterial in sich hineinschlingen müssen, um es an einem gesicherten Ort in Ruhe noch einmal gründlich durchkauen zu können. Der dazu nötige Vormagen wird der Pansen genannt. Darum impliziert der Begriff des Wiederkäuers, wozu z.B. die Damhirsche gehören, das Vorhandensein eines Pansens. Und wenn ein Jäger im Walde einen toten Damhirsch findet, kann er die analytisch-empirische Aussage machen: *„Dieser tote Damhirsch hat einen Pansen, den mein Jagdhund mit Vergnügen verzehren wird."* Wenn sich dann aber beim Öffnen des Tier-Kadawers herausstellt: „der Pansen ist nicht da", dann läßt sich analytisch erschließen, daß dieser entnommen worden sein muß, etwa von einem sogenannten Wilderer, der auch einen gefräßigen Hund dabei hatte. Hier haben wir es offenbar mit analytisch-empirischen Aussagen zu tun, die man freilich auch gewinnen kann bei Aussagen über die Blüten eines Apfelbaums und seinen späteren Früchten, den Äpfeln dieses Apfelbaums, u.s.w.

Es ist also gar nicht schwer, Anwendungsbeispiele für analytisch bestimmte Begriffe zu finden, deren Anwendung sich empirisch erweisen läßt, so daß die Verwendbarkeit der Begriffskombination ‚analytisch empirisch‘ vernünftigerweise eingesehen werden kann. Dadurch zeigt sich, daß die Anwendbarkeit für das gesamte Begriffsquadrupel (*analytisch a priori, analytisch empirisch, synthetisch a priori, synthetisch empirisch*) nachgewiesen ist, – eine hübsche Bestätigung für die Herstellung von mehrelementigen ganzheitlichen Begriffssystemen durch die Methode der cartesischen Kombination.

Wir haben oben bereits den Erkenntnisbegriff so bestimmt, daß dieser im allgemeinsten Fall aus einer Zuordnung von etwas Einzelnem zu etwas Allgemeinem besteht. Diese Zuordnung aber wird durch einen geregelten Vorgang vorgenommen, der nach einer Regel oder einem Gesetz erfolgt. Es sind darum nun noch der Gesetzesbegriff und der Regelbegriff zu besprechen.

6.5.10   Der Gesetzesbegriff und der Regelbegriff

Alle Wissenschaften versuchen, ihren Objektbereich mit Hilfe von Gesetzen oder Regeln zu ordnen, um dadurch Erkenntnisse zu gewinnen. Dabei kann es sich um *statische Gesetze* oder *statische Regeln* handeln, durch die lediglich eine Anordnung von Objekten vorgenommen werden kann. Dies gilt etwa für die Gesetze der Anatomie oder für die Spielregel des Aufbaus der Schachfiguren zum Spielanfang. Wenn es darum geht, regelmäßige Abläufe zu beschreiben, dann werden dazu *dynamische Gesetze* oder *dynamische Regeln* verwendet. So sind etwa die physikalischen Anziehungsgesetze der Gravitation, der Elektrizität oder des Magnetismus dynamische Gesetze, mit denen sich der Verlauf von Bewegungen der Körper, die unter dem Einfluß dieser Kraftpotentiale stehen, berechnen läßt. Der mögliche Verlauf eines Schachspiels aber wird durch die dynamischen Regeln dieses Spiels festgelegt. Die statischen Gesetze oder Regeln mögen auch *Zustandsgesetze* oder *Zustandsregeln* heißen. So sind etwa das Boyle-Mariottesche Gesetz: (PxV = const.) oder das Gay-Lussacsche Gesetz (PxV/T = const.) Zustandsgesetze der Wärmelehre, und die dabei verwendeten Größen wie der Druck P, das Volumen V oder die absolute Temperatur T sind Zustandsgrößen eines abgeschlossenen thermodynamischen Systems. Entsprechend lassen sich für marktwirtschaftliche Systeme Zustandsgrößen und Zustandsgesetze formulieren wie etwa das Marktpreisgesetz, nach dem sich der Preis P einer Marktware proportional zur Nachfrage N und umgekehrt proportional zum Angebot A verhält: $P \sim N/A$.

Die dynamischen Gesetze und Regeln, die sich zum Teil aus den Zustandsgesetzen oder Zustandsregeln ableiten lassen, wenn es sich nicht um Kraftgesetze handelt, mögen auch als *Veränderungsgesetze* oder *Veränderungsregeln* bezeichnet werden.

Gesetze und Regeln stehen für etwas Allgemeines, welches das Gemeinsame bildet, das bestimmten Objekten in gleicher Weise zukommt. Gesetze und Regeln unterscheiden wir im wissenschaftlichen Bereich nach ihrer Verläßlichkeit. Gesetze sollen immer gelten. So glauben wir dies etwa von Naturgesetzen, die grundsätzlich unveränderlich sein sollen. Regeln hingegen lassen sich durchbrechen und sind dadurch von Gesetzen zu unterscheiden. Demnach wären die Gesetze des menschlichen Zusammenlebens in einem Staat keine Gesetze, sondern Regeln. Es wäre für die Entwicklungsfähigkeit von Staaten gewiß vorteilhaft, wenn sich diese Einsicht auch bei den Vertretern der Judikative durchsetzte und vor allem im Jurastudium und in der juristischen Forschung, die längst darauf ausgerichtet sein müßte, Vorschläge für Verbesserungen von bestehenden Gesetzen zu unterbreiten. Einstweilen haben wir mit einem anderen Sprachgebrauch zu leben, nach dem nicht selten im Namen des Gesetzes Unrecht geschieht, schon allein deshalb, weil viele Gesetze so schlecht gemacht sind, so daß ihr Allgemeingültigkeitsanspruch nicht auf Einsicht, sondern auf staatlich einsetzbarer Gewalt beruht – ein durchaus unheilvoller Zustand, den zu ändern oberstes Ziel juristischer Forschung sein sollte, wenn denn die juristischen Fakultäten ihren Verbleib an unseren Universitäten rechtfertigen wollen.

Bei Kant war die Tendenz in der Verwendung des Regelbegriffs gerade umgekehrt; denn für ihn waren auch Kausalgesetze nichts als Regeln, die zwei zeitlich aufeinanderfolgende Ereignisse miteinander verbinden. Dabei ist ein vorausgehendes Ereignis die Ursache für ein zeitlich nachfolgendes Ereignis, welches die Wirkung genannt wird, wenn diese beiden Ereignisse durch eine Regel, sprich: Kausalgesetz, miteinander verbunden sind. Dabei zeigt sich erstaunlicherweise, daß die Begriffe ‚Ursache‘, ‚Gesetz‘ und ‚Wirkung‘ ein ganzheitliches Begriffssystem, mithin ein Begriffstripel auszubilden scheinen, wenn es nicht so wäre, daß mit dem Gesetzesbegriff auch noch dessen Anwendungsbereich unlöslich verbunden ist.

In der Diskussion über die Klärung des Gesetzesbegriffs, wie sie vor allem durch Wolfgang Stegmüller vorangetrieben wurde, ist der notwendige begriffliche Zusammenhang zwischen Gesetz und seinem Anwendungsbereich übersehen worden. Dadurch kam es dazu, daß Stegmüller von allen bis dahin bekannten Versuchen, den Gesetzesbegriff zu definieren, zeigen konnte, daß aus ihnen die absurden Konsequenzen folgten, daß entweder alle Sätze Gesetze sind oder überhaupt kein Satz ein Gesetz ist.[76] So wurde etwa von Sir Karl Popper ganz naiv und gänzlich unreflektiert angenommen, alle wahren Allsätze wären Gesetze. Nun kann man aber durch einfache logische Umformungen zeigen, daß sich aus jedem einzelnen Satz auf analytische Weise ein Allsatz ableiten läßt, so daß dieser Allsatz genau dann wahr ist, wenn auch der betreffende einzelne Satz wahr ist. Mithin

---

76 Vgl. Wolfgang Stegmüller, *Probleme und Resultate der Wissenschaftstheorie und analytischen Philosophie*, Band I: *Wissenschaftliche Erklärung und Begründung*, Springer-Verlag, Berlin-Heidelberg-New York 1969 u. 1983.

wären alle wahren Sätze zugleich auch Gesetze, was freilich ein grandioser Unsinn ist, der erstaunlicherweise von den sogenannten kritischen Rationalisten kritiklos von Popper übernommen wurde.

Aufgrund des Problems der ausstehenden Klärung des Gesetzesbegriffs wurde der sinnreiche Wunsch entfacht, einen Begriff von Gesetzesartigkeit zu schaffen, durch den die Kriterien festgelegt sind, die eine Aussage zu erfüllen hat, wenn sie als ein Kandidat für ein Naturgesetz gelten soll, dem nur noch die Wahrheit fehlt, das heißt, daß für eine gesetzesartige Aussage nur noch durch eine empirische Untersuchung festzustellen ist, ob die in ihr getätigten Aussagen über die Natur zutreffen oder nicht. Stegmüller kommt bei dem Versuch, ein geeignetes Kriterium von Gesetzesartigkeit zu finden zu dem für die Wissenschaftstheorie verheerenden Ergebnis:

> „Alle sich zunächst anbietenden naheliegenden Methoden der Abgrenzung gesetzesartiger von akzidentellen Aussagen erweisen sich bei genauerem Zusehen als untauglich."[77]

Unter akzidentellen Aussagen werden einzelne Aussagen verstanden, die einen gewissen Zufälligkeitscharakter besitzen, da sie nicht durch Naturgesetze bestätigt sind. Stegmüller diskutiert eine große Zahl von Lösungsvorschlägen, die sämtlich aus dem anglo-amerikanischen Empirismus stammen, dem jegliches Kantverständnis abgeht und die darum mit einem unerfüllbaren Absolutsheitsanspruch versehen sind, so daß Stegmüller nur konstatieren kann, daß keiner zu einer Lösung führt, durch die der Begriff einer gesetzesartigen Aussage adäquat festgelegt werden kann. Es wird so getan, als ob es möglich sein sollte, den Gesetzesbegriff an sich zu bestimmen, der dann natürlich ein Begriff kosmischer Anwendbarkeit sein müßte. Das widerspricht Kants zentralen Gedanken, daß wir keine Möglichkeit besitzen, die Dinge an sich zu bestimmen und daß all unsere Totalitätsbegriffe, wie es etwa der des kosmischen Alls ist, keine Anwendung auf unsere Erscheinungswelt besitzen können. Und es entgeht den analytischen Philosophen anglo-amerikanischer Prägung auch die Möglichkeit, die Kantischen Analysen zu verallgemeinern, etwa dahingehend, daß wir die Bedingungen der Möglichkeit der Anwendbarkeit unserer Begriffsbildungen zu überprüfen haben. Darum besteht der Hauptfehler der Stegmüllerschen Analysen darin, daß die notwendige Bindung des Gesetzesbegriffs an seinen Anwendungsbereich übersehen wird. Außerdem fehlt die Kenntnis davon, daß alle unsere Begriffe in begriffssystematische Zusammenhänge eingebunden sind, die bei jedem Definitionsversuch zu berücksichtigen sind.

Im bürgerlichen Leben ist uns dies eine Selbstverständlichkeit, daß bestimmte Gesetze nur in bestimmten Ländern gelten. Und wir müssen dies auch für die Naturgesetze gelten lassen, wenn wir bereit dazu sind, das aus dem Mythos stammende Kosmisierungsprogramm zu kritisieren.[78] Danach ist es insbesondere für die Aufstellung von metrischen

---

77 Vgl. Ebenda S. 274.

78 Vgl. dazu W. Deppert, Kritik des Kosmisierungsprogramms in Hans Lenk et al. (Hrg.), *Zur Kritik der wissenschaftlichen Rationalität. Zum 65. Geburtstag von Kurt Hübner*. Herausg.

Begriffen erforderlich, die Maßvorschriften an Objekte zu binden, die aus dem System stammen, welches zu untersuchen ist, und für dessen Zustände und Veränderungen Gesetze gefunden werden sollen. So bestehen etwa die PEP-Systeme aus PEP-Systemzeiten, PEP-Systemräumen und PEP-Systemgesetzen, und der physikalische Kosmos ist lediglich ein spezielles PEP-System mit speziellen Systemgesetzen, welche freilich nicht die einzigen Naturgesetze sind, sondern jedes PEP-System, welches etwa ein natürlicher Organismus ist, wird von Naturgesetzen regiert, die nicht zugleich kosmische Gesetze sind, sondern Naturgesetze, die die Zustände und deren Veränderungen von einzelnen Organismen bestimmen. Damit dürfte es einsichtig sein, daß wir den Gesetzesbegriff an den Begriff seines Anwendungsbereichs zu binden haben; denn sonst wüßte man gar nicht, was der Gesetzesbegriff zu regeln hätte.

Generell läßt sich aufgrund der Möglichkeiten, Begriffssysteme aufzubauen und zu beschreiben, festhalten, daß die Beziehungen zwischen den Begriffen innerhalb eines Begriffssystems durch Regeln festgelegt sind. Wenn die Begriffe dazu dienen, Objekte der Natur zu beschreiben, dann sind die Regeln, die diese Begriffe miteinander verbinden, Naturgesetze. Wenn hingegen die zu beschreibenden Objekte sozial- oder geistesgeschichtlicher Art sind, dann ließe sich von sozial- oder geistesgeschichtlichen Gesetzen oder Regeln sprechen. Darüber hinaus werden wir auch künstlerische oder auch musikalische Gesetze und Regeln anzunehmen haben. Kurt Hübner spricht zum Beispiel in seinem bedeutenden wissenschaftstheoretischen Werk „Kritik der wissenschaftlichen Vernunft" von Regelsystemen, die in allen Lebensbereichen der Menschen wirksam sind, einerlei, ob sie bekannt sind und bewußt befolgt oder auch bewußt nicht befolgt werden oder ob sie informeller Art sind und nur intuitiv befolgt werden, weil ihr Vorhandensein nicht in das Bewußtsein der Menschen vorgedrungen ist. So werden etwa die meisten Menschen den grammatischen Regeln ihrer Sprache folgen, ohne daß sie ihnen bekannt sind. Das Entsprechende gilt auch für gewisse Regeln des moralischen Verhaltens, wenn diese Regeln etwa im täglichen Umgang der Familie, des Kindergartens oder auch in der Schule vorgelebt worden sind.

Zusammenfassend läßt sich nun feststellen, daß Gesetze und Regeln ganzheitlichen Begriffssystemen angehören, in denen Begriffe wie ,Ursache', ,Wirkung', ,Zustand', ,Zustandsänderung', ,Gesetz' oder ,Regel', ,Anwendungsbereich', ,Ordnung' und ,Zuordnung von Objekten zu Gesetzen und Regeln' miteinander in gegenseitiger Bedeutungsabhängigkeit verbunden sind.

In den letzten Abschnitten ist viel von begrifflichen Ableitungen und Herleitungen sowie von wahren Aussagen etwa in Form von wahren gesetzesartigen Aussagen, die als Gesetze zu bezeichnen wären, die Rede gewesen. Das folgende Kapitel wird davon handeln, wie wir logisch korrekte Ableitungen und Folgerungen gewinnen können, und was es bedeutet, wenn von Wahrheit und Falschheit die Rede ist und insbesondere, worin der Unterschied zwischen logischer Wahrheit und anderen Wahrheiten liegt.

---

von Hans Lenk unter Mitwirkung von Wolfgang Deppert, Hans Fiebig, Helene und Gunter Gebauer, Friedrich Rapp. Verlag Karl Alber, Freiburg/München 1986, S. 505- 512.

Zum Verfahren des logischen Schließens 7

Menschen wollen mit Hilfe der Wissenschaft ihr eigenes Überlebensproblem und das der Natur immer besser bewältigen, wozu bei den Menschen sicher eine äußere von einer inneren Existenz zu unterscheiden ist. Darum ließe sich ganz grob sagen, daß sich die Naturwissenschaften um die Überlebensproblematik der äußeren und die Geisteswissenschaften um die Bewältigung der Probleme der inneren Existenz kümmern. Und die Psycho-, Sozial- und Wirtschaftswissenschaften spielen eine vermittelnde Rolle zwischen den Natur- und den Geisteswissenschaften, wobei die Wirtschaftswissenschaftler kaum noch Kenntnisse über ihren Ursprung aus der Philosophie besitzen.

Dies ist nur eine vorläufige Grobeinteilung, die erheblich zu verfeinern und stellenweise auch zu ändern ist. Das wissenschaftliche Vorgehen ist dabei so bestimmt, daß wir versuchen, einzelne Feststellungen in regelhafte Zusammenhänge einzuordnen, um dadurch auf die Bestimmung von zweckgerichteten Handlungen zu kommen, die auf Ziele zielen, deren Erreichung jener Verbesserung in der Bewältigung unserer Überlebensproblematik dienlich sein können. Wenn wir dieses Vorgehen sprachlich begleiten oder auch sprachlich vorantreiben, dann müssen wir eine Fülle von Aussagen bilden und diese miteinander kombinieren. Bestimmte gewonnene Einsichten wollen wir mit Aussagen verbinden, die uns zu neuen Einsichten verhelfen, und dabei wollen wir möglichst Irrtümer vermeiden.

Das Fortschreiten von irgendwie gesicherten Aussagen zu Aussagen, die noch zu überprüfen sind, wird das *Erschließen* von Aussagen genannt. Das *logische Schließen* soll zum Zwecke des Erschließens keinerlei Aussagen enthalten, deren Wahrheit von der Struktur unserer sinnlich wahrnehmbaren Welt abhängt; denn diese können stets irrtumsbehaftet sein. Darum sagt Leibniz, logische Wahrheiten sind diejenigen Wahrheiten, die in allen möglichen Welten wahr sind. Wie aber können wir derartige *Aussagen gewinnen, die keinerlei empirische Aussagen über unsere Welt enthalten*?

Wie es sich bereits herausstellte, können wir in unserem begrifflichen Denken mit Hilfe von Definitionen formale Begriffe bestimmen, die keinen erkennbaren Bezug zu unserer wirklichen Welt besitzen, wenngleich sich in die Formen dieser Begriffe sehr wohl

© Springer Fachmedien Wiesbaden GmbH, ein Teil von Springer Nature 2019
W. Deppert, *Theorie der Wissenschaft*, https://doi.org/10.1007/978-3-658-14024-3_7

irgendwelche empirischen Tatbestände einfüllen lassen. Dazu wurden zur Bestimmung von qualitativen, komparativen und quantitativen Begriffen die einfachsten begrifflichen Relationen zwischen möglichen Objekten definiert, indem diese als Unterräume von Produktmengen eingeführt wurden. Aus den elementaren Relationen wurden dann zusammengesetzte Relationen konstruiert. So wurde z.B. der Begriff der Äquivalenzrelation aus den elementaren Relationen der Reflexivität, der Symmetrie und der Transitivität gebildet oder der Begriff der Vorgängerrelation aus den elementaren Relationen der Irreflexivität, der Asymmetrie und der Äquivalenz. Genau genommen ist dies eine Konstruktion, die aus der Kenntnis von bestimmten fundamentalen Begriffspaaren, wie sie oben in Abschnitt 6.5.7 aufgezählt wurden, möglich wird. Die Kenntnis der Bedeutung dieser Begriffspaare dürfen wir als a priori gegeben annehmen, da sie bei jeder Erkenntnis bereits vorausgesetzt werden muß. Insofern ist das vorgeführte Konstruktionsverfahren der Carnapschen qualitativen, komparativen und quantitativen Begriffe ein erstes Beispiel für die Möglichkeit von Konstruktionen, in die keinerlei spezielle Eigenschaften unserer Wirklichkeit eingehen.

Für das logische Schließen ist ein entsprechend „sauberes" Verfahren zu finden, das sicherstellt, daß die von uns vermuteten Wahrheitsquellen nicht durch das Ableitungsverfahren, das uns zu überprüfbaren Aussagen führen soll, verunreinigt werden. Wenn wir also Grund zu der Annahme haben, daß eine ausgewählte Aussage wahr ist, dann soll das logische Schließen eine Art Wahrheitsstrom ermöglichen, um von einer wahren Aussage zu einer nächsten wahren Aussage fortfahren zu können. Wenn es sich um falsche Aussagen handelt, dann könnten wir entsprechend von einem Falschheitsstrom sprechen.

Was aber hat es mit den Begriffen der Wahrheit und Falschheit auf sich, und was bedeutet es, von Wahrheitsquellen zu sprechen? Diesen Fragen wird im folgenden Abschnitt nachgegangen.

7.1   Zum Wahrheitsbegriff

Wahrheit wird, kurz gefaßt, als die Übereinstimmung von Wort und Wirklichkeit verstanden oder etwas genauer, als die Übereinstimmung von Aussagen *über* die Wirklichkeit *mit der Wirklichkeit selbst*. Diese Denkweise läßt sich auf ein mythisches Verständnis zurückführen, in dem die Worte, die wir in uns in Form von Sprache vorfinden, von Göttern stammen, so wie alles von irgendwelchen Gottheiten bewirkt wird und auch alles dies, was wir heute als unser Innenleben bezeichnen. Somit war auch Sprechen und Denken nicht voneinander zu trennen; wenn man dachte, dann sprach man, und wenn man sprach, dann dachte man das Gesprochene, dessen Urheber in jedem Fall jedoch eine Gottheit war. Das wahrhaft Verläßliche ging von den Göttern aus, warum sie auch ihren Wohnsitz in den ewig und gleichförmig sich wandelnd kreisenden Stellungen der Sternbilder hatten. Mit diesen ewigen Kreisläufen, die mit den Zyklen des Jahresgeschehens, mit denen der Mondphasen sowie denen des ewigen Wechsels von Tag und Nacht verbunden waren, entstand im Menschen ein zyklisches Zeitbewußtsein von der Wiederholung des ewig

Gleichen, so daß die Zukunft stets die gleiche war wie die Vergangenheit und es keine Vorstellung von Zukunftsangst, wie wir sie heute kennen, geben konnte.

Nach dem Zerfall des Mythos können wir die mythische Zeit als eine wahrhaft paradiesische Zeit verstehen, in der die Verbindung der Menschen mit den Göttinnen oder Göttern ungebrochen war, die höchstmögliche Form der Gottesnähe, so wie dies ja auch in der Genesis zu Beginn der Darstellung der sogenannten Sündenfallmythologie beschrieben wird. Offenbar ist sie eine mythische Darstellung des Zerfalls des Mythos. Dieser brach vermutlich für das Volk Israel mit der Flucht aus Ägypten in eine ungewisse Zukunft herein. In Ägypten wurde die heilige zyklische Zeit durch eine sich in den Schwanz beißende Schlange dargestellt. Und mit dem aufkommenden Bewußtsein einer unbekannten Zukunft mußte sich die mythische zyklische Zeitvorstellung öffnen, und damit bekam die Schlange ihr Maul frei, und sie mußte nun Eva im Paradis beschwatzen, vom Baum der Erkenntnis zu essen, da die Schlange ja durch die Öffnung ihrer Kreisfigur das mythische Bewußtsein zerstört hatte und nun dafür Sorge tragen mußte, daß die Menschen fortan zwischen dem Lebensfreundlichen, dem Guten, und dem Lebensfeindlichen, dem Bösen, unterscheiden konnten, um sich in der unbekannten Zukunft orientieren zu können. Und von da an, mit dem Zerfall des Mythos, entstand die Wahrheitsproblematik. Das Wort ist nicht mehr ein Gotteswort, das mit der Wirklichkeit unlöslich verbunden ist, sondern es gibt fortan einen Spalt zwischen Wort und Wirklichkeit. Der Wahrheitsbegriff soll diesen Spalt überwinden, indem in und mit ihm die Übereinstimmung von Wort und Wirklichkeit gedacht wird.

Es ist für uns heute schwer zu denken, wie denn Worte mit der Wirklichkeit übereinstimmen sollen; denn Worte sind doch ganz etwas anderes als die Objekte der Wirklichkeit und ihre Verbindungen darin. Aus diesem Grund haben sich die ursprünglichen Empiristen zu den logischen Empiristen gewandelt, weil sie bemerkten, daß sich nur Worte mit Worten und Aussagen mit Aussagen vergleichen lassen. Um aber den Wahrheitsbegriff der Übereinstimmung mit der Wirklichkeit zu retten, mußten sie an eine Quelle von wahren Aussagen glauben, und dies waren für sie die in Worte gefaßten sinnlichen Wahrnehmungen. Um diese Wahrheitsquelle möglichst rein zu halten, haben die logischen Empiristen die Wahrheitsquelle durch die Fixierung der Sinneswahrnehmungen in sogenannten Protokollsätzen verlangt. Darin soll eine einfache Sinneswahrnehmung mit der Ortsangabe und dem Zeitpunkt ihres Auftretens aufgezeichnet werden, wie etwa:

„Um genau 16.15 Uhr des 3. Dezembers 2008 habe ich die Kühlwassertemperaturanzeige in meinem VW Golf in der Grindelallee vor der Hausnummer 56 in Hamburg rot aufleuchten gesehen.“

Da auch ich mich auf diese Wahrheitsquelle verlassen habe, sah ich mich darin gezwungen, das Auto dort stehenzulassen, um nicht einen Motorschaden zu riskieren. Ich habe also diesen Protokollsatz zum Schließen auf verschiedene, miteinander verbundene empirische Gesetze benutzt, nach denen das Aufleuchten des roten Lämpchens eine dem Kochen nahe Kühlwassertemperatur anzeigt, wodurch die Kühlfunktion des Kühlwassers für die Motorkolben beim Weiterfahren entfällt, was schließlich zu einem sogenannten Kolbenfresser und der Zerstörung der Motorfunktion führen würde.

Vom theoretischen Standpunkt aus gesehen, waren alle diese scheinbar logischen Schlüsse nicht sicher und womöglich auch vom praktischen her nicht; denn ein besonderer Kenner dieses Motortyps hätte mir vielleicht versichert, daß ich mein Fahrziel ohne Gefahr für den Motor noch hätte erreichen können. Dennoch stellen wir Menschen uns gern so ein, daß wir schon eine Gefahrenanzeige mit der Gefahr selbst identifizieren, um möglichst viel Sicherheit in unser Leben zu tragen, und das tun wir seit dem Zerfall des Mythos, der uns in biblischer Tradition glücklicherweise durch die Schlange angezeigt und die zum Glück von Eva in Überwindung ihrer Autoritätsgläubigkeit auch verstanden wurde. Ich gebe zu, eine etwas andere Interpretation als die übliche, aber wohl nicht schlechter und auch nicht nur darum, weil sie erheblich frauenfreundlicher ist als die alte.

Wir brauchen demnach Wahrheitsquellen! Und da die Sinnlichkeit trotz ihrer Heiligsprechung durch den Empirismus durchaus auch trügerisch sein kann, hat die andere große erkenntnistheoretische Traditionslinie, der Rationalismus, die Wahrheitsquelle in den Verstand oder gar in die Vernunft verlegt. Seitdem haben wir zwei große Theorien der Wahrheitsfindung, die Korrespondenztheorie und die Konsistenztheorie der Wahrheit. Die *Korrespondenztheorie der Wahrheit* entstammt dem Empirismus. Sie sucht eine Korrespondenz möglichst in Form einer Übereinstimmung zwischen den Aussagen über die Wirklichkeit und der Wirklichkeit selbst herzustellen. Schwierig wird dies bei den Gesetzen, von denen wir meinen, daß die Wirklichkeit von ihnen regiert wird; denn Gesetze können wir nicht sinnlich wahrnehmen, wir können allerdings versuchen, auf diese zu schließen, wobei uns jedoch immer wieder große Fehler passieren, weil es, wie schon David Hume eindringlich gezeigt hat, keine Möglichkeit gibt, die Richtigkeit des Induktionsprinzips, d.h. eines korrekten Schließens von etwas Einzelnem auf etwas Allgemeines, zu beweisen. Nun hat Kant diese Problematik erheblich erleichtert, da er nachzuweisen versuchte, daß die von uns wahrnehmbare und erkennbare Natur der Form nach ein Produkt der reinen Formen unserer Erkenntnisvermögen ist, so daß die Gesetzmäßigkeit der in der Natur zu beschreibenden Vorgänge bereits durch die reinen Formen unserer Erkenntnisfähigkeit vorgeformt ist. Es ist durchaus sehr spannend, die erkenntnistheoretischen Leistungen Kants verallgemeinernd bis in unsere Zeit hinein zu verfolgen, was erst später und hier allerdings noch nicht geschehen soll.

Die *Konsistenztheorie der Wahrheit* entstammt der Traditionslinie des Rationalismus, dessen oberste Vernunftwahrheit der Satz vom verbotenen Widerspruch ist, d.h., ein System von Aussagen, das einen Widerspruch enthält, kann nicht wahr sein. Umgekehrt gesagt, die Konsistenz von Aussagen, d.h., die Stimmigkeit von Aussagen, ist eine notwendige Bedingung für Wahrheit.

So wie Kant den Empirismus und den Rationalismus miteinander versöhnt hat – nur die hartnäckigen unter den Ideologen haben das nicht bemerkt! –, so haben wir heute die beiden Wahrheitstheorien der Korrespondenz und der Konsistenz miteinander zu verbinden. Das ist durch die Bestimmung zweier Wahrheitsquellen möglich, so daß auch die Wahrheit durch ein Begriffspaar wie folgt bestimmt ist:

Die festgesetzte Wahrheit und die festgestellte Wahrheit.

Das bedeutet: wir können erst dann eine Wahrheit feststellen, wenn wir zuvor etwas als wahr festgesetzt haben.

Festgesetzte Wahrheiten finden wir in Definitionen, da in ihnen eine Zuordnung vorgenommen wird, die zugleich als wahr festgesetzt wird. Diese festgesetzte Wahrheit benutzen wir in der Bestimmung von analytischen Aussagen, von denen wir behaupten, daß ihre Wahrheit nur durch die Verwendung der Begriffsdefinitionen möglich ist, die in der betreffenden Aussage verwendet werden. Die Quelle der analytischen Wahrheiten liegt offenbar in den Festsetzungen der Definitionen. Außer dieser definitorischen Festsetzungsart gibt es weitere Festsetzungen, von denen im systematischen Aufbau der Wissenschaften noch viel die Rede sein wird. Denn alle Wissenschaften ruhen auf expliziten oder impliziten Festsetzungen auf, durch die wissenschaftliches Arbeiten erst möglich wird. Diese Einsicht ist zwar bereits durch die Darstellung der erkenntnistheoretischen Bedeutung der Metaphysik vorbereitet, sie wird aber im Einzelnen noch nachgewiesen. Diese Festsetzungen hängen eng mit den mythogenen Ideen, die wir als Begründungsendpunkte brauchen, zusammen.

Festgestellte Wahrheiten sind solche, die wir aufgrund einer Untersuchung finden. So hat etwa mein KFZ-Meister durch eine gründliche Untersuchung meines Wagens herausgefunden, daß die Umlaufpumpe des Kühlwassersystems defekt war, und daß dadurch das Kühlwasser selbst nicht genug gekühlt und somit allmählich durch einen Go-and-Stop-Verkehr zu sehr aufgeheizt wurde. Aufgrund des nahezu stehenden Verkehrs, war ich allerdings auf die Idee gekommen, daß unser kleiner Wagen mitgedacht und bemerkt hatte, daß ich mit meinen beiden Söhnen, die ich mit ihren Instrumenten an Bord hatte, mit denen sie an einem Konzert um 18.00 Uhr in der Albert-Schweitzer-Schule mitzuwirken vorhatten, bei dem stehenden Verkehr niemals mehr rechtzeitig hätten an dem Konzert teilnehmen können und schon erst recht nicht an den vorher noch stattfindenden Proben, und darum ist er einfach heiß gelaufen, damit wir die S-Bahn benutzen konnten und zwar sehr verspätet, aber dennoch sogar noch an den Proben teilnehmen konnten. Dies wäre nun freilich eine ganz anders geartete Erklärung des gleichen Vorgangs, übrigens eine Erklärung, die viel Anklang gefunden hat. Gewiß werden wir der technischen Erklärung meines KFZ-Meisters den Vorzug geben. Aber wir müssen uns wohl doch darüber im klaren sein, daß wir dies festsetzen, den naturwissenschaftlich-technischen Erklärungen mehr zu vertrauen als einer Erklärung, die einer Personifizierung des Innenlebens meines Autos entstammt.

Grundsätzlich können wir Wahrheiten erst feststellen, wenn wir zuvor Wahrheiten festgesetzt haben. In bezug auf festgesetzte Definitionen ist das sofort einleuchtend; denn wie sollten wir überhaupt die Wahrheit von Aussagen behaupten können, wenn wir in den Aussagen nicht wohldefinierte Begriffe verwendeten. Tiefgründiger ist diese Aussage in bezug auf die Festsetzung bestimmter Begründungsendpunkte, die durchaus auch Wahrheitsquellen darstellen. Wenn wir nicht festsetzten, daß wir uns unter bestimmten Umständen auf unsere sinnlichen Wahrnehmungen verlassen wollen, dann besäßen wir keine

Möglichkeit, Aussagen über die Wirklichkeit zu tätigen, in der wir leben. Wenn wir aber derartige Festsetzungen getroffen haben, dann können wir Untersuchungen starten, die uns zu festgestellten Wahrheiten führen. Wie wir aber diese Festsetzungen treffen sollten, darüber wird noch viel zu verhandeln sein. Eines aber läßt sich mit großer Gewißheit jetzt schon sagen, wir werden nicht darum herumkommen, Entscheidungen zu treffen, die wir selbst zu verantworten haben.

Nun aber soll es erst einmal um die Frage gehen, wie es denn möglich sein kann, ein logisches Schlußverfahren zu entwickeln, das keine Aussagen über die Welt enthält, wo wir doch die Bedeutungen unserer Wörter und die der dahinterstehenden Begriffe nur im Umgang mit unserer Welt erlernt haben.

7.2　　Einführung in die Aussagenlogik

Die erste Festsetzung, die wir in der Aussagenlogik zu treffen haben, ist die eines logischen Ganzen, wie ich es gern ausdrücke. Dies bedeutet die Auswahl der möglichen Wahrheitswerte, die durch das Begriffspaar (wahr, falsch) gegeben sind. Es soll das bereits aus der Antike stammende „tertium non datur" (TND) gelten: es gibt keinen dritten Wahrheitswert, entweder ist eine Aussage wahr oder sie ist falsch. Es wird sich noch zeigen, daß in dieser Festsetzung bereits eine Aussage enthalten ist, die unserer Forderung an die Logik nicht entspricht. Aber dies soll uns erst einmal nicht kümmern, um die Aussagenlogik unbekümmert darstellen zu können.

Es geht dabei um Aussagen und ihre Verknüpfungen. Mit Wilhem Kamlah und Paul Lorenzen können wir unter einer Aussage sehr wohl eine sprachliche Äußerung verstehen, die sich behaupten oder bestreiten läßt.[79] Können wir eine Behauptung erfolgreich verteidigen, dann können wir ihr den Wahrheitswert ‚wahr' zuordnen. Wenn dies nicht der Fall ist, wenn also die *Bestreitung* dieser Aussage erfolgreich ist, dann werden wir dieser Aussage den Wahrheitswert ‚falsch' zuordnen.

Im Aufbau der Aussagenlogik spielt es anfänglich keine Rolle, ob bestimmte Aussagen tatsächlich wahr oder falsch sind, denn es werden grundsätzlich stets alle Möglichkeiten der Wahrheitswertzuweisung betrachtet. So werden alle Möglichkeiten untersucht, um zwei beliebige Aussagen p und q zu einer neuen Aussage zusammenzusetzen. Dazu werden Junktoren, d.h. Aussagenverbinder definiert. Die Definition dieser Junktoren ist am übersichtlichsten, wenn man dies durch sogenannte Wahrheitstafeln vornimmt. In den Wahrheitstafeln wird für jede mögliche Kombination von Wahrheitswerten der Aussagen p und q ein Wahrheitswert, der den Junktor definiert, festgesetzt. Da alle zu betrachtenden Aussagenzusammensetzungen nur aus den zwei Aussagen p und q bestehen, und da diese nur die Wahrheitswerte wahr (W) oder falsch (F) annehmen können, gibt es für diese

---

79　Vgl. Kamlah, Wilhelm u. Paul Lorenzen, *Logische Propädeutik. Vorschule vernünftigen Redens*, Bibliogr. Inst., Mannheim 1967.

beiden Aussagen genau vier Möglichkeiten der Wahrheitswerteverteilung, die in folgender Tafel dargestellt werden:

p	q
W	W
W	F
F	W
F	F

Tafel der möglichen Wahrheitswerte der Aussagenlogik

Ein Junktor, der einen neuen Satz durch eine Verbindung der beiden Sätze p und q hervorbringt, wird durch die Wahrheitswerte definiert, die den vier Wahrheitswertkombinationen zugeordnet werden. Von diesen Wahrheitswertzuweisungen sind genau 16 Stück möglich, und wir haben aus diesen möglichst solche auszuwählen, die unserem Sprachgebrauch im Verbinden von zwei Sätzen entsprechen. Dabei ist wichtig festzuhalten, daß wir von möglichen Abweichungen unseres Sprachgebrauchs absehen müssen und nur die Definitionen der Junktoren zu beachten haben.

Die wichtigsten Junktoren sind ‚und', ‚oder' (das sogenannte einschließende oder) und ‚wenn dann'. Der Satz, der durch den Junktor ‚und' zustandekommt heißt ‚Konjunktion', der durch den Junktor ‚oder' gebildet wird, heißt ‚Disjunktion' oder auch ‚Adjunktion' und der ‚Wenn-dann-Satz' wird als ‚Implikation' bezeichnet. Das Zeichen für die Konjunktion ist ein kleines Dach ‚∧', das Zeichen für die Disjunktion ein kleines Vau ‚∨' und das Zeichen für die Implikation ein nach rechts gerichteter Pfeil ‚→'. Genannt seien noch die Junktoren der Tautologie ‚T', die immer wahr ist und der Kontradiktion ‚⊥', die immer falsch ist.

Je nachdem wieviele Sätze ein Junktor verbindet, spricht man von n-stelligen Junktoren. Die bisher genannten Junktoren sind 2-stellige Junktoren. Und wir werden auch nicht mit noch höher-stelligen Junktoren arbeiten. Aber es gibt noch einen einstelligen Junktor von Bedeutung, und das ist die Verneinung, die Negation, sie wird mit dem Zeichen ‚¬' gekennzeichnet. Sie bewirkt die Umkehr des Wahrheitswertes eines Satzes. Wenn p ein wahrer Satz sein soll, dann ist der Satz ¬ p ein falscher Satz.

Die Definitionen der Negation, der Konjunktion, der Disjunktion, der Implikation, der Tautologie und der Kontradiktion mögen der folgenden Tabelle von Wahrheitstafeln entnommen werden, wobei die möglichen Wahrheitswerte der Sätze p und q, die in den horizontal nachfolgenden zusammengesetzten Aussagen anzunehmen sind, in den ersten beiden Spalten angegeben sind.

p	q	¬p	p ∧ q	p ∨ q	p → q	p T q	p ⊥ q
W	W	F	W	W	W	W	F
W	F	F	F	W	F	W	F
F	W	W	F	W	W	W	F
F	F	W	F	F	W	W	F

Mit Hilfe dieser Junktoren lassen sich nun auf mannigfaltige Weise Sätze miteinander verbinden, wobei die runden Klammern dazu benutzt werden mögen, um einen neu mit einem Junktor gebildeten Satz als Ganzes zu kennzeichnen. Um die Wahrheitswerte des gesamten zusammengesetzten Satzes zu ermitteln, werden die Wahrheitswerte jedes zusammengesetzten Satzes unter das Verknüpfungszeichen geschrieben. Das letzte Verknüpfungszeichen, das die Wahrheitswerte des gesamten Satzes angibt, ist das sogenannte *Hauptverknüpfungszeichen*. Wenn dieses nur den Wahrheitswert W besitzt, dann ist der gesamte zusammengesetzte Satz eine Tautologie. *Tautologien sind logische Wahrheiten*; denn sie sind unabhängig von den einzelnen Wahrheitswerten der Teilsätze immer wahr. Durch Tautologien lassen sich logische Schlüsse definieren. Die wichtigsten von ihnen sind der *Modus ponens* und der *Modus tollens*. Sie sind in ihrer Hauptverknüpfung Implikationen. Die Darstellung dieser logischen Schlußverfahren erfolgt durch Untereinanderschreiben der verschiedenen *Prämissen*, welches die Sätze sind, die vor dem Implikations-Zeichen stehen, der darauf folgende Satz heißt die *Konklusion*. Unter die Prämissen wird in der Darstellung des Modus ponens der berühmte Schlußstrich gezogen und darunter wird die Konklusion, die logische Schlußfolgerung hingeschrieben. Das sieht für den *modus ponens* so aus:

$$\frac{\begin{array}{c} p \to q \\ p \end{array}}{q} \quad \leftarrow \text{Dies ist der berühmte Schlußstrich}$$

Diese Schreibweise des modus ponens wird wie folgt gelesen: „wenn (p → q) und auch p, dann auch q".

Übersetzt heißt das: wenn die Implikation (p → q) wahr ist und wenn der Satz p auch wahr ist, dann muß auch der Satz q wahr sein. Diese Behauptung läßt sich als eine zusammengesetzte Aussage hinschreiben, von der behauptet wird, daß sie eine Tautologie ist; denn sonst wäre der Schluß kein logischer. Es gilt also zu beweisen, daß folgende zusammengesetzte Aussage eine Tautologie ist:

$$(p \to q) \wedge p) \to q \,.$$

Der logische Schluß des *modus tollens* schreibt sich entsprechend wie folgt:

$$\frac{\begin{array}{c} p \rightarrow q \\ \neg\, q \end{array}}{\neg\, p.}$$

Diese Schreibweise wird entsprechend des Modus ponens wie folgt gelesen: „wenn (p → q) aber nicht q, dann auch nicht p". Und wiederum ins Umgangsdeutsch übersetzt bedeutet dies: „wenn die Implikation (p → q) wahr ist und wenn der Satz q falsch ist, dann ist auch der Satz p falsch.

Wenn dies auch eine logische Folgerung sein soll, dann ist wiederum zu beweisen, daß folgende zusammengesetzte Aussage eine Tautologie ist:

$$((p \rightarrow q) \wedge \neg q) \rightarrow \neg p\,.$$

Die Überprüfung der Behauptungen, daß es sich bei den Formeln, die den modus ponens und den modus tollens beschreiben, um logische Wahrheiten handelt, wird in der folgenden Tabelle erbracht, indem damit begonnen wird, die Wahrheitswerte unter die Satzvariablen p und q zu schreiben, um danach die Wahrheitswerte unter die Junktoren gemäß ihrer Definition einzutragen, bis schließlich die Wahrheitswerte unter die Hauptverknüpfungszeichen eingetragen werden:

p	q	Modus ponens							Modus tollens								
		((p	→	q)	∧	p)	→	q	((p	→	q)	∧	¬	q)	→	¬	p
W	W	W	W	W	W	W	**W**	W	W	W	W	F	F	W	**W**	F	W
W	F	W	F	F	F	W	**W**	F	W	F	F	F	W	F	**W**	F	W
F	W	F	W	W	F	F	**W**	W	F	W	W	F	F	W	**W**	W	F
F	F	F	W	F	F	F	**W**	F	F	W	F	W	W	F	**W**	W	F

Das letzte Implikationszeichen ist für den Modus ponens wie für den Modus tollens das *Hauptverknüpfungszeichen*. Tatsächlich steht darunter nur der Wahrheitswert W, also sind die Satzverbindungen des Modus ponens und des Modus tollens Tautologien und mithin logische Wahrheiten. Diese Wahrheiten sind festgestellte Wahrheiten, da wir sie erst durch das oben aufgeführte Wahrheitstafelverfahren gefunden haben. Diese logischen Wahrheiten konnten nur aufgrund der vorher *festgesetzten* Wahrheiten der Junktordefinitionen und der Definition der logischen Wahrheit als Tautologie *festgestellt* werden. Weil ihre Wahrheit nur aufgrund von Definitionen herausgefunden werden konnten, sind es analytische Aussagen oder auch analytische Wahrheiten. Außerdem sind sie apriorische Aussagen, weil die Feststellung ihrer Wahrheit nicht von irgendwelchen sinnlichen Wahrnehmungen oder Erfahrungen abhängig sind, so scheint es jedenfalls auf den ersten Blick, aber genau dies wird noch zu kritisieren sein.

7.3   Die quantorenlogische Ergänzung der Aussagenlogik, die Prädikatenlogik erster Stufe

Der einfachste Satz besteht aus einer Prädikatszuweisung zu einem Objekt. In der Grammatik nennen wir allerdings dieses Objekt das Subjekt eines Satzes. Diese allgemeinste Form eines Satzes ist zugleich die allgemeinste Form einer Erkenntnis; denn das Subjekt des Satzes wird dabei als ein Einzelnes und das Prädikat als ein Allgemeines verstanden, so daß in dem einfachsten Satz eine Zuordnung zwischen etwas Einzelnem und etwas Allgemeinem ausgesprochen wird. Formal schreiben wir diesen Zusammenhang als S ε P und lesen es als: „S ist ein P". Das kleine Epsilon dient dabei generell als ein Zugehörigkeitszeichen zu einer Menge. Denn das Prädikat P wird in einem extensionalem Verständnis gern als die Menge der Gegenstände aufgefaßt, die das intentionale Prädikat P erfüllen. Mengenangaben werden in der Logik durch sogenannte *Quantoren* vorgenommen, von denen der Allquantor hier bereits zur Einführung metrischer Begriffe benutzt wurde. Verstehen wir Prädikate stets im extensionalen Sinne, dann ist es vernünftig, in einer Logik, in der es nicht nur um Aussagen geht, sondern auch darum, in welcher Weise in den Sätzen Prädikatzuweisungen vorgenommen werden, Quantoren zu benutzen, da wir mit diesen auf Mengen, d.h. hier zugleich auf Prädikate zugreifen können. Darum ist es jedoch von großer Wichtigkeit, daß an jedem Quantor stets der Individuenbereich, d.h. die Menge angegeben wird, aus der die zu betrachteten Individuen stammen sollen. Eine solche Logik wird eine *Quantorenlogik* oder auch eine *Prädikatenlogik* genannt. Solange wir nur einfache Mengen benutzen und keine Iterationen von Mengen von Mengen von Mengen u.s.w., bezeichnen wir die Quantorenlogik als eine *Prädikatenlogik erster Stufe*.

Wir benutzen in der Prädikatenlogik erster Stufe nur zwei Quantoren, *den Allquantor* und *den Existenzquantor*. Der Allquantor ∀, steht für den Ausdruck ‚für alle', wobei unten am Zeichen für den Allquantor noch der Individuenbereich angegeben wird, aus dem die Gegenstände stammen, über die etwas ausgesagt werden soll. Der Ausdruck $\forall_{a \in M}$ wird gelesen: *für alle a aus M*. Am Zeichen für den Existenzquantor ∃ wird ebenso wie beim Allquantor der Individuenbereich angegeben, aus dem die Gegenstände stammen sollen, deren Existenz behauptet wird. Der Ausdruck $\exists_{a \in M}$ wird gelesen als: *Es gibt mindestens ein a aus M*.

Inzwischen ist hier bereits eine gewisse Anzahl von Zeichen eingeführt worden, so daß es vernünftig ist, diese ein wenig mit Hilfe folgender Klassifikation zu ordnen:

1. *Individuenvariablen*: Dazu werden kleine Buchstaben wie „a", „b", ... oder auch „p", „q", „r", „s", ... benutzt. Sie bezeichnen einzelne Gegenstände oder Objekte, die einem bestimmten Individuenbereich angehören. Objekte können auch einzelne Sätze sein, deren kennzeichnende Buchstaben auch *schematische Satzbuchstaben* genannt werden.

2. *Prädikatbuchstaben* oder auch *Prädikatvariable*: Sie werden mit großen Buchstaben, ebenso wie auch Klassen oder Mengen gekennzeichnet, etwa wie F, G, H, K, L, M, P, u.s.w.

3. ***Logische Zeichen***, die als besonders definierte Symbole zur Kennzeichnung von
    Junktoren oder Quantoren eingeführt worden sind, wie z.B.:

    „$\neg$"   (Verneinung, „nicht"),

    „$\wedge$"   (Konjunktionsjunktor, „und"),

    „$\vee$"   (Sub- oder Adjunktionsjunktor, „oder"),

    „$\rightarrow$"   (Implikationsjunktor, „wenn, dann"),

    „$\forall_{a \varepsilon M}$"   (Allquantor, „für alle a aus M gilt:"),

    „$\exists_{a \varepsilon M}$"   (Existenzquantor, „für mindestens ein a aus M gilt:")

Es versteht sich, daß nicht alle Kombinationen dieser Zeichen einen Sinn haben, sondern
es gibt bestimmte Regeln, die ich hier nicht explizit formuliert habe, durch die festgelegt
ist, welche Zeichenkombinationen erlaubte Ausdrücke, sogenannte Terme, bilden.

Im Zeitalter der Computertechnik und der Programmiersprachen, ohne die wir in den
Wissenschaften gar nicht mehr auskommen können, gehört auch die Konstruktion formaler Sprachen in eine Theorie der Wissenschaft. Darum sollen an dieser Stelle einige
grundsätzliche Bemerkungen dazu gemacht werden. Alle Sprachen benötigen für ihren
Aufbau und ihre Verwendung eine *Syntax*, eine *Semantik* und eine *Pragmatik*. In der
Syntax wird das *Zeicheninventar*, das sogenannte *Alphabet*, festgelegt und die Regeln,
durch die sich aus den Zeichen des Alphabets die erlaubten Sprachformen zusammensetzen lassen. Mit der *Semantik* wird die Bedeutung der Sprachformen bestimmt, d.h., die
Sprachformen werden in bezug auf einen bestimmten Existenzbereich oder auch einen
Wirklichkeitsbereich interpretiert, d.h. es wird eine Zuordnung zwischen sprachlichen
Formen und bestimmten Konstellationen des Wirklichkeitsbereiches vorgenommen. Mit
der *Pragmatik* werden die Bedeutungen der Sprachformen in eine ganz bestimmte Situation ein- und angepaßt, so daß eine konkrete Anwendung der Sprache möglich wird.
Bei der Definition der Syntax, der Semantik und der Pragmatik kommen wir ohne meta-
sprachliche Symbole, wie etwa Anführungszeichen, Klammern, Kommata, Punkte und
Worte unserer Umgangssprache nicht aus. Dies ist jedoch kein Hindernis für die Einführung einer neuen Kunstsprache.

Als kleines Beispiel einer Sprache, die auf den Wirklichkeitsbereich der Gemützustän-
de angewandt werden kann, seien folgendes Alphabet, folgende Formregeln und folgende
Interpretation angegeben:

1. Alphabet: ., $\cup$, $\cap \div$, $-$
2. Formregeln:
    (i)   Alle Zeichen des Alphabets sind eine Form.
    (ii) Wenn F eine Form, dann ist auch jede Verkleinerung oder Vergrößerung eine
          Form.
    (iii) Wenn F1 und F2 Formen sind, dann sind Nebeneinander- oder Übereinander-
          lagerungen auch Formen.

3.   Interpretation:

Formen, bei denen die Anzahl der Zeichen ∪ überwiegt, sind lustvolle Gemütsregungen.

Formen, bei denen die Anzahl der Zeichen ∩ überwiegt, sind unlustvolle Gemütsregungen.

Formen, mit gleichviel Zeichen ∩ und ∪ sind neutrale Gemütszustände.

Beispiele:

∪ , : , ÷ , 😐 ∩ 😟 .

Nach den angegebenen wenigen Formregeln lassen sich noch sehr viel mehr erlaubte Zeichen konstruieren. Sie mögen beim Schreiben als Satzzeichen verwendet werden, um die Gemütsverfassung des Schreibers zu verdeutlichen. Dadurch kann ein Kommunikationshindernis der rein schriftlichen Kommunikation gegenüber der audiovisuellen Kommunikation teilweise überwunden werden.

Mit Hilfe der weiter oben klassifizierten Zeichen der Prädikatenlogik erster Stufe läßt sich der Begriff der logischen Wahrheit neu fassen, indem wir vereinbaren, was es bedeutet, wenn wir vom *wesentlichen Vorkommen eines Zeichens in einem Satz* sprechen: Ein Zeichen kommt dann in einem Satz **wesentlich vor**, wenn dessen Veränderung eine Änderung des Wahrheitswertes des betreffenden Satzes bewirkt. In dem Satz: „Kiel liegt an der Ostsee" kommt z.B. die Individuenvariable Kiel wesentlich vor, wenn wir sie etwa durch „Neumünster" ersetzen; dann wird aus dem ursprünglich wahren Satz ein falscher; denn der Satz „Neumünster liegt an der Ostsee" ist falsch. Nun können wir behaupten, daß dann ein Satz logisch wahr ist, wenn darin nur die logischen Zeichen wesentlich vorkommen. Wenn wir etwa den berühmten tautologischen Satz nehmen: „Wenn der Hahn kräht auf dem Mist, dann ändert sich das Wetter, oder es bleibt wie es ist". Wenn wir den Vordersatz „der Hahn kräht auf dem Mist" mit p bezeichnen und den Satz „das Wetter ändert sich" mit q, dann können wir für diesen Satz formal als (p → (q ∨ ¬ q)), dann wird deutlich, daß der Nachsatz oder die Konsequenz der Implikation niemals falsch sein kann, weil (q ∨ ¬ q) eine Tautologie ist, dies bedeutet für das wesentliche Vorkommen, daß die Sätze p oder q beliebig geändert werden können, ohne daß sich der Wahrheitswert „wahr" des Satzes ändern könnte; denn eine Implikation ist nur dann falsch, wenn der Vordersatz oder die Prämisse wahr ist, und die Prämisse falsch. Dieser Fall kann jedoch niemals eintreten; denn der Satz (q ∨ ¬ q) gilt für alle Sätze q, einerlei, was sie auch immer bedeuten. Also wenn Sie etwa in p das Prädikat „kräht" mit „wiehert" ersetzen, dann wird p sicher falsch; denn Hähne können nicht wiehern und wenn Sie dem Satz q die Bedeutung geben „die Politiker lernen aus der Finanzkrise, dann bleibt folgender Satz richtig:

„Wenn der Hahn wiehert auf dem Mist, dann lernen die Politiker aus der Finanzkreise oder es bleibt wie es ist, d.h. sie lernen nichts". Wenn wir allerdings in dem letzten Satzteil (q ∨ ¬ q) das Oder-Zeichen durch das Und-Zeichen ersetzen, dann wird der Satz falsch; denn die Politiker können uns zwar viel erzählen, aber nicht, daß sie etwas gelernt und zugleich nichts gelernt haben – oder können die sogar das? Dann allerdings wären wir nicht nur mit unserem Latein, sondern auch mit unserer Logik am Ende.

Um doch wenigstens die Logik zu retten, ist nun darzustellen, welche Rolle die logischen Wahrheiten und damit die logischen Schlüsse in der Wissenschaft spielen.

7.4   Wichtigste wissenschaftstheoretische Funktionen der Logik: 1. die Erklärungsfunktion, 2. die Funktion der Hypothesenüberprüfung und 3. die argumentative Funktion.

1. Zur Erklärungsfunktion

Dazu benutzen wir die logische Wahrheit des Modus ponens, der sich ganz zwanglos in die Prädikatenlogik einführen läßt, indem wir die Implikation der Prämisse des Modus ponens mit einem Allquantor einführen und meistens so tun, als ob das eine gesetzesartige Aussage wäre. Ich werde dies hier so übernehmen, weil wir ja inzwischen wissen, daß wir im Prinzip das Problem der formalen Bestimmung von gesetzesartigen Aussagen mit Hilfe von ganzheitlichen Begriffssystemen in Form eines Gesetzesquadrupels lösen können.

Nehmen wir einmal an, wir haben ein Stück Draht und wir wollen wissen, ob es vernünftig ist, diesen Draht in einen Stromkreis einzuschließen. Dann würde uns ein Kundiger raten: Stellt doch erst einmal fest, ob dieser Draht aus Kupfer ist; denn Kupfer ist sehr gut elektrisch leitfähig.

Diese Erklärung für die elektrische Leitfähigkeit eines Drahtes können wir mit Hilfe des Modus ponens nun wie folgt formalisieren. Dazu führen wir noch das Prädikat K, das Kupfersein bedeutet, ein und das Prädikat L, das Leitfähigsein bedeutet. Die Individuenvariable bezeichnen wir als d und die Menge, aus der diese Variablen stammen, als D (Menge der Drähte). Der einzelne Draht aber, den wir benutzen wollen, möge als „e" bezeichnet werden. Das *Erklärungsschema* sieht nun wie folgt aus:

$$\forall_{d \in D} (Kd \rightarrow Ld)$$ sprich: Für alle d aus D gilt: wenn d aus Kupfer ist, dann ist d leitfähig

$$Ke$$ sprich: hier ist ein Draht e, der ist aus Kupfer,

$$Le$$ sprich: also ist der Draht e auch leitfähig.

Die wissenschaftliche Erklärung dafür, daß der Draht „e" leitfähig ist, besteht aus der Anwendung des logischen Schlußverfahrens des Modus ponens. Das Explanandum, das Zu-Erklärende, ist dabei die Konsequenz, und das Explanans, das Erklärende, besteht aus dem Gesetz, daß Kupfer leitfähig ist und aus dem einzelnen Satz, daß das Drahtstück „e" aus Kupfer ist, und dies sind die beiden Teile der Prämisse des Modus ponens. Dieses schlichte *Erklärungsschema einer wissenschaftlichen Erklärung* hat den hochtrabenden Namen *H-O-Schema*, weil Hempel und Oppenheim es zuerst benutzt haben. Obwohl wir es hier mit einem sehr einfachen erklärenden Sachverhalt zu tun haben, kann man die Frage nach wissenschaftlichen Erklärungen erheblich verkomplizieren, indem die Gesetzmäßigkeiten der Prämisse nach strikt deterministischen und statistischen unterschieden werden. In jedem Fall müssen die Einzelfallannahmen, die sogenannten Antezedenz-Bedingungen, an die verwendete Gesetzesform angepaßt sein. So, wie sich der Modus ponens für Erklärungen verwenden läßt, so liegt die gleiche Form auch bei Voraussagen vor; denn sicher hätte sich auch voraussagen lassen, daß der Draht „e" den Strom leiten wird. Diese Aussageninterpretation führt noch auf eine Hypothesenüberprüfungsfunktion.

2. Die Hypothesenüberprüfungsfunktion

In jeder Wissenschaft sollen Gesetze oder Regeln gefunden werden, um über ihren Objektbereich Erkenntnisse zu gewinnen. Dazu werden Hypothesen über das Verhalten der Objekte oder über die Beziehungen der Objekte aufgestellt. Diese Hypothesen sind zu überprüfen. Wenn sie der Überprüfung standhalten, dann werden sie zu einer Erkenntnis.

Hypothesen werden in Form von Wenn-dann-Sätzen, den sogenannten Implikationen, aufgestellt. Wenn von einem einzelnen Satz, der der Prämisse einer Implikation entspricht, angenommen werden darf, daß er wahr ist, dann läßt sich mit Hilfe des modus ponens eine Voraussage machen, die überprüft werden kann. Fällt die Überprüfung positiv aus, dann ist die Hypothese für den angenommenen Fall bestätigt, und man kann weitere Bestätigungen der Hypothese suchen. Man kann aber vorläufig davon ausgehen, daß die Hypothese zu einer Erkenntnis geworden ist. Fällt die Überprüfung negativ aus, dann kann man unter Aufrechterhaltung der Hypothese mit Hilfe des modus tollens logisch schließen, daß der gewählte einzelne Satz falsch ist. Wenn dies aber nicht der Fall sein sollte, dann läßt sich weiter schließen, daß die Hypothese in dem gewählten Fall nicht bestätigt wurde und darum zu ändern ist.

Als Beispiel mag eine einfache Hypothese aus der medizinischen Kinderpsychologie gewählt werden, indem die Hypothese aufgestellt wird:

(H1) *Wenn Kinder spielen, dann sind sie gesund.*
Diese Hypothese besteht aus den beiden Sätzen

p := *„Die Kinder spielen."* und q := *„Die Kinder sind gesund."*

Mit Hilfe dieser Abkürzungen läßt sich die Hypothese (H1) schreiben als:

(H1) $p \rightarrow q$.

Man nehme nun einmal an, daß eine zur Beaufsichtigung der Kinder Hans und Grete beauftragte Sozialpädagogin von dieser Hypothese Kenntnis besitzt und aus dem vierten Stock in den Hinterhof schaut und feststellt:

p1:= „Hans und Grete spielen",

dann kann sie nach dem modus ponens schließen: „Hans und Grete sind gesund". Nun kommt die besorgte Mutter von der Arbeit nach Hause, geht auf den Hinterhof und stellt fest, daß den Kindern die Nase läuft, daß sie stark husten und einen heißen Kopf haben und daß sie aber dennoch miteinander spielen. Offenbar sind die Kinder nicht gesund, obwohl sie spielen. Dies ist nun genau der Fall, für den die Implikation falsch ist, wenn die Prämisse (die Kinder spielen) wahr und die Konklusion (die Kinder sind gesund) falsch ist. Also wäre in diesem Fall die Hypothese H1 widerlegt. Es könnte aber auch sein, daß die Mutter und ebenso die Sozialpädagogin nicht genau genug hingeschaut haben und nicht bemerkten, daß sich die Kinder an ihre Köpfe faßten und herumliefen, um die Kopfschmerzen ertragen zu können, so daß sie gar nicht spielten. In diesem Fall wäre freilich die Hypothese nicht widerlegt, weil eine Implikation dann jedenfalls nicht falsch ist, wenn beide Sätze, die Prämisse und die Konklusion, falsch sind. Bei einer Hypothesenüberprüfung ist also sehr genau auf die Bestimmung der Wahrheitswerte der Prämisse und der Konklusion zu achten.

Bei den meisten wissenschaftlichen Hypothesenüberprüfungen werden die Gesetzesaussagen in Form von Allsätzen auftreten – was genau genommen auch schon bei dem eben diskutierten Beispiel der Fall war. Dabei wird leider allzu oft ein schwerwiegender wissenschaftstheoretischer Fehler begangen, ein Fehler, der mit einer Behauptung verbunden ist, die konstitutiv für den Aufbau der von Sir Karl Popper begründeten *Wissenschaftstheorie des Kritischen Rationalismus* geworden ist. Diese Behauptung besteht darin, daß man das tatsächlich nicht begründbare *Induktionsprinzip* durch ein *Falsifikationsprinzip* ersetzen könne, weil sich Allaussagen durch ein einziges Gegenbeispiel widerlegen ließen. Dadurch ließe sich zwar nicht die Wahrheit einer Theorie beweisen, jedoch deren Falschheit.

Dieses Argument ist darum falsch, weil die Behauptung, daß eine Allaussage durch ein einziges Gegenbeispiel widerlegt werden könne, nur für das begriffliche Denken in einem begriffslogischen Sinn korrekt ist, nicht aber für das existentielle Denken. Es geht jedoch in der Wissenschaftstheorie wesentlich um die Anwendung von Begriffen auf unsere sinnlich wahrnehmbare Wirklichkeit, die wir durch unser existentielles Denken erfassen. Bei dieser Anwendung ist darum der Fall nicht ausgeschlossen, daß es nur ein einziges Gegenbeispiel oder nur einige wenige Gegenbeispiele gibt und sonst aber keine weiteren. Wenn aber aufgrund eines oder auch einiger weniger Gegenbeispiele auf die Falschheit aller möglichen Anwendungsfälle geschlossen wird, dann wird damit wieder eine Induktion vorgenommen, die ebenso wie die Verifikation von Theorien durch einzelne Bestätigungen nicht begründet werden kann.

Demnach ist es wissenschaftstheoretisch nicht zu begründen, eine Theorie bereits dann zu verwerfen, wenn sie an wenigen Anwendungsbeispielen scheitert; denn die Theorie könnte etwa durch Beschränkung des Anwendungsbereichs gerettet werden. So wie wir vorsichtig sein müssen, bereits aus wenigen Bestätigungen einer Theorie auf ihre Wahrheit zu schließen, so müssen wir diese Vorsicht ebenso walten lassen, wenn es darum geht, aus wenigen Gegenbeispielen auf die Falschheit einer Theorie zu schließen. Hierbei wird noch einmal deutlich, wie wichtig die Unterscheidung von begrifflichem und existentiellem Denken ist. Etwas, das für das begriffliche Denken gilt, muß darum noch lange nicht für das existentielle Denken auch gelten.

3. Zur argumentativen Funktion logischer Wahrheiten

Die mit Hilfe von logischen Wahrheiten möglichen Erklärungen können wir selbstverständlich auch zum Argumentieren verwenden. Darüber hinaus gibt es noch argumentative Funktionen logischer Wahrheiten, die wir aufgrund von Definitionen gewinnen, d.h. aufgrund der Wahrheit von analytischen Sätzen. Analytische Sätze sind so definiert, daß sich ihre Wahrheit aus den Definitionen der in ihnen verwendeten Begriffe erschließen läßt. Dabei sind die Definitionen zweifellos festgesetzte Wahrheiten. Definitionen aber sind „Genau dann – wenn" – Sätze oder auch wechselseitige Implikationen, die auch als Äquivalenz-Implikationen bezeichnet werden. Dies bedeutet, wir können Definitionen stets als Implikationen schreiben, in denen sich das Definiendum mit dem Definiens austauschen läßt. Definitionen haben einen Gesetzescharakter, wie wir ihn bei wissenschaftlichen Erklärungen benötigen. Und mit jeder Anwendung einer Definition haben wir darum, je nach Fall, die logischen Wahrheiten des modus ponens oder des modus tollens vorliegen.

Definieren wir etwa einen Kreis als den geometrischen Ort aller Punkte, die von einem Punkt gleich weit entfernt sind, dann sind die folgenden beiden Implikationen wahr:

1. Wenn ich zu einer Menge von Punkten einen Punkt finde, von dem alle Punkte der Punktmenge gleich weit entfernt sind, dann liegen alle Punkte dieser Menge auf einem Kreis.
2. Wenn ich die Abstände der Punkte auf einem Kreis zu anderen Punkten betrachte, dann gibt es genau einen Punkt, von dem sie alle gleich weit entfernt sind.

Wenn ich nun etwa aus der Menge der Vielecke diejenigen auswähle, deren Ecken gleich weit von genau einem Punkt entfernt sind, dann kann ich dafür argumentieren, daß ich die Eckpunkte dieser Vielecke genau mit einem Kreis miteinander verbinden kann. Und das Umgekehrte geht ebenso, wenn ich Punkte auf einer Kreislinie miteinander zu einem Vieleck verbinde, dann gibt es für die Eckpunkte dieser Vielecke genau einen Punkt, von dem sie alle gleich weit entfernt sind. Die Anwendungsmöglichkeiten dieser schlichten Einsichten sind gerade zu Weihnachten zum Basteln von Papiersternen reichhaltig. Allerdings werden wir derartige Argumente nur in wenigen Fällen dazu benutzen können, um etwa Streit zu schlichten oder gar einen Streit heraufzubeschwören. Das sieht aber im Politischen oder auch im Rechtsleben ganz anders aus, obwohl auch da die Argumentstrukturen, die auf Definitionen beruhen, von gleicher Art sind. Dazu ein Beispiel aus meiner Praxis als Vortragender Dozent der Schleswig-Holsteinischen Universitätsgesellschaft.

In Schleswig, der schleswig-holsteinischen Stadt mit einem Oberlandesgericht, war ich eingeladen worden, zu dem Thema „Eine Verfassung für Europa – was muß sich noch ändern?" zu sprechen. Dazu vertrat ich die Auffassung, daß die Zeit für eine demokratische europäische Verfassung noch nicht reif sei; denn dazu müßten die europäischen Völker noch mehr zusammenwachsen, bis sie einer gemeinsamen Verfassung durch Volksabstimmungen zustimmen könnten, dies sei ja die Definition einer demokratischen Verfassung. Schließlich hätten wir in Deutschland ja recht gute Erfahrungen mit dem Provisorium des Grundgesetzes gemacht, welches aber noch keine demokratische Verfassung sei, weil das Deutsche Volk sie nicht durch eine Volksabstimmung eingesetzt oder auch nur bestätigt hat. Man könnte ja in Europa ebenso verfahren und den Verfassungsentwurf als ein europäisches Grundgesetz betrachten. Und wenn wir in Deutschland schon fast 60 Jahre mit einer provisorischen Verfassung leben, dann wird es vermutlich mindestens ebenso lange dauern, bis die europäischen Völker durch Volksabstimmungen eine demokratische europäische Verfassung einsetzen werden. Darum sei es nun aber an der Zeit, sich zusammenzusetzen, um sich wenigstens ersteinmal über die Grundsätze zu einigen, nach der eine deutsche demokratische Verfassung formuliert werden könnte. Wenn aber der Bundesverfassungsgerichtsrichter Prof. Dr. Dr. Udo Fabio in seiner Einführung in das Grundgesetz im Oktober 2006 schreibt[80]: „Das Grundgesetz ist die Verfassung des Deutschen Volkes", dann gibt es nur wenig Möglichkeiten, diese Aussage, die ich den *Fabioschen Satz* nenne, zu interpretieren, und ich habe zwei von ihnen während meines Referates ausgeführt, da ich die Möglichkeiten der Nichtzurechenbarkeit ausgeschieden habe:

1. Die Bundesrepublik Deutschland ist kein demokratischer Staat; denn das Grundgesetz ist per Definition keine demokratische Verfassung, weil das Deutsche Volk sie nicht durch eine Volksabstimmung eingesetzt hat.
2. Die Bundesrepublik Deutschland ist ein demokratischer Staat, obwohl sie keine explizite demokratische Verfassung besitzt, und der Bundesrichter, Herr Prof. Dr. Dr. Fabio, hat mit seiner Aussage „Das Grundgesetz ist die Verfassung des Deutschen Volkes" gelogen.

Nach dem Referat haben sich zwei ehemalige Richter des Oberlandesgerichts in Schleswig empört über meine Schlußfolgerungen geäußert, und ich konnte nun nur aufgrund der logischen Wahrheiten, die mir die Definitionen liefern, wie folgt argumentieren:

Die allgemein akzeptierten Definitionen sind:

Ein *demokratische Verfassung* ist eine Verfassung, die vom Volk in einer direkten, freien und geheimen Wahl von der Mehrheit der abgegebenen Stimmen als gültig bestimmt worden ist, oder kurz gesagt: Eine demokratische Verfassung ist eine volksbeschlossene Verfassung.

Ein *demokratischer Staat* ist ein Staat, dessen Rechtswesen durch eine demokratische Verfassung bestimmt ist.

---

80   Vgl. *Grundgesetz*, Beck-Texte im dtv, 41. Auflage, München 2007, S. XI.

Demgemäß mögen folgende Prädikate eingeführt sein:

V := ist volksbeschlossen ,
D := ist demokratisch .

Ferner sei als S die Menge der Staatsverfassungen und mit ST die Menge der Staaten bezeichnet. Einzelne Verfassungen und Staaten mögen mit kleinen Buchstaben benannt werden, im Fall beliebiger Staatsverfassungen bzw. Staaten mit v bzw. st. Das Grundgesetz möge mit g und die Bundesrepublik Deutschland mit bd gekennzeichnet werden. Dann können wir die Definition für demokratische Verfassungen prädikatenlogisch mit folgender Äquivalenz-Implikation schreiben:

$\forall_{veS}$ (Dv ↔ Vv)   sprich: für alle Verfassungen aus S gilt: wenn sie demokratisch sind, dann sind sie volksbeschlossen, und sie sind
                                         volksbeschlossen, wenn sie demokratisch sind.

Da das Grundgesetz g nicht volksbeschlossen ist, können wir mit modus tollens argumentieren:

$\forall_{veS}$ (Dv ↔ Vv)   sprich: Für alle v aus S gilt: wenn v demokratisch ist, dann ist
                                         v volksbeschlossen
$\underline{\quad \neg\, Vg \quad}$ sprich: das Grundgesetz g ist nicht volksbeschlossen,
   $\neg\, Dg$ sprich: also ist das Grundgesetz keine demokratische Verfassung.

Und daraus folgt aufgrund der Definition eines demokratischen Staates eine erneute Anwendung des modus tollens:

$\forall_{steST,\, veS}$ (Dst ↔ Vs)   sprich: Für alle Staaten gilt: wenn sie demokratisch sind, dann
                                         haben sie eine demokratische Verfassung
$\underline{\quad \neg\, Vg \quad}$ sprich: Das Grundgesetz ist keine demokratische Verfassung
   $\neg\, Dbd$ sprich: Die Bundesrepublik Deutschland ist kein demokratischer Staat.

Dies ist die Konsequenz aus den Definitionen und der Aussage des Herrn Bundesrichters Fabio, der behauptet, daß das Grundgesetz der Bundesrepublik Deutschland eine demokratische Verfassung sei. Dies ist das Argument für meine erste Interpretationsmöglichkeit des Fabioschen Satzes. Für die zweite Interpretationsmöglichkeit haben wir zu bedenken, wie denn die Bundesrepublik Deutschland ein demokratischer Staat sein kann, wenn sie keine explizite demokratische Verfassung besitzt. Die damit verbundene Schwierigkeit läßt sich nur dadurch lösen, indem wir feststellen, daß es eine nicht aufgeschriebene demokratische Verfassung gibt, die in den Herzen und Hirnen der Bürgerinnen und Bürger der

Bundesrepublik Deutschland verankert ist und über die tagtäglich durch ihr mehrheitlich demokratisches Verhalten abgestimmt wird, so daß damit der Definition eines demokratischen Staates Genüge getan ist. Also machen wir uns an die Arbeit, und schreiben diese demokratische Verfassung auf, damit gemäß Art. 146 GG über sie schriftlich abgestimmt werden kann!

7.5   Mehrwertige Logikformen und die dialogische Logik

Die Forderung an die Logik, keine Aussagen über die Welt enthalten zu sollen, kann – wie gezeigt – durch die definitorische Konstruktion der Junktoren erfüllt werden. Anders ist dies mit dem Begriffspaar (wahr, falsch), durch das die möglichen Wahrheitswert-Zuweisungen bestimmt sind. Die Beschränkung auf genau zwei Wahrheitswerte stammt schon aus der Antike, die mit dem lateinischen Ausdruck „tertium non datur" (TND), d. h., „es gibt nichts Drittes", begründet wurde. Die ersten Buchstaben dieser lateinisch formulierten Zusatzbedingung der klassischen Logik TND werden zu ihrer Kennzeichnung benutzt. Allerdings können wir bereits bei Aristoteles nachlesen, daß er sich schon mit Aussagen beschäftigt hat, die weder wahr noch falsch sind. Und dazu gab er Beispiele von Aussagen über die Zukunft an; denn man könne zum Beispiel jetzt nicht wissen, ob vor Piräus morgen eine Seeschlacht stattfinden wird.[81] Wir würden heute sagen, daß jedenfalls den meisten Zukunftsaussagen der Wahrheitswert ‚unbestimmt' zuzuordnen ist. Außerdem hat sich im Rahmen der Quantenphysik gezeigt, daß es auch Aussagen über den Zustand der Welt gibt, die weder wahr noch falsch sind. Das zeigt sich an den sogenannten *Heisenbergschen Unbestimmtheitsrelationen.*

Darum müssen wir heute klar feststellen, daß die Beschränkung auf nur zwei Wahrheitswerte, nämlich wahr und falsch, in der Aussagen- und Quantorenlogik der Forderung an die Logik nicht gerecht wird, keine Aussagen über die Welt zu enthalten. Darum hat Hans Reichenbach in seinem sehr lesenswerten Buch „Philosophische Grundlagen der Quantenmechanik"[82] das erste Mal eine dreiwertige Logik beschrieben, in dem er den

---

81   Vgl. Aristoteles, Lehre vom Satz oder Hermeneutik (PERI HERMENEIAS – Organon II) Kap. 9, 19a/b, in: Aristoteles, *Kategorien. Lehre vom Satz,* übersetzt von Eugen Rolfes, Meiner Verlag, Philos. Bibliothek Band 8/9, Hamburg 1974, S. 105 oder Aristoteles, *Organon Band 2: Kategorien. Hermeneutik oder vom sprachlichen Ausdruck,* gr. – dtsch, übersetzt von Hans Günter Zekl, Meiner Verlag, Philos. Bibliothek Band 493, Hamburg 1998, S. 117f. Dort heißt es (Übers. Rolfes: „...es ist notwendig, daß morgen eine Seeschlacht sein oder nicht sein wird, es ist aber nicht notwendig, daß morgen eine Seeschlacht sein wird oder daß diese nicht stattfindet; notwendig aber ist, daß sie entweder stattfindet oder nicht... . ...Man sieht also, daß nicht notwendig von jeder entgegengesetzten Bejahung und Verneinung die eine wahr und die andere falsch ist. Denn mit dem, was nicht ist, aber sein oder nicht sein kann, verhält es sich nicht so wie mit dem, was ist, sondern in der angegebenen Weise."

82   Vgl. Hans Reichenbach, *Philosophische Grundlagen der Quantenmechanik,* Verlag Birkhäuser Basel 1949 oder in: Hans Reichenbach, Gesammelte Werke Band 5: *Philosophische Grundlagen der Quantenmechanik und Wahrscheinlichkeit,* hrsg. Andreas Kamlah und

dritten Wahrheitswert „unbestimmt" eingeführt und 1941 die dreiwertige Aussagen-Logik mit den dazu nötigen Junktoren definiert hat. Dabei zeigte es sich, daß er drei verschiedene Formen von Negationen zu definieren hatte, die er als die *zyklische*, die *diametrale* und die *vollständige Negation* bezeichnete. Entsprechend hatte er sehr viel mehr Junktoren zu definieren. Es gelang ihm mit Hilfe seiner dreiwertigen Logik eine adäquate Darstellung der Quantenmechanik zu liefern. Darum entstand ein Streit darüber, ob nun die dreiwertige Logik die eigentliche Logik sei, die anstelle der zweiwertigen Logik fortan zu gebrauchen sei. Man sprach bald von der Quantenlogik und behauptete, daß dies die eigentliche Logik sei, die der Welt zugrundeliege und daß die klassische Logik mit ihrem TND (tertium non datur) nur angenäherte Gültigkeit Beanspruchung könne.

Meiner Kenntnis nach war es mein hochverehrter Lehrer Kurt Hübner, der das erste Mal darauf aufmerksam machte, daß derartige Behauptungen über die Quantenlogik und die klassische Logik in die Irre gehen, weil sie die Forderung an die Logik mißachten, keinerlei Aussagen über die Struktur der Welt enthalten zu sollen. Nach Kurt Hübner ist die Quantenlogik lediglich eine besonders formale Beschreibung der Quantenmechanik, die natürlich ganz spezifische Aussagen über die Struktur unserer Welt macht. Damit aber ist die sogenannte Quantenlogik gar keine Logik. Durch diese Feststellung aber ist die Disziplin der Logik in eine schwierige Situation geraten; denn einerseits muß zugegeben werden, daß die klassische Logik nicht mehr die Bedingungen erfüllt, um eine Logik sein zu können. Andererseits aber erweist sich mit der Quantenlogik, daß auch Ergänzungen mit weiteren Wahrheitswerten die Lage nicht verbessern, weil dadurch die apriorischen Bedingungen für eine Logik gerade nicht erfüllbar sind.

In dieser Lage hatte der Konstruktivist Paul Lorenzen, ursprünglich in Kiel und später in Erlangen lehrend, eine grandiose Idee. Danach sollten die Junktoren der Aussagenlogik nicht über die Kombination von Wahrheitswerten definiert werden, sondern durch Dialogregeln für Dialoge, die zwischen sogenannten Proponenten und Opponenten gehalten werden, um herauszufinden, ob eine Aussage erfolgreich verteidigt werden kann oder nicht. Kann sie es, dann erhält sie den Wahrheitswert wahr, kann sie es nicht, dann wird sie als falsch bezeichnet. Tritt jedoch der Fall ein, daß der Dialog nicht zu beenden ist, weil die Aussage weder erfolgreich verteidigt noch erfolgreich bestritten werden kann, dann ließe sich von Wahrheitswerten der Unbestimmtheit sprechen. In dieser dialogischen Logik von Paul Lorenzen wird demnach nicht von vornherein eine Menge von Wahrheitswerten festgesetzt, um mit ihnen die Junktoren zu bestimmen, sondern diese werden durch Dialogregeln bestimmt, welche durch ihren apriorisch definitorischen Charakter der Gefahr enthoben sind, etwa Aussagen über die Struktur unserer Welt zu enthalten. Das Wahrheitskonzept der Dialogspiele läßt sich auf empirische Wahrheiten ebenso anwenden wie auf

---

Maria Reichenbach, Friedrich Vieweg&Sohn, Braunschweig/Wiesbaden 1989. Hans Reichenbach hat seine Gedanken zur Beschreibung der Quantenmechanik mit Hilfe einer dreiwertigen Logik das erste Mal am 5. September 1941 auf dem Unity-of-Science-Kongreß an der Universität in Chicago vorgetragen. Wer gerne einmal die Grundlagen der Quantenmechanik richtig verstehen möchte, dem sei dieses Buch von Hans Reichenbach wärmstens empfohlen.

nicht-empirische Wahrheiten.[83] Um zu klären, durch welche Eigenarten des Dialogspiels sich empirische von nicht-empirischen Wahrheiten unterscheiden lassen, seien die wichtigsten Regeln des Wahrheits-Dialogspiels kurz erläutert.

Paul Lorenzen schreibt dazu in Kamlah/Lorenzen (1967, 201):

> „Der Proponent beginnt das Spiel mit dem Setzen einer These. Danach ziehen die Spieler abwechselnd – und jeder Spieler darf nur eine der vom Gegner gesetzten Aussagen angreifen oder sich gegen einen Angriff des Gegners verteidigen."

Die Regeln, wie angegriffen oder verteidigt wird, sind durch die Definition der Junktoren bestimmt. Diese werden klassisch ja durch Wahrheitstafeln definiert. Für die wichtigsten Junktoren seien im folgenden die Dialogregeln angegeben. Für die Darstellung der Dialogregeln, die den Wahrheitstafeln entsprechen, sei vereinbart, daß jede hingeschriebene Aussage, die Behauptung dieser Aussage bedeutet, daß ein Fragezeichen (?) hinter der Aussage diese Behauptung bezweifelt und daß eine eckig eingeklammerte Aussage für den Beweis dieser Aussage steht. Die „und"-Verknüpfung von p und q hat dann folgenden Dialogverlauf:

Proponent	Opponent	Die möglichen Fälle	Die Ausgänge dazu
p ∧ q	p?	Proponent kann p nicht beweisen: p ist falsch	p ∧ q ist falsch
[p]	q?	Proponent kann q nicht beweisen: q ist falsch	p ∧ q ist falsch
[q]		Proponent hat p und q bewiesen	p ∧ q ist wahr

Der Proponent kann eine „und"-Verbindung (Konjunktion) nur dann erfolgreich verteidigen, wenn sich beide Aussagen dieser Verbindung je für sich verteidigen lassen, d. h., wenn sie beide wahr sind, so wie es die Wahrheitstafel verlangt. Der Dialog zur „oder"-Verbindung (Disjunktion oder Adjunktion) läßt sich dagegen leichter gewinnen, wie die folgenden Dialogverläufe zeigen:

Nr.	Proponent	Opponent	Die möglichen Fälle	Die Ausgänge dazu
1	p ∨ q	(p ∨ q)?		
2	p	p?	Proponent kann p nicht beweisen, p ist falsch, gehe zu Nr.4	
3	[p]		Proponent hat p bewiesen	p ∨ q ist wahr
4	q	q?	Proponent kann auch q nicht beweisen, p ist falsch und q ist falsch	p ∨ q ist falsch
5	[q]		Proponent hat q bewiesen, q ist wahr	p ∨ q ist wahr

---

83   Die Anwendung des Dialogspiels auf empirische Wahrheiten findet sich im V. Kapitel von Kamlah, Wilhelm u. Paul Lorenzen, *Logische Propädeutik. Vorschule vernünftigen Redens*, Bibliogr. Inst., Mannheim 1967, während die Anwendung auf nicht-empirische Wahrheiten im VI. Kapitel abgehandelt werden.

Die „oder"-Verbindung kann vom Proponenten nur dann nicht gewonnen werden, wenn er weder p noch q beweisen kann. Damit wird auch die Wahrheitstafel des „oder"-Junktors durch den Dialogverlauf der „oder"-Verbindung simuliert. Auch für den „wenn, dann"-Junktor läßt sich ein entsprechender Dialogverlauf angeben:

Nr.	Proponent	Opponent	Die möglichen Fälle	Die Ausgänge dazu
1	$p \rightarrow q$	p		
2a	p?		Opponent kann p nicht beweisen, p ist falsch	$p \rightarrow q$ ist wahr
2b		[p]	Opponent hat p bewiesen, p ist wahr	
3	q	q?	Proponent kann q nicht beweisen, q ist falsch	$p \rightarrow q$ ist falsch
4	[q]		Proponent hat q bewiesen, q ist wahr	$p \rightarrow q$ ist wahr

Der Dialogverlauf der „wenn, dann"-Verbindung (Subjunktion oder Implikation) konzentriert sich auf die zweite Zeile in der Wahrheitstafel, da die Implikation nur dann falsch ist, wenn der Vordersatz wahr und der Folgesatz falsch ist. Nur in diesem Fall kann der Opponent gewinnen. Wenn aber gezeigt werden kann, daß der Folgesatz (q) wahr ist, dann ist die Implikation in jedem Falle wahr, so daß der Proponent in allen anderen Fällen gewinnt.

Damit haben wir die Dialogverläufe kennengelernt, wie sie für die wichtigsten Junktoren zu führen sind. Lorenzen leitet aber noch ganz allgemeine Spielregeln für den Proponenten und den Opponenten ab sowie eine Gewinnregel (Kamlah/Lorenzen 1967, 203f. und 207):

> „1. Der Proponent darf nur eine der vom Opponenten gesetzten Aussagen angreifen oder sich gegen den letzten Angriffszug des Opponenten verteidigen.
> 2. Der Opponent darf nur die im vorhergehenden Zug des Proponenten gesetzte Aussage angreifen oder sich gegen den Angriff im vorhergehenden Zuge des Proponenten verteidigen.
> 3. Gewinnregel: Der Proponent hat nur dann gewonnen, wenn der Opponent nicht mehr ziehen kann."

Bis hierher war nur die Rede davon, daß Aussagen bewiesen oder nicht bewiesen werden können. Es ist dabei in keiner Weise auf die Art und Weise Bezug genommen worden, mit welchen Mitteln die Beweise geführt werden. Die Definition der Wahrheitstafeln und der zugehörigen Dialogverläufe erfordert damit noch keine Unterscheidung von empirischen und nicht-empirischen Wahrheiten. Diese Unterscheidung wird erst dann notwendig, wenn die Aussagen aus Zusammensetzungen von Junktor-Verbindungen bestehen. Nehmen wir als Beispiel die Aussage MP:= ((p → q) ∧ p) → q. Wie läßt sich ermitteln, ob diese Aussage vom Proponenten oder vom Opponenten gewonnen werden kann? Dazu müssen die Dialogverläufe der in der Aussage verwendeten Junktoren angewandt werden. Tun wir dies!

Nr	Proponent	Opponent	Die möglichen Fälle	Die Ausgänge dazu
1	MP	((p → q) ∧ p)		
2	((p → q) ∧ p) ?	(p → q)	Beweist Opponent ((p → q) ∧ p) nicht, so	ist MP wahr
3	(p → q) ?	q	Beweist Opponent (p → q) nicht, so gilt 2.	MP ist wahr
4	q ?	[q]	Beweist Opponent q nicht, so gilt wieder 2.	MP ist wahr
5	p ?	[p]	Beweist Opponent p nicht, so gilt wieder 2.	MP ist wahr
6	[p] und [q]		Proponent beweist durch Verweis auf 5 u. 4	MP ist wahr

Der Satz MP, der sich unschwer als der modus ponens erkennen läßt, kann durch den Proponenten stets gewonnen werden, weil er die Beweise, die er braucht, vorher vom Opponenten geliefert bekommt. Der Opponent kann dies nicht umgehen, da er seinen Angriff nur durch diese Beweise aufbauen kann. Dadurch, daß der Opponent aufgrund der Dialogstruktur die Beweismittel, mit denen der Proponent gewinnt, mit Notwendigkeit vorher in die Hände spielen muß, kommt es überhaupt nicht darauf an, mit welchen Mitteln der Opponent die vom Proponenten gebrauchten Beweise führt. Der Opponent kann nicht gewinnen, weil seine Beweise vom Proponenten behauptet verwenden können und der auf die Forderung, die Behauptungen zu beweisen, immer darauf verweisen kann, daß der Opponent diese Beweise schon erbracht hat. Dies ist das Kennzeichen logisch wahrer Sätze, die unabhängig von den tatsächlichen Wahrheitswerten im Dialogspiel immer verteidigt werden können. Lorenzen bezeichnet darum die Aussagen als *logisch-wahr* (Kamlah/Lorenzen 1967, 206), bei denen „der Proponent … den Dialog so führen (kann), daß er schließlich eine Primaussage zu verteidigen hat, die der Opponent vorher gesetzt hat." Primaussagen sind die Aussagen, die mit Hilfe von Junktoren zusammengesetzte Aussagen bilden können, die selbst aber keine in dieser Weise zusammengesetzten Aussagen sind. Damit ist eine erste formale Unterscheidung zwischen empirischen und nicht-empirischen Wahrheiten gegeben; denn nicht-empirische Wahrheiten sind jedenfalls solche, die zu ihrer Feststellung keines empirischen Bezuges bedürfen. Solche Wahrheiten werden von Lorenzen des fehlenden Wahrnehmungsbezuges wegen auch allgemein als apriorische Wahrheiten bezeichnet. Es ist auffallend, daß es sich bei diesen logischen Wahrheiten um festgestellte Wahrheiten zu handeln scheint; denn bei einer gegebenen zusammengesetzten Aussage muß man zur Wahrheitswertzuordnung untersuchen, ob sie durch einen Dialogverlauf verteidigt werden kann, der die Form hat, daß der Proponent immer dadurch gewinnt, daß er auf eine frühere Setzung des Opponenten verweist. Denn erst dann läßt sich *feststellen*, ob die Aussage logisch-wahr ist oder nicht. Darum gehören die logischen Wahrheiten grundsätzlich zu den durch Festsetzung gewonnenen Wahrheiten. Denn das Verfahren der Wahrheitswertzuweisung kommt nur durch Festsetzungen und zwar durch folgende zustande:

1. Die Festsetzung, daß logische Wahrheiten keine Aussagen über die empirische Welt implizieren *dürfen* und

2. die Festsetzung, daß durch das dialogische Verfahren die Wahrheitswertzuweisung vorzunehmen ist.

Derartige Festsetzungen finden sich nicht, wenn ich feststellen möchte, ob es draußen regnet oder nicht. Zur Feststellung der Wahrheit von Aussagen über unsere sinnlich wahrnehmbare Wirklichkeit, müssen wir in uns aufgrund von Sinneswahrnehmungen feststellen, durch die wir die Wahrheitswertzuordnung vornehmen können. Man könnte darum meinen, daß der Ursprung der Wahrheitswertzuweisung bei den empirischen Wahrheiten immer in einer Feststellung, nämlich in der Feststellung einer sinnlichen Wahrnehmung liegt. Dennoch kommen wir nicht darum herum, vorher festzusetzen, daß empirische Wahrheiten ihre Wahrheitsquelle in der Wahrnehmung besitzen. Beweisen können wir das schon deshalb nicht, weil wir selbst wissen, daß es immer wieder Wahrnehmungsfehler gibt, wie z.B. optische Täuschungen. Wir müssen also auch festsetzen, daß wir unsere Sinneswahrnehmungen als Wahrheitsquellen über die Erscheinungswelt annehmen.

Es fragt sich nun, ob sich Aussagen formal bestimmen lassen, die zwar apriorisch wahr aber nicht zugleich logisch-wahr sind. Lorenzen gibt dafür ein erstaunliches Beispiel an. Er untersucht die Aussage (p ∨ ¬ p) (p oder nicht p). Wie und unter welchen Umständen läßt sie sich vom Proponenten verteidigen? Zur Beantwortung dieser Frage haben wir uns zwei mögliche Dialogverläufe anzusehen:

1.   Dialogverlauf:

Nr.	Proponent	Opponent	Fall	Ausgang
1	p ∨ ¬ p	(p ∨ ¬ p) ?		
2	p	p ?		
3	[p]		Proponent hat p bewiesen	p ∨ ¬ p ist wahr

2.   Dialogverlauf:

Nr.	Proponent	Opponent	Fall	Ausgang
1	p ∨ ¬ p	(p ∨ ¬ p) ?		
2	p	p ?	Proponent kann p nicht beweisen	
3	¬ p	p	Opponent kann p auch nicht beweisen	
4.	[¬ p]		Proponent beweist ¬ p	p ∨ ¬ p ist wahr

In beiden Dialogverläufen gewinnt der Proponent. Er gewinnt aber nicht dadurch, daß er auf eine vom Opponenten gesetzte und zu beweisende Aussage verweisen kann. Dies bedeutet:

(p ∨ ¬ p) (p oder nicht p) oder im Volksmund ausgedrückt: „Wenn der Hahn kräht auf dem Mist, ändert sich das Wetter, oder es bleibt wie es ist", ist in dem hier definierten Sinn in der dialogischen Logik keine logische Wahrheit.

Dies ist zweifellos ein erstaunliches Ergebnis, da nach der Wahrheitstafelmethode $p \vee \neg p$ unabhängig vom Wahrheitswert von p immer wahr ist:

p	$\neg$ p	$p \vee \neg p$
w	f	w
f	w	w

Entsprechend läßt sich auch die zusammengesetzte Aussage ($\neg \neg p \rightarrow p$) nicht durch den Verweis auf eine vom Opponenten gesetzte und zu beweisende Aussage gewinnen. Damit zeigt sich, daß das dialogische Verfahren der Wahrheitswertzuordnung, durch das die dialogische Logik gekennzeichnet ist, von zusammengesetzten Aussagen einen größeren Unterscheidungsspielraum von wahren Aussagen hat, als es bei der sogenannten klassischen Logik, die mit dem Wahrheitstafelverfahren gleichgesetzt wird, der Fall ist. Offenbar gibt es nicht-empirisch wahre Aussagen, die aber nicht zugleich auch logisch wahr sind. Dies liegt daran, daß in der klassischen Logik aufgrund der Festlegung, daß einer Aussage entweder der Wahrheitswert „wahr" oder der Wahrheitswert "falsch" zukommt, keine dritte Möglichkeit der Wahrheitswertzuweisung vorgesehen ist, der Ausschluß des Dritten, das tertium non datur (TND). Das TND erzwingt in der klassischen Logik die logische Wahrheit von ($p \vee \neg p$). Darum weist Lorenzen (Kamlah/Lorenzen (1967, 208f.)) darauf hin, daß solche Zusatzannahmen in die dialogische Logik dadurch eingeführt werden können, daß der Opponent ausnahmsweise mit dem Dialog beginnt, indem er diese Zusatzannahmen vor der These des Proponenten setzt, so daß der Proponent im Dialogverlauf auf sie verweisen kann. Das TND also so einzuführen, daß der Opponent für alle Primaussagen a, b, c, ... die von Lorenzen als Hypothesen bezeichneten Aussagen (a $\vee \neg$ a), (b $\vee \neg$ b), (c $\vee \neg$ c), ... festsetzt. Wenn (a $\vee \neg$ a) schon vom Opponenten gesetzt ist, dann kann der Proponent, der die Aussage (a $\vee \neg$ a) verteidigen will, auf diese bereits vom Opponenten gesetzte Aussage verweisen und somit daraus eine logisch wahre Aussage machen.

Die Tatsache, daß die doppelte Verneinung in der dialogischen Logik nicht gleichbedeutend mit der Bejahung ist, spielte für die Begründung der *intuitionistischen Mathematik* eine große Rolle, der auch Hermann Weyl zuneigte und natürlich die Mathematikphilosophen der Erlanger Schule, die von Paul Lorenzen begründet wurde. Zweifellos war die Eliminierung des TND aus der Logik eine philosophie-geschichtliche Großtat der Erlanger Schule, ist es doch Verdienst des dialogischen Konstruktivismus, gezeigt zu haben, daß eine Logik konstruierbar ist, in der das TND nicht benötigt wird. Dies ist für mein Dafürhalten die erste wesentliche Änderung in den Grundlagen der Logik, seit Aristoteles in seinem *Organon* die Theorie der Syllogismen aufstellte. Lorenzen ist damit förmlich den umgekehrten Weg wie Reichenbach gegangen, indem er den Begriff der Wertigkeit der Logik obsolet gemacht hat. Denn dies hätte – wie bereits gezeigt – nur zu Auszeichnungen von bestimmten Wirklichkeitsstrukturen führen können, derer wir uns bei der Grundlegung der Logik zu enthalten haben.

Ob das dialogische Verfahren in den verschiedenen Wissenschaften auch für die Konstruktion von Theorien angewandt werden kann, wird sich noch in der Zukunft zeigen müssen. Dies scheint mir nicht ausgeschlossen zu sein, bezeichnet Lorenzen seine dialogische Logik doch als effektive Logik, mit der sich außer für die Mathematik auch für andere Wissenschaften neue Grundlagen legen ließen.

Zur Organisation des wissenschaftlichen Arbeitens

8

In diesem Kapitel geht es um die Grundlagen der einzelnen Wissenschaften, d.h. um die Begründungsendpunkte, um die sogenannten mythogenen Ideen, durch die sich Wissenschaften überhaupt erst als begründende Unternehmen verstehen können. Es geht um die Metaphysik der Wissenschaften, in denen geklärt wird, was für sie wissenschaftliche Erkenntnisse sind und wie diese gefunden werden können. Oft wird auch von einer Basis der Wissenschaften gesprochen, von der aus das Gebäude einer Wissenschaft errichtet wird. Erste Arbeiten über grundsätzliche Strukturen der Wissenschaften finden sich bei Pierre Duhem und Henri Poincaré[84], die bereits herausgefunden haben, daß eine solche Basis, selbst die der sogenannten exakten Wissenschaften, nicht absolut begründbar ist, sondern aus tradierten Vereinbarungen der Forscher besteht. Zu diesem Ergebnis ist auch Kurt Hübner durch seine umfangreichen wissenschaftshistorischen Studien im Rahmen seiner historistischen Wissenschaftstheorie gekommen. Er hat darüber hinaus damit begonnen, die Basis oder auch das Fundament der Wissenschaft zu strukturieren und die grundlegenden Festsetzungen der Wissenschaften zu klassifizieren. Davon wird im folgenden Abschnitt die Rede sein.

---

[84] Vgl. dazu P. Duhem, *La Theorie Physique: Son Objet, Sa Structure*, Paris 1914 und H. Poincaré, *La Science et l'Hypothèse*, Paris 1925.

© Springer Fachmedien Wiesbaden GmbH, ein Teil von Springer Nature 2019
W. Deppert, *Theorie der Wissenschaft*, https://doi.org/10.1007/978-3-658-14024-3_8

8.1   Hübners Theorie der wissenschaftstheoretischen Festsetzungen

Kurt Hübner hat seine Forschungsergebnisse 1978 in seinem Buch `Kritik der wissenschaftlichen Vernunft‘, zusammengefaßt, das im Karl Alber Verlag in Freiburg erschienen ist. Seine Untersuchungen über das tatsächliche Vorgehen der Wissenschaftler in Geschichte und Gegenwart führen Hübner auf seine Theorie der wissenschaftstheoretischen Festsetzungen oder der wissenschaftstheoretischen Kategorien, wie er sie auch nennt. Hübner stützt sich dabei ganz bewußt auf die Vorarbeiten von Pierre Duhem. Deshalb überschreibt er das Kapitel seines Buches, in dem er seine *Theorie wissenschaftstheoretischer Kategorien* darstellt als „Eine Weiterentwicklung von Duhems historistischer Theorie der wissenschaftlichen Begründung". Er benutzt den Begriff der Kategorien, da diese Festsetzungen erst getroffen sein müssen, um überhaupt von wissenschaftlichem Vorgehen reden zu können. Aber im Gegensatz zu Kant ist er nicht der Meinung, daß für die Inhalte dieser Kategorien unbedingte Gültigkeit beansprucht werden kann. Transzendental sind diese Kategorien im Kantischen Sinne nur insofern, als daß sie zu den Bedingungen wissenschaftlicher Erfahrung gehören. Nach Hübner sind die Inhalte seiner wissenschaftstheoretischen Festsetzungen ausschließlich historisch bestimmt, darum spricht er hier vom *historischen Apriori*. Hübner unterscheidet *fünf Hauptgruppen wissenschaftstheoretischer Kategorien*:

1. *die instrumentalen,*
2. *die funktionalen,*
3. *die axiomatischen,*
4. *die judicalen und*
5. *die normativen Festsetzungen.*

Die *instrumentalen Festsetzungen* sind solche über die Erstellung und Verwendung von Meßinstrumenten oder anderen Mitteln zur Gewinnung von einzelnen Aussagen, wie etwa Meßdaten. Hübner hat diese Bezeichnung im Hinblick auf die experimentellen Wissenschaften gewählt. Der Funktion nach beantworten diese Festsetzungen aber genau die Frage, wie der Wissenschaftler zu *einzelnen Aussagen* kommt, die von den ihm gegebenen Untersuchungsgegenständen handeln oder sie selber sind. Es geht also bei diesen Festsetzungen um die Bestimmung des Gegenstandsbereichs einer Wissenschaft und um die Gewinnung von Basisdaten, die zum Aufstellen oder Überprüfen von Gesetzen oder Regeln verwendet werden können. Die einzelnen oder singulären Aussagen des Gegenstandsbereichs können mit Hilfe der *funktionalen Festsetzungen*, wie Hübner sie nennt, zu allgemeinen oder generellen Aussagen zusammengefaßt werden. So nimmt man z.B. bestimmte Interpolationsverfahren an, um von einzelnen Daten auf eine mathematische Funktion zu kommen, die dann die mathematische Form eines Naturgesetzes darstellen soll. Hübner nennt diese Festsetzungen auch die *induktiven Festsetzungen*, da sie festlegen, wie man aus einzelnen Aussagen allgemeine Aussagen induzieren, d.h. erschließen kann. Da dies niemals auf logische und eindeutige Weise möglich ist, bedarf es dazu bestimmter Festsetzungen, etwa wie den von ausgewählten *Interpolationsverfahren*. Sie sind dann erforderlich, wenn von einzelnen Meßdaten auf eine Funktion geschlossen werden soll.

Als Veranschaulichung dieses Zusammenhangs sollen hier mögliche Messungen an einem frei fallenden Körper dienen, die zu bestimmten Zeiten den Verlauf des Fallweges wiedergeben. Durch Interpolationsregeln soll sich nach heutiger Kenntnis aus den Meßdaten die Parabel $s = (g/2)t^2$ ergeben. Je nach Interpolationsregel ist es durchaus möglich, daß keiner der Meßpunkte auf der Funktionskurve liegt, die dennoch das Allgemeine ist, das alle Meßpunkte miteinander verbindet (siehe Abb. 1).

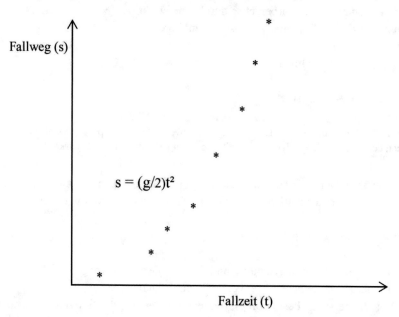

Abb. 1 Mögliche Meßdaten zum Freien Fall im Weg-Zeit-Diagramm

Im Rahmen der Hübnerschen Theorie werden die in den instrumentalen und funktionalen Festsetzungen verwendeten Begriffe in ihren wechselseitigen Abhängigkeiten und Bedeutungen durch die **axiomatischen Festsetzungen** festgelegt. Axiome sind Verknüpfungen von undefinierten Grundbegriffen mit Aussagencharakter, die – wie bereits dargestellt – zusammen ein ganzheitliches Begriffssystem ausbilden. Axiome werden oft in mathematischer Form formuliert, um die Eindeutigkeit der Ableitungen zu gewährleisten, die aus ihnen möglich sind. Die Bedeutung der Grundbegriffe ergibt sich einerseits durch ein geschichtlich tradiertes Vorverständnis und andererseits durch ihre Beziehungen, wie sie in den Axiomen zum Ausdruck kommen. Oft sind in den Axiomen noch Begriffe enthalten, die nicht zu den undefinierten Grundbegriffen des Axiomensystems zählen, weil sie ihre Bedeutung von anderen Axiomensystemen und deren Verwendung oder aus der Umgangssprache beziehen.

Als Beispiel für diese Zusammenhänge mögen hier die beiden ersten Axiome der Newtonschen Mechanik dienen. Das erste Axiom, das sogenannte Trägheitsprinzip, lautet:

> „Jeder Körper beharrt in seinem Zustande der Ruhe oder der gleichförmigen geradlinigen
> Bewegung, wenn er nicht durch einwirkende Kräfte gezwungen wird, seinen Zustand zu
> ändern."[85]

Beschreibt man den Zustand der gleichförmig geradlinigen Bewegung mit dem aus der
Axiomatik der Bewegungslehre stammenden konstanten Geschwindigkeitsvektor $\underline{v}$ und
sieht man vor, daß das durch das Trägheitsprinzip auszudrückende konstante Verhalten
des Körpers noch irgendwie vom Körper, etwa durch eine Funktion f(K), abhängt, so läßt
sich das Trägheitsprinzip wie folgt mathematisch formulieren:

(1.1) $f (K) \underline{v} = const. = \underline{p} = Impuls.$

Das zweite Newtonsche Axiom lautet:

> „Die Änderung der Bewegung ist der Einwirkung der bewegenden Kraft proportional und
> geschieht nach der Richtung derjenigen geraden Linie, nach welcher jene Kraft wirkt.[86]

Die Proportionalitätskonstante wird als die gleiche wie in (1.1) angenommen und wird als
Masse m bezeichnet, so daß die mathematische Formulierung des 2. Axioms lautet:

(1.2) $\underline{F} = m\, d\underline{v}/dt = m\, \underline{a} = d\underline{p}/dt$.

Wir haben hier die Größen Masse m, Impuls $\underline{p}$ und Kraft $\underline{F}$. Sie alle sind durch die Axiome
nicht definiert, sondern, nur die Form ihrer gegenseitigen Abhängigkeit.

Die ersten drei Hübnerschen Festsetzungsarten erlauben bereits die Entwicklung von
Theorien über Ordnungsmöglichkeiten des gewählten Gegenstandsbereichs. Dabei bleiben aber die Rechtfertigungs- und Wahrheitsfragen noch gänzlich unberührt. Diese Fragen werden erst in Hübners vierter wissenschaftstheoretischer Kategorie thematisiert.

Die von Hübner genannten *judicalen Festsetzungen* haben die Funktion der Überprüfung von Theorien. Eine judicale Festsetzung bzw. eine existentielle Prüfungsfestsetzung
der letzten Art ist z.B. das *radikale Falsifikationsprinzip der Kritischen Rationalisten*,
das verlangt, eine Theorie schon dann aufzugeben, wenn die durch sie gemachten Voraussagen einmal nicht eingetreten sind.

Schließlich nennt Hübner noch **normative Festsetzungen**. Durch sie soll bestimmt
werden, welchen Charakter das durch die ersten vier wissenschaftstheoretischen Kate-

---

85   Vgl. Isaac Newton, *Mathematische Prinzipien der Naturlehre*, Herausgabe in dtsch. durch J.
     Ph. Wolfers, Berlin 1872, Nachdruck, Wiss. Buchges., Darmstadt 1963, S. 32.

86   Vgl. ebenda.

gorien umrissene wissenschaftliche System als Ganzes haben soll. Hierhin gehören die sogenannten *Sinn- bzw. Abgrenzungskriterien*, mit deren Hilfe wissenschaftliches von unwissenschaftlichem Arbeiten im Rahmen des Neopositivismus bzw. des Kritischen Rationalismus unterschieden werden soll, die sich erstaunlicherweise als identisch mit dem herausstellen, was Kant eine *transzendentale Deduktion* nennt. Aber auch Festlegungen über die Einfachheit oder Anschaulichkeit von Theorien und Bestimmungen über die Beziehungen der verschiedenen Festsetzungen untereinander sind normative Festsetzungen im Hübnerschen Sinne. Die normativen Festsetzungen sind demnach durch die **metaphysischen Vorstellungen eines Forschers** bestimmt, da durch sie das *Zusammenspiel der instrumentalen, funktionalen, axiomatischen und judicalen Festsetzungen zu einem erkenntnistheoretischen System* festgelegt wird.

Im Rahmen der Hübnerschen Meta-Theorie der Wissenschaften besitzen alle normativen Wissenschaftstheorien ihren spezifischen Ort, d.h., Hübners Theorie weist die verschiedenen normativen Wissenschaftstheorien als besondere Begründungsarten wissenschaftlichen Arbeitens aus.[87] Durch ihre spezifischen metaphysisch begründeten normativen Festsetzungen spielen in den verschiedenen normativen Wissenschaftstheorien von den ersten vier Hübnerschen Festsetzungen nur wenige eine herausgehobene Rolle, während andere zum Teil kaum oder gar nicht ausgearbeitet sind. So haben bei den Neopositivisten die funktionalen und teilweise auch die instrumentalen Festsetzungen eine herausragende Bedeutung. Bei den Kritischen Rationalisten sind es die judicalen Festsetzungen, während die funktionalen Festsetzungen gar nicht vorhanden sind. Für die Konstruktivisten sind es ausschließlich die instrumentalen Festsetzungen, von denen die konstituierende Wirkung für wissenschaftliche Theorien ausgeht, aber davon wird noch genauer die Rede sein, wenn die normativen Wissenschaftstheorien behandelt werden. Hübners Theorie der wissenschaftstheoretischen Kategorien erweist sich als eine Metatheorie der verschiedensten wissenschaftstheoretischen Ansätze, die selbst die normativen Wissenschaftstheorien zu charakterisieren gestattet.

8.2   Hübners Theorie vom wissenschaftlichen Fortschritt

8.2.1   Die Zerrüttung des Fortschrittsglaubens durch Thomas S. Kuhn

Platon hat seine *Erkenntnislehre der Wiedererinnerung* auf unsterbliche und mithin absolute Ideen aufgebaut. Seitdem hat der Glaube an absolute Wahrheiten, die vor allem die Wissenschaft zu Tage fördern könne, bis in unsere Zeit hinein mit zum Teil verheerenden Folgen zugenommen. Durch diesen Glauben an die Existenz und Erfahrbarkeit einer

---

87   Vgl. Wolfgang Deppert, Hübners Theorie als Hohlspiegel der normativen Wissenschaftstheorien, in: *Geburtstagsbuch für Kurt Hübner zum Sechzigsten*, Kiel 1981, S. 11–26, und in: Frey (Hrsg.) *Der Mensch und die Wissenschaften vom Menschen*, Bd. 2, *Die kulturellen Werte*, Innsbruck 1983, S. 943–954.

absoluten Wahrheit über die Welt haben sich die Philosophen bis in unsere Zeit hinein zum Narren halten lassen und dennoch hat sich daraus ein Fortschrittsglaube entwickelt, der in großen Bevölkerungskreisen und sogar noch bei nicht wenigen Wissenschaftlern bis heute erhalten geblieben ist. Nach diesem Glauben arbeiten die Wissenschaftler aller Zeiten an dem einen großen Gebäude der wissenschaftlichen Wahrheit, welches sich mit jeder neuen wissenschaftlichen Entdeckung vergrößert. Demnach hätten Hippokrates und Archimedes an dem gleichen Gebäude gebaut wie Kopernikus, Kepler, Newton, Einstein und Heisenberg. Dieser Glaube wurde jedoch tief erschüttert durch das Buch von Thomas S. Kuhn „The Structure of Scientific Revolutions", das erstmalig 1962 in Chicago erschien und schon 1964 mit dem Titel „Die Struktur wissenschaftlicher Revolutionen" auf dem deutschen Büchermarkt verfügbar war. Was ist in diesem Buch so aufregend oder gar erschütternd?

Thomas Kuhn war als Wissenschaftshistoriker daran interessiert, möglichst genaue Datierungen vornehmen zu können. Bei dem Versuch, die Frage zu beantworten: „Wer hat den Sauerstoff entdeckt und wann war das?", bemerkte er, daß Joseph Priestley zwar 1774 mit der Erhitzung von Quecksilberperoxid unter einer Glasglocke sicherlich Sauerstoff freigesetzt hatte, daß Priestley aber der Meinung war, mit dieser Versuchsanordnung der Luft *Phlogiston* entziehen zu können und darum die zu beobachtende verbrennungsfördernde Wirkung einträte. Priestley war bis zu seinem Lebensende Anhänger der Phlogistontheorie, wonach alle brennbaren Stoffe den *Feuerstoff Phlogiston* enthalten und bei der Verbrennung an die Luft abgeben. Aufgrund der vielen Verbrennungen, die schon stattgefunden haben, müßte die Luft schon sehr viel Phlogiston enthalten. Darum war Priestly der Meinung, daß er durch seinen Versuchsaufbau der Luft Phlogiston entzogen habe und deshalb die Verbrennung erleichtert hätte. Er meinte also, keinen neuen Stoff entdeckt, sondern lediglich *entphlogistizierte Luft* erzeugt zu haben. Darum konnte Thomas Kuhn unmöglich behaupten, daß Priestley 1774 den Sauerstoff entdeckt habe. Eigentümlicherweise müssen wir ihm sogar Recht geben, weil es zu dieser Zeit für die Menschen noch keinen Sauerstoff gab, wenngleich wir dies heute freilich ganz anders sehen.

Von Sauerstoff konnte erst dann die Rede sein, nachdem die Theorie der chemischen Elemente aufgestellt worden war, wonach alle Stoffe aus chemischen Elementen zusammengesetzt sind. Eine solche Theorie aber ist im Ansatz erst von Lavoisier aufgestellt worden. Er hatte zwar den Versuch von Priestley schon 1774 vorgeführt bekommen, ist aber erst nach vielen Experimenten darauf verfallen, seine besondere Oxidationstheorie aufzustellen und die entphlogistizierte Luft von Priestley als ein Gas zu identifizieren, das er *Oxygenium* nannte.

Thomas Kuhn erkannte an seiner Fragestellung nach dem Entdecker des Sauerstoffs und weiteren ähnlichen Untersuchungen, daß die wissenschaftlichen Begriffe erst ihre Bedeutung im Rahmen einer ganzen wissenschaftlichen Theorie erhalten. Die Grundlagen, durch die eine wissenschaftliche Theorie bestimmt ist, nannte Thomas Kuhn ein *Paradigma*. Die Wissenschaft, die im Rahmen eines Paradigmas betrieben wird, bezeichnete er als *Normalwissenschaft*. Und in ihr gibt es *normalwissenschaftlichen Fortschritt*, d.h., in ihr werden im Laufe ihres Betriebs immer mehr Erkenntnisse angesammelt, die aufeinander aufbauen. Kuhn stellt den normalwissenschaftlichen Betrieb als ein Lösen von Rätseln dar, für das sich immer bessere Methoden entwickeln ließen.

Es scheint aber unvermeidbar zu sein, daß sich während des normalwissenschaftlichen Forschens *Anomalien* einstellen, die nicht zu beheben sind. Darum versucht man, sie erst einmal zu ignorieren, bis schließlich die Bedeutung dieser Anomalie so angewachsen ist, daß für sie eine Lösung gefunden werden muß. Kuhn benutzt zur Beschreibung der wachsenden Bedeutung einer Anomalie eine Metapher aus der Wetterkunde, indem er die anfänglich auftretende Anomalie mit einem Wölkchen an dem sonst wolkenlosen Himmel vergleicht. Mit der Zeit aber würde dieses Wölkchen allmählich zu einer richtigen Wolke heranwachsen, bis diese einen immer größer werdenden Teil des Himmels bedeckt. Wenn sie sich aber verdunkelt und schließlich zu einer Gewitterwolke geworden ist, dann ist die Anomalie für die Existenz der normalen Wissenschaft bedrohlich geworden. Es muß also darüber nachgedacht werden, etwas am Paradigma zu ändern oder ob es durch ein ganz neues zu ersetzen ist. Diese Zeit, in der viele sich durchaus auch widerstreitende Angebote zur Lösung der bedrohlichen Anomalie kursieren, nennt Thomas Kuhn die Zeit der *außerordentlichen Wissenschaft*. Und wenn sich schließlich ein neues Paradigma durchsetzt, dann hat nach Kuhn eine *wissenschaftliche Revolution* stattgefunden.

Kuhn behauptet, daß sich nach einer wissenschaftlichen Revolution die Sicht der Welt in dieser Wissenschaft so stark geändert hat, daß sich die Begriffe vor und nach der wissenschaftlichen Revolution, auch wenn sie noch gleich lauten, nicht mehr miteinander vergleichen lassen; die Erkenntnisse vor und nach der Revolution sind in der betreffenden Wissenschaft *inkommensurabel* geworden. Gemäß dieser Darstellung Kuhns war ein Glaube an einen kontinuierlichen wissenschaftlichen Fortschritt nicht mehr möglich. An dieser Stelle sei hinzugefügt, daß diese Einsicht von dem polnischen Arzt Ludwik Fleck schon im Jahre 1935 in deutscher Sprache unter dem Titel *Entstehung und Entwicklung einer wissenschaftlichen Tatsache*, beschrieben worden ist.[88] Fleck sprach von einem *Denkkollektiv*, in dem sich ein *Denkstil* ausbilde. Der Denkstil entspricht dem Kuhnschen Paradigma und das Denkkollektiv der Wissenschaftlergemeinschaft, die eine Normalwissenschaft betreibt. Flecks Theorien konnten aber zu dieser Zeit offenbar noch gar nicht verstanden werden, außerdem aber waren die politischen Verhältnisse nicht dazu angetan, einem Werk mit derartig revolutionierenden Ideen besondere Beachtung zu schenken.

Aber auch Kuhns Werk rief noch fast 30 Jahre nach der Veröffentlichung von Flecks Ideen Stürme der Entrüstung hervor, wobei sich Vertreter der *normativen Wissenschaftstheorien* besonders hervortaten. Aber Thomas Kuhn hatte gute Argumente. Schon das eben diskutierte Beispiel des Übergangs von der Phlogistontheorie zur Oxydationstheorie der Verbrennung zeigt bereits deutlich, daß sich Kuhns Position nicht so leicht erschüttern ließ. Die logischen Empiristen und auch Imre Lakatŏs von den Kritischen Rationalisten sprachen von einer *Rationalitätslücke*, die zu schließen sei. Sie unternahmen dazu erhebliche Anstrengungen, konnten aber das Faktum des Auftretens von wissenschaftli-

---

88   Vgl. Ludwik Fleck, *Entstehung und Entwicklung einer wissenschaftlichen Tatsache*, Reihe Suhrkamp Wissenschaft (stw 312), Suhrkamp Verlag, Frankfurt/M. 1980, ISBN 3–518–27912–2.

chen Revolutionen in der Geistesgeschichte nicht leugnen. An einigen Stellen ließe sich durchaus – wie ich meine – die Rationalitätslücke dadurch schließen, daß die alte Theorie vor der Revolution als ein Spezialfall der allgemeineren neuen Theorie aufgefaßt werden könnte. Für den Fall des Übergangs von der Newtonschen Mechanik zur Speziellen Relativitätstheorie halte ich diese Argumentation durchaus für sinnreich. Denn es lassen sich die Erkenntnisse der Newtonschen Mechanik aus der speziellen Relativitätstheorie wieder zurückerhalten, wenn man in ihr nur Geschwindigkeiten betrachtet, die sehr klein gegenüber der Lichtgeschwindigkeit sind. Allerdings ist dabei zu bedenken, daß die Spezielle Relativitätstheorie Erkenntnisse liefert, die sich aus der newtonschen Mechanik bei einer derartigen Einschränkung nicht gewinnen lassen. Dies gilt für die Äquivalenz von Energie und Masse und die Transformation der Zeit bei dem Wechsel der Koordinatensysteme, die sich gegeneinander bewegen.

Es gibt eine Fülle von Beispielen für wissenschaftliche Revolutionen, durch die die Weltbilder immer wieder grundlegend geändert worden sind. Dies gilt etwa für den Übergang vom ptolemäischen Weltbild zum kopernikanischen Weltbild aber auch für den Übergang von der kopernikanischen zur unitarischen Weltbetrachtung des Giordano Bruno, die beinahe zugleich die des Galileo Galilei und etwas später die des Isaak Newton und noch etwas später auch die von Charles Darwin wurde. Eine wissenschaftliche Revolution mit besonderem Tiefgang war der Paradigmenwechsel von der aristotelisch-finalistischen Weltbeschreibung zu dem cartesianisch-kausalen Verständnis des Weltgeschehens oder der Wechsel von der ungleichen zur gleichen Stunden-Teilung, der sich in einem Zeitraum von circa 300 Jahren vom Hochmittelalter zum Beginn der Neuzeit vollzogen hat.[89] Natürlich ist auch der Wechsel von der Newtonschen Mechanik zur Quantenmechanik eine wissenschaftliche Revolution, wodurch allerdings die Grundlagen der Physik so erschüttert worden sind, daß sie bis heute noch nicht völlig neu geklärt werden konnten. Einer besonderen wissenschaftlichen Revolution haben wir in diesem Jahr zu gedenken, da ihr Veranlasser Charles Darwin am 12. Februar 200 Jahre alt geworden wäre und weil dieser sein revolutionäres Werk „Die Entstehung der Arten" vor nun 150 Jahren veröffentlicht hat. Die biologische Revolution, die mit der Evolutionstheorie gegeben ist, erhitzt religiös-dogmatische Fanatiker bis heute, obwohl sie als wissenschaftliche Revolution unter dem biologischen Wissenschaftlern längst anerkannt ist.

Keiner Wissenschaft ist es erspart geblieben, von wissenschaftlichen Revolutionen erschüttert zu werden, und es wäre unbegründet, für irgendeine Wissenschaft anzunehmen, von nun an aber von wissenschaftlichen Revolutionen verschont zu bleiben. In der Medizin gibt es längst große Anzeichen dafür, daß eine tiefgreifende wissenschaftliche Revolution bevorsteht. Und ich möchte meinen, daß dies ebenso für die Theologie und die Jurisprudenz gilt, worauf wir aber noch zu sprechen kommen werden.

---

89 Vgl. W. Deppert, *ZEIT. Die Begründung des Zeitbegriffs, seine notwendige Spaltung und der ganzheitliche Charakter seiner Teile*, Franz Steiner Verlag, Stuttgart 1989, 3.3 Exkurs über die historische Entwicklung der Konzepte der Zeitmessung S. 129–166.

Eine genaue Beschreibung des Zu-Stande-Kommens von wissenschaftlichen Revolutionen und eine einsichtige Darstellung davon, wie sich neue Paradigmen durchsetzen, hat Thomas Kuhn nicht geliefert. Wolfgang Stegmüller hat im Rahmen seiner sogenannten *Theoriendynamik* Versuche dazu unternommen, die aber darum scheitern mußten, weil er davon ausging, daß die Gründe für den Theorienwandel in den Wissenschaften selbst zu suchen sind. Diese Annahme läßt sich nicht aufrechterhalten, wenn die historischen wissenschaftlichen Revolutionen genauer untersucht werden, wie Kurt Hübner es getan hat.

8.2.2   Hübners Begriffe zur Beschreibung des wissenschaftlichen Fortschritts

In seinem Buch „Kritik der wissenschaftlichen Vernunft", welches nun schon vor 40 Jahren 1978 im Karl Alber Verlag in Freiburg erschienen ist, hat Kurt Hübner seine von ihm so bezeichnete *historistische Wissenschaftstheorie* ausgearbeitet. Es war damals für Kurt Hübner ganz klar, daß der Mensch nicht in der Lage ist, absolute Wahrheiten zu erkennen oder gar zu formulieren; denn auf seinen vielen historischen Untersuchungen über den Fortgang der Wissenschaft wurde ihm allzu deutlich, daß alle Erkenntnisse historisch eingebunden sind, das heißt, daß sie immer auf eine historische Situation bezogen und mithin durch diesen Bezug relativ sind.[90] Darum hat Kurt Hübner diesen *Begriff der historischen Situation* besonders deutlich herausgearbeitet.

Bei seinen vielfältigen historischen Betrachtungen war ihm besonders aufgefallen, daß sich das Verhalten der Menschen in den verschiedenen historischen Situationen immer wieder ändert. Das Verhalten von Menschen aber läßt sich durch Regeln beschreiben, einerlei ob die Menschen diesen Regeln bewußt oder nur unbewußt folgen und ob es formelle oder informelle Regeln sind. Für Hübner kam es darum darauf an, für die verschiedensten Lebensbereiche vielerlei Handlungsregeln anzunehmen und zu beschreiben. Da aber die Regeln, die das Handeln in einem ganzen Lebensbereich bestimmen, miteinander in systematischen Beziehungen stehen, spricht Hübner von Regelsystemen, und er geht davon aus, daß sich das gesamte Verhalten der Menschen durch Regelsysteme beschreiben läßt, ob es nun das Verhalten im Straßenverkehr, das Verhalten bei Tische, das Verhalten bei einem Theaterbesuch, das Verhalten in einer politischen Veranstaltung oder das Verhalten unter Wissenschaftlern ist. Die Gesamtheit dieser Regelsysteme nannte er die *Systemmenge*. Da sich die Regelsysteme und entspre-

---

90   Aus vielen Gesprächen mit Herrn Hübner weiß ich jedoch, daß er eine für mich unverständliche Scheu davor hatte, das Wort ‚relativ' oder gar ‚relativistisch' dafür zu benutzen. Er zog es vor, von relational oder von Relationalität an Stelle von Relativität zu sprechen, obwohl ja gerade eine Relationalität zur Verdeutlichung des Begriffes der Relativität ganz besonders tauglich ist. Die Gründe für seine Scheu, die Begrifflichkeiten des Relativen zu verwenden, sind mir nun aus seiner späteren Entwicklung klar geworden, sie liegen in seiner Kindheit verborgen und sind in meinem Nachruf für ihn im JGPS (2015) angedeutet.

chend die Systemmenge im Laufe der Geschichte ändern, spezifiziert Hübner diese Begriffe zu *geschichtlichen Regelsystemen* und zur *geschichtlichen Systemmenge*. Die Begriffe ‚geschichtliches System' und ‚geschichtliche Systemmenge' bezeichnet Hübner auch als *geschichtswissenschaftliche Kategorien*. Zu der Definition dieser spezifizierten Begriffe möchte ich ihn einmal mit seinem Originaltext aus seiner *Kritik der wissenschaftlichen Vernunft* zitieren (S. 193f.):

„Die Kategorie ‚geschichtliches System' bezieht sich auf die Struktur geschichtlicher Prozesse überhaupt und nicht nur wissenschaftlicher. Solche Prozesse verlaufen einmal im Einklang mit den Naturgesetzen, biologischen Gesetzen, psychologischen, physikalischen usf., aber auch im Einklang mit Regeln, welche von Menschen gemacht wurden; und nur auf die letzteren will ich hier die Aufmerksamkeit wenden. Dieser Art Regeln gibt es so viele, als es Bereiche des Lebens gibt. Man denke an die Regeln des täglichen Umgangs unter Menschen, überhaupt an die mannigfaltigen Beziehungen, in denen Menschen zueinander stehen können; an die Regeln der Geschäftswelt, der Wirtschaft, des Staatslebens, an die Regeln der Kunst, der Musik, der Religion und nicht zuletzt der Sprache. Da solche Regeln einerseits geschichtlich entstanden und daher auch geschichtlichem Wandel unterworfen sind und da sie andererseits zugleich unserem Leben so etwas wie eine systematische Verfassung geben, spreche ich von geschichtlichen Regelsystemen, im folgenden kurz von Systemen. Zwar entsprechen sie meist nicht gewissen Idealen der Exaktheit und der Vollständigkeit, aber im allgemeinen sind sie doch so genau wie nötig, um in Situationen, für die sie gedacht sind, anwendbar zu sein. Im Gegensatz zu einer weit verbreiteten Meinung kann man daher behaupten, daß auch unser außerwissenschaftliches Leben weitgehend eine gewisse Rationalität und Logik besitzt, sofern es sich eben innerhalb solcher Systeme abspielt. …
Unter einer geschichtlichen Systemmenge – der zweiten vorhin genannten geschichtswissenschaftlichen Kategorie – verstehe ich nun eine strukturierte Menge von teils gegenwärtigen, teils überlieferten Systemen, die weitgehend untereinander in mannigfaltigen Beziehungen stehen und in deren Umkreis sich eine Gemeinschaft von Menschen zu irgendeinem Zeitpunkt bewegt. Wissenschaftliche Systeme, nämlich Theorien und Theorienhierarchien sowohl wie die Regeln wissenschaftlichen Arbeitens sind also ein Teil dieser Gesamtmenge, welche die Welt von Regeln darstellt in der wir jeweils leben und wirken."

Mit Hilfe dieser geschichtswissenschaftlichen Kategorien definiert Hübner seinen Begriff einer *historischen Situation* wie folgt (S. 196):

„ich verstehe darunter einen geschichtlichen Zeitraum, der durch eine bestimmte Systemmenge beherrscht wird, und ich behaupte nun: jeder geschichtliche Zeitraum hat diese Verfassung."

Eine *historische Situation* ist also durch eine spezifische Systemmenge bestimmt, die das Verhalten der Menschen in einer historischen Zeit festlegt. Weil aber diese Systemmenge sich niemals eindeutig und vollständig bestimmen läßt, sagt Hübner, daß dieser Begriff analog zu einer Kantischen regulativen Idee anzusehen ist, die dazu auffordert, immer genauer bestimmt zu werden. Zu dieser genaueren Bestimmung stellte Hübner fest, daß in

der Systemmenge immer Unstimmigkeiten auftreten, weil sich das Verhalten in den verschiedenen Lebensbereichen immer wieder ändert und weil sich die Lebensbereiche miteinander überlappen. Die *erste allgemeine Bestimmung des Fortschrittsbegriffs* sieht
Hübner darum in einer *Harmonisierung der Systemmenge*. Damit hat Hübner den Fortschrittsbegriff auf die vorliegenden Unstimmigkeiten der Systemmenge auf historische
Situationen bezogen. Hübner hat so den Fortschrittsbegriff relativiert und die relativistische Erkenntnistheorie nachhaltig befruchtet. Er kommt bezüglich wissenschaftlicher
Aussagen zu folgender allgemeinen Feststellung (S. 190):

> „es gibt weder absolute wissenschaftliche Tatsachen, noch absolut gültige Grundsätze, wor-
> auf sich wissenschaftliche Aussagen oder Theorien im strengen Sinn stützen oder mit deren
> Hilfe sie zwingend gerechtfertigt werden können. Tatsachenbehauptungen und Grundsätze
> sind ganz im Gegenteil nur Teile von Theorien, in deren Rahmen gegeben, ausgewählt und
> gültig und folglich auch von ihnen abhängig. Und dies gilt für alle empirischen Wissenschaf-
> ten, für diejenigen der Natur wie für diejenigen von der Geschichte."

Natürlich fanden sich gegenüber Hübners relativistischem Fortschrittsbegriff, den er
schon im Sommer 1973 in Alpach vorgestellt hatte, schnell Kritiker, die den Glauben
an einen absoluten wissenschaftlichen Fortschritt nicht aufgeben wollten, wie etwa Imre
Lakatŏs (1922 – 1974), der sich allerdings längst von dem naiven Falsifikationismus seines
Lehrers Karl Popper (1902 – 1994) abgesetzt hatte, indem er den, wie er sagte, *raffinierten
Falsifikationismus* durch *sich ablösende Forschungsprogramme* einführte – wovon noch
genauer die Rede sein wird. Ich war auf der Tagung im österreichischen Alpbach 1973
selbst dabei, als Lakatŏs Hübner mit der Bemerkung angriff, daß ja dann auch die zwangs-
weise Harmonisierung in der Biologie durch Stalin bezüglich der Verordnung der Lehre
der Veränderung der Erbanlagen durch Umwelteinflüsse von Lyssenko eine Harmonisierung und mithin ein Fortschritt gewesen wäre. Hübner konterte darauf, daß er von einer
Harmonisierung nur dann spreche, wenn die kontroversen Regelsysteme beide so verändert würden, daß damit der Widerspruch aufgehoben sei. Eine gewaltsame Unterdrückung
eines Regelsystems zugunsten eines dazu kontroversen Regelsystems, wie der durch Stalin
gestützte Lyssenkoismus sei keine Harmonisierung. Eine Unterdrückung der Evolutionstheorie in amerikanischen Schulen zugunsten der biblischen Genesis-Lehre, wie sie von
militanten Kreationisten heute betrieben wird, ist entsprechend auch keine Harmonisierung und sicher eher ein Rückschritt als ein Fortschritt.[91] Leider sind derartige Unterdrückungen von kontroversen Theorien sogar in der Gemeinschaft der Wissenschaftler
noch immer üblich, wenn wir etwa die wissenschaftlich kontroversen Theorien zur Entstehung von AIDS oder BSE genauer betrachten[92]. Durch derartige Unterdrückungen wird

---

91   Vgl. dazu Kurt Hübner, *Kritik der wissenschaftlichen Vernunft*, Alber Verlag, Freiburg 1978,
     S. 214.

92   Vgl. etwa Torsten Engelbrecht und Claus Köhnlein, *Der Viruswahn*, emu-Verlag, Lahnstein
     2008.

ganz sicher der wissenschaftliche Fortschritt nicht gefördert, wie immer man diesen auch verstehen mag.

Kurt Hübner unterscheidet in seinem wissenschaftstheoretischen Hauptwerk *Kritik der wissenschaftlichen Vernunft* zwei Fortschrittsbegriffe, die er schlicht als Fortschritt I und Fortschritt II bezeichnet. Fortschritt I fände dann statt, wenn die Grundlagen der betreffenden Wissenschaft unverändert blieben und lediglich die von Kuhn so bezeichneten normalwissenschaftlichen Erkenntnisse dazu angewandt würden, um eine Harmonisierung in der Systemmenge herbeizuführen. So hatte etwa Justus von Liebig den Kunstdünger ganz auf dem Boden der damaligen Grundlagen der Chemie erfunden. Er wandte dazu lediglich chemische Erkenntnisse auf die Unterstützung des Pflanzenwachstums an. Ein großer Fortschritt wurde diese Erfindung in der Beseitigung der Hungersnöte in Europa, d.h., die politischen Regelsysteme zur Versorgung der Bevölkerung mit Nahrungsmitteln wurden mit den agrarwissenschaftlichen Regelsystemen des Pflanzenanbaus harmonisiert. Wenn aber mit der Harmonisierung die Grundlagen einer Wissenschaft verändert werden, dann spricht Hübner vom Fortschritt II. Der Fortschritt II ist genau das, was Thomas Kuhn mit einer wissenschaftlichen Revolution bezeichnet. Während Kuhn jedoch diesen Vorgang nicht mehr als Fortschritt akzeptieren kann, findet Hübner mit seinem Fortschrittsbegriff der Harmonisierung innerhalb der geschichtlichen Systemmenge eine erstaunliche Möglichkeit, sinnvoll von Fortschritt zu sprechen, obwohl sich dieser Fortschritt nicht mehr als ein normalwissenschaftlicher beschreiben läßt; denn er ist ein Fortschritt, der nicht mehr nur innerwissenschaftlich beschreibbar ist. Wie sich die geschichtlichen Systemmengen auf dem Wege wissenschaftlicher Revolutionen ändern, beschreibt Hübner in folgendem Text (S. 200f.):

„Betrachten wir die Systemmenge der Renaissance. Zu ihr gehören unter anderem, wie wir gesehen haben: ein gewisser emanzipatorischer Humanismus, gewisse Lehren der Theologie die Ptolemäische Astronomie und die Aristotelische Physik. Dieser Humanismus, der den Menschen Gott näher bringen will, widerspricht der ptolemäischen Astronomie, für welche die Erde der Ort des status corruptionis ist, und diese Astronomie war mit der damaligen Theologie eng verknüpft. Der Widerspruch wurde von Kopernikus durch eine Änderung der Astronomie gelöst, und zwar zugunsten des Humanismus. Dadurch aber tat sich ein neuer Gegensatz auf, nämlich zwischen der neuen Astronomie und der unverändert gebliebenen Aristotelischen Physik. Also versuchte man auch diesen zu beseitigen. Als das schließlich spätestens mit Newton erreicht war, hatte man aber nicht nur Aristoteles, sondern auch Kopernikus aufgegeben. Nun wirkte die veränderte naturwissenschaftliche Szenerie wieder auf den Humanismus und die Theologie zurück. Am Ende hatte sich alles gewandelt, die Astronomie, die Physik, der Humanismus, die Theologie und damit, dies muß besonders betont werden, die all dem zugeordneten Tatsachenbehauptungen und Grundsätze. Das Ergebnis war eine ganz neue Systemmenge und eine völlig veränderte geschichtliche Situation."

Das, was Hübner damit beschrieben hat, ist ein Beispiel für seine Vorstellung von der Selbstbewegung der geschichtlichen Systemmenge. Diese ist stets mit Unstimmigkeiten versehen, die immer wieder nach Harmonisierungen drängen. Das Eigentümliche aber ist dabei, daß jede Harmonisierung wieder zu neuen Unstimmigkeiten Anlaß gibt. Dies hat seinen Grund in Zusammenhangserlebnissen der Menschen, durch die ältere Zusammenhänge aufgrund stärkerer Intensitäten neuer Zusammenhangserlebnisse aufgegeben werden. Was Hübner hier für die geistesgeschichtlichen Abläufe darstellt, das findet nahezu in jedem menschlichen Leben statt. Die wissenschaftlichen Revolutionen, die Thomas Kuhn beschrieben hat, und über die sich die wissenschaftliche Welt nachhaltig erregt hat, ist in Hübners Sicht nichts anderes als eine Konsequenz der Selbstbewegung der Systemmenge, die sich auf das Gebiet der Wissenschaft auswirkt.

Da die Unstimmigkeiten in der Systemmenge, die Anlaß zu Harmonisierungen geben, als Widersprüche begriffen werden könnten, gibt sich Hübner alle Mühe, keinen Verdacht aufkommen zu lassen, daß seine Fortschrittsbegriffe etwa mit Hegels zielgerichteter Geschichtsphilosophie in Zusammenhang gebracht werden könnten. Um diesen Verdacht auszuschalten, führt er folgendes aus (S. 202):

„Mit Hegelscher Philosophie hat das nichts zu tun, obgleich es auf den ersten Blick so scheinen mag. Da es zu weit führen würde, dies hier im einzelnen zu zeigen, muß ich mich mit einigen Hinweisen begnügen. Die Unstimmigkeiten, die ich meine, und die Prozesse, die sie hervorbringen, sind nicht dialektischer Natur. Der emanzipatorische Humanismus der Renaissance und die Ptolemäische Astronomie z. B. verhalten sich nicht zueinander wie Thesis und Antithesis im Sinne Hegels, da keine Rede davon sein kann, daß eines das andere mit Notwendigkeit aus sich hervorgetrieben hätte. Ja, nicht einmal die mangelnde Übereinstimmung von Systemen als solche oder ihre Auflösung sind der Vernunft in strenger Notwendigkeit begreiflich, weil, was sich hier widerspricht oder was hier miteinander in Einklang gebracht werden soll, von sich aus meist in eindeutiger Strenge gar nicht vorliegt. Selbst wissenschaftliche Theorien machen in dieser Hinsicht gegenüber außerwissenschaftlichen Regelzusammenhängen nur selten eine Ausnahme und sind, was ihre Exaktheit betrifft, höchstens dem Grade nach von diesen verschieden. Der Grund dafür ist aber keineswegs bloße Schlamperei, sondern man verzichtet zwangsläufig auf formalen Perfektionismus, weil er zu unfruchtbar und zu unbeweglich gegenüber den sich dauernd wandelnden Situationen sein würde. Systeme, auch wissenschaftliche, haben also im allgemeinen keine strenge Geschlossenheit, sondern sind nur auf den jeweiligen Gebrauch zugeschnitten. Im Zuge der Anpassung an Veränderungen wird es daher nicht immer in Strenge zu unterscheiden sein, welche Schlüsse sich daraus für das jeweilige System ergeben. So bleiben Spielräume der Konstruktion und Deutungen offen, die es unmöglich machen, Unstimmigkeiten zwischen Systemen und deren Auflösung als vernunftnotwendig aufzufassen. Die Hegelsche Dialektik aber, wenn es sie gäbe, müßte doch ein Prozess des sich selbst denkenden Denkens sein, dessen Notwendigkeit, Strenge und Genauigkeit formal-logischen Einsichten in nichts nachstünde, zumal er die Weihe des Weltgeistes hätte. Nichts von dem vermag ich im geschichtlichen Vorgängen zu entdecken."

Dieser Bemerkung habe ich lediglich im Darwinjahr hinzuzufügen, daß wir die von Darwin beschriebenen evolutionär regelhaft zu begreifenden Veränderungen im biologischen Dasein und Geschehen einerseits im wissenschaftstheoretischen Sinne als eine naturwissenschaftliche Revolution zu verstehen haben und andererseits als eine kulturgeschichtliche Evolution, wenn man Regelsysteme als kulturelle Lebewesen mit einem

Überlebensproblem begreift, so wie ich andernorts verallgemeinernd die Lebewesen beschrieben habe.[93]

8.3   Zur Systematik des wissenschaftlichen Arbeitens

8.3.1   Begriffliche Vorbemerkungen

Das wissenschaftliche Arbeiten dient dem Erkenntnisgewinn, auch wenn dies stets nur in einem spezifischen historischem Rahmen geschehen kann. Die Bedingungen dafür, daß wissenschaftliches Arbeiten tatsächlich betrieben werden kann, ergeben sich aus den Bedingungen, welche das Erkenntnisproblem lösen, das sich – wie bereits beschrieben – aus der Definition von Erkenntnis ergibt. Wir hatten Erkenntnis als *die Kenntnis eines gelungenen Versuches* verstanden, *etwas Ungeordnetes zu ordnen.* Dabei sollte das Ungeordnete oder auch das Zu-Ordnende insoweit bereits bekannt sein, daß es einem bestimmten Objektbereich angehört. Demnach ist der Objektbereich das Erste, was für wissenschaftliches Arbeiten zu klären ist; denn aus dem Objektbereich stammen die Objekte, die zum Gewinnen von Erkenntnissen zu ordnen sind. Danach sind die Elemente zu bestimmen, durch die wissenschaftliche Erkenntnisse gewonnen werden. **Der Begriff wissenschaftlicher Erkenntnis** hat sich uns bereits dargestellt als eine bestimmte Relation zwischen folgenden Erkenntnis-Bestandteilen:

1. dem Einzelnen des Erkenntnisobjekts,
2. dem Allgemeinen des Erkenntnisobjekts,
3. der intersubjektiven Ordnungsregel,
4. Sicherheitskriterien für die Richtigkeit der Zuordnung von Einzelnem zu Allgemeinem,
5. dem Erkennenden selbst, der die Zuordnung als eine Kenntnis aufnehmen muß, und
6. dem Zweck, dem die Erkenntnis dienen soll.

Das *wissenschaftliche Erkenntnisproblem* besteht 1.) in der *Bestimmung,* 2.) in der *Verfügbarkeit* dieser Erkenntnisbestandteile und 3.) der Klärung ihres *Verhältnisses* zueinander. Dementsprechend ist zu klären, wie der Wissenschaftler zu seinen Erkenntnisbestandteilen kommt und wie er deren Verhältnis festlegt. Während die Frage der Bestimmbarkeit die begriffliche Erfassung der Erkenntnisbestandteile betrifft, zeigt die Frage nach der Verfügbarkeit der Erkenntnisbestandteile existentielle Probleme an. Demnach sind im Hübnerschen Sinne von Festsetzungen als wissenschaftstheoretischer Kategorien 6 begriffliche Festsetzungen und 6 existentielle Festsetzungen zu treffen. Während sich

---

93   Vgl. dazu W. Deppert, Relativität und Sicherheit, abgedruckt in: Rahnfeld, Michael (Hrsg.): *Gibt es sicheres Wissen?,* Bd. V der Reihe *Grundlagenprobleme unserer Zeit,* Leipziger Universitätsverlag, Leipzig 2006, ISBN 3–86583-128–1, ISSN 1619–3490, S. 90–188, oder Webb-Blog: wolfgang.deppert.de: Bewußtseinsphilosophie und Salutogenese, August 2008.

Hübner keine Behauptung über die Vollständigkeit seiner Aufzählung von wissenschaftstheoretischen Kategorien erlaubte, möchte ich es hier wagen, die 12 Festsetzungen, die
zum wissenschaftlichen Erkenntnisbetrieb explizit oder implizit zu treffen sind, als **vollständig in bezug auf den hier verwendeten Erkenntnisbegriff** zu bezeichnen; denn
diese Festsetzungen sind ja aus den Bestandteilen dieses Erkenntnisbegriffs direkt abgeleitet worden.

Das ganze Verhältnis aller Erkenntnisbestandteile untereinander ergibt sich erst aus
einer bestimmten weltanschaulichen oder religiösen Sicht. Denn es ist ja bereits klar geworden, daß die notwendigen Begründungsendpunkte, die wir setzen müssen, um weiterhin die Wissenschaft als ein begründendes Unternehmen zu erhalten, letztlich nur *religiös*, d.h., *aus den grundlegenden sinnstiftenden Überzeugungen eines Menschen*, zu
bestimmen sind.[94] Diese Begründungsendpunkte haben wir als mythogene Ideen identifiziert, weil in ihnen Einzelnes und Allgemeines in einer Vorstellungseinheit gedacht werden, womit dann automatisch begriffliches und existentielles Denken zusammenfällt, d.h.,
das, was wir mit einer mythogenen Idee denken, das muß es auch geben, und es existiert
jedenfalls in der Überzeugung derjenigen, welche die mythogene Idee als Begründungsendpunkt verwenden.

Beispiele dafür sind der eine physikalische Raum, die eine physikalische Zeit und die
eine Naturgesetzlichkeit. Der alles umfassende physikalische Raum ist ein einiger – wie
Kant sagte – , der zugleich alle denkbaren physikalischen Räume umfaßt, er ist zugleich
einzeln und allgemein, und er existiert gewiß für die, welche *die mythogene Idee des einen
Raumes* als Begründungsendpunkt in ihrer Physik benutzen. Das Entsprechende gilt für
die eine Zeit und *die eine Naturgesetzlichkeit*.

Deshalb kann es nicht anders sein, als daß auch in der Geschichte die grundlegenden
Begründungen für wissenschaftliches Vorgehen religiöser Natur gewesen sind. Sogar für
die Physik läßt sich zeigen, daß alle ihre Grundbegriffe religiösen Ursprungs sind. Betrachtet man die einzelnen Wissenschaftstheorien genauer, dann zeigt sich, daß auch sie
auf einer religiös begründeten Metaphysik fußen. Weil wir heute nicht mehr davon ausgehen können, daß die eigenen religiösen Überzeugungen der Wissenschaftler mit den herkömmlichen Konfessionen übereinstimmen, müßte sich theoretisch jeder Wissenschaftler
seine eigene Wissenschaftstheorie aufbauen, um wirklich begründet arbeiten zu können.
Dies erscheint zur Zeit noch eine Überforderung zu sein, wenn wir dies zur Forderung
erhöben. Darum wird im wesentlichen – so wie es bis heute üblich war – weiter mit nicht
bewußt gemachten Intuitionen umgegangen werden, die in den wissenschaftlichen Traditionen enthalten sind.

Allgemein lassen sich Erkenntnisse als reproduzierbare Zusammenhangserlebnisse
verstehen, wobei die relative Gültigkeit von Erkenntnissen automatisch berücksichtigt

---

94 Es kann aufgrund der bewußten Entstellung des ursprünglichen Religionsbegriffs durch Kon-
    fessionen und Kirchen gar nicht oft genug betont werden, daß hier die Begriffe ‚religiös‘ und
    ‚Religion‘ stets in ihrer sinnstiftenden Bedeutung verwendet werden, die nicht durch ihre Bin-
    dung an irgendeinen Götterglauben bestimmt sein muß.

ist. Wissenschaftliche Erkenntnisse sind solche, die die Bedingung der Wiederholbarkeit dadurch erfüllen, daß die betreffenden Zusammenhangserlebnisse durch das schrittweise Hintereinanderreihen von kleinsten Zusammenhangserlebnissen (Verstehensschritte) weitgehend verläßlich und intersubjektiv reproduziert werden können. Die *Metaphysik* besteht dementsprechend von ihrer religiösen Wurzel her gesehen, aus der religiösen Begründung für die Reproduzierbarkeit von Zusammenhangserlebnissen und insbesondere aus der Begründung dafür, warum und wie das Verfahren, komplexe Zusammenhangserlebnisse durch das Hintereinanderreihen von kleinsten Verstehensschritten reproduzierbar zu machen, möglich ist. Kantisch gesprochen, soll ja die ***Metaphysik die Bedingungen der Möglichkeit von Erfahrung darstellen und begründen.***[95] Nun ist es gewiß denkbar, daß es für die Begründung von ein und derselben Metaphysik verschiedene religiöse Vorstellungen geben kann. Wenn ich recht sehe, gibt es für dieses Gebiet heutiger Wissenschaft so gut wie keine Untersuchungen.[96] Wir müssen uns hier darum auf wenige Spekulationen beschränken, die sich allerdings auf eine Fülle von Äußerungen von Wissenschaftlern stützen, die sich selbst über die Grundlagen ihrer Wissenschaft geäußert haben. Wir können aber auch versuchen, aus der hier bereits beschriebenen Gemeinsamkeit aller Religionen etwas abzuleiten, was möglichst allgemeine Tragweite besitzt. Denn es hatte sich bereits herausgestellt, daß alle Religionen ein Zusammenhangstiftendes annehmen, wobei sie sich lediglich in der Deutung dieses Zusammenhangstiftenden unterscheiden. Diese Einsicht sollte die Religionsvertreter dazu bewegen, von den vielen traditionellen religiösen Trennungen mehr und mehr abzusehen, um zu einem besseren menschlichen Verstehen vorzudringen. Das allein könnte einen dauerhaften Frieden möglich machen. Vielleicht gelingt es, bereits aus der Annahme eines allgemeinen Zusammhangs- und Einheitstiftenden in der Welt erste grundlegende Schlüsse zu ziehen, was die Einheit (die Unitas) der Welt betrifft, wie es Newton bereits vorgeführt hat. Für diese doch sehr vage klingende Vermutung möchte ich versuchen, einige Beispiele zu geben, welches auch Beispiele für die Behauptung sind, daß die wichtigsten Grundbegriffe und Grundprinzipien der Physik religiösen Ursprungs sind:

---

95 Kant sagt in der Methodenlehre seiner Kritik der reinen Vernunft: „Alle reine Erkenntnis a priori macht also, vermöge des besonderen Erkenntnisvermögens, darin es allein seinen Sitz haben kann, eine besondere Einheit aus, und Metaphysik ist diejenige Philosophie, welche jene Erkenntnis in dieser systematischen Einheit darstellen soll." (A 845/B 873) Da alle reinen Erkenntnisse a priori, die Bedingungen der Möglichkeit von Erfahrung betreffen, liefert auch für Kant die Metaphysik die unhintergehbaren Begründungen für die Möglichkeit aller Erfahrung, was er mit folgenden Worten nachhaltig unterstreicht: „Eben deswegen ist Metaphysik auch die Vollendung aller *Kultur* der menschlichen Vernunft, die unentbehrlich ist, wenn man gleich ihren Einfluß, als Wissenschaft, auf gewisse bestimmte Zwecke bei Seite setzt. Denn sie betrachtet die Vernunft nach ihren Elementen und obersten Maximen, die selbst der *Möglichkeit* einiger Wissenschaften, und dem *Gebrauche* aller, zum Grunde liegen müssen." (A 850f./ B 878f.) Die Einschränkung macht Kant hier, weil er der Meinung ist, daß die Mathematik der reinen Sinnlichkeit und nicht der durch Vernunfttätigkeit bestimmten Metaphysik entspringt.

96 Das ist die Aufgabe des neuen, die *Theologie* ablösenden Faches *Religiologie*, das sich aber noch nicht etabliert hat.

1. Das Trägheitsprinzip

Es wurde von René Descartes formuliert und nicht etwa von Galilei, der ja behauptet hat, daß die Körper Kreisbahnen durchlaufen, wenn sie sich kräftefrei bewegen. Descartes' Trägheitsprinzip, das ganz von Newton übernommen wurde, besagt: *„Ein Körper bleibt in der Ruhe oder in gleichförmig geradliniger Bewegung, solange er nicht durch äußere Kräfte daran gehindert wird."* Wie hat Descartes, dieses Prinzip abgeleitet, das bis heute in der Physik als gültig gilt?

Descartes hat seine Religion auf dem Gottesbegriff des allervollkommensten Wesens aufgebaut. Aus ihm hat er erschlossen, daß das allervollkommenste Wesen auch gütig sein müsse, weil es ihm sonst an der Güte mangele, was wegen seiner Vollkommenheit unmöglich ist. Ein gütiger Schöpfer aber müsse die Welt so geschaffen haben, daß der Mensch sie mit den Erkenntniswerkzeugen erkennen könne, die Gott den Menschen vermacht hat. Und außerdem müsse er dafür einstehen, daß das, was der Mensch klar und deutlich erkennen kann, auch wahr ist. Klar und deutlich aber waren zu dieser Zeit vor allem die Einsichten der axiomatisch aufgebauten Geometrie der Ebene. In ihr sind der Punkt und die Gerade als Grundbegriffe durch die Axiome ausgezeichnet. Darum müsse Gott die Welt nach Maßgabe der euklidischen Geometrie geschaffen haben. Also müssen die Körper sich auf Geraden bewegen, wenn sie nicht daran gehindert werden oder an ihrem Platz, auf ihrem Punkt, bleiben.

Aus diesen religiösen Vorgaben hat Descartes das Trägheitsprinzip abgeleitet. Wer heute nicht mehr an den cartesianischen Gottesbegriff glaubt, hat nun, wenn er weiterhin am Trägheitsprinzip festhalten will, das Problem, es zu begründen. Dies könnten wir nun versuchen, aus der religiösen Vorstellung zu entwickeln, die alle Religionen miteinander verbindet, aus der Annahme eines überall wirksamen Zusammenhangstiftenden. Wenn man einen frei beweglichen Körper als etwas versteht, das die Verbindung zwischen Raumpunkten herstellt, dann wird dieser Zusammenhang am direktesten durch eine Gerade hergestellt, wenn dies in einem euklidischen Raum geschehen soll oder durch eine geodätische Linie, wenn es sich etwa um einen Riemannschen Raum handelt. Tatsächlich könnten wir damit das Trägheitsprinzip auf die religiöse Annahme eines überall wirksamen Zusammenhangstiftenden stützen.

2. Die mythogene Idee des einen physikalischen Raumes

Sie ist mit dem Glauben an einen monotheistischen biblischen Gott unlöslich verbunden. Dieser Gott ist durch Verallgemeinerungen des jüdischen mythischen Stammesgottes Jahve entstanden. Die Götter anderer Völker eigneten sich nicht zu dieser Verallgemeinerung, weil jeder Gott über seinen eigenen Raumbereich herrschte. Der Raumbegriff, der sich in der griechischen Antike bis hin zu Aristoteles entwickelte, war wie ein Flickenteppich, sehr heterogen und weitab von einem einzigen, alles umfassenden Raum. Ein solcher Raumbegriff, wie wir ihn heute in der Physik verwenden, konnte sich nur durch die Verknüpfung mit dem monotheistischen Gott entwickeln. Wenn Physiker heute nicht mehr an einen monotheistischen Gott glauben, dennoch aber an der mythogenen Idee des einen physikalischen Raumes festhalten wollen, haben sie dadurch ein weiteres Begründungsproblem. Auch hier können wir mit der religiösen Vorstellung eines überall wirksamen Zusammenhangsstiftenden eine neue Begründung liefern, allerdings müssen wir dazu die Zeitlichkeit und die Gesetzlichkeit mit einbeziehen. Denn das Zusammenhangstiftende muß auch für die Entstehung und Erhaltung von Ganzheiten verantwortlich sein. Wir können den physikalischen Kosmos, so wie Einstein es mit seinem Kovarianzprinzip getan hat, als ein Ganzes aus Raum, Zeit und Naturgesetzlichkeit verstehen, das durch das Zusammenhangstiftende als eine Ganzheit in Form der Einheit des Universums zusammengehalten wird. Dabei zeigt sich, daß wir dann den physikalischen Kosmos als einen Spezialfall von möglichen Ganzheiten zu betrachten haben. Jeder Organismus ist aber ebenso eine Ganzheit, die sich durch eine für diese Ganzheit spezifische Räumlichkeit, Zeitlichkeit und Gesetzlichkeit auszeichnen lassen müßte. Und tatsächlich kann dies auch erwiesen werden, so wie wir das im Zusammenhang mit der Metrisierung von Zeit und Raum anhand der PEP-Systeme und den Begriffen der Systemzeit, des Systemraumes und der Systemgesetze bereits gezeigt haben. Und die Gesetze, die uns gestatten, die Besonderheiten von Organismen zu beschreiben, sind auch Naturgesetze, weil die Organismen natürliche Gegenstände sind. Nur sind diese Naturgesetze nicht identisch mit den kosmischen Gesetzen; weil diese auf die Ganzheit des physischen Kosmos bezogen sind. Wir haben also das Kosmisierungsprogramm zu kritisieren und zugleich zu überhöhen, da Einstein es lediglich dazu benutzte, um sein Kovarianzprinzip, auf das er die Ableitung seiner Allgemeinen Relativitätstheorie stützte, zu begründen[97], nun aber kann es in verallgemeinerter Form dazu dienen, den Grund für die Naturgesetzlichkeit aller Lebewesen überhaupt aufzudecken.

Während die Existenzfragen und der Zusammenhang von Existenz und Begriff aus den metaphysischen Grundlagen der jeweiligen vertretenen Wissenschaftstheorie her ableitbar sein sollten, haben die rein begrifflichen Konstruktionen und deren Bedeutungsproblematik nur eine historisch aufweisbare Wurzel, die sich vor allem aus der Tradition der Sprache ergibt. Dies betrifft die inhaltlichen Bestimmungen der 12 wissenschaftstheoretischen Festsetzungen. Um dies im Einzelnen vorzunehmen, sind folgende 12 Fragen zu beantworten:

1. Wie ist das Einzelne des Erkenntnisobjekts begrifflich bestimmt?
2. Wodurch ist das Einzelne des Erkenntnisobjekts gegeben?
3. Wie ist das Allgemeine des Erkenntnisobjekts begrifflich bestimmt?
4. Wodurch ist das Allgemeine des Erkenntnisobjekts gegeben?

---

97   Vgl. dazu W. Deppert, Kritik des Kosmisierungsprogramms, in: *Zur Kritik der wissenschaftlichen Rationalität*. Zum 65. Geburtstag von Kurt Hübner. Herausgegeben von Hans Lenk unter Mitwirkung von Wolfgang Deppert, Hans Fiebig, Helene und Gunter Gebauer, Friedrich Rapp. Verlag Karl Alber, Freiburg/München 1986, S. 505–512.

5. Wie läßt sich entscheiden, welches Einzelne zu welchem Allgemeinen zugeordnet werden kann?
6. Wodurch läßt sich diese Zuordnung vornehmen oder wodurch ist sie gegeben?
7. Wodurch läßt sich prüfen, ob die Zuordnung richtig vorgenommen wurde?
8. Wodurch kann diese Prüfung faktisch vorgenommen werden?
9. Wie kann der Erkennende Kenntnis von einer Zuordnung von etwas Einzelnem zu etwas Allgemeinem gewinnen?
10. Wodurch erlangt der Erkennende faktisch diese Erkenntnis?
11. Wie läßt sich die Erkenntnis einem Zweck zuordnen?
12. Wodurch ist die Erkenntnis zweckdienlich?

Diese Fragen sind so ausgelegt, daß sie sich wechselweise auf die Möglichkeitsräume begrifflicher Konstruktionen und auf faktische Existenzaussagen beziehen. Darum werde ich die möglichen Antworten darauf jeweils durch die Adjektive `begrifflich' und `existentiell' unterscheiden. Bei den Antworten handelt es sich bei einer konsistenten Theorie um Ableitungen aus bestimmten metaphysischen Aussagen. Obwohl sich die 12 Antworten aus der Metaphysik ergeben sollten, will ich im Sinne Hübners von Festsetzungen sprechen. Es soll damit auf ihre prinzipielle Unbeweisbarkeit hingewiesen werden, was aber ihre Zurückführbarkeit auf einen tieferliegenden unbeweisbaren Grund in keiner Weise ausschließt.

Demnach sind gemäß der 12 Fragen folgende Festsetzungen als Antworten zu treffen:

1. Begriffliche Gegenstandsfestsetzungen
2. Existentielle Gegenstandsfestsetzungen
3. Begriffliche Allgemeinheitsfestsetzungen
4. Existentielle Allgemeinheitsfestsetzungen
5. Begriffliche Zuordnungsfestsetzungen
6. Existentielle Zuordnungsfestsetzungen
7. Begriffliche Prüfungsfestsetzungen
8. Existentielle Prüfungsfestsetzungen
9. Begriffliche Festsetzungen über die menschliche Erkenntnisfähigkeit
10. Existentielle Festsetzungen über die menschliche Erkenntnisfähigkeit
11. Begriffliche Zwecksetzungen
12. Existentielle Zwecksetzungen

Wenn eine Anleitung zum Beantworten dieser Fragen gegeben ist, oder wenn derartige Festsetzungen ausdrücklich getroffen sind, oder wenn sie wenigstens aus bestimmten metaphysischen Aussagen oder aus einer wissenschaftlichen Praxis nach einem systematischen Verfahren zu erschließen sind, dann will ich diese Menge von Aussagen eine *Wissenschaftstheorie* nennen. Dabei lassen sich spezielle von allgemeinen Wissenschaftstheorien unterscheiden. Eine *spezielle Wissenschaftstheorie* wäre eine solche, die die Bestimmung der Festsetzungen bestimmter einzelner Wissenschaften zuläßt, eine ***allge-***

meine Wissenschaftstheorie hätte die Bestimmung der Festsetzungen beliebiger Wissenschaften zu leisten, wobei es denkbar ist, daß die Menge der betreffenden Wissenschaften durch bestimmte Bedingungen eingeschränkt wird. So kann es eine spezielle Wissenschaftstheorie der Physik oder eine andere der Psychologie oder eine nächste der Sprachwissenschaften geben. Auch wäre es denkbar, eine allgemeine Wissenschaftstheorie aller Naturwissenschaften zu entwerfen oder eine andere allgemeine Wissenschaftstheorie aller Geisteswissenschaften.

So wie heute jeder seine grundgesetzlich abgesicherte Religionsfreiheit dazu nutzen könnte, um seine eigenen religiösen Vorstellungen zu entwickeln, so hätte er als Wissenschaftler auch die Möglichkeit, daraus eine Metaphysik und weiter daraus eine Wissenschaftstheorie abzuleiten. Und so wie man von einer persönlichen Religion des Einzelnen sprechen kann, so auch von einer persönlichen Wissenschaftstheorie. Und entsprechend können sich die, deren religiöse Auffassungen ähnlich sind, zu Religionsgemeinschaften und diejenigen deren metaphysische Überzeugungen und mithin auch ihre persönlichen Wissenschaftstheorien zu Wissenschaftlergemeinschaften zusammenfinden. Solange allerdings nur die dogmatisch festgelegten Religionsgemeinschaften und entsprechend die ideologisch verhärteten Wissenschaftstheorien staatlich gefördert werden, sind weder auf religiösem noch auf wissenschaftlichem Gebiet derartige Gemeinschaftsbildungen in größerem Maße zu erwarten, und dadurch auch keine möglich werdenden bedeutsamen wissenschaftlichen oder darauf aufbauende technische Innovationen.

8.3.2   Mögliche Gliederungen für das gesamte Gebiet der Wissenschaft

8.3.2.1   Historische Vorbemerkungen

Mit Hilfe der Wissenschaften wollen wir Menschen unser Überlebensproblem kurz- und langfristig lösen. Nun versteht sich die Philosophie seit altersher als das theoretische Unternehmen, welches die *allgemeinen* Probleme des Menschseins theoretisch zu behandeln und zu lösen hat[98]. Dabei wird davon ausgegangen, daß die Menschen schon immer in der Lage waren, ihre *besonderen* Alltagsprobleme, wie etwa die der Nahrungsmittelbeschaffung oder die der Sicherung vor feindlichen Angriffen, zu lösen. Die allgemeinen Probleme, derer sich die Philosophie angenommen hat, entstehen, wenn besondere Problemlösungen in einen umfassenden Zusammenhang gebracht werden sollen, etwa wenn

---

98   Solange sich die Philosophen noch um die Grundlagenprobleme ihrer eigenen Zeit kümmerten, spielte die Philosophie noch eine herausragende Rolle im Konzert der geistigen Bemühungen der Menschen. Wenn sich aber die Philosophen lediglich als Schleppenträger der Naturwissenschaften verstehen, dann verfehlen sie ihre Aufgabe und ihre Arbeiten fallen der Bedeutungslosigkeit anheim; denn dann können sie nichts mehr zur Lösung der Grundlagenprobleme der menschlichen Daseinsbewältigung beitragen und erst recht nichts zu den heute besonders akut gewordenen Grundlagenproblemen von Wissenschaft, Kunst, Religion und Politik.

Menschen nach der Sinnhaftigkeit ihres ganzen Lebens, nach der sinnvollen Organisation der menschlichen Gemeinschaft oder nach den Möglichkeiten fragen, die Ungewißheit der Zukunft durch sichere Erkenntnisse zu überwinden. Indem sich die Philosophie diesen allgemeinen Fragen der Sicherung der äußeren und inneren Existenz des Menschen angenommen hat, grenzte sie verschiedene Fragenkomplexe voneinander ab. Aus den grundsätzlichen Unterscheidungen von Problemstellungen bildeten sich später verschiedene Disziplinen aus. Man kann davon ausgehen, daß die Menschen in ihren speziellen Problemlösungen seit eh und je interdisziplinär gearbeitet und gedacht haben. Und dies ist bis heute so geblieben. Im täglichen Leben sind wir alle Physiker, Lebensmittelchemiker, Meteorologen, Ökonomen, Juristen, Mediziner, Psychologen, Religiologen[99] und natürlich auch Philosophen in einer Person. Die Bewältigung des täglichen Lebens beweist, daß Interdisziplinarität möglich ist und sogar sehr erfolgreich sein kann.

Durch die Aufgliederung der Problembereiche schafft die Philosophie die verschiedenen Disziplinen, und sie hat darum die Aufgabe, diese im interdisziplinären wissenschaftlichen Arbeiten wieder zusammenzuführen, wenn es um die Lösung von Problemen geht, die von den vereinzelten Wissenschaftszweigen nicht allein gelöst werden können. Derartige interdisziplinäre Problemstellungen gewinnen heute immer mehr an Bedeutung, man denke etwa nur an die Umweltproblematik, an die globalen Wirtschafts- und Finanzprobleme oder an die vielschichtigen Friedenssicherungsprobleme.

Das Verständnis von Philosophie, allgemeine Problemlösungssysteme aufzubauen und den Mitmenschen anzubieten, war vom Entstehen der Philosophie an bis tief ins 19. Jahrhundert im Bewußtsein der Philosophen und der Allgemeinheit wie selbstverständlich verankert. Es ist heute weitgehend verlorengegangen, weshalb die Philosophie heute ein kümmerliches Bild abgibt, indem sich die meisten Philosophen als Wächter eines geistesgeschichtlichen Museums verstehen und von den alten Zeiten schwärmen, in denen Philosophen noch im Mittelpunkt des geistigen Interesses standen. Sie haben durch dieses Schwärmertum in unserer Gegenwart verschlafen, ihre Aufgabe als Problemlösungszentrale weiterhin wahrzunehmen.

Freilich darf man die Auffassung, die Philosophie als Problemlösungszentrale zu verstehen, nicht als Anmaßung mißverstehen; denn es ist selbstverständlich, daß sie nicht für sich in Anspruch nehmen kann, disziplinäre oder auch interdisziplinäre Problemlösungen selbst hervorzubringen. Sie kann nur eine methodenreflektierende, koordinierende und

---

99 Der Begriff der Religiologie hat sich anstelle von Theologie herausgebildet, weil sich inzwischen herausgestellt hat, daß der Religionsbegriff dem Inhalt nach ursprünglich in Form von atheistischer oder auch pantheistischer Religion im antiken Griechenland herausgebildet hat und erst später von den Römern insbesondere von Cicero als Begriff bezeichnet wurde. Diesem Umstand trägt die Bildung des Wortes ‚Religiologie' als lateinisch-griechischer Wortmischung Rechnung. Vgl. dazu W. Deppert, Atheistische Religion für das dritte Jahrtausend oder die zweite Aufklärung, erschienen in: Karola Baumann und Nina Ulrich (Hg.), *Streiter im weltanschaulichen Minenfeld – zwischen Atheismus und Theismus, Glaube und Vernunft, säkularem Humanismus und theonomer Moral, Kirche und Staat*, Festschrift für Professor Dr. Hubertus Mynarek, Verlag Die blaue Eule, Essen 2009.

vielleicht problemerhellende Funktion wahrnehmen. Philosophie kann als Mutter aller Wissenschaften den integrativen Rahmen interdisziplinären Forschens und vielleicht auch Ansätze für konkrete Problemlösungstheorien liefern, da sie das Ganze betrachten und damit das Wesentliche im Blick behalten kann. Solche Tätigkeiten entsprechen durchaus dem gängigen Gebrauch von ‚Zentralen‘. So fährt z.B. die Taxi-Zentrale nicht selbst Taxi, sie macht das Taxifahren aber möglich. In diesem Sinne sollte sich Philosophie heute traditionsgemäß wieder als ein Zentrum der Interdisziplinarität, und das heißt als eine Zentrale für allgemeine Problemlösungskonzepte verstehen, etwa so, wie sich schon Hermann Noack nach einer inneren Wandlung zu einer Philosophie „als einer sich an *alle* Wissenschaften anschließenden „interdisziplinären“ … Reflexion“ bekannte.[100]

Da die Philosophie traditionsgemäß in diesem Sinne als Problemlösungszentrale angesehen wurde, ohne sich allerdings so zu bezeichnen, hat sie von ihrem Anbeginn an, grundsätzlich verschiedene Bereiche menschlicher Fragestellungen unterschieden. Wie bereits angedeutet, haben sich aus den philosophischen Erkenntnisbemühungen die traditionellen Disziplinen entwickelt, die sich heute ohne weiteres Zutun der Philosophie weiter und weiter aufgegliedert haben, so daß wir vor einer nicht mehr übersehbaren Zersplitterung der wissenschaftlichen Aktivitäten stehen.

Eine der ersten uns überlieferten philosophischen Leistungen ist durch Hesiods *Theogonie* gegeben, in der er die Fülle der verschiedenen mythischen Gottheiten in eine Ordnung, und zwar in eine Abstammungsordnung brachte, die auch als eine genealogische Ordnung bezeichnet wird. Hesiod stand vor dem Problem, eine relativ ungeordnete Anzahl von Göttinnen und Göttern und deren Geschichten so miteinander zu verbinden, daß daraus eine Ordnung wurde, in der jedem der Teile ein wohlbestimmter Platz zukommt. Um dieses Ordnungsproblem zu lösen, hat er bereits ein Verfahren angewandt, das später zu großen Ehren gekommen ist und das als – von Aristoteles erdacht und von Euklid angewandt – axiomatisches Verfahren bekannt geworden ist. Dabei werden alle Bestandteile des Systems aus wenigen Grundelementen mit Hilfe von wenigen Grundrelationen aufgebaut, entwickelt oder abgeleitet, je nachdem ob in dem System räumliche, zeitliche oder logische Zusammenhänge vorliegen. Nach dem hier zugrundegelegten Erkenntnisbegriff, durch eine Erkenntnis etwas Ungeordnetes zu ordnen, hat Hesiod intuitiv dennoch aber zielsicher genau diesen Erkenntnisbegriff angewandt.

Hesiod wählt Grundgottheiten, deren Wirksamkeit die Gesamtheit aller göttlichen Erscheinungen und mithin die ganze Welt bestimmen: *das Chaos, die Erdmutter Gaia* mit der Unterwelt, dem *Tartaros*, und *Eros*. Wir können diese Aufteilung mit unserer heutigen Begrifflichkeit mit einem Begriffstripel, d.h. mit einem relativ einfachen ganzheitlichen Begriffssystem[101] beschreiben, so daß sich die Bedeutungen der darin vorkommenden Begriffe in gegenseitiger Abhängigkeit befinden. Es handelt sich hier um das Begriffstripel

100 Vgl. H. Noack, *Allgemeine Einführung in die Philosophie*, Wissenschaftl. Buchgesellschaft, Darmstadt 1972, S.130.

101 Zur Definition von ganzheitlichen Begriffssystemen vgl. W. Deppert, Hierarchische und ganzheitliche Begriffssysteme, in: G. Meggle (Hg.), *Analyomen 2, Proceedings of the 2nd Confe-*

‚Mögliches – Wirkliches – Verwirklichendes'. Das Mögliche entspricht dem Hesiodschen Chaos, übersetzt als das Gähnende, in dem etwas sein könnte, aber nichts ist. Das Wirkliche wird bei Hesiod durch Gaia und Tartaros repräsentiert, d.h., durch die Erde und das in ihr Verborgene. Das Wirkende stellt Hesiod durch Eros dar, da dies der einzige Gott ist, der keine Nachkommen hat, der aber stets wirksam ist, wenn es zu Nachkommen, d.h., wenn es zu Veränderungen oder zum Verwirklichen von Möglichem kommt. Dies ist entsprechend dem Wirkungsvermögen unserer Naturgesetze, die sich ebenso nicht verändern, so wie Eros keine Nachkommen hat. Nachkommen haben erst einmal nur Gaia und Chaos durch Zeugung aus sich selbst heraus. Eros übernimmt somit die Rolle der Grundrelation, die die Grundelemente Chaos und Gaia zu sich selbst in Beziehung setzt, um dadurch weitere Bestandteile des Systems zu erhalten, die sich wiederum durch erotische Beziehungen vielfältig weitervermehren.

Das Begriffstripel (‚*Mögliches*', ‚*Wirkliches*', ‚*Verwirklichendes*') möge der Kürze und seiner grundlegenden Bedeutung wegen als *Urtripel* bezeichnet werden. Denn es schließt bereits die allgemeine Form des Begründens und der Kausalität in sich ein, und es faßt auch schon die Voraussetzungen zusammen, die bestimmt sein müssen, um die Lebensproblematik des neuzeitlichen Menschen bewältigen zu können, die im Ausführen von sinnvollen Handlungen besteht. Denn eine notwendige Voraussetzung für eine sinnvolle Handlung ist die Möglichkeit, daß durch sie etwas Geplantes verwirklicht werden kann, das von Gegebenem oder auch Wirklichem seinen Ausgang nehmen muß.

Aus dem Urtripel lassen sich erste Disziplinen etwa nach folgendem Schema ableiten: *Die Lehre vom Möglichen, die Lehre vom Wirklichen* und *die Lehre vom Verändernden*. Tatsächlich sind im antiken Griechenland ganz ähnliche Aufteilungen dessen vorgenommen worden, womit sich der Mensch damals sinnvollerweise beschäftigen sollte. So findet sich schon früh die Unterscheidung von *Erkenntnislehre, Physik und Ethik*, die später die gesamte Stoa beherrscht. Die Erkenntnislehre ist als eine Spezialisierung der Lehre vom Möglichen, die Physik als die Lehre vom Wesen des Wirklichen und die Ethik als die Lehre vom richtigen Verändern zu verstehen.

So wie das Hesiodsche Urtripel der Disziplinen aus einem religiösen Gesamtverständnis der Welt erwächst, so sind auch alle anderen Unterscheidungen von Lehr- und Wissensdisziplinen stets an eine bestimmte Gesamtkonzeption über das *grundsätzlich Gegebene* gebunden. Die Fülle der wissenschaftlichen Disziplinen, die sich in der Neuzeit aus den grundlegenden philosophischen und theologischen Weltsichten entwickelte, hat Kant in einer erstaunlichen Annäherung an das Urtripel in der Methodenlehre seiner ‚Kritik der reinen Vernunft' durch seine berühmten drei Fragen neu zusammengefaßt (Kant, KrV, A805, B833):

rence ‚*Perspectives in Analytical Philosophy*', Vol. 1: *Logic, Epistemology, and Philosophy of Science*, de Gruyter, Berlin 1997, S. 222–233.

„1. Was kann ich wissen? 2. Was soll ich tun? 3. Was darf ich hoffen?"

Der Gesamtbereich der Probleme wird damit von Kant in die drei Problembereiche *des Wissens*, *des Sollens* und *des Sinns* aufgeteilt, die man auch als die Bereiche der *Wissenschaft*, der *Ethik* und der *Religiologie* bezeichnen kann. Die ersten beiden Unterteilungen gehen auf das *Humesche Gesetz* zurück, nach dem es nicht möglich ist, aus Erkenntnissen über das Sein, d.h. aus dem Wissen über die Welt, auf das Sollen zu schließen. Diese beiden Bereiche aber lassen sich über die grundsätzlichen Vorstellungen des Menschen über den Sinn seiner Handlungen zusammenbinden. Wenn man diesen Bereich verallgemeinernd als den *religiösen Bereich* des Menschen anspricht[102], dann ist erst durch religionsphilosophische Untersuchungen der Ausgangspunkt aller sinnvollen Aufteilungen menschlicher Problembereiche zu bestimmen, so wie dies seit Hesiod durch die philosophischen Untersuchungen über das Wirklichkeitsverständnis der Menschen schon immer gewesen ist. Es gibt aber heute keine intellektuell redliche Möglichkeit mehr, ein bestimmtes Wirklichkeits- und Sinnverständnis zu verabsolutieren, so daß jeder einzelne Wissenschaftler in seinem Forschen und Handeln auf seine Verantwortlichkeit hinsichtlich seiner eigenen Sinnvorstellungen zurückgeworfen wird.[103]

Die hier gegebenen Hinweise zur Entstehung unserer heutigen wissenschaftlichen Disziplinen haben gezeigt, daß diese einem hierarchischen Wirklichkeitsverständnis entstammen, in dem sich griechisch-antikes und christliches Denken verbunden haben. Es gibt aber inzwischen viele Menschen und Wissenschaftler, die kein Bewußtsein mehr von einer derartig hierarchischen Verfassung der Welt besitzen. Dies gilt z.B. auch für alle ganzheitlichen bzw. holistischen Wirklichkeitsauffassungen und entsprechenden Forschungsansätzen. Dadurch tritt nicht nur die Frage auf, wie zur Problemlösung mehrere Disziplinen zusammenarbeiten können, sondern vielmehr auch die Frage, ob nicht gar Disziplinen neu zu begründen sind, die nicht aus dem hierarchischen Weltverständnis unserer Geistesgeschichte erwachsen sind. Um solche Fragen beantwortbar zu machen, soll nun ein allgemeiner Ansatz zur Bestimmung der Voraussetzungen für jegliches Problemlösen dargestellt werden.

8.3.2.2   Systematische Wissenschaftsunterscheidungen durch das Problemlösungsproblem

Dazu ist vorerst zu klären, wie sich der Begriff ‚Problem' allgemein angeben läßt. Obwohl wir das Wort ‚Problem' häufig benutzen, haben wir Mühe zu sagen, was wir meinen, wenn wir von einem Problem sprechen. Oft benutzen wir dieses Wort, wenn irgend

---

102 Vgl. dazu W. Deppert, Zur Bestimmung des erkenntnistheoretischen Ortes religiöser Inhalte, Vortrag auf dem 2. Symposium des „Zentrums zum Studium der deutschen Philosophie und Soziologie in Moskau" an der Katholischen Universität Eichstätt, März 1997.

103 Vgl. dazu W. Deppert, Gibt es einen Erkenntnisweg Kants, der noch immer zukunftsweisend ist?, Vortrag auf dem Philosophenkongreß 1990 in Hamburg.

etwas schwierig wird, wenn wir nicht wissen, was zu tun ist, oder wie es weiter gehen soll. Nach dieser Wortverwendung läßt sich allgemein sagen: „Immer, wenn wir etwas erreichen wollen und nicht wissen wie, dann haben wir ein Problem." Es könnte aber auch sein, daß wir zwar wissen, wie das Gewünschte zu erreichen ist, daß wir aber nicht über die Mittel verfügen, die zur Zielerreichung erforderlich sind. Auch dann haben wir ein Problem. Viel schwieriger ist es, wenn wir nur ein dumpfes Gefühl haben, etwas erreichen zu wollen, aber noch gar nicht wissen, was es ist. Auch in diesem Fall wollen wir etwas erreichen, nämlich daß uns klar wird, auf welches Ziel wir zusteuern wollen. Dieses Problem ist eines der ältesten Probleme der Philosophiegeschichte. Es sei das *allgemeine eristische Problem* genannt, weil es durch den *Satz der Eristiker* aufgekommen ist, den Platon uns in seinem Dialog ‚Menon' überliefert hat. Mit diesem Satz wird behauptet, daß wir nichts Neues lernen können, weil wir das, was wir schon wissen, nicht neu zu lernen brauchen, da wir es ja schon wissen, und daß wir das, was wir noch nicht wissen, deshalb nicht lernen können, weil wir ja nicht wissen, was wir lernen sollen oder wollen.

Das *allgemeine eristische Problem* besteht darin, zu zeigen, daß *der Satz der Eristiker* falsch ist. Ein *besonderes eristisches Problem* haben wir z.B. dann, wenn wir etwas Neues erfinden müssen, es aber freilich noch nicht kennen können, bevor wir es erfunden haben. Solche besonderen eristischen Probleme haben z.B. Firmen, die durch eine Innovation ihre Marktanteile verbessern wollen, aber noch nicht wissen, worin die Innovation bestehen könnte. Ebenso liegt ein besonderes eristisches Problem vor, wenn eine Gruppe von Wissenschaftlern interdisziplinär arbeiten soll, ohne daß jemand von ihnen weiß, was damit genau gemeint ist.

Wenn wir uns fragen, warum wir etwas erreichen wollen, sei es im einzelnen schon bekannt oder nicht, so könnte die Antwort lauten: Weil uns der Zustand, in dem wir uns jetzt befinden, nicht gefällt oder aber, weil wir vermuten, daß uns ein anderer Zustand besser gefallen könnte, wie grob dieser andere Zustand auch immer umrissen sei. Unter dem Begriff ‚Zustand' soll eine Situation verstanden werden, die sich aufgrund bestimmter gleichbleibender Größen als etwas in der Zeit Gleichbleibendes charakterisieren läßt. Dabei kann es sehr wohl sein, daß sich andere Größen verändern. So ist z.B. ein Schwingungszustand durch eine gleichbleibende Schwingungsperiode gekennzeichnet, obwohl sich während der Schwingung die Orte der schwingenden Teile laufend verändern. Auch ändern sich im Zustand des Anstrebens eines Zieles gewisse Positionen, die zur Zielerreichung durchlaufen werden müssen. Das Konstante in diesem Zustand ist das zu erreichende Ziel. Ein *Zustand* wird also bestimmt durch bestimmte unveränderliche Größen, die trotz mannigfacher Veränderungen, die mit dem Zustand verbunden sein können, konstant bleiben. Die Änderung dieser Größen bewirkt eine *Zustandsänderung*.

Wenn wir in einer Problemsituation den vorliegenden Zustand, der uns als Ausgangspunkt für weitere Planungen gegeben ist, den *Ist-Zustand* nennen und den Zustand, den wir erreichen wollen, den *Soll-Zustand*, dann besteht ein *Problem* in der Schwierigkeit, den Ist-Zustand in den Soll-Zustand zu überführen. Dies ist eine allgemeine Definition des Begriffes ‚Problem', die z.B. in die Management-Literatur Einzug gehalten hat, etwa bei

Helmut Schlicksupp, Robert Sell oder Volker Bugdahl[104]. Es ist bezeichnend, daß diese Autoren von ihrer Ausbildung her nichts mit dem Universitätsfach ‚Philosophie' zu tun hatten. Sie haben ihre eigenen philosophischen Fragestellungen bearbeitet, ohne freilich zu wissen, daß sie in einer alten Forschungstradition hätten stehen können, wenn sich die Fachphilosophen rechtzeitig ihrer Fragestellungen angenommen hätten.

Da ein Problem durch die Schwierigkeit bestimmt ist, einen Ist-Zustand in einen Soll-Zustand zu überführen, kann diese Schwierigkeit aus zwei Arten bestehen:

1. Es ist nicht bekannt, wie der Ist-Zustand in den Soll-Zustand überführt werden kann.[105]
2. Der Ist-Zustand ist nicht in den Soll-Zustand überführt, obwohl Kenntnisse darüber vorhanden sind, wie dies zu machen ist, und obwohl den Kenntnissen entsprechende Maßnahmen ergriffen worden sind.

Die erste Schwierigkeit läßt sich als der *erste theoretische Problemteil* kennzeichnen, der aus einer Frage besteht und der gelöst ist, wenn die Frage beantwortet ist. Die zweite Schwierigkeit besteht darin, daß bestimmte Handlungen, die zur Zielerreichung als erforderlich angesehen werden, ausgeführt sind, aber die Problemlösung nicht herbeigeführt haben. Dies sei der *pragmatische Problemteil* genannt.

Wenn der pragmatische Problemteil ungelöst ist, dann kann dies daran liegen, daß es eine Diskrepanz zwischen der theoretischen und der pragmatischen Problemlösung gibt. Diese Diskrepanz wird meist dadurch zu erklären sein, daß die vermutete theoretische Problemlösung die tatsächlichen Zusammenhänge nur ungenau erfaßt. So gibt es z.B. das Problem, die jährliche Anzahl der Lungenkrebstoten zu senken. Der Problemlösungsansatz lautet: Wenn wir die Ursachen der Lungenkrebserkrankungen kennen, dann läßt sich mit der Verhinderung des Auftretens dieser Ursachen das gestellte Problem lösen. Das erste theoretische Problem ist darum mit der Frage gegeben: „Welches sind die Ursachen für den Lungenkrebs?" Eine Antwort auf diese Frage ist: „Das Rauchen erhöht die Wahrscheinlichkeit der Lungenkrebserkrankung drastisch." Man braucht also nur diese Erkenntnis zu verbreiten, und die Anzahl der jährlichen Lungenkrebstoten wird sinken. Auf diese theoretische Problemlösung folgt aber noch nicht, daß die Anzahl der jährlichen Lungenkrebstoten sinkt. Mit der Frage: „Warum ist das so?", stellt sich ein zweites theoretisches Problem, welches mit der Antwort gelöst wird: Die Bevölkerung ist über den Zusammenhang zwischen Rauchen und Lungenkrebs nicht genügend informiert. Darum

104 Helmut Schlicksupp, *Ideenfindung, Management Wissen*, Vogel Buchverlag, Würzburg 19893. Robert Sell, *Angewandtes Problemlösungsverhalten, Denken und Handeln in komplexen Zusammenhängen*, Springer Verlag, Berlin 19903. Volker Bugdahl, *Kreatives Problemlösen*, Reihe Management, Vogel Buchverlag, Würzburg 1991.

105 Wenn der Sollzustand noch nicht bekannt ist, sich aber die Erkenntnis durchgesetzt hat, daß der Ist-Zustand der Kenntnis des Soll-Zustandes zu erreichen ist, dann haben wir erst einmal den Sollzustand zweiter Stufe einzusetzen, der gerade darin besteht, den Ist-Zustand dieser Unkenntnis in den Sollzustand zweiter Stufe zu überführen, der in der Bestimmung des Sollzustandes erster Stufe besteht, der den ursprünglichen Ist-Zustand erster Stufe ablösen soll.

wird von der Regierung, die sich der Lösung des anfänglichen Problems gewidmet hat, beschlossen, auf allen Verpackungen von Tabakwaren die Gefahr der Gesundheitsschädigung durch Rauchen vermerken zu lassen. Aber auch nach dieser Maßnahme sinkt die Anzahl der jährlichen Lungenkrebstoten nur unerheblich. Dieses Beispiel weist darauf hin, daß sich die Diskrepanz zwischen theoretischer und pragmatischer Problemlösung nicht immer als eine Differenz verstehen läßt, die durch theoretische Problemlösungen aufgefüllt werden kann. Nachdem per Gesetz das Rauchen in öffentlichen Räumen nahezu gänzlich verboten ist, könnten wir wiederum davon überrascht werden, daß die Rate der Lungenkrebstoten nur unerheblich sinkt. Das könnte z. B. daran liegen, daß der Anteil der Krebserkrankungen durch Passivrauchen doch nicht so hoch ist, wie eingeschätzt, oder daß die erblichen Dispositionen, zum Raucher zu werden mit der erblichen Disposition, an Lungenkrebs zu erkranken, stark korrelieren oder daß noch andere Gründe vorliegen.

Bugdahl bezeichnet ein Problem auch als die Differenz zwischen Soll-Zustand und Ist-Zustand. Dabei wird so getan, als ob ein Soll-Zustand stets mehr sei als der Ist-Zustand. Wenn man aber von ‚mehr‘ oder ‚weniger‘ sprechen möchte, dann muß es sich dabei um eine quantitative Größe der gleichen Qualität handeln, da sonst eine Differenz nicht bestimmbar ist. In den allermeisten Fällen wird aber mit dem Soll-Zustand eine neue Qualität gegenüber dem Ist-Zustand angestrebt. Verschiedene Qualitäten aber gehen nicht durch Hinzufügen einer Differenz auseinander hervor. Das Entsprechende gilt auch für den qualitativen Unterschied zwischen einer theoretischen und einer pragmatischen Problemlösung.[106]

Fassen wir ein Problem als eine Frage auf, dann kann auch der Zustand, in dem sich der Fragende befindet, als der *Ist-Zustand* und der Zustand, den der Fragende durch die Antwort auf seine Frage erreichen will, als der *Soll-Zustand* verstanden werden. In diesem Fall fallen theoretischer und pragmatischer Problemteil zusammen. Dadurch lassen sich theoretische von pragmatischen Wissenschaften unterscheiden: In den *theoretischen Wissenschaften* besteht keine Diskrepanz zwischen den theoretischen und pragmatischen Problemteilen. Für die *pragmatischen Wissenschaften* gilt dies nicht. Die theoretischen Wissenschaften arbeiten ganz im begrifflichen Bereich, ohne sich dabei um Existenzfragen in der sinnlich-wahrnehmbaren Welt zu kümmern. Theoretische Wissenschaften sind etwa die Mathematik und die mathematische Logik sowie alle Teile der herkömmlichen Disziplinen, die mit dem Zusatz ‚theoretisch‘ bezeichnet werden. Dies gilt z.B. für die theoretische Physik, die theoretische Chemie, die theoretische Biologie, die theoretische Medizin, die theoretische Volkswirtschaftslehre, die theoretische Betriebswirtschaftslehre oder eine mögliche theoretische Psychologie, und gewiß gibt es bereits auch Ansätze einer theoretischen Ökologie.

Wenn wir das Aufkommen der theoretischen Wissenschaften betrachten, dann fällt auf, daß sie im Laufe der Zeit sehr zögerlich entstanden sind. Generell geht der Verlauf

---

106 Vgl. Bugdahl 1991 (s.FN 4) S.14. Bugdahl meint sogar, daß Jacksons Definition: „Problem = Zielvorstellung plus Hindernis" noch prägnanter sei. Damit wird aber die Klarheit eines möglichst allgemeinen Problemverständnisses allenfalls noch prägnanter verstellt.

etwa so, daß die Wissenschaften aus theoretischen Überlegungen der Philosophen entstehen; denn sie liefern generell lediglich eine allgemeine und mithin theoretische Prob-
lemlösungsmethodik. Wenn diese für die Überlebensproblematik der Menschen von Nutzen sein soll, dann muß sich die ursprünglich theoretische Fundierung der Wissenschaft
durch Anwendung auf einzelne Probleme als gewinnbringend erweisen lassen. Dadurch
wird die theoretische Fundierung der Wissenschaft nicht mehr in Frage gestellt, sondern
es wird im Sinne von Thomas Kuhn Normalwissenschaft betrieben, in der es dann nor-
malwissenschaftliche Fortschritte (im Hübnerschen Sinne Fortschritt I) gibt, und je mehr
Fortschritte eine Wissenschaft aufzuweisen hat, um so größer ist heutzutage ihre gesell-
schaftliche Akzeptanz und finanzielle Absicherung.[107] Dadurch ist verständlich, daß theoretische Arbeiten über eine Disziplin nicht nachgefragt werden. Und so ist es zu erklären,
warum erst ganz allmählich theoretische Wissenschaften entstehen. Auch wenn es in den
theoretischen Wissenschaften teilweise inzwischen „scholastische" Zustände wie etwa in
der theoretischen Physik oder in der theoretischen Volkswirtschaftslehre eingetreten sind,
so ist der Entwicklungsstand einer Wissenschaft daran zu erkennen, ob sich in ihr inzwischen eine theoretische Abteilung herausgebildet hat. Die „scholastischen Zustände" sind
darauf zurückzuführen, daß die Verbindung zur Philosophie abgerissen ist, aus der die
Wissenschaften einst durch ihre theoretische Grundlegung entstanden sind. Hoffen wir,
daß es bald wieder zu einer fruchtbaren Zusammenarbeit in gegenseitiger Achtung zwischen Wissenschaftlern und Philosophen kommt.[108] Dazu könnten die *historischen Wissenschaften* beitragen, die freilich zu den theoretischen Wissenschaften zu zählen sind, da
durch sie auch die historischen Entstehungsgründe für die verschiedenen Wissenschaften
aufgezeigt werden können.

---

107 Aus diesem Mechanismus hat sich inzwischen ein verlockendes Geschäft für diejenigen Wissenschaftler entwickelt, die keine Skrupel haben, größtmögliche Gefahren heraufzubeschwören; denn dann fließen Forschungsgelder in Hülle und Fülle. Wenn wir uns an die Voraussagen in bezug auf die HIV-AIDS-Hypothese aus den 80-er Jahren erinnern, dann dürften wir
heute ja gar nicht mehr leben. Und das Entsprechende hat sich mit den Prognosen über den
Zusammenhang von BSE und der neuen Variante der Creutzfeld-Jakob-Erkrankung (vCJK)
abgespielt, da sind wenigstens 6 Milliarden Euro für Forschungs- und Vorsichtsmaßnahmen
ausgegeben worden, obwohl in Deutschland bis heute kein einziger Fall von vCJK bekannt geworden ist. Der Nobelpreis, der für die sogenannte Prionentheorie ausgegeben wurde, ist sicher
viel zu früh verliehen worden – es fehlt dazu bis heute an einer befriedigenden theoretischen
Fundierung. Und ganz ähnlich liegen die Verhältnisse bei der kürzlich vollzogenen Nobel-
preis-Verleihung in bezug auf die HIV-AIDS-Hypothese. Auch dabei liegt ein starkes theoretisches Defizit im Theorien-Vergleich der konkurrierenden Theorien vor. Derzeit gibt es dazu
keine öffentliche wissenschaftliche Diskussion mehr, da die sogenannten Dissidenten – unter
ihnen Nobelpreisträger und hochdekorierte Wissenschaftler – durch „mittelalterliche Methoden" von der öffentlichen Diskussion ausgeschlossen werden. Das hat leider mit Wissenschaft
nichts mehr zu tun, wenn die öffentliche wissenschaftliche Diskussion unterbunden wird.

108 Zu diesem Desidiratum findet sich in meinem Nachruf für Kurt Hübner in der Allgemeinen
Zeitschrift für Wissenschaftstheorie (JGPS), Zeitschrift für allgemeine Wissenschaftstheorie,
Vol. 46, Nr. 2, pp. 251–268, Springer 2015.

Im Gegensatz zu den theoretischen Wissenschaften wollen die *pragmatischen Wissenschaften* angestrebte Zustände in einer Existenzform, die verschieden ist von der begrifflichen Existenzform des Denkens, realisieren, die mithin nicht nur theoretische Probleme, sondern auch von diesen verschiedene pragmatische Problemstellungen lösen wollen. Dazu gehören alle Experimentalwissenschaften, die Produktionswissenschaften der Technik, des Landbaus und der Ökonomie sowie die praktische Medizin und die klinische Psychologie. Da alle pragmatischen Wissenschaften begrifflich arbeiten und deshalb auch theoretische Probleme lösen müssen, sind pragmatische Wissenschaften streng durch die Negation von theoretischen Wissenschaften bestimmt und nicht als deren konträres Gegenteil. Darum ist die Vereinigung von theoretischen und pragmatischen Wissenschaften stets wieder eine pragmatische Wissenschaft.

Die Problemdefinition führt zwei grundverschiedene Betrachtungen über die Welt zusammen: Feststellungen darüber, wie die Welt *ist* und Feststellungen darüber, wie sie sein *soll*. Wenn wissenschaftliches Arbeiten generell als Problemlösen zu verstehen ist, dann gibt es *kein wissenschaftliches Arbeiten ohne Bewertungen* und ohne Entscheidungen. Denn Soll-Zustände können nur durch Bewertungen von möglichen Zuständen und durch eine Entscheidung, welcher von den bewerteten möglichen Zuständen wirklich werden soll, bestimmt werden. Dies ist eben die Feststellung, die Kant als das Primat der praktischen über die spekulative Vernunft bezeichnet, „weil alles Interesse zuletzt praktisch ist und selbst das der spekulativen Vernunft nur bedingt und im praktischen Gebrauche allein vollständig ist."[109] D.h., jeder Forscher muß sich z. B. immer wieder entscheiden, welche Forschungsziele er aufstellen und mit welchen Methoden er sie erreichen will, welche Forschungsergebnisse er ernst nehmen, welche er kontrollieren und welche er ignorieren will. Aber nach welchen Kriterien und Werten geht er dabei vor?

Bevor auf die Beantwortung dieser Fragen eingegangen werden kann, muß erst einmal festgestellt werden, daß die Wissenschaftler die genannten Fragen in den allermeisten Fällen nicht in ihren eigenen wissenschaftlichen Aufgabenbereich einbeziehen. Sie betreiben weitgehend keine eigene Forschungssystematik, die sich bis auf ihre eigenen Vorstellungen einer sinnvollen Lebensgestaltung zurückverfolgen ließe. Dadurch lassen sich die wissenschaftlichen Disziplinen danach aufteilen, ob sie Objekte und deren Verhalten unabhängig davon, ob sie ein Wertbewußtsein haben oder nicht, beschreiben oder ob sie Subjekte mit Wertvorstellungen oder die Wertvorstellungen und deren Konsequenzen zum Gegenstand haben. Diese Einteilung ist bisher nicht üblich, und darum gibt es dafür keine adäquaten Bezeichnungen. Ich möchte hier die Bezeichnungen *ontologische* und *axiologische* Wissenschaften vorschlagen.

Axiologische Wissenschaften sind solche Wissenschaften, die ausschließlich daran interessiert sind, das Vorhandensein und den Wandel von allgemeinen und subjektiven Wert-, Zweck-, Ziel- und Sinnvorstellungen von Menschen sowie die Gründe dafür zu

---

109 Vgl. Immanuel Kant, *Kritik der praktischen Vernunft*, Johann Friedrich Hartknoch, Riga 1788, 2. Buch, 2. Hauptstück, III., A 219.

erforschen. Zu den axiologischen Wissenschaften gehören die Individual- und Sozialpsychologie, die Soziologie, die Ökonomie, die juristischen Wissenschaften, die Theologie, die hier als Teil der allgemeineren Religiologie verstanden wird und insbesondere die praktische Philosophie.

Ontologische Wissenschaften sollen als die Negation von axiologischen Wissenschaften verstanden werden. Sie erforschen das Seiende und dessen Wandel, welches nicht ausschließlich aus axiologischen Bestimmungen besteht. Zu den ontologischen Wissenschaften gehören die Naturwissenschaften, die mathematischen Wissenschaften, die Geschichtswissenschaften, die Technikwissenschaften, die Agrarwissenschaften, die ökologischen Wissenschaften und die theoretische oder auch die gesamte Philosophie.

Das logische Verhältnis von axiologischen zu ontologischen Wissenschaften ist identisch mit dem Verhältnis von theoretischen zu pragmatischen Wissenschaften. Dies liegt daran, daß, so wie die pragmatischen Wissenschaften nicht ohne Begriffe und theoretische Problemlösungen auskommen, die ontologischen Wissenschaften grundsätzlich nicht ohne Bewertungen möglich sind. Man könnte darum die theoretischen Wissenschaften als Hilfswissenschaften der pragmatischen und die axiologischen als Hilfswissenschaften der ontologischen Wissenschaften auffassen.

An diesen ersten Grobeinteilungen der Wissenschaften ist bereits zu erkennen, daß ihre Trennungen eine nur historisch zu erklärende Willkür aufweisen, weil sie starke systematische Zusammenhänge besitzen, die sich hier daran gezeigt haben, daß sie alle darum bemüht sind, bestimmte Probleme zu lösen.

8.3.2.3 Systematische Wissenschaftsunterscheidungen durch die drei Dimensionen des Menschlichen: Leib, Seele, Geist

Die historisch gewordenen Unterscheidungen von wissenschaftlichen Disziplinen ist weitgehend dadurch bestimmt, daß wir es seit der Antike gewohnt sind, körperliche, seelische und geistige Zustände zu unterscheiden. Darin läßt sich als Quelle wieder das Hesiodsche Urtripel erkennen, wenn wir das Wirkliche mit dem Körperlichen, das Wirkende mit dem Seelischen und das Mögliche mit dem Geistigen identifizieren.

Demnach gibt es verschiedene Arten von Zuständen, die in Problemen eine Rolle spielen können: Geistige, seelische und körperliche Zustände. Wenn wir die Zustände, in denen wir uns einer Frage oder einer Erkenntnis bewußt sind, den geistigen Zuständen zurechnen, dann ist durch jedes Problembewußtsein ein geistiger Zustand gekennzeichnet. Um seelische und körperliche Zustände in unser Problembewußtsein aufnehmen zu können, brauchen wir darum die begriffliche Bildung von Zuständen von Zuständen. Wenn wir etwa das Problem haben, ein eigenes körperliches Unwohlsein in ein körperliches Wohlsein zu verwandeln, dann sind wir in einem geistigen Zustand, der durch die bewußt gewordene Schwierigkeit gekennzeichnet ist, einen seelisch-körperlichen Ist-Zustand in einen seelisch-körperlichen Soll-Zustand zu verwandeln. Die Unterscheidung von theoretischen und pragmatischen Problemteilen und die mögliche Diskrepanz zwischen ihren Problemlösungen gilt auch hier; denn wenn ich weiß, warum mir unwohl ist, habe ich durch dieses Wissen und entsprechende Maßnahmen nur in seltenen Fällen mein ge-wünschtes Wohlsein erreicht.

Weil sich Erkenntnisse stets in geistigen Zuständen abspielen, gilt die Staffelung von Zuständen von Zuständen für alle Problembeschreibungen, so daß es ebenso Probleme von Problemen u.s.f. gibt. Dies gilt z.b. für den manchmal sehr schwierigen Vorgang des Bewußtwerdens einer Problemlage, so daß wir das iterativ auftretende Problem haben, uns schrittweise Klarheit über unsere problematische Situation zu verschaffen.

Probleme lassen sich demnach durch die Qualitäten und Formen ihrer Ist- und Soll-zustände unterscheiden und gewiß auch nach den methodischen Formen, die die gesuch-ten Überführungen von Ist- in Sollzustände haben können. Der hier aufgespannte Rah-men zur Beschreibung von Problemen umfaßt definitionsgemäß alle Problemarten, die es überhaupt geben kann, also auch die wissenschaftlichen Probleme oder die Probleme des interdisziplinären Arbeitens. Aus den Unterscheidungsmöglichkeiten von Zuständen und Zustandsüberführungen sollten sich nun auf systematische Weise Disziplinen unter-scheiden und ebenso das Ineinandergreifen der Disziplinen erkennen lassen. Da dieser Unterscheidungsweg von Disziplinen nicht auf deren historische Entwicklung eingeht, ist es denkbar, daß die hier unterscheidbaren Disziplinen nicht vollständig mit den Universi-tätsdisziplinen zusammenfallen oder zum Teil sogar „quer" zu ihnen liegen.

Da alle Erkenntnisprobleme ihre Bestimmung in geistigen Zustände finden, sind die Ist- und Sollzustände, durch die Probleme gekennzeichnet werden, auch immer geisti-ger Natur. Diese geistigen Zustände sind aber stets mit Gefühlen verbunden, die von den Inhalten der geistigen Zustände abhängen. Alle Klassifikationen von Disziplinen kön-nen sich darum nur auf die Inhalte der möglichen geistigen Zustände beziehen, die bei Problemstellungen beteiligt sind. Diese Inhalte bestimmen zugleich die spezifischen Er-kenntnisse, die in den verschiedenen wissenschaftlichen Disziplinen in Form theoreti-scher Problemlösungen gesucht werden. Dadurch erschließt sich erneut die Einsicht, daß alle Wissenschaften durch einen einheitlichen Erkenntnisbegriff miteinander verbunden sind und sich zugleich danach unterscheiden, wie durch sie die allgemeinen Formen des Erkenntnisbegriffs im besonderen festgelegt sind. Solche unterschiedlichen inhaltlichen Bestimmungen werden durch das Begriffstripel (Körper, Seele, Geist), das zusammen die Ganzheit des Menschen bestimmt, möglich.

Gemeinhin wird unter dem geistigen Bereich der des Erkennens verstanden. Der see-lische Bereich wird dem Gefühl mit seinen gefühlsmäßigen Bewertungen zugeordnet, und der Bereich des Körperlichen wird als derjenige verstanden, in dem die Naturgesetze wirksam sind. Lange Zeit wurde gemeint, daß der seelische Bereich durch die Erkennt-nisse des geistigen Bereiches voll bestimmt werden könnte, da die Gefühle des Angeneh-men und Unangenehmen über die Erkenntnis des Körperlichen und das heißt über die naturgesetzlichen Erkenntnisse bestimmbar seien. Diese Auffassung wird auch heute z. B. von vielen Anhängern einer ausschließlich biologistisch verstandenen Evolutionstheorie wieder vertreten. Aber schon David Hume, der schottische Philosoph, der den Skeptizis-mus neu begründet hat, zeigte bereits, daß das Sollen, das aus dem seelischen Bereich stammt, aus dem Sein nicht ableitbar ist. Man kann dies leicht dadurch verstehen, daß der

Bereich des Sollens einem viel größeren Bereich als dem des Seins angehört. Das Sollen bestimmt aus dem Bereich des Möglichen diejenigen Zustände, die verwirklicht werden sollen, während durch die Erkenntnis des Seins nur die tatsächlich vorhandenen Zustände bestimmt werden. Die möglichen Zustände sind aber viel mehr als die vorhandenen Zustände, so daß von ihnen nicht auf die möglichen Zustände geschlossen werden kann, die verwirklicht werden sollen, es sei denn, in der Erkenntnis des Seins würde zugleich auch ein Sollen miterkannt. Zumindest haben wir die Erkenntnis des Seins von der des Sollens zu unterscheiden.

Wir möchten hier den geistigen Bereich als denjenigen kennzeichnen, in dem alle Erkenntnisse stattfinden und in dem sich die Möglichkeitsräume des Denkbaren aufbauen, einerlei ob es sich dabei um Erkenntnisse und Denkmöglichkeiten über die sinnlich wahrnehmbare Welt handelt oder um Erkenntnisse und Denkmöglichkeiten über die eigenen Vorstellungen und insbesondere über das eigene Wollen und Sollen. Unter dem seelischen Bereich wollen wir denjenigen verstehen, in dem wir unsere Wertungen vornehmen, die sich immer auf Gefühle beziehen und die in uns Präferenzordnungen von Zuständen hervorbringen. Der Bereich der körperlichen Zustände soll derjenige der raum-zeitlichen Bestimmungen sein, von denen zumindest versucht wird, eine naturgesetzliche Erklärung zu finden. Fragen wir danach, durch welche Wissenschaften diese drei Dimensionen des menschlichen Lebens untersucht und beschrieben werden, so läßt sich hier die gebräuchliche Trennung von Geistes-, Sozial- und Naturwissenschaften angeben. Durch sie werden die Zustände beschrieben, die im Menschen als geistige, seelische oder körperliche Ist- oder Soll-Zustände oder Vorstellungen von Soll-Zuständen auftreten und ein Problem konstituieren können.

8.3.2.4 Ausdifferenzierungen von Disziplinen durch das Sinnproblem der Forschung

Wenn man davon ausgeht, daß ein Forscher ein rationales Wesen ist, dann wird man vermuten dürfen, daß die Antwort auf die Frage nach den Kriterien und Werten, durch die er seine Forschungsziele und -strategien bestimmt, lautet: Es sind die Kriterien und Werte, durch die er sicherzustellen hofft, daß sein wissenschaftliches Handeln nicht sinnlos ist. In den meisten Fällen, werden die Wissenschaftler jedoch diese Kriterien und Werte nicht explizit nennen können. Sie werden auf die Tradition der wissenschaftlichen Gemeinschaft verweisen, in der sie ihr wissenschaftliches Handwerkzeug erlernt haben und auf ihr Vertrauen in die Sinnhaftigkeit dieses tradierten wissenschaftlichen Unternehmens. Das Problem, diese Kriterien und Werte zu bestimmen, ist durch den Hinweis auf die wissenschaftliche Tradition freilich nicht gelöst. Nicht von ungefähr gab es im letzten Viertel des 20. Jahrhunderts eine nicht unbeachtliche Zahl von sogenannten Aussteigern, die sich aufgrund des ungelösten Sinnproblems der Natur- und Technikwissenschaften vor allem mehr den pädagogischen und heilenden Berufen zuwandten. Das wissenschaftliche Arbeiten auf die Vorstellungen der einzelnen Forscher über ihr eigenes sinnvolles Handeln zurückzuführen, sei das *Sinnproblem der Forschung* genannt.

Der Begriff ‚Sinn' wird durch *Zusammenhänge* bestimmt, *die dem Menschen die in seinem Leben ersehnte Geborgenheit zuteil werden lassen.* Dabei ist vorausgesetzt, daß alle Menschen Geborgenheitssehnsüchte haben, seien sie nun statischer oder dynamischer Natur. Ein *Zustand der Geborgenheit* sei als ein Zustand des Wohlfühlens verstanden, der nicht aus sich selbst heraus zu einer Zustandsänderung treibt. Wenn sich jemand in einem Geborgenheitszustand befindet, dann gibt es in Bezug auf die Größen, die diesen Zustand charakterisieren, keine möglichen Soll-Zustände, die ein neues Problem entstehen lassen können, es sei denn, es geht um die Erhaltung dieses Zustandes, wenn er gefährdet ist.[110] Die Zusammenhänge, die den Menschen Geborgenheit erhoffen oder erleben lassen, bezeichne ich als die *tragenden Zusammenhänge. Etwas hat einen Sinn, wenn es sich auf die tragenden Zusammenhänge bezieht.* Der Sinn von Handlungen ist mithin abhängig von den tragenden Zusammenhängen, an die Menschen glauben. Wenn sich der Glaube an sie ändert, werden besondere Probleme auftreten, da sich mit ihrer Änderung auch die Sinnvorstellungen ändern. Die tragenden Zusammenhänge lösen das Sinnproblem des einzelnen Menschen. Sie sind Endpunkte von Begründungsregressen und darum auch identisch mit mythogenen Ideen oder deren Konsequenzen. Der Zusammenhang zwischen sinnvollen Handlungen und dem hier verwendeten *systematischen Religionsbegriff*[111] läßt sich in Kantischer Sprechweise so formulieren:

Religion ist die Bedingung der Möglichkeit für sinnvolles Handeln.

Da der Sinn einer Handlung durch die Zurückführbarkeit ihrer Begründungen auf die religiösen Inhalte bestimmt ist, muß diese Ableitungsbeziehung auch zwischen den möglichen Formen von Gründen für sinnvolle Handlungen bestehen. Dieser Zusammenhang ist ganz analog zu demjenigen zu denken, den Kant zwischen den möglichen Urteilsformen und den reinen Verstandesformen annimmt. Kant ist davon überzeugt, daß in jedem bewußten Wesen reine Formen der Erkenntnis vorhanden sind. Da diese reinen Formen alle Erkenntnisse der Form nach bestimmen müssen, so ist für Kant die Klassifikation aller möglichen Urteile, die zugleich alle möglichen Erkenntnisformen enthalten, der Leitfaden zum Auffinden der reinen Verstandesformen, der Kategorien.[112] Wenn es dementsprechend gelänge, aus der Definition des Sinnbegriffs die möglichen Formen von Begründungen

---

110   Zur Begriffsbildung des Geborgenheitsraumes vgl. W. Deppert, Der Mensch braucht Geborgenheitsräume, in: J. Albertz (Hg.), *Was ist das mit Volk und Nation – Nationale Fragen in Europas Geschichte und Gegenwart*, Schriftenreihe der Freien Akademie, Bd. 14, Berlin 1992, S.47–71.

111   Vgl. W. Deppert, Zum Verhältnis von Religion, Metaphysik und Wissenschaft, erläutert an Kants Erkenntnisweg und dessen Aufdeckung durch einen systematisch bestimmten Religionsbegriff. In: Wolfgang Deppert, Michael Rahnfeld (Hg.), *Klarheit in Religionsdingen, Aktuelle Beiträge zur Religionsphilosophie*. Grundlagenprobleme unserer Zeit Bd. III. Leipziger Universitätsverlag, Leipzig 2003.

112   Vgl. Wolfgang Deppert, Gibt es einen Erkenntnisweg Kants, der noch immer zukunftsweisend ist?, Vortrag auf dem Philosophenkongreß 1990 in Hamburg.

für sinnvolle Handlungen anzugeben, die bei der Begründung jeder sinnvollen Handlung auftreten müssen, dann sollten sich daraus die möglichen Formen der tragenden Zusammenhänge, d.h., der religiösen Inhalte ablesen lassen. Die Gesamtheit der Gründe einer sinnvollen Handlung läßt sich wie folgt gliedern:

- G1. Gründe, die den Zustand bestimmen, in dem sich der Handelnde befindet.
- G2. Gründe, durch die verständlich wird, was bestimmte Handlungen bewirken werden, d.h., wie und wodurch sich der Zustand verändern läßt.
- G3. Gründe, durch die der Handelnde die Bewertung der Zustände vornimmt, die er durch bestimmte Handlungen erreichen kann.
- G4. Gründe, durch die er aus den verschiedenen Bewertungen eine auswählt, durch die das Entscheidungsproblem für eine sinnvolle Handlung gelöst wird.
- G5. Gründe, die schließlich zur Ausführung der durch die Entscheidung bestimmten Handlung führen.

Da jede Handlung einen gegebenen Zustand in einen anderen, gewollten Zustand überführen soll, werden im Sinnbegriff Bestimmungen des Seins und des Sollens miteinander vermischt. Aufgrund des Humeschen Gesetzes der Sein-Sollen-Dichotomie erweist es sich, daß der Sinnbegriff einem begrifflichen Bereich angehört, in dem sich Seins- und Sollensbegriffe miteinander verbinden.[113] Zur Erfüllung des Sinnbegriffs müssen das Sein des Ist-Zustandes, das mögliche Sein des Soll-Zustandes und das Sein des Wirkenden bestimmt werden, das den Ist-Zustand in den Soll-Zustand überführen kann. Ferner sind durch den Sollens-Bereich die verschiedenen Seins-Zustände und deren Überführbarkeit zu bewerten, wobei die Bewertungen der möglichen Sollzustände und der möglichen Wege dahin so zu ordnen sind, daß eine eindeutige Entscheidung möglich wird. Die Verbindung zwischen Seins- und Sollensvorstellungen bringt schließlich die Bestimmung hervor, wodurch die Handlung, für welche die Entscheidung gefallen ist, ausgeführt wird. Die Klassifizierung der Gründe einer sinnvollen Handlung gibt darum auch Aufschluß über die verschiedenen Formen religiöser Inhalte, aus denen der Einzelne seine metaphysischen Bestimmungen über seine mögliche Erkenntnis des Seins und des Sollens oder Wollens ableiten kann.

Die fünf Arten von Gründen (G1–G5) bestimmen eine sinnvolle Handlung, einerlei ob sich der Handelnde derer bewußt ist oder nicht. Sie sind bestimmt durch das *grundsätzlich Gegebene* oder durch das daraus ableitbar Gegebene. Beim Ergründen des Sinns einer Handlung und bei der Behandlung irgendeines Problems sind diese Gegebenheiten durch fünf verschiedene Arten von religiösen Fragestellungen herauszufinden:

---

113 David Hume hat klar gemacht, daß man aus der Beschreibung des Seins keine Kriterien für ein Sollen gewinnen kann. Das erste Mal hat er die Sein-Sollen-Dichotomie 1740 beschrieben, die später als das Humesche Gesetz bezeichnet worden ist. David Hume, *A Treatise of Human Nature: Being an Attempt to introduce the experimental Method of Reasoning into Moral Subjects*, Buch III, *Of Morals*, London 1740.

- R1. Was ist das Gegebene, d. h., was existiert in welchen Existenzformen?
- R2. Was von dem Gegebenen ist das Wirkende und wie wirkt es?
- R3. Was vom Gegebenen und vom Wirkenden ist das Bewertende und wie wird bewertet?
- R4. Wodurch fällt die Entscheidung?
- R5. Wodurch wird das Ergebnis der Entscheidung verwirklicht?

Man kann hier auch von kategorialen religiösen Frageformen sprechen, da sie für alle sinnvollen Handlungen intuitiv oder bewußt beantwortet werden müssen; denn die Antworten sind, wenn durch sie Handlungen als sinnvoll bestimmt werden sollen, auf tragende Zusammenhänge bezogen. Man hat also auch in allen Problemlösungsansätzen, seien sie nun disziplinär oder interdisziplinär, von diesen fünf Fragekategorien auszugehen. Die Beantwortung der Fragen G1 bis G5 und R1 bis R5 liefert das grundlegende Material für alle Problemlösungen, wenn sie grundsätzlich als sinnvolle Handlungen verstanden werden. Da jeder wohl der Meinung sein wird, daß er schon mal etwas Sinnvolles getan hat, kann er sicher davon ausgehen, daß in ihm die Antworten auf diese kategorialen religiösen Fragen bereit liegen. Er müßte sie sich gemäß der sokratischen Aufforderung zur Selbsterkenntnis nur noch bewußt machen.

Da jedes Problem darin besteht, einen Ist- in einen Sollzustand zu überführen, ist die Beantwortung der fünf Fragestellungen R1 bis R5 konstitutiv für alle Entscheidungen des Menschen. Im Falle der Grundlegung aller möglichen Sinnfragen mögen sie als die fünf *religiösen Grundfragen* bezeichnet werden. Die Antworten werden aus vier Formen oder Bereichen *religiöser Inhalte* bestimmt, die sich im Laufe des Lebens unbewußt oder bewußt herausbilden und die sich als *der religiöse Glaube*, *das religiöse Grundgefühl*, *der religiöse Geborgenheitsraum und das religiöse Aktionsvermögen* bezeichnen lassen.[114]

Wenn ein Wissenschaftler sich über den Sinn seines wissenschaftlichen Arbeitens klar werden will, so kann er versuchen, die Festsetzungen, die seinen wissenschaftlichen Arbeiten zugrunde liegen, aus seinen Antworten auf die Fragen R1 bis R5 abzuleiten, um damit das Sinnproblem seiner Forschung zu lösen. Dadurch ergibt sich die grundsätzliche Möglichkeit des weiteren Auffächerns von Forschungsrichtungen, die durch die Verschiedenheit von individuell bestimmten Festsetzungen bedingt ist. Da die Sozialisation der Wissenschaftler jedoch durch die tradierten Forschungsrichtungen bestimmt ist, soll es hier genügen, an wenigen Beispielen zu zeigen, wie sich die überlieferten Disziplinen aus dem hier umrissenen Sinnkonzept wissenschaftlichen Handelns herleiten lassen, und wir beschränken uns darauf, anzudeuten, wie weitere Ausdifferenzierungen durch verschiedene religiöse Überzeugungen denkbar sind.

---

114 Zur Darstellung dieser Grundlagen religiöser Inhalte vgl. W. Deppert, „Zur Bestimmung des erkenntnistheoretischen Ortes religiöser Inhalte", Vortrag auf dem 2. Symposium des „Zentrums zum Studium der deutschen Philosophie und Soziologie in Moskau" an der Katholischen Universität Eichstätt, März 1997, siehe Anhang 4 im Band IV (Theorie der Wissenschaft) oder im Webb-Blog <wolfgang.deppert.de> Seite Unveröffentlichte Manuskripte, Password: treppedewum.

Das *Gegebene* läßt sich für *Naturwissenschaftler* allgemein als das direkt oder mit Hilfe von Instrumenten sinnlich Wahrnehmbare bzw. das dadurch Wahrgenommene beschreiben und durch die Naturgesetze, nach denen sich die Objekte der Wahrnehmung verhalten.

Das *Gegebene* besteht für den *Juristen* dagegen wesentlich aus Behauptungen über geschehene oder geplante Handlungssachverhalte und menschlich festgelegte Handlungsregeln, die – wie in den Naturwissenschaften – als Gesetze bezeichnet werden, die aber von den Juristen nicht forschend gefunden werden, – im Gegensatz zu den Naturwissenschaftlern, bei denen die bei der Gesetzessuche erzielten Ergebnisse stets vorläufig sind, weil ihre Anwendung auf die Natur immer wieder Fehler aufzeigt. Dies ist bei Juristen grundsätzlich anders; denn sie suchen nicht nach bestmöglichen Gesetzen für das menschliche Zusammenleben, sondern sie nehmen die von Parlamenten erlassenen Gesetze als unveränderlich hin. Und in dieser Hinsicht sind die Juristen nicht wissenschaftlich tätig. Eine derartige Ausbildung gehört nicht an eine wissenschaftliche Hochschule und schon erst recht nicht an eine Universität.

Das *Gegebene* unterscheidet sich für Naturwissenschaftler und Juristen wesentlich durch die Existenzform, in der das Gegebene vorliegt. Während die Naturwissenschaftler sich auf die Existenzform der sinnlichen wahrnehmbaren Erscheinungswelt beziehen, liegt das für Juristen Gegebene in einer fremdbestimmten mentalen Existenzform vor. Zu der letzteren tritt bei den Geisteswissenschaften noch eine selbstbestimmte mentale Existenzform hinzu, während Sozial- und Wirtschaftswissenschaften mentale *und* materiale Existenzformen voraussetzen.

Die Teile oder Elemente des Gegebenen sind in keinem Fall unverbunden, sondern alle Festsetzungen über das Gegebene enthalten Festsetzungen über die Verbindungen und die Verbindbarkeit der Bestandteile des Gegebenen. Die Verbindungsstrukturen bilden begriffliche Systeme aus, die entweder von hierarchischer oder von ganzheitlicher Natur sind. Aufgrund des allgemein akzeptierten Vernunftprinzips des Verbots des Widerspruchs, sind widersprüchliche Gedankensysteme grundsätzlich in den Wissenschaften nicht erlaubt, so daß die grundlegendste Forderung an wissenschaftliche Begriffssysteme darin besteht, auftretende Widersprüche auszuräumen. Dies gilt für große Teile der Theologie und der Jurisprudenz nicht, so daß deren Wissenschaftlichkeit schon lange in Frage steht.

Eine weitere Ausdifferenzierung der Klassifikation von Disziplinen erhält man, wenn man die Objekte, die als gegeben angenommen werden, klassifiziert. So kann man die Objekte der Naturwissenschaften danach unterscheiden, durch welche Erhaltungsprinzipien ihr Verhalten bestimmt ist, durch passive oder auch durch aktive Erhaltungsprinzipien. Mit passiven Erhaltungsprinzipien werden Aussagen über die Konstanz von metrischen Objektcharakterisierungen begründet, etwa über die Gesamtenergie oder den Gesamtimpuls eines abgeschlossenen Systems, dessen Translations- oder Drehimpuls oder dessen Baryonenzahl usf. Passiv sind diese Erhaltungsprinzipien, da die Systeme nicht selbst aktiv werden, um die Erhaltungsgrößen konstant zu halten. Aktive Erhaltungsprinzipien sind solche der Selbst- oder der Arterhaltung oder auch der Lebensraumerhaltung. Man kann diese Prinzipien allgemein auch als Erhaltungsprinzipien der Genidentität[115] bezeichnen. Genidentität ist ein Begriff, der 1922 von Kurt Lewin eingeführt wurde[116] und der nicht mit dem Begriff des „Gens" verwechselt werden darf. Während die naturwissenschaftlichen Aussagen über unbelebte Objekte, wie in der Physik oder in der Chemie, von passiven Erhaltungsprinzipien regiert werden, sind die Objekte der biologischen Wissenschaften zusätzlich durch die dynamischen Erhaltungsprinzipien der Genidentität charakterisiert.

Fragt man mit R2 nach dem *Wirkenden*, dann kann man je nach religiöser Überzeugung von grundlegenden einseitigen oder grundlegend wechselseitigen Wirkungsbeziehungen ausgehen. Im ersten Fall wird man in den Naturwissenschaften der unbelebten und belebten Welt davon überzeugt sein, daß das Wirkende durch kosmische Naturgesetze gegeben ist, die im gesamten Kosmos wirksam sind und damit auch das gesamte irdische Leben bestimmen. Im zweiten Fall wird man wenigstens für die Biowissenschaften annehmen, daß es außer kosmischen Gesetzen auch noch spezifische organismische Naturgesetze gibt, die nicht als kosmische Gesetze ausweisbar sind[117], was allerdings eine ganz besondere wissenschaftstheoretische Problematik heraufbeschwört, mit der wir uns ausführlich erst in den letzten Abschnitten dieses ersten Bandes beschäftigen können.

Im Gegensatz zu den biologischen Wissenschaften wird in der Jurisprudenz und in den Wirtschaftswissenschaften angenommen, daß das Wirkende durch menschlich festgesetzte Handlungsregeln und durch Antriebe und Interessen von Menschen gegeben ist. Diese beiden Disziplinen unterscheiden sich hinsichtlich des Wirkenden erst durch die Beantwortung der dritten Frage R3, wo nach dem Bewertenden gefragt wird. Während in den Rechtswissenschaften die Bewertung bis auf seltene Ausnahmen durch das gesetzte

---

115 Vgl. dazu W. Deppert, Concepts of optimality and efficiency in biology and medicine from the viewpoint of philosophy of science, in: D. Burkhoff, J. Schaefer, K. Schaffner, D.T. Yue (Hg.), *Myocardial Optimization and Efficiency, Evolutionary Aspects and Philosophy of Science Considerations*, Steinkopf Verlag, Darmstadt 1993, S.135–146 oder ders., Teleology and Goal Functions – Which are the Concepts of Optimality and Efficiency in Evolutionary Biology, in: Felix Müller und Maren Leupelt (Hrsg.), *Eco Targets, Goal Functions, and Orientors*, Springer Verlag, Berlin 1998, S. 342–354, oder in: W. Deppert, „Bedingungen der Möglichkeit von Evolution, Evolution im Widerstreit zwischen kausalem und finalem Denken", Vortrag während der Tagung des Kieler Instituts für Praxis und Theorie der Schule (IPTS) zum Thema „Evolution" vom 28.6. bis 1. 7. 99, herunterzuladen vom Internet-BLOG <wolfgang.deppert. de>.

116 Vgl. Lewin, K. (1922), Der Begriff der Genese in Physik, Biologie und Entwicklungsgeschichte, eine Untersuchung zur vergleichenden Wissenschaftslehre, Berlin. Lewin sagt zu diesem Begriff ebenda: „Wir wollen, um Verwechslungen zu vermeiden, die Beziehung, in der Gebilde stehen, die existentiell auseinander hervorgegangen sind Genidentität nennen. Dieser Terminus soll nichts anderes bezeichnen, als die genetische Existentialbeziehung als solche." Man kann Genidentität auch die Identität eines Gegenstandes oder eines Systems nennen, welche aus dessen Veränderungs- oder auch Geschichtsfähigkeit hervorgeht.

117 Vgl. dazu W. Deppert, Kritik des Kosmisierungsprogramms, in: *Zur Kritik der wissenschaftlichen Rationalität*. Zum 65. Geburtstag von Kurt Hübner. Herausgegeben von Hans Lenk unter Mitwirkung von Wolfgang Deppert, Hans Fiebig, Helene und Gunter Gebauer, Friedrich Rapp. Verlag Karl Alber, Freiburg/München 1986, S. 505, 512.

Recht vorzunehmen ist, finden die Bewertungen in der Wirtschaftswissenschaft anhand der Beobachtungen des Marktgeschehens statt, d. h., Bewertungen werden von den einzelnen Menschen, den Verbrauchern vorgenommen. Auch hinsichtlich der Bewertungen sind die Juristen nicht wissenschaftlich tätig, da sie nicht danach fragen, ob Gesetze selbst als negativ oder positiv zu beurteilen sind, etwa weil sie sich mit anderen Gesetzen widersprechen oder weil sie staats- oder naturschädigend sind oder weil sie elementarem Naturrecht widerstreiten. Dadurch ist es möglich, daß wir in der Bundesrepublik Deutschland eine Fülle von gültigen grundgesetzwidrigen Gesetzen haben, die zum Teil nach Gründung der Bundesrepublik entstanden oder aber noch aus der Kaiserzeit oder der Zeit des Nationalsozialismus stammen, ohne daß die juristischen Fakultäten Anstalten unternommen haben, durch die diese unerträglichen rechtlichen Mißstände hätten beseitigt werden können. Wenn die Gesetzeslehre in den juristischen Fakultäten mit derartigen Fragestellungen und dementsprechend wissenschaftlichen Erörterungen verbunden wäre, dann könnte sich daraus ihre Existenzberechtigung an den Universitäten wieder herstellen lassen.

Die Beantwortung der 10 grundlegenden Fragestellungen G1 bis G5 und R1 bis R5, durch die sich die oben angedeutete Klassifizierungsmöglichkeit der Wissenschaften ergibt, setzt freilich die aus gutem Grund grundgesetzlich garantierte Freiheit von Forschung und Lehre (Art.5, Abs.3 GG)[118] voraus. Da durch Konkordate und Staatskirchenverträge den theologischen Fakultäten dieses Grundrecht genommen ist, erweisen sich diese Verträge als grundgesetzwidrig, daran ändert auch nichts, daß sich kürzlich das Bundesverfassungsgericht gegen die Gültigkeit des Grundgesetzes hinsichtlich Art. 3 Abs. 3 und Art. 5 Abs.3 GG in den sogenannten „Lüdemann-Urteilen" ausgesprochen hat. Da das Bundesverfassungsgericht keine Kompetenz zur Änderung des Grundgesetzes hat, dürfen diese Fehlurteile nicht als Recht anerkannt werden. Dies ist eine staatsrechtlich entsetzliche Situation, die geradezu das Widerstandsrecht Art. 20 Abs. 4 GG herauszufordern scheint, und wir können nur hoffen, daß sich daraus keine weiteren Gewaltmaßnahmen ergeben. Hier ist zweifelsfrei der öffentliche Gebrauch der Vernunft vonnöten, wie ihn Immanuel Kant in seiner berühmten Aufklärungsschrift gefordert hat. Solange jedenfalls der kirchliche Zwang nicht von den Theologischen Fakultäten genommen ist und mithin nicht sichergestellt ist, daß in ihnen in freier Weise wissenschaftlich geforscht und gelehrt werden kann, gibt es keine Rechtfertigung für ihr Verbleiben an den deutschen wissenschaftlichen Hochschulen und Universitäten.

Damit mag hinreichend deutlich gemacht sein, daß mit Hilfe der möglichen Antworten auf die fünf religiösen Fragen R1 bis R5, die auch für jede sinnvolle Handlung bewußt oder unbewußt beantwortet sein müssen, eine Klassifikation von Disziplinen und Problemtypen möglich ist. Daraus ergibt sich erneut, daß ein allgemeines Problemlösungskonzept ein erfolgversprechender Ansatz für eine Theorie der Interdisziplinarität sein kann. Außerdem ist nun gezeigt, daß schon die Form des Problembegriffs eine Arbeitsteilung in den Wissenschaften anzeigt, so daß sich jede Wissenschaft hinsichtlich ihres Objekt-

---

118 Art. 5 (3) GG: „Kunst und Wissenschaft, Forschung und Lehre sind frei. Die Freiheit der Lehre entbindet nicht von der Treue zur Verfassung."

bereichs und hinsichtlich ihrer Erkenntnisquellen und -methoden selbst überprüfen und einordnen kann, um ihre Rolle im Konzert der Wissenschaften genau zu bestimmen.

8.3.2.5   Zu den Möglichkeiten interdisziplinären Arbeitens

Interdisziplinäres Arbeiten kann in verschiedenen Formen der Zusammenarbeit stattfinden, die sich durchaus miteinander verbinden können. Sobald sich Wissenschaftler auf diese Formen der Zusammenarbeit eingelassen haben, kann es zu Wechselwirkungen zwischen den Disziplinen kommen, durch die sie sich hinsichtlich ihres Methodenreservoirs erweitern oder in ihrem Grundverständnis verändern können, so daß es sogar zur Entstehung von neuen Disziplinen kommen kann. Die einfachsten Formen werden im Folgenden unter Heranziehung einiger Beispiele beschrieben:

1. *Die Gewerke-Interdisziplinarität*

Sie wird ausgeübt, wenn verschiedene Disziplinen an einem Projekt so miteinander zusammenarbeiten, daß jede Disziplin ihre angestammten Methoden anwendet, ohne daß es dabei zu einer Wechselwirkung zwischen den verschiedenen Disziplinen kommt, durch die neue wissenschaftliche oder technische Problemlösungsmethoden entwickelt werden. Das altbewährte Vorbild der Gewerke-Interdisziplinarität ist das Zusammenarbeiten von Handwerkern verschiedener Innungen bei der Erstellung eines Gebäudes. Diese verschiedenen Handwerkerleistungen werden auch Gewerke genannt. Dies gilt heute entsprechend für eine große Anzahl von durchzuführenden Projekten, wie etwa im Fahrzeugbau, bei der Beweisaufnahme in einem Zivil- oder Strafprozeß, bei der Vorbereitung eines internationalen Handelsabkommens, bei der Erarbeitung einer Gesetzesvorlage oder auch bei der Planung und Durchführung eines chirurgischen Eingriffs.

2. *Die disziplinverändernde Interdisziplinarität*

Diese findet statt, wenn es zu eine Einwirkung zwischen zwei verschiedenen Disziplinen dergestalt kommt, daß sich das Methodenreservoir dieser Wissenschaften durch deren Einwirkung verändert. Davon kann es drei Typen geben:

2.1 *Die Interdisziplinarität der konstanten Methodenübernahme*
Methoden der einen Wissenschaft werden von der anderen Wissenschaft schlicht übernommen, ohne daß sich die Methoden dabei verändern. Dies hat sich z. B. innerhalb verschiedener Disziplinen der Physik vollzogen, als Methoden der Festkörperphysik hinsichtlich der theoretischen Darstellung von Kristallzuständen von der Quantenfeldtheorie im Rahmen der sogenannten *zweiten Quantelung* übernommen wurden. Andere Beispiele sind die Übernahme statistischer Methoden aus der physikalischen Fehlerrechnung und der Quantenphysik in die Wirtschaftswissenschaften, die Wissenschaft der Epidemiologie, der Psychologie, die Soziologie und in die Theorie der Textvergleichung in den

Sprach- und den historischen Religionswissenschaften, usw., aber auch die Verwendung bildgebender Verfahren der Physik in der Medizin, wie z. B. durch Röntgengräte, Elektronenmikroskope oder Kernspintomographen.

2.2 *Die Interdisziplinarität der verändernden Methodenübernahme*

Wie unter 2.1 werden Methoden einer anderen Wissenschaft der Form nach übernommen, aber im einzelnen verändert. So ist die allgemeine Methodik der Zusammensetzbarkeit von Automaten der technischen Wissenschaften von der chirurgischen Medizin in Form der Organ-Transplantation übernommen worden, wobei sich die Einzelheiten der Organübertragung stark von der Ersatzteiltechnik im Maschinenwesen unterscheiden.

2.3 *Die wechselwirkende Interdisziplinarität*

Hierbei ändern sich die Methoden verschiedener Disziplinen. So hat der Quantentheoretiker und Mathematiker Paul Dirac zur Integration der relativistischen quantenphysikalischen Feldgleichung die sogenannte Diracsche δ – Funktion eingeführt. Die damit verbundene Integrationsmethodik hat auf die Mathematik zurückgewirkt, indem dadurch ein neuer mathematischer Zweig der Funktionalanalysis entstand. Diese hat neue Hilfsmittel zur Weiterentwicklung der Quantenfeldtheorie bereitgestellt. Ähnliche Wechselwirkungen gibt es zwischen der Medizin, der organischen Chemie und der Pharmazie.

8.3.3   Grundlagen einer allgemeinen Problemlösungstheorie

8.3.3.1   Stationen des Problemlösungsprozesses

Die Beantwortung der Fragen G1 bis G5 und R1 bis R5 liefert das grundlegende Material für alle Problemlösungen, wenn sie grundsätzlich als sinnvolle Handlungen verstanden werden. Es bedarf jedoch, um möglichst systematisch zur Lösung eines Problems vorzudringen, noch einer gewissen Systematik.

Der französische Mathematiker und Wissenschaftstheoretiker Henri Poincaré (1854–1912) hat sich als einer der ersten Wissenschaftstheoretiker mit dem Problem der möglichst systematisch erreichbaren Problemlösung beschäftigt. Er hat die bisweilen eigenwilligen Wege einer Problemlösung an sich selbst studiert und in seinem Buch „Wissenschaft und Methode" beschrieben. Dabei bemerkte er, daß er schwierige mathematische Problemstellungen trotz größtem Bemühen nicht lösen konnte und erst einmal aufgab. Dann aber kam ihm bei ganz anderen alltäglichen Beschäftigungen plötzlich der Einfall der Lösungsidee, die er, sobald er Zeit finden konnte, dahingehend überprüfte, ob dies tatsächlich zu der erwünschten Lösung führte, wobei dies dann meistens der Fall war. Diesen Vorgang hat er dann versucht, in folgender allgemeinen Betrachtung zusammenzufassen:

„Wenn man an einer schwierigen Frage arbeitet, so kommt man oft bei Beginn der Arbeiten nicht recht vorwärts; dann gönnt man sich eine kürzere oder längere Ruhepause und setzt sich darauf wieder an seinen Arbeitstisch. In der ersten halben Stunde findet man auch jetzt nichts, und dann stellt sich plötzlich der entscheidende Gedanke ein man könnte sagen, die bewußte Arbeit sei deshalb fruchtbar gewesen, weil sie unterbrochen wurde und weil die Ruhe dem Geiste neue Stärke und Frische gegeben hat. Aber es ist wahrscheinlicher, daß die Zeit der Ruhe durch unbewusste Arbeit ausgefüllt wurde und daß das Resultat dieser Arbeit sich dem Mathematiker später enthüllte, ganz wie in den von mir erzählten Fällen; nur tritt eine solche Offenbarung nicht gerade während eines Spaziergangs oder einer Reise ein, sondern sie macht sich auch während einer Periode bewußter Arbeit geltend, aber dann unabhängig von dieser Arbeit, und Letztere wirkt höchstens wie eine Auslösung, sie ist gleichsam der Sporn, welcher die während der Ruhe erworbenen aber unbewusst gebliebenen Resultate antreibt, die bewußte Form anzunehmen.

Über die Bedingungen der unbewussten Arbeit muß ich noch folgendes bemerken: diese Arbeit ist nicht möglich und jedenfalls niemals fruchtbar, wenn ihr nicht eine Periode bewußter Arbeit vorangeht und eine andere solche Periode ihr folgt. Wie die erwähnten Beispiele hinlänglich zeigen, kommen derartig plötzliche Inspirationen nur nach tagelangen bewußten Anstrengungen vor, die gänzlich unfruchtbar zu sein schienen und bei denen man die Hoffnung etwas zu erreichen, schon vollständig aufgegeben hatte. Diese Anstrengungen waren also nicht so unfruchtbar, wie man zu glauben geneigt war, sie haben die Maschine der unbewussten Arbeit (unseres Gehirns) [Hinzufügung durch den Autor von TdW Band I] in Schwung gebracht, und ohne sie wäre diese Maschine nicht in Gang gekommen und hätte nichts leisten können.

Die Notwendigkeit der zweiten, bewußten Periode, die der Inspiration folgt, sieht man leicht ein. Man muß die Resultate dieser Inspiration ausarbeiten, aus ihnen die unmittelbaren Folgerungen ableiten, sie ordnen, die Beweise redigieren und vor allem sie prüfen. Ich sprach oben von dem Gefühle absoluter Gewißheit, das die Inspiration begleitet; in den erwähnten Beispielen hat dieses Gefühl nicht getäuscht, und so ist es meistens; jedoch muß man sich hüten zu glauben, das diese Regel keine Ausnahme zulasse; dieses Gefühl kann oft sehr lebhaft sein und uns dennoch täuschen, und wir bemerken unsern Irrtum erst, wenn wir den Beweis festlegen wollen. Das habe ich hauptsächlich bei solchen Einfällen beobachtet, die mir morgens oder abends im Zustande des Halbschlafes im Bette kamen."[119]

Diesem Text läßt sich ein dreistufiges Problemlösungsverfahren entnehmen:

1. Die intensive Beschäftigung mit dem Problem.
2. Das Loslassen vom Problem und Warten auf einen Einfall, was Poincaré als die *Inkubationsphase* bezeichnete, entsprechend einem Krankheitskeim, der erst nach einer gewissen Zeit die Krankheit entstehen läßt.
3. Die Prüfung des Einfalls.

Diese Problemlösungssystematik ist vielfältig variiert worden, indem noch weitere Problemlösungsstufen oder -phasen eingeführt wurden, wie dies etwa von Schlicksupp, Sell oder Bugdahl vorgeschlagen wurde (Vgl. FN 79).

---

119 Vgl. Henri Poincaré, *Wissenschaft und Methode*, übers. von F. u. L. Lindemann, Teubner Verlag Leipzig/Berlin 1914, S.44f.

8.3.3.2   Phasen im Problemlösungsprozeß

Ich verstehe hier den Problemlösungprozeß als einen rekursiven Prozeß von fünf Stationen oder Phasen, der solange an den Anfang zurückläuft, bis eine anwendbare Lösung gefunden worden ist. Eine solche Prozedur kann in Form eines sogenannten Flußdiagramms dargestellt werden, worauf ich hier verzichten möchte. Die fünf Stationen oder Phasen, die ich hier unterscheide, lassen sich nahezu beliebig verfeinern:

1. die Phase der Problemerfassung und -beschreibung
2. die Phase der Charakterisierung möglicher Problemlösungskandidaten,
3. die kreative Phase der Findung von Problemlösungsideen und –kandidaten,
4. die theoretische Prüfphase der in der 3. Phase gefundenen Problemlösungskandidaten und
5. die praktische Prüfphase als Anwendung der theoretisch möglichen Problemlösungskandidaten.

Folgende Verfeinerung von Problemlösungsstationen und ihre Gliederung sei hier angegeben, wobei die theoretische und die praktische Prüfphase zu einer allgemeinen Prüfphase zusammengefaßt werden:

1. Phase: die Problemerfassung und Problembeschreibung

1.1 Beschreibung der Problemlage durch Angabe des Ist-Zustandes sowie dessen Bewertung
1.2 Darstellung des Problems durch Angabe möglicher Sollzustände, deren Bewertungen und der Gründe dafür, warum die Erreichung des Sollzustandes nicht gelingt
1.3 Analyse des Problems
    1.3.1 In welchem allgemeinem Rahmen ist der Ist-Zustand und seine Bewertung gegeben?
    1.3.2 Wie kommt es zur Bestimmung des Sollzustandes? Warum soll er sein? Ist er allgemein bestimmt, so daß verschiedene einzelne Zustände ihn erfüllen können oder ist es ein einzelner konkreter Zustand? Ist er womöglich doch nicht besser als der Ist-Zustand? Wenn ja, dann zu 4.3.
    1.3.3 Gibt es vergleichbare Problemlagen mit schon vorhandenen Lösungen? Wenn ja, unter Station 4.2. fortfahren.
    1.3.4 Wodurch läßt sich der Ist-Zustand verändern oder wodurch läßt sich der Sollzustand so annähern, daß er dann mit bekannten Mitteln erreicht werden kann?
1.4 Verschärfung des Problems nach der Problem-Analyse durch Verdeutlichung der negativen Bewertung des Ist-Zustandes.

2. Phase: die Charakterisierung möglicher Problemlösungskandidaten

2.1 Bestimmung des Möglichkeitsraumes der problemlösenden Soll-Zustände und der Methoden zur Erreichung des Sollzustandes. Gibt es ein Kontinuum möglicher Lösungen oder sind es diskrete Zustände? Lassen sich iterative Annäherungsverfahren anwenden? Läßt sich der Möglichkeitsraum durch die Angabe extrem verschiedener Zustände aufspannen?

2.2 Woran läßt sich ein theoretischer Problemlösungskandidat erkennen?

2.3 Welche Bedingungen muß ein theoretischer Problemlösungskandidat in der Anwendung erfüllen, damit er als Lösung des Problems angesehen werden kann?

3. Phase: der kreative Prozeß

3.1 Wartephase (von Henry Poincaré auch Inkubationsphase genannt): Auf Einfälle zur Problemlösung warten, Zeitlassen für den kreativen Prozeß.

3.2. Begünstigungen des kreativen Prozesses einführen, wie etwa Musizieren, Singen oder auch Dauerlaufen oder andere Sportarten betreiben, vielleicht auch Tanzen, etc.

3.3 Einfälle sammeln.

4. Allgemeine Prüfphase

4.1 Theoretische Prüfphase (Wenn der Einfall kein möglicher Problemlösungskandidat ist, zurück zur 1. Phase).

4.2 Praktische Prüfphase (Wenn der Problemlösungskandidat sich nicht anwenden läßt zurück zur 1. Phase).

4.3 Erfolgreiche Anwendung des Problemlösungskandidaten und Lösung des Problems.

Diese verschiedenen Stufungen und Schrittfolgen des Problemlösungsprozesses sollen im Folgenden zusammenfassend beschrieben werden, weil wir meistens die hier formulierten Schrittfolgen so nicht im Einzelnen bewußt ausführen werden. Dies ist aber möglicherweise dann nötig, wenn unser Problemlösungsprozeß ins Stocken gerät.

8.3.3.3   Die einzelnen Phasen im Problemlösungsprozeß zusammenfassend beschrieben

8.3.3.3.1   Die Problemerfassungs- und Problembeschreibungsphase

Die Entstehung eines Problems beginnt damit, daß in irgendeinem Lebensbereich ein Gefühl des Unwohlseins auftritt, das allmählich an Stärke zunimmt, so daß wir diesen Zustand in einen anderen Zustand verwandeln wollen, durch den sich unsere Gefühlslage verbessert. In vielen Fällen wird sich dies nicht spontan erreichen lassen. Dann haben wir in einen anderen Problemlösungsprozeß einzutreten Dieser besteht nicht selten darin, daß wir uns eine Folge von möglichen anderen Zuständen vorstellen, bis wir uns schließlich über den Zustand, den wir erreichen wollen im klaren sind. Und dann fragt sich, wie wir diesen Zustand erreichen können. Man sagt zu diesem Vorgang oft: „Wenn man erst einmal die richtige Fragestellung gefunden hat, dann ist dies schon der halbe Weg zur Lösung des Problems."

Man denke etwa an die Formulierung des Themas einer Forschungsarbeit. Oft steht diese Formulierung erst am Ende der Arbeit, da dann erst ganz klar ist, was man tatsächlich untersucht hat und was dabei herausgekommen ist. Darum ist es geraten, das Vorwort zu einer Arbeit erst nach deren Beendigung zu schreiben. Immerhin hat schon Heinrich von Kleist in seinem Aufsatz „Über die allmähliche Verfertigung der Gedanken beim Reden" bemerkt, daß sich durch die Herausforderung der Rede eine „verworrene Vorstellung zur völligen Deutlichkeit ausprägt" (H. v. Kleist, *Sämtliche Werke*, Hrsg. K.F. Reinking, Löwit, Wiesbaden, S.975f.) Wir sollten unser Gemüt in einen bestimmten Erregungszustand bringen, um die „Fabrikation" unserer Ideen „auf der Werkstätte der Vernunft" zu ermöglichen. „Denn nicht *wir* wissen, es ist allererst ein gewisser *Zustand* unsrer, welcher weiß." (ebenda, S.979.) Insbesondere sei „oft in einer Gesellschaft () durch ein lebhaftes Gespräch eine kontinuierliche Befruchtung der Gemüter mit Ideen im Werk" (ebenda, S.978f.). Man kann es demnach bereits als eine klassische Weisheit bezeichnen, zur Klärung einer Problemlage die anregende Atmosphäre einer gesellschaftlichen Veranstaltung zu nutzen.

Im Prinzip geht demnach jeder Problemstellung schon eine kreative Phase voraus, indem möglicherweise ein erwünschter Sollzustand ersteinmal verworren vorgestellt wird und dessen Vorstellung man deshalb nicht aus der Realität haben kann, weil es sich dabei um einen Zustand handelt, der noch nicht realisiert ist. Und dies gilt auch dann, wenn man versucht, Sollzustände mit Zuständen zu identifizieren, die uns aus der Vergangenheit bekannt sind. Denn die Vergangenheit kehrt nach unserer Zeitvorstellung nicht wieder. Ob aber separierte vergangene Zustände in ihrer zukünftigen separaten Reproduktion das leisten, was sie in der Vergangenheit in einem anderen Zusammenhang geleistet haben, können wir prinzipiell nicht wissen, höchstens ahnen. Jeder Problemstellung geht also ein Entwurf voraus, ein „Auswerfen von Netzen" – wie Novalis sagt -. Und freilich kann man prinzipiell vorher nicht wissen, ob das durch die Netze Eingefangene auch wirklich die Wünsche erfüllt, die man bei ihrem Auswerfen gehegt hat.

Um ein konkretes Problem zu diskutieren, könnten wir uns des Problems annehmen, das unser Präsident, Herr Prof. Fouquet, in seiner Antrittsrede beschrieben hat und das zum Grund für die Abhaltung dieser Vorlesung geworden ist. Es besteht erstens in dem durchaus beklagenswerten Zustand, daß die vielen Wissenschaften, die in unserer Universität betrieben werden, Gefahr laufen, endgültig auseinanderzufallen, weil sie „kein Verständnis mehr ... für die anderen Wissenschaften" entwickeln und „keine gemeinsame Sprache mehr ... haben", um sich mit den anderen Wissenschaftlerinnen und Wissenschaftlern wissenschaftlich verstehen zu können und zweitens in der Frage, wie sich dieser Zustand verändern ließe. Zu Beginn dieser Vorlesung wurde der Sollzustand dieses Problems damit beschrieben, daß die Wissenschaftler eine gemeinsame Grammatik ihrer verschiedenen Wissenschaften über die gemeinsame Erkenntnistheorie erlernen, um so wieder ein Gefühl für die erkenntnistheoretische Einheit der Wissenschaften zu entwickeln und dadurch die Fähigkeiten zu interdisziplinärer Arbeit zu erwerben. Versuchen wir dieses Problem mit Hilfe des hier angedeuteten Problemlösungsprozesses einer Lösung näher zu bringen. Ganz sicher gibt uns die Reihenfolge der hier genannten Grundfragen R1 bis R5 eine gute Anleitung für das systematische Erarbeiten der Problemlage:

R1. Was ist das Gegebene, d. h., was existiert in welchen Existenzformen?

Wir haben uns also in unserer Lage möglichst klar darüber zu werden, woraus diese Lage besteht und was uns in dieser Lage zur Verfügung steht. Dazu hat Herr Fouquet die Situation erst einmal geschildert und anhand von geschichtlichen Auffassungen erklärt, wie es zu ihr gekommen ist. Wenn wir uns nun mit diesem Problem beschäftigen, dann gehört sicher auch zum Überblick über das Gegebene eine Menge an Literatur dazu, in der es oder ähnliche Problemlagen beschrieben werden und die Berichte darüber, wie sie gelöst werden konnten. Und tatsächlich gibt es ja das Forschungsgebiet der Wissenschaftstheorie, das sich ausdrücklich mit diesem Problembereich beschäftigt. Leider gibt es seit dem Erscheinen von Hübners Kritik der wissenschaftlichen Vernunft kaum noch weiterführende Literatur, wenn man von der Literatur zum sogenannten radikalen Konstruktivismus absieht, der ja gar keine ernstzunehmende Wissenschaftstheorie darstellt und nur zur erkenntnistheoretischen Verwirrung beiträgt. Zum Gegebenen aber gehören auch die vielen Wissenschaftler und Studenten der CAU und die dort angewandten Lehr- und Forschungsmethoden.

Wenn wir uns schließlich über das für uns Gegebene einen Überblick verschafft haben, können wir an die Beantwortung der zweiten Grundfrage gehen:

R2. Was von dem Gegebenen ist das Wirkende und wie wirkt es?

Es müßte also in dem für uns Gegebenen etwas dabei sein, wodurch wir etwas verändern können. Das könnten die Kenntnisse von Naturgesetzlichkeiten oder von psychologischen Regeln über menschliches Verhalten sein oder in unserem speziellen Problem auch die akademischen Lehrer und Forscher, die sich mit dem Gebiet der Wissenschaftstheorie beschäftigen. Es war darum sicher nicht von ungefähr, daß Herr Fouquet sein Problem gegenüber der akademischen Öffentlichkeit der Christian-Albrechts-Universität vortrug; denn es hätte ja sein können, daß darunter einige Kolleginnen oder Kollegen sitzen, die sich mit der Lösung des Problems gern befassen würden.[120] Diese Überlegung der Öffentlichmachung des Problems führt bereits in die kreative Phase des Findens von Problemlösungsvorschlägen. Zur weiteren Analyse des Gegebenen gehören dann noch die letzten drei Grundfragen:

---

120 Dies war ja auch tatsächlich der Fall, indem mich Herr Fouquet durch seine Darstellung des Problems von der zerfallenden Einheit der Wissenschaft dazu anregte, eine mehrsemestrige Vorlesung darüber zu halten.

- R3. Was vom Gegebenen und vom Wirkenden ist das Bewertende und wie wird bewertet?
- R4. Wodurch fällt die Entscheidung?
- R5. Wodurch wird das Ergebnis der Entscheidung verwirklicht?

Um zu einer Problemlösung zu kommen, sollten diese Fragen beantwortet werden. Für unser spezielles Problem dürfen wir wohl annehmen, daß sich unser Präsident sicher selbst als so kompetent ansehen darf, daß er selbst oder die von ihm Beauftragten die Bewertungen möglicher Vorschläge zur Problemlösung vornehmen, die Entscheidung fällen und für die Durchführung des Problemlösungsversuchs Sorge tragen können.

In jedem Fall geht es in der Problemerfassungsphase darum, daß Problem so scharf wie möglich zu bestimmen und zu formulieren. Denn je brennender das Problem aufleuchtet, um so eher wird der in uns selbst unbewußt stattfindende kreative Prozeß einsetzen können. Und auch dies kann bei dem Versuch, die Problemlage zu verschärfen, geschehen. Wenn wir den Ist-Zustand genügend genau beschrieben haben und ebenso dessen Bewertung, ist es möglich, daß wir dabei feststellen, daß der Ist-Zustand gar nicht so schlecht ist und daß wir bei dessen Veränderung eher Gefahr laufen, „vom Regen in die Traufe" zu kommen, d. h., daß wir unsere Lage womöglich verschlechtern. Ebenso ist es denkbar, daß die genaue Bewertung des geplanten Soll-Zustands eine schlechtere Bewertung ergibt, als die Bewertung des Ist-Zustands. Durch die möglichst genaue Analyse der Problemlage kann es also auch möglich sein, daß das Problem durch eine Umbewertung Ist-Zustandes und der möglichen Soll-Zustände verschwindet und nicht weiter bearbeitet werden muß.

8.3.3.3.2 Die Phase der Charakterisierung möglicher Problemlösungskandidaten

Man mag darüber streiten, ob die Bestimmung des Möglichkeitsraumes der Problemlösungskandidaten noch zu dem Gegebenen gehört oder ob es sich dabei bereits um einen weiteren Schritt im Verlauf des Problemlösungsprozesses handelt. Auf jeden Fall geht es dabei nicht um etwas Gegebenes in unserer äußeren Erscheinungswelt, sondern um etwas, das nur in unserem eigenen Denken vorkommt. In dieser Phase ist nämlich herauszufinden, von welcher Art die Problemlösung überhaupt sein kann, und dazu ist zweifellos eine weiterreichende Denkanstrengung erforderlich, da dies noch nicht automatisch mit der Problemstellung mitgegeben ist. Oft muß dazu der Raum erweitert werden, innerhalb dessen das Problem gestellt ist. Ein anschauliches Beispiel dafür ist die nette Aufgabe, nach der die vier Eckpunkte eines Quadrates mit einem Streckenzug von drei Graden miteinander verbunden werden sollen.

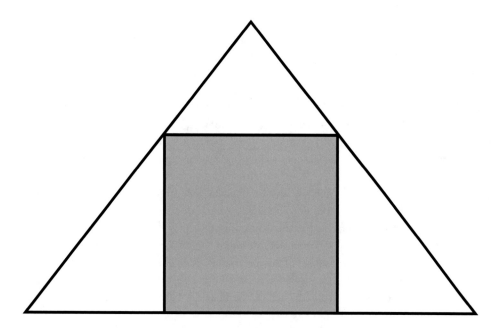

Um diese Aufgabe zu lösen, muß man über den Raum, den das Quadrat einschließt, hinausgehen, um einen möglichen Lösungskandidaten zu finden. Damit soll veranschaulicht werden, daß man zu versuchen hat, von den Begriffen, mit denen das Problem beschrieben wird, Außenbetrachtungen anzustellen, so daß sich Verallgemeinerungen der Problemstellung vornehmen lassen. Und damit wird dann der Möglichkeitsraum, in dem mögliche Lösungen gefunden werden können, vergrößert. Es wird allerdings auch nicht ausgeschlossen sein, daß bisweilen auch die Denkmöglichkeiten über Innenbetrachtungen der relevanten Begriffe zu weiteren Denkmöglichkeiten führen, weil sich auch dadurch neue Kombinationsmöglichkeiten des vorhandenen Denkmaterials ergeben können.

Für das hier ausgewählte Problem ist eine Erweiterung des Möglichkeitsraumes etwa durch eine Kooperation mit anderen Universitäten denkbar. Wir könnten also etwa Ringvorlesungen veranstalten, zu denen Wissenschaftstheoretiker verschiedener Universitäten eingeladen werden, damit sie berichten, in welcher Weise sie in ihrer Universität das Problem des Auseinanderfallens der Wissenschaften bearbeiten und vielleicht sogar bewältigen. Wir könnten aber auch dadurch über die Universitätsgrenzen hinausgehen, indem wir in der Gesellschaft, in der Politik, in der Wirtschaft oder in der Kultur nachfragen, welche Probleme sie gern durch die Wissenschaftler der Universität gelöst bekommen hätten. Durch diese Erweiterung des Problemhorizonts ist zu erwarten, daß die von außen genannten Problemstellungen nicht von einer Disziplin gelöst werden können, so daß die Universitätswissenschaftler sich von außen gezwungen sähen, zu lernen wie wir besser miteinander über die Disziplingrenzen hinweg zusammenarbeiten können, um Probleme zu lösen, die wir uns nicht selber stellen, sondern die von denen an uns herangetragen werden, die unsere Gehälter bezahlen.

Es wäre auch denkbar, in einer Disziplin – also in der Innenbetrachtung – die Verständigungsgräben aufzusuchen, um über Maßnahmen zum besseren Verstehen innerhalb der Disziplinen nachzudenken. So ist es erstaunlich, daß sich in der Mathematik und in der theoretischen Physik Spezialisierungen ergeben haben, so daß sich die Spezialisten dieser Forschungsverzweigungen nicht mehr untereinander verstehen. Um in solchen Fällen zu einer besseren disziplinären Verständigung zu kommen, könnte etwa eine Klassifizierung der Methoden und der Begriffsbildungen, die in den Spezialisierungen verwendet worden sind, sehr hilfreich sein. Dies würde allerdings bedeuten, daß man „rückwärts" forscht, d.h., das Erforschte sichtet und systematisiert. Vielleicht sollten wir auch Forschungspreise für dieses „Rückwärtsforschen" ausschreiben, weil doch der Eindruck entstanden ist, daß die meisten Wissenschaftler sich nur dann wohl fühlen, wenn sie meinen, an der äußersten Front der Forschung zu arbeiten, weil es wohl auch nur dort Preise zu ergattern gibt. Gerade aber das Rückwärtsforschen erfordert Kenntnisse über grundlegende Begriffsbildungsformen, wie sie meist in den Wissenschaften selbst nicht gelehrt werden, da sie ein wissenschaftstheoretisches oder gar erkenntnistheoretisches Handwerkzeug erfordern. Damit stoßen wir aber bereits auf die Fragen nach den Lösungsmöglichkeiten unseres Problems selbst, die über die bloße Erweiterung des Möglichkeitsraumes hinausgehen.

8.3.3.3.3 Die Phase des kreativen Prozesses

Dieser Abschnitt ist für mein Gefühl der wichtigste, der spannendste und zugleich auch der geheimnisvollste der ganzen Vorlesung; denn mit diesem Abschnitt wird implizit behauptet, daß wir alle kreativ sein können und daß es wohl sogar auch Möglichkeiten gibt, die eigene Kreativität zu steigern. Die Kreativität ist offenbar die Fähigkeit zu Zusammenhangserlebnissen, von denen wir zwar wissen können, daß wir sie immer wieder haben werden, deren Zustandekommen wir allerdings nicht ergründen können, so daß wir nur ganz lapidar die Existenz eines Zusammenhangstiftenden in uns annehmen dürfen. Immerhin aber konnten wir feststellen, daß wir Methoden entwickeln können, durch die wir Zusammenhangserlebnisse reproduzieren können. Diese Fähigkeit haben wir mit dem Begriff der Rationalität identifiziert, weil reproduzierbare Zusammenhangserlebnisse die reproduktive Form von Erkenntnissen darstellt. Es mag sein, daß die neueren philosophischen Bemühungen um die vielfältigen Formen von Bewußtsein noch etwas Licht in das Dunkel bringen werden und vielleicht auch noch die experimentellen Arbeiten der Gehirnphysiologie, wenn sie ihren Untersuchungen die dazu von philosophischer Seite entwickelten begrifflichen Unterscheidungen der Bewußtseinsformen zugrundelegt. Dazu aber bedarf es einer interdisziplinären Zusammenarbeit zwischen Physiologen, Operateuren, Meßtechnikern und Philosophen, wie ich sie immer wieder anmahne.[121]

Vor gar nicht so langer Zeit war diese Interdisziplinarität noch in Form einer Personalunion von Wissenschaft und Philosophie in vielen bedeutenden Wissenschaftlern wirk

---

121 Vgl. dazu in meinem Weblog <wolfgang.deppert.de> den Artikel vom 21. August 2008 Bewußtseinsphilosophie und Salutogenese.

sam. Als ich 1984 zur Vorbereitung des Internationalen Hermann-Weyl-Kongresses, der 1985 in Kiel stattfand, zu dem bedeutenden Mathematiker B. L. Van der Waerden (1903 – 1996) nach Zürich fuhr, hat er mir voll Begeisterung von seinen mathematischen Arbeiten über griechische Philosophen erzählt und mir seine Schrift „Einfall und Überlegung" mitgegeben. Darin schreibt er, daß „ein guter Einfall … immer etwas Mysteriöses an sich" habe, so daß man geneigt sei, „ihn göttlich zu nennen". In einem Brief von Gauß an Olbers fand van der Waerden folgende Stelle, wo Gauß schreibt[122]:

> „Endlich vor ein paar Tagen ist's gelungen – aber nicht meinem mühsamen Suchen, sondern bloss durch die Gnade Gottes, möchte ich sagen. Wie der Blitz einschlägt, hat sich das Rätsel gelöst; ich selbst wäre nicht imstande, den leitenden Faden zwischen dem, was ich vorher wusste, dem, womit ich die letzten Versuche gemacht hatte – und dem, wodurch es gelang, nachzuweisen."

Van der Waerden hat sich ganz besonders auch auf Poincaré berufen und kommt ähnlich wie dieser dazu, daß es wohl ein ästhetischer Moment ist, wodurch es schließlich auf „unbewußte Weise" zu einem problemlösenden Einfall kommt. Poincaré hat sich zu diesen „unbewußt" im Gehirn ablaufenden Prozessen folgende Gedanken gemacht:

> „Diejenigen Kombinationen welche nach mehr oder weniger langer unbewusster Arbeit sich unserem Geiste durch eine Art plötzlicher Erleuchtung offenbaren, sind allerdings im allgemeinen nützlich und fruchtbar, sie sind gewissermaßen das Resultat einer ersten Auslosung. Muß man hieraus folgern, das sublime Ich habe mittels einer feinfühligen Intuition geahnt, daß gerade diese Kombinationen nützlich sein könnten, und habe deshalb überhaupt nur diese gebildet, oder hat es nicht viel mehr noch viele andere gebildet, die nicht von Belang waren und die deshalb nicht ins Bewußtsein getreten sind?
> Geht man von diesem zweiten Gesichtspunkte aus, so werden alle Kombinationen durch die automatische Tätigkeit des sublimen Ich gebildet, aber nur diejenigen, welche für das gesteckte Ziel von Interesse sind, dringen in das Gebiet des Bewußtseins ein. Das ist immer noch sehr geheimnisvoll. Wie kommt es, daß unter den tausend Produkten unserer unbewußten Tätigkeit einige dazu berufen sind, die Schwelle zu überschreiten, während andere draußen bleiben müssen? Wird ihnen dieses Privilegium einfach durch den Zufall übertragen? Offenbar nicht; von allen Sinnenreizen werden z. B. nur die stärksten unsere Aufmerksamkeit erregen und fesseln, es sei denn, daß diese Aufmerksamkeit durch andere Ursachen auch auf die schwachen gelenkt wird. So gilt allgemein das Folgende: Die bevorzugten unbewußten Erscheinungen, welche befähigt sind ins Bewußtsein zu treten, sind diejenigen, welche unsere Sensibilität direkt oder indirekt am tiefsten beeinflussen.

---

122 B.L. v. d. Waerden, *Einfall und Überlegung*, 3.erw.Aufl., Birkhäuser Verlag, Zürich 1973, S. 3.

Mit Verwunderung wird man bemerken, daß hierbei Gelegenheit mathematische Beweise, die doch nur von der Intelligenz abhängig zu sein scheinen, die Sensibilität in Betracht kommen soll. Aber man wird es verstehen, wenn man sich das Gefühl für die mathematische Schönheit vergegenwärtigt, das Gefühl für die Harmonie der Zahlen und Formen, für die geometrische Eleganz. Das ist ein wahrhaft ästhetisches Gefühl, welches allen wirklichen Mathematikern bekannt ist; dabei ist in der Tat Sensibilität im Spiele."[123]

Nach der Bewußtseinsdefinition, wie ich sie schon seit ca. 8 Jahren vertrete, ist das Bewußtsein die Kopplungsstelle von fünf Überlebensfunktionen, der Wahrnehmungs-, der Erkenntnis-, der Maßnahmenbereitstellungs- und Durchführungsfunktion sowie der Energiebereitstellungsfunktion. Im Laufe der Evolution werden diese Funktionen im Zuge von Arbeitsteilungen verschiedenen Organen zugeordnet. Und nun dürfen wir uns vorstellen, daß sich auch die Erkenntnisfunktion stark ausdifferenziert hat, so daß in uns Teilbereiche der Erkenntnisfunktion nicht in das wache Bewußtsein hineinreichen, dennoch aber daran beteiligt sind, ständig zu versuchen, Zusammenhänge zwischen dem Wahrgenommenen und weiteren Gedächtnisinhalten herzustellen. Diese Bewußtseinsform nenne ich gern das *integrierende Bewußtsein*, das sich erst in unserem Wachbewußtsein bemerkbar macht, wenn es ihm gelungen ist, bestimmte Zusammenhänge, die vorher noch nicht bekannt waren, herzustellen. Genau dann erleben wir ein Zusammenhangserlebnis, das unsere Gefühlslage verbessert, weil wir dadurch in uns ein größeres Sicherheits- oder gar Geborgenheitsgefühl wahrnehmen. Und je stärker diese Zusammenhangserlebnisse sind, um so mehr sind wir von ihnen überrascht und erfreut. Weil aber das in uns tätige integrierende Bewußtsein wie in einem großen Puzzle-Spiel eine Fülle von Kombinationen versucht, wird der Moment, in dem plötzlich alles zusammenpaßt, wie ein Blitz einschlagen und unser waches Bewußtsein erreichen, indem uns die Lösung eines Problems präsentiert wird. Und gewiß besitzt ein größtmöglicher Zusammenhang ein besonders starkes ästhetisches Moment, das Poincaré und van der Waerden für das Auswahlkriterium der unbewußten Lösungsfindung halten.

Die Beantwortung der Fragen G1 bis G5 und R1 bis R5 liefert das grundlegende Material für alle Problemlösungen, wenn sie grundsätzlich als sinnvolle Handlungen verstanden werden sollen. Damit der kreative Prozeß durch unser integrierendes Bewußtsein eingeleitet werden kann, müssen wir ihm auch alles verfügbare Material zur Verfügung stellen, so wie es im vorigen Abschnitt 8.3.3.3.2 andeutungsweise beschrieben wurde. Und dann bedeutet das Wesentliche der dritten, der kreativen Phase nachdem das Problem so zugespitzt wurde, wie nur möglich, d.h., die größtmöglichen Anstrengungen zu einer Lösung unternommen worden sind: Von dem Problem ablassen, Entspannung eintreten lassen, etwas ganz anderes tun, eine Nacht darüber schlafen, wie der Volksmund sagt, Vertrauen haben, daß unser integrierendes Bewußtsein unablässig arbeiten wird.

Um unserem kreativen Vermögen etwas „auf die Beine zu helfen" sind vor allem in den USA Methoden ersonnen worden, die allesamt mit dem Begriff „Brainstorming" bekannt geworden sind. Dazu wird eine angeregte und zugleich entspannte Atmosphäre

---

123 Vgl. Poincaré (1914, S. 47f.)

geschaffen, das zu lösende Problem möglichst klar dargestellt, und dann werden die Gedanken, die uns in den Kopf kommen, in irgendeiner Weise aufgezeichnet. Die Hauptregel des Brainstorming ist dabei, die – man kann diese Empfehlung auch schon bei Poincaré finden – *die Gedanken, die uns kommen, dürfen **in keiner Weise bewertet werden**,* sie werden so aufgezeichnet, wie sie uns in den Kopf kommen. Die Bewertung findet erst nach dieser kreativen Phase des Brainstorming anhand der aufgezeichneten Gedanken statt.

Die Aufzeichnung der Ideen kann durch ein Mikrophon oder durch eine Kamera geschehen. Wenn die Ideen aufgeschrieben werden, dann spricht man vom Brainwriting. Aus dem Aufsatz „Über die allmähliche Verfertigung der Gedanken beim Reden" von Heinrich von Kleist kennen wir bereits die Tatsache, daß wir in einer Gruppe von Menschen einen sozialen Druck spüren, der uns dazu anregt, mehr Gedanken zu produzieren. Darum sind die Brainstorming-Verfahren in einer Gruppe meist effektiver. Dazu können Gruppengespräche aufgenommen werden, in denen jeder ohne Bewertungen das äußert, was ihm in den Sinn kommt. Besonders bekannt geworden ist die 635-Methode, wonach 6 Personen an einem Tisch sitzen und drei Ideen innerhalb von 5 Minuten auf einen Zettel schreiben. Nach 5 Minuten wird der Zettel an den rechten Nachbarn weitergereicht und jeder schreibt wieder 3 Ideen auf den Zettel, wobei er sich durch die schon aufgeschriebenen Ideen seines linken Nachbarn weiter inspirieren lassen kann. Nach weiteren 5 Minuten wird der Zettel wieder an den rechten Nachbarn weitergereicht, so daß nach einer halben Stunde insgesamt 6 mal 18 = 108 Ideen aufgeschrieben worden sind. Zweifellos ist diese Methode sehr effektiv, jedenfalls was die Zeit angeht, man könnte sie auch gemäß des amerikanischen Fast-Food-Essen-Stils auch als Fast-Creation bezeichnen. Es ist aber kein Zweifel, daß mit dieser Fast-Creation-Methode auch schon große Problemlösungserfolge erzielt wurden.

8.3.3.3.4 Die allgemeine Prüfphase

Wenn sich – bei welcher Gelegenheit auch immer – ein Einfall eingestellt hat, dann ist zu prüfen, ob sich damit das Problem lösen läßt oder nicht. Wenn es sich herausstellt, daß dieser Einfall nicht einmal die Kriterien für einen möglichen Problemlösungskandidaten erfüllt, dann sollten wir das Problemlösungsverfahren von neuem beginnen und wieder mit der ersten Phase starten. Wenn sich hingegen der Einfall als möglicher Problemlösungskandidat erweist, dann können wir die theoretische Prüfung vornehmen. Im Falle eines theoretischen Problems, etwa eines Problems aus der Mathematik oder einer anderen theoretischen Wissenschaft fällt die theoretische mit der praktischen Prüfung zusammen. Und in diesem Fall ist das Problem gelöst, wenn der Einfall die theoretische Prüfung besteht. Die theoretische Prüfphase kann freilich auch mit der Prüfung zusammenfallen, durch die festgestellt wird, ob es sich bei dem Einfall überhaupt um einen möglichen Problemlösungskandidaten handelt. Dies wird jedenfalls dann der Fall sein, wenn sich die Problemlösung erst nach einer Anwendung auf einen praktischen Fall erweisen läßt. Aber auch bei einem praktischen Problem kann es erforderlich sein, etwa nach bestandenen Tests noch eine Prüfung in einer Daueranwendung vorzunehmen. Wenn der Problemlösungskandidat all diese Prüfungen bestanden hat, dann sollte das Problem als gelöst angesehen werden können, obwohl es eine absolute Sicherheit der Irrtumsvermeidung nicht geben wird. Falls aber die vermutete Problemlösungsidee nach bestandener theoretischer Prüfung in der Anwendung versagt, dann haben wir wiederum unser Problemlösungsverfahren neu zu beginnen. Dabei kann es sich allerdings herausstellen, daß bei der erneuten Problemanalyse Hinweise deutlich werden, daß eine Lösung des Problems unter den bestehenden Bedingungen gar nicht möglich ist, so daß dadurch der Problemlösungprozeß schließlich auch zu einem Ende kommt.

„Damit ist nun auch der erste Teil der Vorlesung „Theorie der Wissenschaft" zu seinem Ende gekommen." – Dies ist noch der Originalton der Vorlesung, aus der ja der erste Band des Werkes „Theorie der Wissenschaft" wesentlich geworden ist. Und bevor ich in bestimmte wissenschaftliche Beispiele für Problemlösungen von größerer Bedeutung eingehe, möchte ich hier den Orginalton der Vorlesung fortsetzen – „Die ursprünglich vorgesehene Darstellung der normativen Wissenschaftstheorien und ihre Kritik wird in einem dritten Teil dieser Vorlesung noch zu leisten sein, nachdem im kommenden Sommersemester 2009 das Werden der Wissenschaft dargestellt worden ist. Weil zum Werden der Wissenschaft auch die gegenwärtige und zukünftige Entwicklung des wissenschaftlichen Arbeitens dazugehört, sollen im Sommersemester auch die Bedingungen zusammengetragen werden, die für eine Entwicklung der Wissenschaften erforderlich sind, damit die Wissenschaft tatsächlich das große Gemeinschaftsunternehmen der Menschheit wird, durch das sie ihr Überleben möglichst langfristig sicherstellen kann."

Zur kosmischen Metrisierungstheorie der Relativitätstheorie Einsteins

Der österreichische Philosoph Ernst Mach hat in seiner leicht spöttischen Art einmal beinahe wie nebenbei bemerkt, daß wir mit der mittelalterlichen mystischen Naturbetrachtung immernoch verstrickt seien, wenn wir ihm nicht erklären könnten, warum sich die Jupitermonde nach seiner Taschenuhr richten; denn er könne von jedem einzelnen dieser Monde an seiner Taschenuhr ablesen, wann sie wieder hinter dem Jupiter auftauchen werden. Damit meint er offenbar, daß es für uns doch sehr rätselhaft sein muß, warum sich die Jupitermonde in ihrem Bewegungsverhalten nach eben der selben Zeit richten, die durch unsere Uhrzeit angezeigt wird, wozu wir in unseren Taschenuhren Drehpendel oder aufgespannte Metallfedern benutzen.[124] Auch Ernst Mach ging es um das Ergründen des Zusammenhangstiftenden in der Welt, und wir haben in unserem Bemühen, zu verstehen in welcher Weise dieses Zusammenhangstiftende etwa in der Wissenschaft greifbar und beschreibbar ist, damit wir uns nicht damit begnügen müssen, anzuerkennen, daß dies geheimnisvoll bleibt, wenngleich wir es in jedem Zusammenhangserlebnis sogar beglückend erleben können.

Immerhin haben wir mit der Mathematisierbarkeit von bestimmten Objektbereichen, die gewisse Bedingungen der Metrisierbarkeit erfüllen, die Möglichkeit gefunden, bestimmte Zusammenhänge zwischen Objekten mathematisch darzustellen, wobei uns der Zugang zur Mathematisierbarkeit der sinnlich wahrnehmbaren Wirklichkeit (der äußeren Wirklichkeit) allerdings immer noch versperrt zu sein scheint, sobald es sich dabei um Zusammenhänge handelt, die einen ganzheitlichen Charakter besitzen, wie er sich einstweilen mit ganzheitlichen Begriffssystemen wenigstens beschreiben aber dennoch wegen der semantischen Zirkelhaftigkeit der dabei verwendeten Begriffe nicht wirklich verstehen läßt. Umso erstaunlicher ist Albert Einsteins Versuch, mit seiner *Allgemeinen Relativitätstheorie* eine mathematische Metrisierungsmethode der raum-zeitlichen Bestimmungen des Kosmos

---

124 Vgl. Ernst Mach, *Populärwissenschaftliche Vorlesungen, 4. Aufl.* Leipzig 1910, S. 495.

© Springer Fachmedien Wiesbaden GmbH, ein Teil von Springer Nature 2019
W. Deppert, *Theorie der Wissenschaft*, https://doi.org/10.1007/978-3-658-14024-3_9

nach einem Ganzeitsprinzips der gegenseitigen Abhängigkeit von Energie- und Materie-Dichteverteilungen einerseits und der raum-zeitlichen Metrik andererseits vorzulegen.

Einstein ist dazu vor allem von Ernst Mach inspiriert worden, der grundsätzlich die metaphysische Auffassung von der Einheit des Kosmos vertrat, warum die lokal feststellbaren Trägheitserscheinungen der Materie durch den Einfluß der fernen Massen im gesamten Kosmos zu erklären seien. Besonders anschaulich hat Mach diese ganzheitliche Weltsicht durch seine Kritik an Newtons Nachweisversuch eines absoluten Raumes mit seinem Gedankenexperiments des sogenannten Eimer-Experiments machen können. Danach solle man sich nach Newton einen Eimer vorstellen, der etwa zu drei Vierteln des Volumens mit Wasser gefüllt ist und der sich anfangs in Ruhe befindet, so daß die Wasseroberfläche eine Ebene ausbildet. Wird nun der Eimerhenkel an einem hängenden Seil befestigt, so ändert sich an dieser Situation einstweilen noch nichts. Wird nun aber der Eimer in eine Drehbewegung versetzt, dann werden die Zentrifugalkräfte, die am Wasser angreifen, das Wasser allmählich an den Eimerwänden nach oben treiben, so daß mit zunehmender Drehgeschwindigkeit des Eimers die Wasseroberfläche eine immer deutlicher werdende Kugelkalotte ausbildet. Wird dann dann plötzlich die Drehbewegung des Eimers gestoppt, dann wird der Eimerrand stillstehen, aber das Wasser wird aufgrund seiner Trägheit seine Kreisbewegung fortsetzen und die Kugelkalotte, wird jedenfalls noch eine ganze Weile ausgebildet bleiben. In Beobachtung dieser Situation meinte Newton nun die Behauptung von der Relativität des Raumes mit folgender Überlegung widerlegen zu können. Zu Beginn dieses Versuches als sich der Eimerrand um das Wasser bewegte, stand das Wasser aufgrund seiner Trägheit noch still, aber der Eimerrand bewegte sich, und nachdem das Wasser in Bewegung versetzt wurde und der Eimer angehalten wurde, steht der Eimerrand wieder still, und das Wasser bewegt sich, aber unter der Ausbildung einer Kugelkalotte. Also ist es nicht einerlei, wie es uns die Relativitätsvertreter glauben machen wollen, ob der Eimerrand still steht und das Wasser sich bewegt oder ob sich der Eimerrand bewegt und sich das Wasser in Ruhe befindet. Da nun die Kugelkalottenbildung durch die beschleunigte Bewegung zustande käme, welche ja stets mit einer Drehbewegung verbunden sei, zeige dieses Gedankenexperiment, daß sich der Raum in bezug auf beschleunigte Bewegungen als ein absoluter Raum zu erkennen gebe. Diesem scheinbar schlagenden Argument Newtons setzte Mach das wohl doch noch überzeugendere Argument entgegen, daß Newton ja nicht die vollständige Relativität beschrieben habe, wenn er einerseits das bewegte Wasser vom ruhenden Eimerrand beobachte und andererseits meint, das relative Gegenstück dazu sei durch das ruhende Wasser gegeben, das vom bewegten Eimerrand aus betrachtet würde; denn die Relativität wäre nur dann gewahrt, wenn er mit dem Eimerrand zugleich auch die ganze Welt um das ruhende Wasser herumdrehte; denn dann würde aufgrund der Trägheitswirkungen der fernen Massen sich die Kugelkalottenbildung auf dem Wasser auch wieder ausbilden. Aus leicht einsehbaren technischen Gründen, sei freilich der Beweis dieser Behauptung nicht zu erbringen. Dennoch aber trägt Machs Argument so viel überzeugende Kraft für diejenigen in sich, die Machs Metaphysik teilen, an eine in sich geschlossene Ganzheit der Welt zu glauben, die sich jedenfalls gedanklich hernehmen läßt, um sie um das ruhende Wasser herumzudrehen.

Diese Abhängigkeit auch der wissenschaftlichen Argumentationen von metaphysischen Grundannahmen über die uns in irgend einer Form gegebene physische Welt wird noch deutlicher, wenn wir versuchen, Newtons metaphysische Position zu beleuchten. Newton war überzeugter Arianer, die sich als Anhänger des Arius verstanden, der während des vom römischen Kaiser Konstantin 325 einberufenen Konzils zu Nicea das von Athanasius erfolgreich vertretene trinitarische Christentum ablehnte. Für Arius gab es nur den einen Gott, und Jesus war kein Gott, sondern ein Mensch, der auch für Kant später nur als Mensch die Rolle eines moralischen Vorbildes übernehmen konnte. Der Gott des Arius, an den auch Newton glaubte, konnte überall zugleich sein, warum Newton den Raum auch als das Sensorium Gottes betrachtete und auch so erstmalig bezeichnete, wodurch er das gesamte Weltgeschehen zugleich wahrnehmen konnte. Und die Absolutheit Gottes mußte zumindest auch in den Kraftwirkungen bemerkbar sein, die für Newton ebenfalls erstmalig stets mit Beschleunigungen verbunden worden sind, warum sich die Absolutheit des Raumes in den Beschleunigungsvorgängen zeigen sollte. Auch dieses newtonsche Konzept der Weltbetrachtung hat eine bestechende innere Konsistenz, was sich nicht nur an dem bahnbrechenden Erfolg der newtonschen Physik erwies, so daß noch Kant seine Naturgeschichte des Himmels nach newtonschen Grundsätzen verfaßte.

Aber so wie Kant durch seinen transzendentalen Erkenntnisweg zum Urheber der heute üblich gewordenen Wissenschaftsmetaphysik des Relativismus geworden ist, so hat Newtons Gottes- und Raum-Begriff des Sensorium Gottes die neuzeitliche religiös-metaphysische Entwicklung zur pantheistisch-unitarischen Weltbetrachtung in der europäischen Aufklärung weitgehend mithervorgebracht und in deren Traditionslinie auch die Naturphilosophie von Ernst Mach und schließlich auch von Albert Einstein einzuordnen ist. Dadurch ist es verständlich, daß Einstein selbst das Grundprinzip, welches der Bildung seiner *Allgemeinen Relativitätstheorie (ART)* zugrunde liegt, als *das Machsche Prinzip* bezeichnet hat. In der ART geht es um die *Bestimmung der Raum-Zeit-Metrik im Kosmos* mit Hilfe der Energie-Masse-Verteilung im Kosmos. Theoretisch ist Einsteins Konzept sehr einfach, da er für jeden Punkt der Raum-Zeit-Mannigfaltigkeit des ganzen Kosmos den vier-dimensionalen Metrik-Tensor dem Energie-Masse-Tensor an der selben Stelle gleichsetzt, wobei diese beiden Tensoren nur noch mit einem konstanten Proportionalitätsfaktor verbunden sind, der auch zur Angleichung der verschiedenen Dimensionen nötig ist, da die physikalischen Größen in den beiden Tensoren mit verschiedenen Dimensionen versehen sind. Dadurch ist die ART eine kaum verstandene Metrisierungstheorie des Kosmos geworden, die in keine der hier besprochenen Metrisierungsverfahren hineinpaßt.

So einfach, wie der Ansatz der durch die schlichte Gleichsetzung von zwei vierdimensionalen Tensoren konzipierten Allgemeinen Relativitätstheorie (ART) gestaltet ist, so unübersehbar komplex sind die damit gelieferten Differentialgleichungen durch ihre vielfachen Rückkopplungen, weil die raumzeitlichen Bestimmungen des Energie-Masse-Tensors, der selbst aus lauter Energie- und Massedifferentialen besteht, den raum-zeitlichen Metriken zu entnehmen sind, die auch nur als Differentiale im Metriktensor enthalten sind. Diese Rückkopplungen führen zu verkoppelten nichtlinearen Differentialgleichungen, für die eine korrekte Lösungsmethodik nicht in Sicht ist, so daß man sich nur mit extrem vereinfachten Lösungsideen helfen muß, wie etwa mit dem *kosmologischen Prinzip*, durch das schließlich eine lösbare Differentialgleichung aufgestellt werden kann, die das erste Mal von Friedmann angegeben wurde und darum auch die *Friedmannsche Gleichung* genannt wird und deren vielfältige Arten von Lösungsmannigfaltigkeiten einen Ausdehnungsparameter A der Welt in Abhängigkeit von einer extra postulierten physikalischen Weltzeit t bestimmbar machen. Durch **das kosmologische Prinzip**, das besagt, daß die Welt für alle möglichen Beobachter gleich aussieht, wird ja bereits die Annahme gemacht, das kosmologische Prinzip sei bereits eine Lösung der Differentialgleichungen der ART, was freilich nicht beweisbar ist, so daß die Lösungen der Friedmannschen Gleichung mit äußerster Skepsis zu betrachten sind. Was Einstein selbst anfangs auch getan hat.

Obwohl es eine ganze Reihe von Lösungstypen der Friedmannschen Gleichung gibt, hat man sich aus wahrhaft unerfindlichen Gründen schon relativ früh auf eine extrem verkürzte Lösung aus dem Lösungstyp der periodischen Lösungen geworfen, und diese für die korrekte Wiedergabe der zeitlichen Entwicklung des Kosmos proklamiert, obwohl schon diese Lösung mit einer noch nie in der Physik beobachteten Singularität unendlicher Materiedichte zum Zeitpunkt 0,0 beginnt. Nennen wir diese Lösung die *singuläre Lösung*. Weil diese Lösung aber zu den periodischen Lösungen gehört, wäre es sehr viel naheliegender gewesen, eine periodisch auftretende starke Zusammenziehung des Kosmos mit einem Umkehrpunkt mit maximaler Materiedichte zu wählen, wie sie ja auch von dem Astrophysiker John Archibald Wheeler vorgeschlagen wurde, da wir solche Lösungstypen aus der Theorie der Supernovaexplosionen sehr gut kennen und berechnen können. Außerdem mußte doch allen Astrophysikern klar sein, daß das kosmologische Prinzip durch dessen Annahme die Friedmannsche Gleichung erst aus den Feldgleichungen der ART ableitbar ist, eine derart extreme Vereinfachung der tatsächlichen Verhältnisse darstellt, daß nur dadurch die Nullstelle des Ausdehnungsparameters mit einer Singularität der Materiedichte in dieser Lösung der Friedmannschen Gleichung erklärlich ist. Daß dennoch sich mehr und mehr Astrophysiker fanden und noch immer finden und die singuläre Lösung in ihrer Phantasie zur *Urknalltheorie* ausbauen und diese sogar zum *Standardmodell der Astrophysik* ausloben, wird ein Mysterium in der Geschichte der Astrophysik bleiben, zumal die Urknalltheorie eine Fülle von abstrusen Konsequenzen zeitigt, die nur zum Teil von Alexander Unzicker in seinem Buch „*Vom Urknall zum Durchknall: Die absurde Jagd nach der Weltformel*" zusammengetragen worden sind, das im Springer Verlag das erste Mal 2010 erschien und bereits 2014 wieder bei Springer neu aufgelegt wurde. Zu den weitaus kostspieligsten Konsequenzen gehören die *Theorie der dunklen Materie* und die *Theorie des Higgs-Bosons*.

Daß Einstein sich schließlich hat überreden lassen, auch der Urknalldeutung zuzustimmen, lag vor allem an den Entdeckungen der Rotverschiebungen von entfernten Galaxien, die noch mit der Entfernung zunehmen und zwar so, daß die Zunahme mit der Entfernung linear erfolgt und diese Linearität mit einer Konstanten bestimmbar war, die heute als *Hubble-Konstante* bezeichnet wird. Wie üblich werden Rotverschiebungen als Dopplereffekt gedeutet. Darum kam Hubble durch seine Messungen mit den von ihm entwickelten Hubble-Radio-Teleskopen zu der Deutung, daß sich das Weltall ausdehne und sogar umso schneller, je weiter die Galaxien entfernt sind, was sich leicht durch das Bild eines Luftballons erklären läßt, der aufgeblasen wird.

Wenn wir aber zu dem ursprünglichen Vorhaben Albert Einstein zurückkehren, das darin bestand, eine raum-zeitliche Metrisierungstheorie der kosmischen Vorgänge zu liefern, dann läßt sich sehr schnell und einfach eine völlig andere Deutung der Hubble-Konstanten finden, wenn man nur davon ausgeht, daß die Gesamtenergie des Kosmos einschließlich des Energie-Äquivalents der kosmischen Massen konstant bleibt, dann folgt schon daraus, daß mit zunehmender Entfernung die mittlere Energiedichte mit r^3 abnimmt, weil das Kugelvolumen mit r^3 zunimmt. Nun wissen wir seit Newton, daß die Massenwirkung sich nach r^2 verhält, so daß noch eine lineare Abstandsabhängigkeit für die Längenmaße resultiert, was dann als Rotverschiebung gemessen wird, aber nicht durch einen Dopplereffekt zustandekommt, sondern durch die Maßveränderung, welche die Längenmaße mit zunehmender Entfernung linear mit einem konstanten Faktor verlängern. Demnach wären die Messungen von Rotverschiebungen, die sich in Abhängigkeit vom Abstand der strahlenden Objekte verändern, kein Hinweis auf eine Ausdehnung des Weltalls, sondern lediglich ein Hinweis auf dessen dynamische Stabilität.

Diese wirklich sehr schlichte Überlegung führt wieder auf Einsteins Anliegen zurück, eine Metrisierungstheorie zur Erfassung der raum-zeitlichen Vorgänge im Kosmos zu schaffen und verweist das Standard-Modell der Astrophysik in den Bereich mittelalterlich anmutender mystischer Spekulationen.[125] Gewiß muß man noch sehr viel akribischer vorgehen, um die Astrophysik wieder auf wissenschaftliche Beine zu stellen, die dem ursprünglichen Anliegen Einsteins mit seiner ART wieder ernsthaft näher kommen. Auf den sehr groben Klotz des Standard-Modells gehörte ersteinmal ein sehr grober Keil, wie ich ihn hier vorgeführt habe.

Die meisten Physiker und Philosophen haben vermutlich die ART nicht als eine Metrisierungstheorie erkannt, weil sich die Objekte der Metrisierung, die Sonnensysteme, Galaxien und Galaxienhaufen eben nicht wie üblich miteinander vergleichen lassen, um etwa mit ihnen eine Quasireihe aufstellen zu können. Damit Einstein aber überhaupt auf die Idee kommen konnte, für die Kosmologie eine Metrisierungstheorie zu entwerfen, bedurfte es der Anregung vor allem von Ernst Mach aber auch noch einer ganzen Anzahl von Physikern und Mathematikern, wie etwa Henry Poincaré, Bertrand Russell, wohl auch Alfred North Whitehead aber ganz gewiß auch von Immanuel Kant, von dem im nächsten Kapitel die Rede sein wird, um zu erfahren, in wie vielen Hinsichten sein Erkenntnisweg noch heute für die Lösung von Grundlagenproblemen unserer Zeit fruchtbar ist.

---

125 Daß es sich bei dem sogenannten Standardmodell der Astrophysik um einen schon aus theoretischen Gründen einsehbaren Irrweg handelt, läßt sich bereits deutlich erkennen, wenn man nur etwas gründlicher über den Zeitbegriff und seine Metrisierung nachdenkt. Die Konsequenzen derartiger Überlegungen finden sich schon in Deppert, W., *Zeit. Die Begründung des Zeitbegriffs, seine notwendige Spaltung und der ganzheitliche Charakter seiner Teile*, Franz Steiner Verlag, Stuttgart 1989. und noch etwas früher in Wolfgang Deppert, Remarks on a set theory extension of the Concept of Time, in: *Epistemologia I(1978)*, pp. 425–434.

Kants Erkenntnisweg angewandt auf heutige Grundlagenprobleme der Wissenschaft 10

10.1 Kants Erkenntnisweg

Lange Zeit hat man Kants gesamtes Werk in drei Teile geteilt:

1. Die Schriften der Zeit vor den drei Kritiken, die sogenannten *vorkritischen Schriften,*
2. die *kritischen Schriften*: die Kritik der reinen Vernunft (KrV), die Kritik der praktischen Vernunft (KpV) und die Kritik der Urteilskraft (KdU) und die Schriften, die in die Zeit fallen, in der Kant diese drei Kritiken verfaßt hat und
3. die sogenannten *nachkritischen Schriften*, die Kant nach den drei Kritiken geschrieben hat.

Bei dieser Aufteilung des Gesamtwerks Immanuel Kants wird eine ganz erstaunliche Eigenschaft der Schriften Kants übersehen, daß sich nämlich sein gesamtes Werk auf einem Erkenntnisweg entfaltet, den Kant sich schon seit seiner ersten Schrift „*Gedanken von der wahren Schätzung der lebendigen Kräfte*"[126] im Jahre 1746, also bereits im Alter von 22 Jahren, klargemacht und sein Leben lang verfolgt hat. Dieser Erkenntnisweg bestimmt nicht nur Kants gesamtes Werk, sondern darüber hinaus können wir diesen Kantischen Erkenntnisweg heute wieder aufnehmen und ihn weiter verfolgen. Auf diesem Weg

---

126 Der ganze Titel dieses Erstlingswerk von Immanuel Kant lautet: „Gedanken von der wahren Schätzung der lebendigen Kräfte und Beurtheilung der Beweise derer sich Herr von Leibniz und andere Mechaniker in dieser Streitsache bedienet haben, nebst einigen vorhergehenden Betrachtungen, welche die Kraft der Körper überhaupt betreffen" vgl. Immanuel Kant, *Vorkritische Schriften bis 1768 1*, Werkausgabe Band I, herausgegeben von Wilhelm Weischedel, suhrkamp taschenbuch wissenschaft, 1.Aufl. 1977, ISBN 3–518-27786-3, S.15 – 218.

© Springer Fachmedien Wiesbaden GmbH, ein Teil von Springer Nature 2019
W. Deppert, *Theorie der Wissenschaft*, https://doi.org/10.1007/978-3-658-14024-3_10

werden wir zu unerwarteten Lösungen von Problemen in den Grundlagen der Wissenschaften unserer Zeit geführt. Wir können damit sogar behaupten, daß Kants Geist noch heute wirksam ist, wenn wir seine formalen Bedingungen zur Erkenntnisgewinnung beachten und uns zutrauen, notwendige Verallgemeinerungen seiner Begrifflichkeiten vorzunehmen.

Im Punkt VII seiner Vorrede zu seinem Erstlingswerk von 1746 gesteht er mit deutlichem Stolz:

> „Ich habe mir die Bahn schon vorgezeichnet, die ich halten will. Ich werde meinen Lauf antreten und nichts soll mich hindern, ihn fortzusetzen."[127]

Leider hat der junge Kant nichts darüber dazu geschrieben, wie diese Bahn bestimmt ist und welche Richtung sie hat. Wir können aber diese Bahn, die wir fortan als *Kants Erkenntnisweg* bezeichnen wollen, anhand seiner Werke eindeutig erschließen. Dabei offenbart sich, daß wir diesen Erkenntnisweg als seinen *transzendentalen Erkenntnisweg* zu bezeichnen haben, wobei Kant das begriffliche Prädikat ‚*transzendental*‘ erst in seiner Kritik der reinen Vernunft als ‚*die Bedingungen der Möglichkeit von Erfahrung betreffend*‘ genau bezeichnet hat. Auf seinem transzendentalen Erkenntnisweg will er die inneren Entstehungsursachen unserer gemachten Erfahrungen herausfinden, die in uns selbst liegen. Wie konnte sich Kant aber schon mit 22 Jahren diesen Erkenntnisweg vorzeichnen?

Da junge Menschen kaum über eigene Lebenserfahrungen verfügen, entstehen ihre neuen Ideen stets aus den *Formen* der Lehrinhalte, die ihnen während ihrer Kinder- und Jugendzeit vermittelt wurden, wenn sie meinen, diese Lehr*inhalte* selbst nicht vertreten zu können. Die neuen Ideen treten darum stets im Gewand der übernommenen Denk- oder Verhaltensformen auf. Sie werden nur mit neuen Inhalten aufgrund selbstgebildeter Überzeugungen gefüllt. Da Kants Mutter streng gläubige Pietistin des hallensischen Pietismus von August Hermann Francke war, schickte sie ihren Sohn auf das Friedrichskollegium, einem altsprachlichen Gymnasium, das von dem hallensisch-pietistischen Pfarrer Franz Albert Schultz geleitet wurde, welcher später Theologie-Professor an der Königsberger Universität wurde. Obwohl der junge Kant am Fridericianum sehr viel gelernt hat, vor allem für die Beherrschung der alten Sprachen, so war ihm der pietistische Drill sehr verhaßt geworden, so daß er sich nur mit „Schrecken und Bangigkeit" an diese „Jugendsklaverei" zurückerinnerte. Dazu gehörte die Ausbildung der sogenannten Herzensfrömmigkeit, die sich dann heranbilden sollte, wenn die Kinder wenigstens viermal am Tag über einen Bibeltext meditierten, um so dem Autor, dem Herrn Gott, zu begegnen. Darum liegt es nahe, daß Kant die biblischen Inhalte dieser Denk- und Handlungsformen gestrichen und ihn durch Erfahrungen über die Natur ersetzt hat, zumal er im Fridericianum mit großer Begeisterung Lukrez' Werk „*De rerum natura*" studiert hatte. Und damit ist Kants neuer Erkenntnisweg im wesentlichen beschrieben: Er sucht Erfahrungen zu machen, um danach über sie zu meditieren, um herauszufinden, wodurch diese Erfahrungen entstanden

---

127 Vgl. Ebenda S. 19.

sind. Vermutlich kann der junge Kant mit 22 Jahren noch nicht gewußt haben, daß er sich selbst dabei begegnen würde und mehr noch sich selbst als ein Vertreter der bewußten Wesen überhaupt. Demnach entstammt Kants transzendentaler Erkenntnisweg in formaler Hinsicht dem Pietismus des August Hermann Francke aus Halle.

Wenn wir so seine von ihm vorgezeichnete Bahn verstehen, dann wird schon einmal verständlich, warum Kant sich nach seiner ersten größeren philosophischen Schrift, sich nicht mehr mit philosophischen Problemen, sondern nur noch mit physikalischen Erfahrungen beschäftigte und schließlich sogar seinen Überblick über das Ganze dieser Erfahrungen über die Erscheinungswelt in seiner zweiten großen Arbeit „Allgemeine Naturgeschichte und Theorie des Himmels" 1755 der Öffentlichkeit übergab. Seine Meditationen über seine Naturerfahrungen hat er demnach auch systematisch angelegt, so daß er schließlich den Autor der Erfahrungen in Form der *Bedingungen der Möglichkeit von Erfahrung* in sich selbst oder allgemein in jedem Menschen und darüber hinaus in jedem bewußten Wesen, wie Kant immer wieder betont, auffinden konnte, das bestimmte Erfahrungen hat machen können. Und genau das, was sich in den eigenen Erkenntnisvermögen der Menschen als Bedingung der Möglichkeit von Erfahrung ausfindig machen läßt, das bestimmt Kant als den neuen Inhalt des Begriffs der Metaphysik. Der Erfahrungsbegriff ist für Kant also der Ausgangspunkt seiner Transzendentalphilosophie, und *Metaphysik* besteht für Kant aus den *Bedingungen der Möglichkeit von Erfahrung.* Weil aber diese Bedingungen jeder Erfahrung vorausgehen müssen, sind sie *apriorische Bedingungen,* die nicht erst durch Erfahrungen entstanden sein können. Gemäß der christlich-absolutistischen Denktradition, in der Kant aufgewachsen ist, mußte es für ihn aber doch noch etwas Unbedingtes, etwas Absolutes geben, und darum war es für ihn selbstverständlich, daß die apriorischen Bedingungen der Möglichkeit von Erfahrung selbst *unbedingt* und mithin *für alle Zeiten unveränderlich* sein sollten. Der Historizismus, nachdem all unsere Denkinhalte historisch bedingt sind, war noch nicht in seinem aktualisierbarem Bewußtsein verankert, obwohl er ihn mit seinem Transzendentalismus in Gang gebracht hat; denn der Transzendentalismus bedeutet, ausschließlich die Bedingungen der Möglichkeit von Erfahrungen herauszufinden und zwar von Erfahrungen, die auch tatsächlich gemacht worden und damit auch einmal im wachen Bewußtsein enthalten gewesen sind.

10.2   Wie Kant mit seinem transzendentalen Erkenntnisweg den Empirismus begründet

Die zweite Auflage der Kritik der reinen Vernunft beginnt Kant ganz entsprechend wie folgt:

> „Daß alle unsere Erkenntnis mit der Erfahrung anfange, daran ist gar kein Zweifel; denn wodurch sollte das Erkenntnisvermögen sonst zur Ausübung erweckt werden.
> Wenn aber gleich alle unsere Erkenntnis mit der Erfahrung anhebt, so entspringt sie darum doch nicht eben alle aus der Erfahrung."

Wir können nun den letzten Satz begründen und fortfahren: „… denn da gibt es noch die apriorischen Bedingungen der Möglichkeit von Erfahrung, die in unseren Erkenntnisvermögen schon vor aller Erfahrung bereitliegen und durch die diese sogar bestimmt sind." Und dann fragt sich Kant weiter: Wie lassen sich diese reinen Formen unserer Erkenntnisvermögen herausfinden? Darauf antwortet Kant etwa so: ‚Dasjenige, was allen Erfahrungen unabhängig von ihren speziellen Inhalten anhängt, das kann nichts Empirisches sein, sondern muß zu den allgemeinen Formen jeder Erkenntnis gehören.' Demnach müßten sich durch gründliche Betrachtungen der empirischen Erkenntnisse die reinen, d.h. die nicht-empirischen Formen der Erkenntnis bestimmen lassen. Genau dies findet Kant in seinen Vorstellungen vom Raum und von der Zeit; denn alle Erfahrungen finden unabhängig von ihren Inhalten in Raum und Zeit statt, wobei er den Raum mit der reinen Form der Fremdaffektion und die Zeit mit der reinen Form der Selbstaffektion identifiziert. Affektionen sind für Kant Reize, die von Gegenständen ausgehen und die von unserer Sinnlichkeit aufgefangen werden. Damit sind die reinen Formen der Sinnlichkeit durch die Formen von Raum und Zeit bestimmt.

Für das Denkvermögen des Verstandes, durch das Begriffe und Urteile gebildet werden können, läßt sich nichts ausfindig machen, was allen Begriffen oder allen Urteilen in gleicher Weise anhaftet. Es muß darum ein anderes Verfahren zum Auffinden der reinen Denkformen gefunden werden. Dazu ließe sich der Begriff der Vollständigkeit verwenden, da auch dieser kein Kennzeichen von empirischen Aussagen ist. Wenn etwa eine vollständige Klassifikation aller empirischen Begriffe oder aller empirischen Urteile gefunden werden könnte, dann ließe sich aus der Möglichkeit der Klassenbildung auf das Vorliegen reiner Verstandesbegriffe schließen. Für empirische Begriffe hat Kant keine vollständige Klassifikation finden können, jedoch meinte er, daß er für empirische Urteile mit seiner Urteilstafel in der Lage war, eine vollständige Klassifikation anzugeben. Kant selbst hat zwar nie einen strikten Beweis für die Vollständigkeit seiner Urteilstafel angegeben. Erst Klaus Reich hat sich darum bemüht, allerdings vergeblich, weil er den Begriff der Vollständigkeit selbst nicht bestimmen konnte. Jedenfalls hat Kant aus der von ihm geglaubten Vollständigkeit der Urteilstafel auf das Vorhandensein der reinen Verstandesbegriffe geschlossen, da er annehmen durfte, daß sie es ermöglichen, alle Urteile in eine vollständige Klassifikation einzuordnen. Diese Klassifikation besteht für Kant aus vier Klassen von jeweils drei Unterklassen, so daß sich daraus 12 Kategorien ergeben.

Nachdem Kant durch seinen Erkenntnisweg die reinen Formen der Sinnlichkeit und des Verstandes aufgefunden hatte, war es für ihn wichtig zu beweisen, daß die damit postulierten apriorischen Denkformen zum empirischen Erkenntnisgewinn etwas beitragen. Wenn dies nicht erweislich wäre, dann hätten wir es in unserem Denken nur mit „Hirngespinsten" zu tun, wie Kant es betont. Er sagt darum (A669, B697):

> „Man kann sich eines Begriffs a priori mit keiner Sicherheit bedienen, ohne seine transzendentale Deduktion zu Stande gebracht zu haben."

Und unter der *transzendentalen Deduktion* versteht Kant den Nachweis, daß ein apriorisch konstruierter Begriff irgendetwas zum Erkenntnisgewinn über die empirische Welt beiträgt, d.h., daß er zu den Bedingungen möglicher Erfahrung gehört. Diese Bestimmung der transzendentalen Deduktion ist identisch mit dem von Rudolf Carnap in seinem Aufsatz „Überwindung der Metaphysik durch logische Analyse der Sprache" aufgestellten *empiristischen Sinnkriterium*. Es ist ein großes Drama der wissenschaftstheoretischen Geistesgeschichte, daß Rudolf Carnap und wohl auch Hans Reichenbach und die anderen Begründer des logischen Empirismus und der Analytischen Philosophie Kants *Kritik der reinen Vernunft* und sein Werk *Metaphysische Anfangsgründe der Naturwissenschaft* von 1786 nicht genau genug gelesen haben; denn sonst hätte es ihnen nicht entgehen können, daß Kant bereits die Grundlagen des logischen Empirismus gelegt und darüber hinaus auch noch die Aufgaben der Mathematik deutlicher beschrieben hatte, als es die *Analytische Philosophie* hat tun können. Und auch darin erkennen wir Kants Erkenntnisweg, der stets von einer Erfahrungsgegebenheit ausgeht, um dazu die apriorischen Bedingungen zu finden, durch welche die jeweiligen Erfahrungen erst möglich wurden.

10.3   Kants Erkenntnisweg führt zur Forderung an die Mathematiker, für alle Wissenschaften die Möglichkeit zu theoretischen Wissenschaften bereitzustellen

Nach Kant haben die Mathematiker die Aufgabe zu erfüllen, reine begriffliche Konstruktionen für eine Wissenschaft zu erarbeiten, wodurch der Rahmen des Denkbaren in einer Wissenschaft abgesteckt wird, wobei die Wissenschaften dann zu versuchen haben, diesen Rahmen durch empirische Erkenntnisse auszufüllen oder ihn auch zu sprengen, wenn er zu eng gefaßt ist. Das bedeutet, daß die Mathematiker für jede Wissenschaft die Möglichkeit einer theoretischen Wissenschaft bereitzustellen haben, so, wie dies schon im 19. Jahrhundert für die Physik zur Selbstverständlichkeit geworden war und sich im 20. Jahrhundert für die Chemie, die Geologie, die Meteorologie, die Kristallographie und in Anfängen auch schon für die Biologie und sogar schon für die Kardiologie als sehr fruchtbar erwiesen hat. Aber die Mathematiker haben diese von Kant ihnen zugewiesene Aufgabe noch immer nicht erkannt, geschweige denn in Angriff genommen. So weiß ich bislang nichts davon, daß eine Theorie ganzheitlicher Begriffssysteme zur Klassifikation der möglichen Axiomensysteme zum systematischen Aufbau einer theoretischen Biologie von Mathematikern in Angriff genommen worden wäre.

Kant hat uns mit seinem transzendentalen Erkenntnisweg vorgeführt, wie wir die metaphysischen Grundlagen der modernen Naturwissenschaften aufsuchen können, wozu die logischen Empiristen nicht in der Lage sind, weil sie Kants Begriff der Metaphysik ganz offensichtlich nicht verstanden haben.

Es ist nun zu zeigen, wie sich Unstimmigkeiten in den Grundlagen der heutigen Physik durch die Weiterverfolgung des Kantischen Erkenntniswegs aufhellen lassen. Kant war darauf aus, sein erkenntnistheoretisches System so sicher wie möglich zu machen, und wenn er davon gehört hätte, daß die Physiker Erfahrungen gemacht haben, die aufgrund der von ihm angenommenen reinen Formen der Erkenntnisvermögen gar nicht möglich gewesen sein durften, dann hätte er sich an die Arbeit gemacht und versucht, die Bedingungen der Möglichkeit dieser Erfahrungen herauszufinden. Also machen wir uns als seine Nachfolger nun an diese Arbeit.

10.4   Lösungen der Deutungsproblematik der Quantenmechanik durch Kants Erkenntnisweg

Es handelt sich dabei um Erfahrungen, die zur Aufstellung der Quanten- und der Relativitätstheorie geführt haben. Die ersten Erfahrungen über die Existenz von Wirkungsquanten hat Max Planck im Jahre 1900 durch die Interpretation seiner Strahlungsformel vorgemacht, und 5 Jahre später fand Einstein heraus, daß die Annahme einer maximalen Lichtgeschwindigkeit zu einer Relativitätstheorie führt, durch die das Transformationsverhalten der klassischen Mechanik mit dem des Elektromagnetismus verbunden werden kann. Die Konsequenzen dieser Relativitätstheorie konnten von vielen Experimentalphysikern bestätigt werden und darüber hinaus lieferten sie eine Fülle von weiteren Quantenphänomenen, die von Bohr, Heisenberg, Schrödinger, Dirac und Pauli im Rahmen einer Quantentheorie beschrieben wurden, deren Grundlagen aber bis heute problematisch sind, warum es verschiedene Deutungen der Quantentheorie gibt.

Wie ist es z.B. zu verstehen, daß Messungen an quantenmechanischen Systemen, die in gleicher Weise präpariert wurden, ungleiche Meßergebnisse liefern, daß aber die Menge dieser Meßergebnisse einer Wahrscheinlichkeitsverteilung folgt, die sich als das Quadrat der Lösung der zugehörigen Schrödingergleichung bestimmen läßt, wenn die Schrödingergleichung mit Hilfe der Gesamtenergie des zu messenden quantenmechanischen Systems gebildet wurde. Betrachtet man die Wirklichkeit dieser Systeme vor der Messung, dann kann offenbar das, was später an ihnen nur mit einer bestimmten Wahrscheinlichkeit gemessen wird, nur mehr oder weniger der Fall sein, d.h., die Wirklichkeit wäre nicht eindeutig bestimmt, was Schrödinger zu dem Gedankenmodell der berühmten *Schrödingerschen Katze* anregte. Danach denken wir uns eine Katze, die in einem undurchsichtigen Kasten zusammen mit einer Höllenmaschine sitzt, welche bei einem Zerfallsprozeß einer radioaktiven Substanz ein tödliches Gas austreten läßt, das die Katze tötet. Wenn nun die Zerfallswahrscheinlichkeit dieser Substanz nach einer bestimmten Zeit 30% ist, dann wäre die Katze in der Kiste nach Ablauf dieser Zeitspanne zu 30% tot und zu 70% lebendig. Eine solche Wirklichkeitsvorstellung, daß etwas nur mehr oder weniger der Fall ist, kennen wir nicht. Entweder ist etwas der Fall oder nicht, entweder ist die Katze tot oder sie ist lebendig, beides gleichzeitig zu begreifen, widerstritte unserem tiefliegendsten Vernunftprinzip dem Satz vom verbotenen Widerspruch.

Die problematische Erfahrung ist das Auftreten von Wahrscheinlichkeiten für Zustandsgrößen eines quantenphysikalischen Systems. Die konsequente Frage des Erkenntnisweges Kants ist: „Was ist die Bedingung dafür, daß wir eine solche Wahrscheinlichkeitserfahrung machen können?" Die auftretenden Wahrscheinlichkeiten können wir mit Hilfe der Lösungen der Schrödingergleichung berechnen. Durch die Meßwerte der Messungen an vielen gleich präparierten Systemen ergibt sich die berechnete Wahrscheinlichkeitsverteilung. Darum muß diese Verteilung möglicher Systemzustände zur Wirklichkeit des quantenphysikalischen Systems gehören. In der wahrnehmbaren Wirklichkeit, findet sich aber stets nur ein Meßwert mit einer 100%tigen Wahrscheinlichkeit. Daraus ergibt sich notwendig, daß wir die Wirklichkeit aufzuspalten haben und zwar in eine äußere und eine innere Wirklichkeit. Die äußere Wirklichkeit ist identisch mit Kants sinnlich wahrnehmbarer Erscheinungswelt, und die innere Wirklichkeit läßt sich über die möglichen Zustände des Systems wie folgt definieren:

▶ **Definition** Die *innere Wirklichkeit* *eines Systems* besteht aus der Menge der möglichen Zustände dieses Systems.

Durch die *innere Wirklichkeit* der quantenmechanischen Systeme sind die Wahrscheinlichkeiten für die Häufigkeiten der Zustände festgelegt, wie sie bei Zustandsmessungen an gleichartigen Systemen auftreten. Darum haben wir für die innere Wirklichkeit einen komparativen Begriff der Möglichkeit zu bilden, so daß wir von einem *Möglichkeitsgrad* zu sprechen haben, der sich so wie die Wahrscheinlichkeiten zahlenmäßig darstellen läßt. Im Falle der quantenmechanischen Systeme sind die Möglichkeiten der Systemzustände zahlenmäßig so bestimmt, wie es das Quadrat der Lösungen ihrer Schrödingergleichungen angibt. Die innere Wirklichkeit des Systems enthält die komparativ angeordneten möglichen Zustände des Systems, die sich mathematisch als die Vektoren eines Hilbertraumes erweisen, der durch das System bestimmt ist.

Demnach ist die Quantenmechanik als eine Theorie zur Berechnung der Zustandsräume der inneren Wirklichkeit von quantenmechanischen Systemen zu deuten. Und die Bedingung der Möglichkeit der Erfahrung von Wahrscheinlichkeiten für das Auftreten der Zustandshäufigkeiten ist die *Existenz der inneren Wirklichkeit*, wobei freilich die Frage nach der *Existenzform der inneren Wirklichkeit* noch zu beantworten ist. Damit ist nun aber die Lösung der Deutungsproblematik der Quantenmechanik, zu der uns der Erkenntnisweg Kants führt, gegeben.

Aber haben wir damit nicht Kants Position der Unerkennbarkeit des „Ding an sich" aufgegeben? Dies stimmt jedoch sicher nicht für die äußere Wirklichkeit; denn in der äußeren Wirklichkeit lassen sich die Merkmale der inneren Wirklichkeit des quantenmechanischen Systems nicht beobachten. Und mit den Mitteln der äußeren Wirklichkeit des Beobachtens oder Messens zerstören wir das „quanten-mechanische System an sich". Das „quantenmechanische System an sich" können wir aber hinsichtlich seiner inneren Wirklichkeit berechnen, was Kant freilich hätte zugeben können, wenn für ihn einsichtig gewesen wäre, daß sich dadurch die Bedingungen der Möglichkeit von Erfahrung von Wahrscheinlichkeitsverteilungen bei quantenmechanischen Messungen angeben lassen. Erstaunlicherweise hätte Kant durch sein systematisches Denken sogar schon selbst auf diese Spur kommen können; denn in der Kategorienklasse der Modalität, die aus der Möglichkeit, dem Dasein und der Notwendigkeit nebst ihren Gegenteilen besteht, gibt er für die Kategorie des Daseins und der Notwendigkeit Wirklichkeitsformen an, auf die sie anzuwenden sind. Die Kategorie des Daseins ist auf die Erscheinungswelt und die Kategorie der Notwendigkeit auf die intelligible Welt bezogen. Demnach müßte auch für die Kategorie der Möglichkeit eine Form ihrer Wirksamkeit, eine eigene Wirklichkeit gedacht werden können. Und genau dies ist die *innere Wirklichkeit*; denn nur in ihr findet die Kategorie der Möglichkeit ihre Anwendung. Demnach ist es im Kantischen Erkenntnissystem schon angelegt, der Kategorie der Möglichkeit die innere Wirklichkeit des „Ding an sich" zuzuordnen.

10.5   Wie die Einführung der inneren Wirklichkeit das wissenschaftstheoretische Problem der Dispositionsbegriffe löst

Mit der Frage danach, welches die Bedingung dafür ist, daß etwas nicht wirklich aber doch möglich ist, hätten wir also prinzipiell die Quantenmechanik gar nicht gebraucht, um der Möglichkeit von etwas einen existentiellen Status zu verleihen. Denn gewiß ist das Mögliche nicht nichts, d.h., es muß dem Möglichen ein bestimmter existentieller Status zugesprochen werden, was meines Wissens jedoch versäumt wurde, wohl deshalb, weil sich damit erhebliche Probleme mit unserem Existenzbegriff ergeben. Das hat in der Wissenschaftstheorie dazu geführt, daß man die sogenannten Dispositionsprädikate nicht als reale Prädikate akzeptieren konnte. Dispositionsprädikate aber sind ja gerade solche, mit denen eine Möglichkeitsbehauptung verbunden ist, etwa, daß Salz oder Zucker in Wasser löslich sind. Demnach werden mit Dispositionsprädikaten innere Eigenschaften von Gegenständen ausgesagt, die erst in Erscheinung treten, wenn bestimmte Umstände gegeben sind und die den Gegenstand in einer Weise verändern, die durch das Dispositionsprädikat ausgesagt wird. Diese Eigenschaft ist also durchaus schon in dem Gegenstand vorhanden, bevor sie durch bestimmte Umstände in der Erscheinungswelt wahrnehmbar wird. Wir hätten also auch ohne Kenntnis der quantenmechanischen Deutungsprobleme schon eine innere Wirklichkeit annehmen müssen, weil wir in ihr das Mögliche existentiell zu verorten haben. Und genau zu dieser Einsicht scheint schon der mittelalterliche persische Arzt und Wissenschaftler Avicenna[128] gekommen zu sein, wenn er behauptete, daß in der Materie bereits die Formen angelegt sind, die sie anzunehmen in der Lage ist. Vielleicht haben wir diese Denkmöglichkeit bisher nicht gesehen, weil es ja nahezu paradox klingt, wenn auch die Bedingung der Möglichkeit *von Möglichkeiten* etwas zu erfahren, aufzuklären ist, und die Frage nach weiteren Iterationen von Möglichkeiten und deren existentiellen Verortungen führte ja wohl bisher ins Niemandsland der Nicht-Beantwortbarkeit.

Indem wir aber den Kantischen Erkenntnisweg tapfer weiterverfolgt haben, konnten wir immerhin mit der Begrifflichkeit der *inneren Wirklichkeit* die Metaphysik der mo-

---

128 Im türkischen, persischen und arabischen Raum hat Avicenna den Namen ‚Ibn Sina'.

dernen Naturwissenschaft so erweitern, daß wir damit die Bedingung der Möglichkeit
von quantenmechanischen Erfahrungen auffanden. Es mag sich jeder selbst davon überzeugen, wie dadurch z.B. die Beugungsmuster am Doppelspalt oder das EPR-Paradoxon
und die damit verbundenen Deutungsprobleme der verschränkten Systeme gelöst werden
können. Auch die *Dispositionsprädikate* sind nun quantenmechanisch verstehbar; denn
das Verhalten aller Moleküle ist durch ihre inneren Wirklichkeiten vollständig festgelegt,
die quantenmechanisch über ihre erreichbaren Edelgaselektronenkonfigurationen zwar
nicht beobachtbar aber doch bestimmbar sind, weil sie berechenbar und dadurch sogar
voraussagbar sind.[129]

10.6   Was geschieht in der inneren Wirklichkeit und wie läßt sich ein mögliches Geschehen darin beschreiben?

Durch die Entdeckung der inneren Wirklichkeit tritt das neue Problem auf, wie zu klären
ist, welcher der möglichen Zustände der inneren Wirklichkeit etwa durch Messung verwirklicht wird. Der Vorgang aber, daß durch irgendeine Wechselwirkung, ein Zustand
der inneren Wirklichkeit in die äußere Wirklichkeit eintritt, ist ein besonderes zeitliches
Ereignis, das zu einigen Überlegungen herausfordert.

Die Möglichkeitsgrade der Zustände eines Systems können mit Hilfe der Schrödinger-
gleichung berechnet werden. Diese Differentialgleichung ist in ein bestimmtes raum-zeitliches Koordinatensystem eingebunden. Wie aber sind diese Raum-Zeitkoordinaten definiert? Die Schrödinger-Gleichung ist der Form nach eine Wellengleichung, und das heißt,
sie hat Lösungen, die einen periodischen Anteil besitzen, was sich darin ausdrückt, daß
die Lösung im wesentlichen aus einer komplexen e-Funktion besteht. Schrödinger war auf
die Form der Wellenfunktion gekommen, weil er de Broglies Doktorarbeit kannte, in der
de Broglie die grundsätzliche Wellennatur der Elektronen postuliert hatte, die immerhin
schon 1927 und 1928 experimentell nachgewiesen wurde. Diese Wellen aber sind wiederum nur Überlagerungen von wellenförmig zu berechnenden Wahrscheinlichkeitsfunktio-
nen. Aber es ist völlig ungeklärt, was da eine Wellenform besitzt und ebenso warum die
Schrödinger-Gleichung als Wellenfunktion die innere Wirklichkeit eines Mikro-Systems
beschreibt. Da ist also die Frage zu stellen, in welcher Form die innere Wirklichkeit überhaupt organisiert sein und in welcher Form sie wo und wie existieren könnte. Es scheint
etwas in der inneren Wirklichkeit zu geschehen, nämlich das, was durch die Lösung einer
Schrödinger-Gleichung beschrieben wird. Es ist aber kein beobachtbares Geschehen. Wie
aber können wir uns ein raum-zeitliches Geschehen denken, das sich nicht beobachten
läßt? Wir kennen in unserer Menschheitsgeschichte einen ähnlichen Fall von raum-zeitlichen Vorstellungen, in die wir uns heute kaum noch hineindenken können: dies war die

---

129 Weil diese Deutung der Quantentheorie mit Hilfe der Aufspaltung der Wirklichkeit in die äußere und die innere Wirklichkeit von Systemen in Hamburg-Uhlenhorst entstanden ist, wurde
sie bereits andernorts als *Uhlenhorster Deutung der Quantenmechanik* bezeichnet.

Zeit des mythischen Bewußtseins, in dem es nur zyklische Zeitvorstellungen gab, die sich allerdings überlagern konnten, wie etwa der immer wiederkehrende Wechsel von Tag und Nacht, von Vollmond, abnehmendem Halbmond, Neumond und zunehmendem Halbmond oder von Frühling, Sommer, Herbst und Winter. Und die Raumvorstellungen waren an das Geschehen in diesen zyklischen Zeitabläufen gebunden. Auch wenn es uns heute schwer wird, uns in diese zyklischen Zeitvorstellungen und ihre Konsequenzen der Nicht-Unterscheidbarkeit von Einzelnem und Allgemeinem hineinzudenken, so gelingt es uns doch ein Stück, weil wir aufgrund der Wirksamkeit eines kulturgenetischen Grundgesetzes diese Denkstrukturen aus der Frühzeit der Menschheit noch in unserem Gehirn haben.[130] Und darum könnten wir nun versuchen, sie auf unser Problem anzuwenden.

Wenn wir das Auftreten des Planck'schen Wirkungsquantums als das grundlegendste Merkmal aller Quantenvorgänge betrachten, dann könnten wir versuchen uns vorzustellen, daß in der inneren Wirklichkeit strukturierte Formen von Wirkungen in Form sich überlagernder stehender Wellen auftreten. Die zeitlichen Strukturen der stehenden Wellen könnten mit Frequenzen beschrieben werden und die räumlichen mit Wellenlängen, so daß bei einer Rektifikation, einer Hintereinanderreihung dieser zyklischen zeitlichen und räumlichen Strukturen, lineare raum-zeitliche Verhältnisse mit einer Periodizität entstünden, wie wir sie an Wellen beobachten. Mit dieser Annahme könnte man wenigstens plausibel machen, wieso Schrödinger mit einer Wellengleichung erfolgreich war, um die Verhältnisse in den inneren Wirklichkeiten der quanten-physikalischen Systeme zu berechnen. Die rektifizierte Zyklizität läßt sich also in Form von aufeinanderfolgenden Periodizitäten bzw. in Form von Wellen darstellen. Nun ist das Mögliche grundsätzlich immer dadurch bestimmt, daß es wirklich werden kann. Demnach müßte in der inneren Wirklichkeit der Bezug zur äußeren Wirklichkeit enthalten sein. Diese Zwielichtigkeit können wir mathematisch durch komplexwertige Funktionen darstellen, die auf der Gaußschen Zahlenebene definiert sind. Die Gaußsche Zahlenebene besteht aus einer Dimension reeller Zahlen und einer senkrecht darauf angeordneten mit der imaginären Einheit i multiplizierten reellen Zahlen. Diese imaginäre Einheit ist ja definiert als die Wurzel aus minus Eins. Dieser Trick darf aber bitte nicht verwirren und zu wilden Spekulationen über das Imaginäre führen; denn es geht hier nur darum, zwei mathematisch beschreibbare Sachverhalte, die aber grundsätzlich voneinander verschieden sind, so mit einander zu verbinden, daß man aus jeder Überlagerung dieser Sachverhalte jeden für sich wieder allein reproduzieren kann. Das Entsprechende gilt etwa für die induktiven bzw. kapazitiven Widerstände und die Ohmschen Widerstände in einem elektrischen Schaltkreis. Im Komplexen läßt sich wunderbar mit ihnen rechnen, und man kann etwa die Ohmschen Anteile am Gesamtwiderstand immer wieder sauber herausbekommen, das ist nämlich immer der Anteil auf der reellen Achse. Etwas Entsprechendes liegt offenbar zwischen der äußeren und der inneren Wirklichkeit vor, indem wir den Realteil der komplexen Schrödingergleichung als den Bezug zur äußeren Wirklichkeit und den imaginären als den Bezug zur inneren

---

130 Vgl. W. Deppert, „Vom biogenetischen zum kulturgenetischen Grundgesetz", in: *Natur und Kultur, Unitarische Blätter 2010/2*, S.61–68.

Wirklichkeit verstehen dürfen. Und darum sind dann die gradierten Möglichkeiten der inneren Wirklichkeit auch zahlenmäßig gleich den Wahrscheinlichkeiten, die sich in der äußeren Wirklichkeit messen lassen. Damit erklärt sich auch das grundsätzliche Auftreten von komplexen Funktionen in der Quantenmechanik. Auch dies ist eine Einsicht, die erst durch die Einführung der inneren Realität in der Verfolgung von Kants Erkenntnisweg möglich wurde.

Entsprechend hat Hermann Weyl die Eichtheorie für elementare Materiefelder gefunden, so daß sich hier ein Zusammenhang der inneren Wirklichkeiten von quantenphysikalischen über die Quantenfeldtheorie zu Hermann Weyls *Eichtheorie* auftut, dem allerdings noch weiter nachzugehen ist.[131]

10.7 Die Relativität der Begriffe ‚innere' und ‚äußere Wirklichkeit' und ihre Folgen

Wenn wir in Betracht ziehen, daß die Relation zwischen innerer und äußerer Realität auf quantenmechanische Systeme anzuwenden ist, dann kommen wir nicht umhin zu bemerken, daß diese Relation eine relativistische ist, weil wir auch in der Quantenmechanik Systeme von Systemen bilden können. So ist etwa ein Atom ein System mit den Systembestandteilen Elektronen und Atomkern. Und auch der Atomkern ist ein System, das aus Protonen und Neutronen besteht oder ein Molekül ist ein System aus Atomen oder Ionen. Und auch die Moleküle können wieder größere Systeme bilden. Dadurch gibt es zu den Systemen stets Untersysteme, aus denen sie sich zusammensetzen und übergeordnete Systeme, von denen sie ein Teil sind. Das ist so wie bei den Begriffen, die eine Innenbetrachtung erlauben, durch die Begriffe bestimmt werden, die ein Begriff als ein Allgemeines umfaßt und es gibt eine Außenbetrachtung des Begriffes, durch die der Oberbegriff gefunden wird, zu dem der Begriff ein einzelner Teilbegriff ist. Demnach ist das Begriffspaar (äußere Wirklichkeit, innere Wirklichkeit) entsprechend anzuwenden, so daß die innere Wirklichkeit eines Atoms zur äußeren Wirklichkeit seines Atomkerns wird und die äußere Wirklichkeit des Atoms ist das Molekül zu dem es sich mit anderen Atomen verbunden hat. Und diese Verhältnisse der gegenseitigen Bezüglichkeit von inneren und äußeren Wirklichkeiten lassen sich auf immer umfassendere Systeme anwenden, bis wir etwa bei uns selbst ankommen und feststellen, daß auch wir eine innere Wirklichkeit besitzen, die wir zum größten Teil selbst gar nicht kennen, warum es vernünftig ist, den sokratischen Weg der Selbsterkenntnis zu gehen; denn unsere innere Wirklichkeit besteht wiederum aus unseren Möglichkeiten andere Zustände annehmen zu können, die

---

131 Vgl. Eckehard W. Mielke und Friedrich Hehl, „Die Entwicklung der Eichtheorien: Marginalien zu deren Wissenschaftsgeschichte", in: Wolfgang Deppert, Kurt Hübner, Arnold Oberschelp, Volker Weidemann (Hrsg.), *Exact Sciences and their Philosophical Foundations – Exakte Wissenschaften und ihre philosophische Grundlegung, Vorträge des Internationalen Hermann-Weyl-Kongresses, Kiel 1985*, Verlag Peter Lang, Frankfurt/Main Bern, New York, Paris 1988, S. 191–232.

wir möglicherweise bisher noch nicht gekannt haben. Und oft genug erleben wir uns selbst als ein anderer, sobald wir in eine völlig neue Situation geraten oder wenn wir einen uns fremden Menschen näher kennenlernen. Denn dann können wir in uns Saiten bemerken, die noch nie angeschlagen worden sind und deshalb auch nicht erklingen konnten. Darum ist Sokrates jeden Tag auf die Agora, den Marktplatz Athens gegangen, um immer wieder neue Menschen und damit sich selbst näher kennenzulernen. Und das gilt weiter auch für die kulturellen Lebewesen wie etwa Vereine, Betriebe, Staaten. Auch sie haben eine innere Wirklichkeit, die aus dem besteht, was in ihnen noch an Daseinsmöglichkeiten enthalten ist. Und immer gilt für diese inneren Wirklichkeiten, daß sie solange nicht in Erscheinung treten, solange sie nicht durch eine Einwirkung zutage gefördert werden. Diese Einwirkung kann von außen geschehen, sie kann aber auch von innen kommen, indem uns ein Einfall von innen her überfällt, indem wir in uns ein Zusammenhangserlebnis bemerken.

Wie bei den Begriffen die Hierarchie der Innenbetrachtungen von Innenbetrachtungen usf. und von Außenbetrachtungen von Außenbetrachtungen usf. schließlich durch mythogene Ideen gestoppt wird, in denen Einzelnes und Allgemeines in einer Vorstellungseinheit zusammenfallen, so daß nicht mehr verallgemeinert oder vereinzelt werden kann, so läßt sich auch die Hierarchie von immer allgemeineren äußeren Wirklichkeiten oder immer einzelneren inneren Wirklichkeiten nur dann stoppen, wenn die Merkmale der inneren und der äußeren Wirklichkeiten in einer Vorstellungseinheit zusammenfallen. Nun liefert die Allgemeine Relativitätstheorie das Ergebnis, daß eine Welt mit Materie räumlich abgeschlossen sein muß, so daß zu ihr keine größere äußere Wirklichkeit gedacht werden kann. Außerdem lassen sich ihre möglichen Zustände im Prinzip berechnen, das sind die Metrikverhältnisse des Raumes und der Zeit, die im Prinzip im Metriktensor bestimmt sind. Man kann sie allerdings nicht beobachten, sondern erst in Erfahrung bringen, wenn die metrisch bestimmte Raum-Zeit auf Materie oder Energie einwirkt. Und damit fallen die Merkmale der äußeren Wirklichkeit des Enthaltenseins von materiellen Systemen und die Merkmale der inneren Wirklichkeit, die Berechenbarkeit und Unbeobachtbarkeit, in einem System zusammen. Das Weltall der Allgemeinen Relativitätstheorie erfüllt damit eine abgeschlossene Wirklichkeitsvorstellung. Auf der Seite der immer innerlicher werdenden inneren Wirklichkeiten erreichen wir den entsprechenden Hierarchisierungsendpunkt mit der Quark-Theorie, nach der die Quarks, die in einem Elementarteilchen enthalten sind, nicht isoliert auftreten können, d.h., die Quarks können nicht als innere Wirklichkeiten der äußeren Wirklichkeit ihres Elementarteilchens betrachtet werden. Dies bedeutet aber für das Elementarteilchen, daß für seine Quarks innere und äußere Wirklichkeit zusammenfallen. Wie bereits erwähnt, bietet es sich in Analogie zu den mythogenen Ideen an, die abgeschlossenen Wirklichkeiten der Allgemeinen Relativitätstheorie und der Quarktheorie als *mythogene Wirklichkeiten* zu bezeichnen. Daraus ergeben sich für die physikalischen Forschungen folgende Konsequenzen. Da Quantisierungen nur aufgrund von inneren Wirklichkeiten möglich sind, braucht man im Falle der Gravitation, die ja durch die Allgemeine Relativitätstheorie beschrieben ist, nicht mehr nach Möglichkeiten ihrer Quantisierungen zu forschen, was für die Teilchenphysiker bedeutet, daß es das *Higgs-Teilchen* nicht gibt. Die Suche nach diesem Boson hat schon unglaublich große

Geldmittel verschlungen, so daß es für die finanzielle Situation der Elementarteilchenphysik eine Segen wäre, wenn die frei werdenden Mittel für sinnvolle Forschung aufgewendet werden könnten, etwa für Forschungen, die aufgrund der hier vorgeführten Überlegungen angestellt werden sollten. So gibt es eine neue Sichtweise auf die Kernphysik, wenn etwa die innere Wirklichkeit der Baryonen[132] im Kern unterschieden wird von der inneren Wirklichkeit des Kerns, welche eine äußere Wirklichkeit der Baryonen ist.

10.8   Die Versöhnung von kausaler und finaler Naturbeschreibung und die naturwissenschaftliche Erklärung der Entstehung und Evolution des Willens und des Bewußtseins

Aufgrund der Einführung der inneren Wirklichkeit quantenphysikalischer Systeme, die für die Atome mit Hilfe des Pauli-Prinzips sehr genau beschrieben werden können, läßt sich nun auch noch auf dem Kantischen Erkenntnisweg ein sehr grundlegendes Problem der allgemeinen Naturwissenschaft und insbesondere der Evolutionstheorie lösen. Dieses Problem geht einerseits vom Kausalitätsdogma der Naturwissenschaften aus, das auch von Kant sehr gestützt wurde, und andererseits von der Einsicht, daß wir die Evolutionstheorie nur theoretisch begründen können, wenn wir den lebenden Systemen ein Erhaltungsprinzip ihrer eigenen Genidentität unterstellen.[133] Dieses Prinzip ist jedoch finalistisch und nicht kausal bestimmt. Man kann es mit dem Überlebenswillen identifizieren. Wenn wir aber an dem naturwissenschaftlichen Kausalitätsdogma festhalten wollen, wonach nur kausale und keine finalen Erklärungen als wissenschaftlich anerkennt werden, dann ergäbe sich daraus die fatale Konsequenz, daß die evolutionär verstandene Biologie das Prädikat der Wissenschaftlichkeit verlöre, was allerdings nicht akzeptabel ist. Ein Ausweg aus diesem Dilemma ließe sich nur finden, wenn sich eine Versöhnung von kausaler und finaler Naturwissenschaft mit überzeugenden Argumenten herbeiführen ließe. Und genau dies ist mit der Einführung der inneren Wirklichkeit von atomaren Systemen in Verbindung mit dem Pauli-Prinzip möglich.[134] Wie sich sogleich zeigen wird, gibt es eine

---

132 Baryonen sind die schweren Elementarteilchen, welche die wesentlichen Bestandteile der Atomkerne ausmachen.

133 Vgl. dazu W. Deppert, „Concepts of optimality and efficiency in biology and medicine from the viewpoint of philosophy of science", in: D. Burkhoff, J. Schaefer, K. Schaffner, D.T. Yue (Hg.), *Myocardial Optimization and Efficiency, Evolutionary Aspects and Philosophy of Science Considerations*, Steinkopf Verlag, Darmstadt 1993, S.135–146 oder W. Deppert, „Teleology and Goal Functions – Which are the Concepts of Optimality and Efficiency in Evolutionary Biology", in: Felix Müller und Maren Leupelt (Hrsg.), *Eco Targets, Goal Functions, and Orientors*, Springer Verlag, Berlin 1998, S. 342–354.

134 Vgl. W. Deppert, „Problemlösung durch Versöhnung" – Am 1. September 2009 meinem verehrten Lehrer Kurt Hübner zum 88. Geburtstag gewidmet – im Internet in meinem BLOG <wolfgang.deppert.de>, außerdem in den Anhängen von Band IV „Die Verantwortung der Wissenschaft".

naturwissenschaftliche Erklärung für das Auftreten eines Erhaltungswillens in den Lebewesen, der zweifellos eine finale Bestimmung besitzt.

Nun finden wir unseren Überlebenswillen stets in unserem Bewußtsein vor. Und nach Kant ist das Bewußtsein die Voraussetzung für das Vorhandensein der Erkenntnisvermögen ‚Sinnlichkeit‘, ‚Verstand‘ und ‚Vernunft‘. Kant spricht darum stets von bewußten Wesen, da er davon ausging, daß es auch andere bewußte Lebewesen als Menschen geben könnte, die auch ein Bewußtsein haben und ihren Willen durch die Vernunft bestimmen. Demnach müßte es eine Verkopplung des Überlebenswillens mit den Erkenntnisvermögen geben, durch die sich auch der Begriff des Bewußtseins aufhellen läßt. Insbesondere sind wir heute davon überzeugt, daß die Menschen aus der Evolution hervorgegangen sind. Wenn dies der Fall ist, dann müßte sich zeigen lassen, auf welche Weise das Bewußtsein evolutionär entstanden ist. Aufgrund der außerordentlichen Bedeutsamkeit dieser Fragestellung, sei hier noch einmal im einzelnen – unter bewußt teilweiser Wiederholung der Ausführungen des Abschnitts 5.2.1 – auf die dazu nötigen Begriffsbildungen eingegangen. Die dabei entwickelten oder noch zu entwickelnden Begriffe, haben alle den Charakter einer relativierenden Form des a priori, wie ich sie andernorts ausgearbeitet und benutzt habe.[135]

Um für die Auflösung der Bewußtseinsbestimmungsproblematik einen adäquaten Ansatz zu finden, ist zuvor der Begriff eines Lebewesens so allgemein wie eben möglich zu fassen. Alle Lebewesen entstehen und vergehen. Sie sind offene Systeme, sogenannte dissipative Systeme, die laufend freie Energie verbrauchen. Außerdem haben sie ein Überlebensproblem, das sie eine Zeit lang lösen können. Also können wir wie gehabt definieren:

▶ **Definition**   Ein **Lebewesen** ist *ein offenes System mit einem Existenzerhaltungsproblem, das es eine Weile lösen kann.*

Diese Definition der Lebewesen führt auf die Frage nach den Eigenschaften, die ein solches System besitzen muß, damit es in der Lage ist, sich wenigstens eine Zeit lang zu erhalten, d.h. Gefahren der Systemzerstörung zu entgehen. Schon ein kurzes Nachdenken darüber führt zu der Einsicht, daß Lebewesen zum Überleben folgende Überlebensfunktionen brauchen:

1. Eine Wahrnehmungsfunktion, durch die das System etwas von dem wahrnehmen kann, was außerhalb oder innerhalb des Systems geschieht,
2. eine Erkenntnisfunktion, durch die Wahrgenommenes als Gefahr eingeschätzt werden kann,

---

135 Vgl. W. Deppert, *ZEIT. Die Begründung des Zeitbegriffs, seine notwendige Spaltung und der ganzheitliche Charakter seiner Teile*, Franz Steiner Verlag Wiesbaden GmbH, Stuttgart 1989, siehe dazu etwa S.15, S.22, Abschnitt 1.2 u.s.f.

3. eine Maßnahmebereitstellungsfunktion, durch die das System über Maßnahmen verfügt, mit denen es einer Gefahr begegnen oder die es zur Gefahrenvorbeugung nutzen kann,

4. eine Maßnahmedurchführungsfunktion, durch die das System geeignete Maßnahmen zur Gefahrenabwehr oder zur vorsorglichen Gefahrenvermeidung ergreift und schließlich

5. eine Energiebereitstellungsfunktion, durch die sich das System die Energie verschafft, die es für die Aufrechterhaltung seiner Überlebensfunktionen benötigt.

Erstaunlicherweise lassen sich diese Überlebensfunktionen als eine Verallgemeinerung der Kantischen Erkenntnisvermögen begreifen, und es sollte darum nach der Diktion Kants einen direkten Zusammenhang zwischen dem Bewußtsein und den Überlebensfunktionen geben. Nun müssen die Überlebensfunktionen untereinander direkt miteinander verkoppelt sein damit auf die Wahrnehmung einer Gefahr möglichst schnell reagiert werden kann, um die Gefahr abzuwenden, d.h. es muß eine Organisationsform dieser Verschaltung oder Verkopplung für alle Überlebensfunktionen geben. Damit aber liegt es auch im Sinne des Weiterdenkens der Konzeptionen Kants nahe, diese Kopplungsorganisation, wie bereits vorgeführt, mit dem Bewußtsein eines Lebewesens zu identifizieren.

▶ **Definition**   Das *Bewußtsein eines Lebewesens* ist die *Verschaltungsorganisation seiner Überlebensfunktionen in seinem Gehirn.*

Freilich ist dies eine sehr allgemeine Begriffsbildung, deren Definition es zweifellos zuläßt, eine große Menge von verschiedenen Bewußtseinsformen zu unterscheiden, durch die sich eine Evolution auch der unterschiedlichsten Bewußtseinsarten beschreiben läßt. Damit besitzen diejenigen Lebewesen grundsätzlich ein Bewußtsein, in denen die Überlebensfunktionen getrennt voneinander agieren, so daß sie miteinander verkoppelt werden müssen, was für die allerersten molekularen Lebensformen vermutlich noch nicht gilt. Wem diese Definition des Bewußtseins etwas waghalsig erscheint, mag sich daran erinnern, daß er der Tätigkeit der eigenen Überlebensfunktionen in seinem Bewußtsein gewahr wird: die Wahrnehmungen unserer Sinnesorgane, das Wahrnehmen von Hunger und Durst, das Spüren des Schreckens über eine erkannte Gefahr oder auch die Freude über eine Überlebenssicherung durch ein Zusammenhangserlebnis, die Gedanken zur Gefahrenbekämpfung oder zum Schaffen von Sicherungsmaßnahmen und gewiß auch den Willen zur Durchführung geeigneter Maßnahmen zur Überlebenssicherung: all dies findet in unserem Bewußtsein statt. Mit dem Bewußtsein eines Lebewesens ist dessen Wille zum Überleben verbunden; denn die Überlebensfunktionen und deren Verkopplung im Bewußtsein sind der ausdifferenzierte Ausdruck für den Überlebenswillen. Die Evolution des Bewußtseins ist darum mit einer Evolution von Willensformen verbunden, was für das hier beschriebene Vorhaben von größtem Interesse ist, da ja möglichst aufzuklären ist, wie so etwas, wie ein Wille, entsteht und was er zu bewirken hat. Um dies und die Evolution des Bewußtseins darstellen zu können, soll nun versucht werden zu zeigen, wie sich finale und kausale Weltbetrachtungen miteinander versöhnen lassen.

Nicht nur die quantenphysikalische Naturbeschreibung zeigt, daß alles, was wir in der Natur untersuchen, Systeme sind, die durch Strukturmerkmale gekennzeichnet sind, aufgrund derer die Systeme in ihrem Verhalten Zustände ansteuern, die sie nicht wieder verlassen, es sei denn durch äußere Einwirkungen. In der Theorie offener Systeme werden diese Systemzustände als Attraktoren bezeichnet, so, als ob das System von diesen Zuständen angezogen würde oder ihre Verwirklichung anstrebten.

▶ **Definition**   Ein Zustand eines Systems, der von dem System durch eigene Aktivität nicht wieder verlassen wird, heißt *Attraktor*.

Die Attraktoren bestimmen das Verhalten eines offenen Systems nicht kausal, sondern final, weil sie Systemzustände beschreiben, in denen die Systeme verharren, und weil sie die mögliche Zukunft eines Systems festlegen. So verbinden sich z.B. Atome aufgrund ihrer Attraktoren zu Molekülen. Diese Attraktoren lassen sich quantenphysikalisch durch das Pauli-Prinzip sehr genau als die sogenannten Edelgas-Elektronenkonfigurationen ermitteln. Die vielfältigen Möglichkeiten der Molekülbildung sind durch das „Bestreben" der Atome gegeben, eine Edelgaselektronenkonfiguration zu erreichen. Die Konfiguration der Elektronen um den Atomkern läßt sich im Bohrschen Schalenmodell durch die Angabe der Zahl der Elektronen angeben, die ein Atom in seinem energetisch niedrigsten Zustand besitzt. Nummeriert man die Schalen vom Kern aus gesehen mit den natürlichen Zahlen von eins angefangen und bezeichnet die n-te Schale mit n; dann ergibt die quantenphysikalische Rechnung, daß sich auf einer Schale maximal $2n^2$ Elektronen befinden können. Diese maximalen Elektronenanzahlen auf den jeweiligen Schalen bestimmen die Edelgaselektronenkonfigurationen, wenn sich im Aufbau der äußeren Schalen die Maximalbesetzungen der inneren Schalen von der zweiten an realisieren. Dies alles sind keine kausalen Bestimmungen des Verhaltens der Atome; denn es sind unbeobachtbare Zustände ihrer inneren Wirklichkeit, welche die mögliche Zukunft der Atome hinsichtlich der möglichen Verbindungen mit anderen Atomen festlegt, die mithin final bestimmt sind.

Nehmen wir etwa ein Kochsalzmolekül NaCl, das aus einem Natrium- und einem Chlor-Ion zusammengesetzt ist. Das Natriumatom Na gibt ein Elektron ab, weil es auf seiner äußersten Schale ein Elektron besitzt und darunter, auf der zweiten Schale 8 Elektronen, und das ist die Edelgaselektronenkonfiguration der zweiten Schale, welche das Edelgas Neon besitzt. Das Chloratom nimmt aus dem gleichen Grund ein Elektron auf, um dadurch die Elektronenkonfiguration des Edelgases Argon zu erreichen. So entstehen zwei Ionen, das positiv geladene Natrium- und das negativ geladene Chlor-Ion. Durch den Austausch eines Elektrons bilden sich Ionen mit entgegengesetzten Ladungen, die sich gegenseitig anziehen und fortan zusammenbleiben, wenn sie nicht etwa durch die Dipole von Wassermolekülen getrennt werden. Aber auch dann bleiben die Ionen erhalten, d.h., die Attraktorzustände des Natrium- und des Chloratoms verändern sich auch in der wässrigen Lösung nicht. Dies ist eine Systemstabilität, die aus den inneren Eigenschaften der

Atome aus ihrer inneren Wirklichkeit in dem Moment entsteht, in dem sich das Natrium-
und das Chlor-Atom begegnen. Dadurch tritt plötzlich eine innere Eigenschaft in Erscheinung, die ebenso plötzlich neue Systemgesetze hervorbringt. Denn die Natriumatome und
die Chloratome, die für uns giftig sind, haben gänzlich andere Eigenschaften, wenn sie
sich in positive bzw. negative Ionen verwandeln; denn mit ihnen können wir sogar unser
Essen würzen. Man nennt dieses plötzliche Entstehen von neuen Eigenschaften gern eine
Emergenz, um damit anzudeuten, daß sich die neu auftretenden Eigenschaften des neu
entstandenen Systems durch die Systembestandteile nicht äußerlich erklären lassen. Dadurch deutet sich die Möglichkeit der naturwissenschaftlichen Versöhnung von Finalität
und Kausalität an, indem sie nebeneinander und sich ergänzend gelten können.

Allerdings eröffnet sich hier meines Wissens nach ein bisher leider kaum beacker-
tes Forschungsfeld der Chemie und gewiß besonders auch der sogenannten *organischen
Chemie*. Denn so, wie wir über das *Periodensystem der Elemente* die Attraktoren der
einzelnen Atome erkennen können und die dadurch bestimmbaren möglichen chemischen
Verbindungen dieser Atome, so sollten auch Systeme von elementaren chemischen Verbindungen erforscht und aufgestellt werden, welche hier versuchsweise die zwei-atomigen
oder auch die zwei-elementigen Verbindungen genannt sein mögen, an denen wir deren
Attraktoren ablesen können, um vorhersagen zu können, welches ihre möglichen zukünftigen mehrelementigen Verbindungen sein können. Erst über derartige Erforschungen
von Attraktoren immer komplexerer chemischer Verbindungen kann es möglich werden,
die Selbstorganisationsfunktionen der Materie mit ihren finalen Zweckbestimmungen zu
durchschauen, was viele Philosophen und Theoretiker der Biologie noch immer für unmöglich halten.[136]

Aber einstweilen machen wir es uns noch ganz einfach und stellen uns die sogenannte
Ursuppe vor etwa 4,5 Milliarden Jahren vor, in der aufgrund der enormen Hitze sich alle
möglichen Atome begegnen und Riesenmoleküle mit einer Fülle von System-Attraktoren
entstehen; denn auch Moleküle bilden freilich auch eigene Attraktorzustände aus; denn
wenn das für einzelne Atome gilt, dann gilt dies natürlich auch für Molekülverbindungen
und den Ionenbildungen. Man stelle sich ferner vor, daß dabei Moleküle oder ionisier-
te Molekülreste entstanden, durch deren Attraktoren ihre Existenz vor ganz bestimmten
Zerstörungsgefahren gesichert wurde, etwa dadurch, daß sie sich aus Gegenden mit zu
hohen Säuregraden wegbewegten, was sich noch ganz mit Mitteln der Elektrostatik verstehen läßt. Diese Attraktoren sind als eine erste Form eines Überlebenswillens zu interpretieren und das entsprechende System aufgrund der angegebenen Definition als eine
erste Form eines Lebewesens. Daraus lernen wir:

▶ **Definition**   Der *Wille der Lebewesen* ist die *existenzstabilisierende Funktion der
Systemattraktoren, die durch die innere Wirklichkeit ihrer Systeme bestimmt sind.*

---

136 Vgl. die vielen in dieser Hinsicht skeptischen Artikel in: *Philosophie der Biologie. Eine Einführung*, herausgegeben von Ulrich Krohs und Georg Toepfer, Suhrkamp Verlag, Frankfurt/
   Main 2005.

Dieser Überlebenswille ist der Ursprung aller später unterscheidbaren Willens- und Bewußtseinsformen. An dieser Stelle findet die Versöhnung von kausaler und finaler Weltbetrachtung wirklich statt; denn die Begegnung der Atome, die Bildung von Ionen und deren Verhalten ist noch ganz kausal zu verstehen, nicht aber die Tatsache, daß sich bestimmte Ionen bilden; denn das ist durch die system-charakterisierenden Attraktoren festgelegt, welches eine finale Bestimmung darstellt. Die Attraktor-Eigenschaften eines Systems kann man auch als *intrinsische Eigenschaften* bezeichnen, da sie in der inneren Wirklichkeit des Systems versteckt liegen und erst dann in Erscheinung treten, wenn die entsprechenden Umwelt- bzw. Wechselwirkungsbedingungen vorliegen. Durch die intrinsischen Eigenschaften entsteht in dem Moment ein neues System, in dem diese Bedingungen dazu gegeben sind. Dann beginnt eine neue Ursachen-Wirkungskette, nach der Kant zur Begründung seiner Moralphilosophie im Rahmen der kausalen Naturnotwendigkeit vergeblich gesucht hat. Diese intrinsischen Eigenschaften aber liegen in der inneren Wirklichkeit bereit, die wir auf dem Erkenntnisweg Kants für die Lösung der Deutungsproblematik der Quantenmechanik fordern mußten.

Man stelle sich nun weiter vor, daß die lebenden Moleküle sich durch Spaltung vermehren, indem genau die Atome sich an die Spaltprodukte anlagern, durch die das ursprüngliche Molekül reproduziert wird. Dieser Spaltungsvorgang gehört bis heute zu den wichtigsten Vermehrungsmechanismen. In der Definition eines Lebewesens wurde deshalb die Vermehrung nicht miteinbezogen, so, wie das üblicherweise geschieht; denn Leben, lediglich als Überleben verstanden, muß noch keine Vermehrung bedeuten. Darum können wir auch von kulturellen Lebewesen sprechen, weil nach der Definition von Lebewesen auch Familien, Firmen, Vereine, Kommunen, Staaten und Staatenbünde usw. zu den Lebewesen zu zählen sind, obwohl sie sich meistens nicht vermehren. Aber wir können zur Lösung des Erhaltungsproblems der kulturellen Lebewesen eine Menge aus der Natur lernen. Außerdem können wir danach fragen, wie denn in den kulturellen Lebewesen die fünf Überlebensfunktionen besetzt und ausgestattet sind und insbesondere danach, wie diese Funktionen miteinander verkoppelt sind, so daß es zu einer bestimmten Bewußtseinsform kultureller Lebewesen kommen kann.[137] In dieser Hinsicht sieht es in unserem Staat, der Bundesrepublik Deutschland, äußerst kümmerlich und darum auch bedenklich aus. Die Überlebensfähigkeit unserer Demokratie scheint mir tatsächlich kaum gesichert und augenblicklich sogar stark gefährdet zu sein. Die Möglichkeit der Vermehrung von

---

137 Leider ist dies oft erst während kriegerischer Auseinandersetzungen zwischen Staaten und Völkern zu beobachten, daß die Heeresleitungen die fünf Überlebensfunktionen sehr genau besetzen und daß sich in den Kämpfenden ein Bewußtsein der Bereitschaft einstellt, sogar das eigene Leben für die Überlebenssicherung des eigenen Staates oder Volkes zu opfern. Vgl. zur überindividuellen Bewußtseinsbildung auch die Überlegungen über die Begründung einer Wirtschafts- und Unternehmensethik in: W. Deppert, „Individualistische Wirtschaftsethik", in: W. Deppert, D. Mielke, W. Theobald: *Mensch und Wirtschaft. Interdisziplinäre Beiträge zur Wirtschafts- und Unternehmensethik*, Leipziger Universitätsverlag, Leipzig 2001, S. 131–196, oder Wolfgang Deppert, *Individualistische Wirtschaftsethik (IWE)*, Springer Gabler Verlag, Wiesbaden 2014.

kulturellen Lebewesen in Form von Wirtschaftsbetrieben scheint immerhin durch Aus-
gründungen und im Zuge der Globalisierung zunehmend an Bedeutung zu gewinnen,
wodurch sich in der Wirtschaft Möglichkeiten zur Qualitätsverbesserung durch Evolution zumindest andeuten. Gibt es etwa derartige Bestrebungen auch bereits wieder für die
Bundesrepublik Deutschland?

Wenn unser erstes molekulares Lebewesen gelernt hat, sich zu reproduzieren, dann
beginnt der von Charles Darwin erdachte Evolutionsmechanismus durch zufällige Veränderungen der Wesensmerkmale eines sich vermehrenden Lebewesens. Denn die Moleküle
werden sich durch Ausbildung neuer Attraktoren mit hinzukommenden Atomen verändern. Wenn diese Veränderungen das Überleben sicherer machen, können sich immer sta-
bilere molekulare Lebewesen ausbilden, die sogar in der Lage sind, sich mit anderen molekularen Lebewesen zu verbinden, wodurch für die Übernahme der Überlebensfunktionen
erste Arbeitsteilungen möglich werden, wie wir sie in den Bestandteilen der Zellen insbesondere aber mit den diversen Organen heute vorfinden. Damit entstehen die allerersten
Bewußtseinsformen; denn wenn die Überlebensfunktionen aufgrund von überlebenssi-
chernden Arbeitsteilungen von verschiedenen Bestandteilen der Lebewesen übernommen
werden, dann muß die Verkopplung der Überlebensfunktionen organisiert werden, und
diese Verkopplung ist als Bewußtsein zu definieren. Von nun an entwickeln sich im Laufe
der Evolution auch die Bewußtseinsformen weiter, etwa Bewußtseinsformen des Wieder-
erkennens oder der Wiedererinnerung durch die Ausbildung von Gedächtnisformen, die
sich in die fünf Überlebensfunktionen einfügen. Überdies werden sich Bewußtseinsformen zur Ertüchtigung der Überlebensfunktionen ausbilden, wie sie besonders bei Jungtie-
ren zu beobachten sind. Und so können wir verstehen, warum Zusammenhangserlebnisse
in uns positive Gefühle auslösen und darüber hinaus, was Gefühle überhaupt bedeuten. Es
sind überlebenssichernde Attraktorzustände; denn Zusammenhangserlebnisse bilden die
Ausgangsbasis der Erkenntnisfunktion, weil Erkenntnisse im Gehirn als reproduzierbare
Zusammenhangserlebnisse repräsentiert werden.[138]

Weiter dürfen wir davon ausgehen, daß die Bildung von Zellverbänden auch mit Über-
lebensvorteilen verbunden ist. Dadurch kommt es zu einer Hierarchiebildung der Überlebenswillen in den Zellverbänden, weil sich die Überlebenswillen der einzelnen Zellen
dem Überlebenswillen des ganzen Verbandes aufgrund der verbesserten Überlebenschancen also aus Eigennutz unterordnen. Diesen unterwürfigen Überlebenswillen, der mit
einem unterwürfigen Bewußtsein verbunden ist, können wir bei allen Herdentieren beobachten und ebenso bei allen Tieren, deren Nachkommen eine Kindheitsphase durchleben,
in der sie dem Elternwillen gehorchen, bis sie schließlich einen relativ eigenständigen
Überlebenswillen ausbilden. Die Zellen und Organe, aus denen ein Organismus besteht,

---

138 Zur erkenntniskonstituierenden Funktion der Zusammenhangserlebnisse vgl. W. Deppert,
    Hermann Weyls Beitrag zu einer relativistischen Erkenntnistheorie, in: Deppert, W.; Hüb-
    ner, K; Oberschelp, A.; Weidemann, V. (Hg.), *Exakte Wissenschaften und ihre philosophische
    Grundlegung*, Vorträge des internationalen Hermann-Weyl-Kongresses Kiel 1985, Peter Lang,
    Frankfurt/Main 1988.

sind selbst Lebewesen, die einerseits aufgrund ihres unterwürfigen Überlebenswillens den Organismus erhalten, die andererseits aber auch eigene Überlebensstrategien besitzen. Darum dürfen wir darauf vertrauen, daß insbesondere auch der menschliche Organismus mit einer Fülle von Selbstheilungskräften ausgestattet ist, wie dies etwa von Aaron Antonovsky in seiner Theorie der Salutogenese angenommen wird.[139]

Durch die evolutionäre Verbesserung der Überlebensfunktionen werden viele Reflektionsschleifen nötig, um bessere von schlechteren Wahrnehmungen, Erkenntnissen und Maßnahmen zur Überlebenssicherung unterscheiden zu können. Bei den höher entwickelten Tieren werden sich über besondere Gedächtnisfunktionen erste Repräsentationen der Umwelt ausbilden. Aber erst wenn ein Lebewesen über Repräsentationsverfahren zur Einordnung der Wahrnehmungen in einen Gesamtzusammenhang – in ein Weltbild – verfügt, läßt sich von einem menschlichen Bewußtsein sprechen. Wird dieses Weltbild als das Produkt von übergeordneten fremden Willen verstanden, so sei von einem *mythischen Weltbild* gesprochen, das von verschiedensten Gottheiten regiert wird, welche freilich traditionsfähige Erfindungen der Gehirne der mythischen Menschen sind.

Wir dürfen annehmen, daß etwa bis dahin die biologische Evolution für die Formung des menschlichen Bewußtseins verantwortlich war, daß sich das menschliche Bewußtsein danach aber in einer kultur-geschichtlichen Evolution bishin zu unserem heutigen Individualitätsbewußtsein weiterentwickelt hat; denn die Zeiträume, in denen diese Bewußtseinsveränderungen des Menschen stattgefunden haben, sind für Veränderungen in der biologischen Evolution viel zu kurz. Aufgrund der kulturgeschichtlichen Evolution hat sich diese Entwicklung auch in unseren Kindern bis zum Erwachsensein zu vollziehen. Und es dauert in der Entwicklung der Kinder lange, bis sie ein intuitives Gefühl für die zu erhaltende Ganzheit gewinnen, die sie selber sind, und damit beginnen, sich selbst mit diem Wort ‚Ich' zu bezeichnen, so wie wir es mit unserem Ich-Bewußtsein ebenso lange tun. Denn das Ich-Bewußtsein und das später sich daraus entickelnde Individualitätsbewußtsein ist nicht genetisch bedingt. Es ist kulturgeschichtlich entstanden und muß von jedem neugeborenen Gehirn in einem langen Aneignungs-Prozeß allmählich neu erworben werden.

Damit ist nun bishin zum menschlichen Ich-Bewußtsein und seinen Willensformen gezeigt, daß sie durch die Versöhnung von kausalem und finalem Begründen naturwissenschaftlich begreifbar und erklärbar sind. Dies ist wesentlich durch die Einführung der inneren Wirklichkeit von Systemen möglich geworden, zu der wir auf dem Kantischen Erkenntnisweg gelangt sind und durch die Verallgemeinerung der Kantischen Erkenntnisvermögen aufgrund der in einem Lebewesen anzunehmenden Überlebensfunktionen der Lebewesen. Es soll nun noch gezeigt werden, daß die weitere Anwendung des Kantischen Erkenntnisweges noch deutlich über die bereits genannten einzelnen Erkenntnisformen hinausweist.

---

139 Vgl. Aaron Antonovsky, Alexa Franke, *Salutogenese: zur Entmystifizierung der Gesundheit.* Dgvt-Verlag, Tübingen 1997 oder W. Deppert, Bewußtseinsgesteuerte Salutogenese, siehe im Blog: <wolfgang.deppert.de>, Dez. 2010.

10.9 Die Entdeckung der inneren Wirklichkeit führt auf die Einsicht, daß die Gegenwart eine grundlegende Eigenschaft der physikalischen Wirklichkeit ist und daß ein umfassendes zusammenhangstiftendes Prinzip die Ganzheit der Welt sichert.

Durch die Einführung der inneren Wirklichkeit handeln wir uns tatsächlich eine Fülle von neuen Problemen ein, die vor allem mit den Fragen verbunden sind, wodurch, warum und wann sich ein bestimmter möglicher Systemzustand der *inneren Wirklichkeit* in einen Systemzustand der *äußeren Wirklichkeit* verwandelt und damit den Zustand der sinnlichen Erfahrbarkeit annimmt. Wie bereits besprochen, hängt dies für die Zustände der Atomhüllen offenbar von der äußeren Wirklichkeit ab, d.h. von den Wechselwirkungsbedingungen, wie z.B. für ein Natriumatom die Bedingung, ob sich ein Chloratom genügend weit für die Möglichkeit einer Wechselwirkung angenähert hat oder nicht. Dies bedeutet aber, daß die innere Wirklichkeit nicht etwa im Leibnizschen Sinne einer Monade gedacht werden darf, die „keine Fenster" hat, sondern als in der *Aktions- und Reaktionsfähigkeit des Systems* mitenthalten zu denken ist. D.h., äußere und innere Wirklichkeit sind nicht durch eine Grenze voneinander getrennt. Man kann gewiß von verschiedenen Aspekten der einen Wirklichkeit sprechen.

Fragen wir uns, in welcher Art von Zeitlichkeit ein Übergang von einem bloß möglichen Systemzustand zu einem Zustand der Außenwelt, der äußeren Wirklichkeit, stattfindet; dann bleibt uns keine andere Denk-Möglichkeit als festzustellen, daß dies immer in einer Gegenwart geschehen muß; denn in der Vergangenheit geschieht nichts und auch in der Zukunft nicht. Aber wie viele Gegenwarten kann es denn geben? Je eine systemeigene? Gewiß nicht; denn dann ließe sich eine gemeinsame Zeitlichkeit in der physikalischen Welt gar nicht mehr denken, dazu bedarf es der Möglichkeit der Gleichzeitigkeit. Damit aber taucht die Frage auf: „wie aber schaffen es die physikalischen Systeme, daß ihre unübersehbar vielen Übergänge von ihrer inneren in ihre äußere Wirklichkeit überall gleichzeitig, d.h. in der gleichen Gegenwart stattfinden?" Auf diese Frage scheint es für mein Dafürhalten nur eine einzige Antwort zu geben: „Die äußere Wirklichkeit ist zugleich die Gegenwart!" Damit aber fallen die allgemeinsten räumlichen, materiellen und zeitlichen Bestimmungen in einer Einheit zusammen, einer neuen mythogenen Idee, die selbst nicht erklärt werden kann, die aber Erklärungen für alle weiteren räumlichen, materiellen und zeitlichen Bestimmungen liefert. – Damit aber wäre ein lang gepflegter Irrtum beseitigt, den allerdings auch Kant noch weiter erhärtet hatte, daß wir es nämlich in der Physik nicht mit den Zeitmodi zu tun hätten, daß ‚Vergangenheit', ‚Gegenwart' und ‚Zukunft' nur menschliche Betrachtungsweisen der Welt wären, die aber in der physikalischen Wirklichkeit gar nicht vorkämen. Die Unterscheidung von innerer und äußerer Wirklichkeit eines Systems scheint die Anerkennung der Existenz der physikalischen Gegenwart als grundlegendster Gegebenheit zu erzwingen. Und diese Feststellung geht „quer" zu der Hierarchiebildung der inneren und äußeren Wirklichkeiten. Diese werden durch die gleiche Gegenwart in ihrem Geschehen fest verbunden.

Einsteins Frage, wie sich die Gleichzeitigkeit von entfernten Ereignissen feststellen läßt, wird damit obsolet; denn diese Gleichzeitigkeit ist die Bedingung der Möglichkeit allen Geschehens in der Welt. Auch die raumartigen Ereignisse zwischen denen in der Einsteinschen Relativitätstheorie keine Verbindung möglich ist, sind dadurch aufs Sicherste verbunden, und wir können ganz sicher sein, daß unsere schöne Welt nicht auseinanderfällt. Auch wir Menschen untereinander dürfen getrost sein, daß in der Welt ein zusammenhangstiftendes Prinzip verwirklicht ist, das wir wie die Pantheisten und Unitarier als das Göttliche[140] bezeichnen können oder mit welchen Namen wir es auch immer kennzeichnen mögen, das uns alle miteinander verbindet und uns unablässig die Möglichkeit bietet, uns etwa auf dem Erkenntnisweg Kants immer besser zu verstehen und Frieden zu halten, auch wenn es viel Mühe macht, die inneren Wirklichkeiten unseres eigenen Ichs, die der anderen Menschen und der vielen Lebewesen bishin zu den einfachsten Bestandteilen der Materie zu erkennen und zu berücksichtigen. Diese Mühe aber wird dadurch belohnt, daß wir uns in unserer Welt immer mehr zu Hause und geborgen fühlen und daß wir die deutliche Verpflichtung spüren, diese schöne Welt zu erhalten und vor allem die Menschheit und die mit ihr entstandene Natur darin, indem wir den Lebensraum der Natur schützen und das Trennende zwischen den Menschen überwinden, die Waffen aus den Händen legen, um uns immer mehr friedlich und vertrauensvoll die Hände zu reichen. Wenn wir in der Astrophysik Ereignisse beobachten, dann haben diese Ereignisse lange vor unserer Gegenwart stattgefunden, weil sie auf sehr weit entfernten Sternen oder Galaxien stattgefunden haben, dann nehmen wir natürlich auch an, daß das Ereignis gleichzeitig mit unserer Gegenwart stattgefunden hat, nur daß das Licht aufgrund seiner endlichen Geschwindigkeit bei einer Entfernung von einem Lichtjahr eben ein Jahr braucht, um uns von diesem Ereignis Kenntnis zu geben.

10.10   Kants verallgemeinerungsfähiger Erkenntnisweg zu den theoretischen Wissenschaften

10.10.1   Die Mathematik und das im Wirklichen Mögliche

Alle Wissenschaften und insbesondere alle Naturwissenschaften bedürfen nach Kant einer theoretischen Wissenschaft; denn in den theoretischen Wissenschaften wird das Mögliche gedacht, welches die Bedingung dafür ist, daß etwas wirklich sein kann. Damit hat Kant bereits auf intuitive Weise den Unterschied zwischen der inneren und der äußeren

---

140 Zu dieser Wortwahl hat sich in jüngster Zeit einer der wenigen lebenden wirklichen Philosophen Volker Gerhardt in seinem Werk *Der Sinn des Sinns: Versuch über das Göttliche* (Ch. Beck Verlag, München 2015) positiv geäußert, wobei ich allerdings davor warnen möchte, das Göttliche zu personifizieren, weil sich damit stets die Gefahr der Verabsolutierung verbindet, was aber mit dem relativistischen Charakter des Göttlichen (des Zusammenhangstiftenden!) unvereinbar ist; denn etwas Absolutes ist stets etwas Unverbundenes, das keinen Zusammenhang zu etwas anderem kennt.

Wirklichkeit vorgedacht. Den Theoretikern kommt danach die Aufgabe zu, das Mögliche zu denken, und die Experimentalwissenschaftler haben herauszufinden, was von dem bloß Möglichen tatsächlich wirklich ist. Kant hatte den Mathematikern diese Aufgabe zugedacht, die theoretischen Wissenschaften der Naturwissenschaften zu konzipieren[141], eine Aufforderung, die bei den Mathematikern bis heute nicht angekommen ist oder zumindest nicht angenommen worden zu sein scheint, obwohl der Mathematiker Hermann Weyl diese Aufgabe jedenfalls für die theoretische Physik bereits klar erkannt hatte, indem er seinen Lehrer David Hilbert davon zu überzeugen trachtete, daß die Mathematik nur dann eine „*ernsthafte Kulturangelegenheit*" bleiben könne, wenn sie sich nicht in einem bedeutungslosen Formelspiel ergeht, wie es der Hilbertsche Formalismus zu werden drohte[142].

Nun sind die Mathematiker gewiß im begrifflichen Denken zu Hause, und ihre Denkprodukte entstammen ihrer formalen Phantasie und nicht der sinnlichen Anschauung. Sie lassen sich darum schwerlich mit unserer sinnlich wahrnehmbaren Wirklichkeit in Verbindung bringen. Aber was ist für die Mathematiker das Wirkliche, durch das sie das Mögliche bestimmen könnten und wie stellt man es fest? Diese Frage ist zu präzisieren; denn es ist zu klären, was es in der Mathematik überhaupt für Objekte gibt, für die die Wirklichkeits- und entsprechend die Möglichkeitsfrage gestellt werden könnte. Nun werden ja bekanntlich in der Mathematik Existenzbeweise geführt, und was existiert, dafür gibt es ja wohl irgend eine Art von Wirklichkeitsvorstellung. Existenzbeweise werden in der Mathematik durch Aufweisen der Objekte erbracht, durch widerspruchsfreies Konstruieren der mathematischen Gegenstände oder durch einen Widerspruchsbeweis, der sich dann ergibt, wenn die Annahme der Nichtexistenz des fraglichen Gegenstands zu einem Widerspruch führt. Diese Beweise sind alle nur möglich, wenn die mathematische Existenz von irgend einem mathematischen Gegenstand schon einmal festgesetzt worden ist, etwa im Zuge des sogenannten Aufweisens. Derartige Festsetzungen können freilich nur in unserer kommunizierbaren Gedankenwelt stattfinden, welche als besondere Leistungen unseres Gehirns verstehbar sind. Kant nennt diese Gedankenwelt die intelligible Welt. Und für Kant ist es glasklar, daß die Gegenstände dieser intelligiblen Welt ersteinmal keinen Bezug zu irgendetwas Sinnlichem haben. Sie besitzen nur die Möglichkeit, auf Gegenstände der sinnlichen Welt angewandt zu werden. Dies geschieht mit Hilfe des

---

141 Vgl. Immanuel Kant, *Metaphysischen Anfangsgründe der Naturwissenschaft*, Vorrede VIII [470]:„Ich behaupte aber, daß in jeder Naturlehre nur so viel eigentliche Wissenschaft angetroffen werden könne als darin Mathematik anzutreffen ist." Für Kant besteht eine theoretische Wissenschaft darum nur aus Mathematik, da in ihr die reinen Formen des Denkens ausgearbeitet werden. Wie aber die Mathematiker das Mögliche in irgendeinem Existenzbereich bestimmen können, bleibt damit jedoch noch ganz ungeklärt.

142 Vgl. Hermann Weyl, „Die heutige Erkenntnislage in der Mathematik", in: *Symposion 1 (1925)*, S. 1–32 und in: Hermann Weyl, Gesammelte Abhandlungen Band II, S.540; genauer in: Wolfgang Deppert/Kurt Hübner/Arnold Oberschelp/Volker Weidemann (Hg.), *Exact Sciences and their Philosophical Foundations/Exakte Wissenschaften und ihre philosophische Grundlegung, Vorträge des Internationalen Hermann-Weyl-Kongresses, Kiel 1985*, Wolfgang Deppert, „Einführung zum Thema des Kongressbandes", S. 9.

Bewußtseins, welches ja die Verkopplungsorganisation der Überlebensfunktionen darstellt. Und die erste Überlebensfunktion, die Wahrnehmungsfunktion, besteht aus unseren
Sinnesorganen welche Informationen über die Außenwelt in unglaublicher Fülle mit Hilfe
der vorformenden apriorischen reinen Formen der Anschauung Raum und Zeit ins Gehirn transportieren. Diese werden dann durch die Erkenntnisfunktion des Gehirns mit
den in ihr bereitliegenden reinen Formen des Verstandes ein zweites Mal synthetisiert, wie
es Kant in grandioser Weise vorgedacht hat. Weil aber die Formen der Wahrnehmungs-
und der Erkenntnisfunktionen Erkenntnisse über die Außenwelt, sprich Erfahrungen, erst
möglich machen, müssen sie vor jedem Erkenntnisvorgang schon vorher bereitliegen, also
a priori gegeben sein. Diese apriorischen Formen sind ganz im Sinne Kants bereits in den
Gehirnen der menschlichen Subjekte vorhanden, sie können sich aber nur über Zigtausen-
de von Jahren auf evolutionäre und damit quasi auf empirische Weise gebildet haben, und
insofern ist auch wiederum Hermann Weyl recht zu geben, wenn er sagt:

> „ … ich glaube, der menschliche Geist kann auf keinem anderen Wege als durch die Ver-
> arbeitung der gegebenen Wirklichkeit zu den mathematischen Begriffen aufsteigen. Die An-
> wendbarkeit unserer Wissenschaft erscheint nur als Symptom ihrer Bodenständigkeit, nicht
> als eigentlicher Wertmaßstab, und für die Mathematik, diesen stolzen Baum, der seine Krone
> frei im Äther entfaltet, aber seine Kraft zugleich mit tausend Wurzeln aus dem Erdboden
> wirklicher Anschauungen und Vorstellungen saugt, wäre es gleich verhängnisvoll, wollte
> man ihn mit der Schere eines allzu engherzigen Utilitarismus beschneiden oder wollte man
> ihn aus dem Boden, dem er entsprossen ist, herausreißen."[143]

An dieser Stelle wird es nun ganz besonders bedeutsam, zwei Arten von Evolutionen zu
unterscheiden, die biologische und die kulturelle Evolution. Während sich die biologische
Evolution über sehr lange Zeiträume erstreckt, weil sich in ihr biologische Veränderungen
der zellularen Struktur der Lebewesen insbesondere im Aufbau ihrer DNS erst allmählich
durch damit verbundene Verbesserungen der Überlebens- und Fortpflanzungschancen er-
eignen, ändert sich in der kulturellen Evolution der Lebewesen gar nichts an ihrem durch
die DNS garantierten körperlichen Aufbau der Lebewesen, es ändert sich nur etwas in der
neuronalen Verschaltungsstruktur ihrer Gehirne und damit mit ihren Bewußtseinsformen
und -inhalten, was unserer bisherigen Kenntnis nach wohl im wesentlichen nur bei den
Menschen geschieht. Aber es mag sein, daß sich bei genügend großem Forschungsauf-
wand über das Zusammenleben anderer nichtmenschlicher Lebewesen gewisse Ansätze
auch zu etwas Ähnlichem wie der menschlichen kulturellen Evolution finden läßt.

Diese neuronalen Verschaltungsstrukturen, die es uns erlauben, etwas vor aller Erfahrung a priori zu denken, sind gewiß etwas Wirkliches aufgrund ihrer physiologisch prinzipiell auffindbaren neuronalen Vernetzungsstruktur, was herauszufinden für die Neuro-
physiologen noch immer eine schier unlösbare Aufgabe zu sein scheint. Aber die von
uns denkbaren apriorischen Gedankengebilde, wie etwa die Formen von Raum und Zeit
oder auch die Kantischen Kategorien wie etwa Quantitäten, Qualitäten, Relationen oder

---

143 Vgl. ebenda S. 8.

auch Modalitäten haben freilich einen ganz anderen Wirklichkeitscharakter als die damit verbundenen neuronalen Vernetzungen. Aber sie sind doch etwas im Denken Gegebenes mithin auch für das Denken etwas Wirkliches und alles, was mit den apriorischen Denkstrukturen verträglich ist, könnte gerade in der Mathematik für möglich gehalten werden, womit wir eine erste Antwort auf die Frage nach dem Wirklichen in der Mathematik gefunden haben. Allerdings werden all jene Mathematiker diesen Überlegungen nicht zustimmen, die – aus welchen mehr oder weniger fraglichen Gründen auch immer – Kants Vorstellungen von der Mathematik nicht teilen.

Aber wenn wir den Gedanken der kulturellen Evolution weiter verfolgen, können wir womöglich noch auf eine andere Vorstellung von der gedanklichen Wirklichkeit der Mathematiker stoßen. Denn die kulturellen Leistungen der Menschen hängen von den Verschaltungsstrukturen in ihren Gehirnen und damit von ihren Bewußtseinsformen ab. Darum findet mit der kulturellen Entwicklung in der Menschheitsgeschichte und ihren besonderen Gemeinschaftsformen eine Phylogenese der Gehirne und damit eine Evolution des Bewußtseins statt.[144] Die aufeinander folgenden und damit auch aufeinander aufbauenden Bewußtseinsformen der Phylogenese der Gehirne sollten sich in der Beschreibung der sich bei den Vorsokratikern entwickelnden Denkformen nachzeichnen lassen. Denn es läßt sich mit Hilfe der hier gegebenen Analyse des begrifflichen Denkens zeigen, daß die voll entwickelte begriffliche Denkfähigkeit erstmalig bei Sokrates auftritt, während sich die Denkformen der Vorsokratiker nur allmählich auf die nötigen Formen zum begrifflichen Denken hinbewegen, die bei Empedokles nur in Bezug auf seine Porentheorie der Wahrnehmung erreicht gewesen zu sein scheint. Damit erhält die Bezeichnung ‚Vorsokratiker‘ nun eine sehr subtile und einleuchtende Erklärung, indem wir die Vorsokratiker als die Philosophen der griechischen Antike verstehen, die noch auf dem Wege sind, die Bewußtseinsstufen bis zum begrifflichen Denken des Sokrates hin zu durchlaufen.

Platons Auffassung davon, daß das Denken seines Lehrers Sokrates in den Untergang führe, wovon der Prozeß gegen Sokrates deutliches Zeugnis ablege, weist darauf hin, daß für Platon das begriffliche Denken seines Lehrers Sokrates nicht nur beängstigend neu, sondern wegen des damit verbundenen relativistischen Denkens in höchstem Maße unsicher und damit gefährlich war. Tatsächlich hat Platon mit seiner Ideenlehre in bezug auf das begriffliche Denken eine Rückwendung in Richtung mythisches Denken vollzogen; denn seine Ideen sind keine Begriffe, sondern absolute göttliche Formen, welche sogar den Göttern bei ihrer Konstruktion der Welt zum Maßstab dienen (Vgl. Platons Dialog *Timaios*) sollen.

---

144 Vgl. dazu auch Willy Obrist, *Die Mutation des Bewußtseins. Vom archaischen Selbst- und Weltverständnis*, Peter Lang Verlag, Bern, Frankfurt/Main, New York, Paris 1980 und 1988 und ders. *Neues Bewußtsein und Religiosität. Evolution zum ganzheitlichen Menschen*, Walter-Verlag Olten und Freiburg im Breisgau 1988 und außerdem ders. *Das Unbewußte und das Bewußtsein*, opus magnum, Stuttgart 2013. Willy Obrist hat als Psychoanalytiker der C.G-Jung'schen Schule sich sehr genau um die Historie der religiösen Vorstellungen und deren Wandlungen befaßt und hat daran eine Evolution der Bewußtseinsformen feststellen können, was mit den hier vertretenen Positionen zur Evolution des Bewußtseins gut zusammenstimmt.

Aber die Mathematik nimmt schon mit dem Anfang der Vorsokratiker etwa durch Thales von Milet ihren Lauf, der noch weitgehend in der mythischen Bewußtseinsform agiert. Das mythische Denken findet freilich auch schon in bestimmten Denkformen statt, wie etwa die paarige und darüber hinaus die ganzheitliche Denkform. Existentielles und begriffliches Denken wurde dabei noch gar nicht unterschieden; es wurde in Gottheiten, und deren Beziehungen zueinander gedacht, die ganz selbstverständlich für die damaligen Menschen auch existierten, die Gottheiten und deren Beziehungen, durch die vor allem das zyklische Zeitbewußtsein gestützt wurde, nach dem von „Ewigkeit zu Ewigkeit" immer das Gleiche geschah, so wie in der Mathematik durch göttliche Eingebung ein einmal bewiesener Lehrsatz seine Gültigkeit für alle Zeiten behielt, warum insbesondere Platon so sehr von der Mathematik begeistert war.

Die Beziehungen zwischen Gottheiten konnten durchaus gegensätzlicher Natur sein, wie etwa in dem Gegensatzpaar ‚hell und dunkel', das in der Verbindung des steten Wechsels zwischen der Göttin des Tages (in Griechenland die Göttin Hemera) und der Göttin der Nacht (in Griechenland die Göttin Nyx) verwirklicht war. Interessant bei diesen Göttinnen aber ist, daß sie niemals gemeinsam auftreten können; weil dies einen unerlaubten Widerspruch darstellte; denn es kann nicht zugleich an der selben Stelle hell und dunkel sein. Hier kündigt sich schon im Mythos **das Vernunftprinzip des verbotenen Widerspruchs** an, das von Platon bereits erkannt wurde, dessen logische Konsequenzen aber erst von Aristoteles dargestellt wurden. Diese aus dem Mythos stammende Denktradition hat Aristoteles besonders deutlich in seiner Kategorienschrift ausgeführt, von der schon mehrfach im Rahmen der hier dargestellten begriffstheoretischen Ausführungen insbesondere mit Bezug auf den aristotelischen Begriff der *Homonymität* die Rede war, wodurch Aristoteles den Unterschied zwischen seiner Vorstellung von erstem und zweitem Wesen zu präzisieren wußte.

Nun aber geht es um den Substanz- oder – wie ich lieber sage – den Wesensbegriff selbst, von dem Aristoteles sagt, daß die Substanzen oder das Wesen kein konträres Gegenteil haben.[145] Der konträre Widerspruch ist dabei so bestimmt, daß er aus Bestimmungen eines Gegenstandes besteht, die nicht gleichzeitig auftreten können aber dennoch beide zugleich auch *nicht* der Fall sein können. Da aber die Substanzen den Bereich des Wirklichen aufspannen, sei es im Bereich der sinnlich erfaßbaren Gegenstände (erstes Wesen) oder im Bereich der geistig denkbaren Gegenstände, wie es die Begriffe etwa von Art und Gattung sind (zweites Wesen), kann es in diesen Bereichen zu keiner Zeit Widersprüche geben, weil konträre Widersprüche von etwas sind, das nicht gleichzeitig auftreten kann. Sollte es sie doch geben, dann können sie jedenfalls in der äußeren Wirklichkeit nicht existent sein. Zu verschiedenen Zeiten oder in verschiedenen Beziehungen kann es selbstverständlich widersprüchliche Bestimmungen der Wirklichkeit geben, diese Bestimmungen können nur nicht gleichzeitig auftreten. Eigentümlich ist dabei, daß sich

---

145 Vgl. Aristoteles, *Kategorien, Hermeneutik oder vom sprachlichen Ausdruck*, herausg. von Hans Günter Zekl, griechisch – deutsch, Felix-Meiner Verlag, Hamburg 1998, Kategorien, Kap.5, 3b24–31, S. 19.

die Vorstellung einer gleichzeitig bestehenden äußeren und inneren Wirklichkeit bereits im Unterabschnitt 10.9 im Zusammenhang mit der Einführung der mythogenen Idee von der inneren Wirklichkeit eines Systems oder der ganzen physikalischen Welt verbinden ließ. Diese Beziehung zwischen Zeitlichkeit und Wirklichkeit wird freilich noch nicht bei Platon oder Aristoteles mitgedacht, sie wird aber noch im nächsten Unterabschnitt über Kants Grundlegung der theoretischen Physik noch einmal aufleuchten.

Mit der alten Vernunftwahrheit des Satzes vom verbotenen Widerspruch haben wir eine *zweite Bestimmung über das Mögliche und das Wirkliche im mathematischen Denken* gefunden. In der Mathematik haben diejenigen Begriffskonstruktionen Wirklichkeitscharakter, in denen kein Widerspruch enthalten ist. Und genau diese sind aber mögliche Kandidaten zur Beschreibung der Sinnenwelt oder – wie Kant sagt – der Erscheinungswelt. Demnach läßt sich Kants Aufforderung an die Mathematiker, zumindest für die Naturwissenschaften die Grundlagen für den Aufbau von zugehörigen theoretischen Wissenschaften bereitzustellen, auf zwei miteinander verträgliche Wirklichkeitsvorstellungen in der Mathematik stützen, durch die es machbar erscheint, daß auch Mathematiker über einen Begriff von Möglichkeit verfügen können, der auch auf die Möglichkeiten der empirischen Welt in einer theoretischen Naturwissenschaft anwendbar ist.

Um einsichtig zu machen, daß dies bereits über die Vernunftwahrheit des verbotenen Widerspruchs gelingt, haben wir einen Weg gewählt, der auf die Anfänge des menschlichen Denkens in der ersten gut nachweisbaren Kulturstufe des Mythos zurückführt. Diesen historischen Weg der Bewußtwerdung zu beschreiten, scheint auch für das Aufweisen der Bedingungen, die das menschliche Denken hinsichtlich der Entstehung und des Werdens der Wissenschaft zu erfüllen hat, angezeigt zu sein. Darum wird er auch im zweiten Band des Werkes „Theorie der Wissenschaft" so gründlich, wie eben möglich, gegangen werden.

10.10.2 Wie Kant den Weg zur theoretischen Physik rekonstruiert

Wir wissen bereits: Kant verlangt von den Wissenschaften, daß sie sich auf theoretische Wissenschaften stützen; weil diese erst das Denkmögliche über die mit den Wissenschaften zu untersuchenden Objektbereiche im Verstande bereitstellen. Der junge Immanuel selbst hat – wie bereits berichtet – schon im jugendlichen Alter von 22 Jahren den Erkenntnisweg gefunden[146], den er sein Leben lang anwendete, um sein erkenntnistheoretisches Werk im sorgsamen Beschreiten dieses Erkenntnisweges aufzubauen. Dieser Erkenntnisweg heißt *transzendental*, weil er sich aus Kants Begriffsbestimmung des *Transzendentalen* ergibt, welche stets „*die Bedingungen der Möglichkeit von Erfahrung betreffend*"

---

146 Im letzten Absatz des siebten Abschnitts seiner Vorrede zu seinem Erstlingswerk „*Gedanken von der wahren Schätzung der lebendigen Kräfte und …*", bei Martin Eberhard Dorn, Königsberg 1746, schreibt Kant: „Ich habe mir die Bahn schon vorgezeichnet, die ich halten will. Ich werde meinen Lauf antreten und nichts soll mich hindern, ihn fortzusetzen."

bedeutet. Der Erkenntnisweg besteht demnach nur darin, die Bedingungen der Möglichkeit von tatsächlich gemachten Erfahrungen aufzusuchen, und für Kant bedeutet dies zugleich, die Metaphysik der betreffenden Wissenschaft aufzuzeigen; denn für Kant besteht
die Metaphysik einer Wissenschaft genau aus **den Bedingungen der Möglichkeit zu
wissenschaftlichen Erfahrungen**, was gar nicht oft genug betont werden kann, weil sogar
unter Wissenschaftlern und Philosophen noch immer mit völlig verquastem irrationalen
Metaphysik-Gedöns hantiert wird, und entsprechend wird sogar von sonst hervorragenden
Wissenschaftlern der Begriff des Transzendentalen mit dem Begriff des Transzendenten
verwechselt, die ja für Kant eine entgegengesetzte Bedeutung haben; denn für ihn wird
mit Behauptungen über etwas Transzendentes die Grenze des Erfahrbaren überschritten,
während das Transzendentale gerade das Erfahrbare dadurch bestimmt, daß es die Bedingungen der Möglichkeit von Erfahrung überhaupt aufzeigt.[147]

Kant verfolgt seinen transzendentalen Erkenntnisweg in der KrV sehr konsequent, indem er mit der Transzendentalen Elementarlehre beginnt, in der es um die Klärung der
Bedingungen für die Möglichkeit sinnlicher Erfahrung geht. Der Erfahrungsbereich sinnlicher Wahrnehmungen wird seit altersher als *Physik* bezeichnet. Alles, was an möglichen
sinnlichen Wahrnehmungen und deren Kombinationen prinzipiell gedacht werden kann,
spannt den Möglichkeitsraum der Physik auf. Und genau dies ist von der theoretischen
Physik zu leisten. Sie ist die von Kant geforderte theoretische Wissenschaft der Physik,
deren einfachste Elemente und Werkzeuge Kant in seiner KrV bereitstellt.

Die theoretische Physik beschreibt die Objekte der sinnlich wahrnehmbaren Welt und
deren regelhafte Zusammenhänge, die als Naturgesetze bezeichnet werden. Kant startet
den Aufbau der theoretischen Physik mit der Bestimmung der Bedingungen der Möglichkeit sinnlicher Erfahrungen, für die er ein erstes Vermögen postuliert, das er als *Sinnlichkeit* bezeichnet oder auch – vermutlich als Verbeugung vor den alten Griechen, die
vor allem in der Kunst *dem Gesichtssinn* die besondere Ehre gaben – als **Vermögen der
Anschauung**. Diesen ersten Teil seiner transzendentalen Elementarlehre in der KrV nennt
Kant *Transzendentale Ästhetik*; denn das Wort ‚*aisthesis*' bedeutet im Alt-Griechischen
die empfundene Wahrnehmung, von der Kant gemäß seines transzendentalen Erkenntnisweges die Bedingungen ihrer Möglichkeit aufzuklären hat. Ferner muß Kant danach noch
die Bedingungen für die Möglichkeit einer mit Hilfe von sinnlichen Wahrnehmungen
gemachten Erfahrung herausfinden. Dies unternimmt Kant im zweiten Teil der Transzen-

---

147 Sogar von dem durchaus herausragenden Forscher Heinz Penzlin werden die Begriffe des
Transzendentalen und des Transzendenten genau falsch herum verwendet. In seinem Werk
Das Phänomen Leben schreibt er über Charles Darwin auf Seite 25 durchaus lobend gemeint:
„Er befreite die Teleologie von ihrem Transzendentalismus", und meint damit aber die Be-
freiung vom Glauben an etwas Transzendentes, das in der Teleologie wirksam sei, und auf
Seite 412 schreibt er von einer Transzendenten Identität und meint damit die Transzendentale
Identität zwischen dem, was für Kant durch die Bedingungen der Möglichkeit von Erfahrungen, wie etwa durch seine Kategorien, den Erkenntnisgrund des Subjekts bestimmt, mit dem,
was wir als objektiv bestimmen, eine Identität, die aus der transzendentalen Sicht Kants trivial
ist, weil wir als Objekt nur das erkennen können, was uns unsere Erkenntnisfähigkeit erlaubt.

dentalen Elementarlehre, dem er den Namen *Die transzendentale Logik* gibt, und in deren erster Abteilung zu lernen ist, wie es zu Objekten der Wahrnehmung und wie es durch die Verbindung dieser Objekte zu Erfahrungen kommen kann. Weil aber die *Bedingungen* der Möglichkeit von Erfahrungen nicht selbst durch Erfahrung bestimmbar sind – denn diese können ja erst aufgrund ihrer Möglichkeit eintreten -, so müssen die Bedingungen möglicher Erfahrung stets *vor aller Erfahrung* im reinen Denken aufgesucht werden, warum sie als *Möglichkeiten a priori* bezeichnet werden. Damit steht das Apriorische, das, was nicht durch Erfahrung dem menschlichen Verstande innewohnt, am Anfang der Transzendental-Philosophie Kants, was zu seiner Zeit von vielen seiner philosophischen Zeitgenossen nicht verstanden wurde.

Kants Philosophie des Apriorischen ist aber ganz besonders und vor allen anderen von den dogmatischen Empiristen aus dem anglo-amerikanisch-empiristischen Denk-Ghetto kritisiert und gänzlich abgelehnt worden, weil sie aufgrund ihrer religiösen Wurzeln der amerikanischen Erstbesiedler in Form christlicher Sekten den Apriorismus Kants als eine Ausgeburt menschlichen Hochmuts verstehen mußten. Denn alles, was es nach deren religiös-dogmatischer Auffassung auf der Erde überhaupt zu erforschen gibt, konnte nur von dem einen Schöpfergott stammen, und dieser hat den Menschen in seiner übergroßen Gnade und Barmherzigkeit die Sinnesorgane gegeben, damit sie die Pracht und Herrlichkeit seiner Schöpfung bewundern können.[148] Und wenn da ein deutscher Philosoph aus dem hintersten Ostpreußen daherkommt, der nichts von der Welt inmitten von Gottes Schöpfung gesehen hat, und frech behauptet, er könnte aus sich selbst heraus *vor aller sinnlichen Erfahrung von Gottes Schöpfung* sogar die Grundlagen für alle Erfahrungserkenntnis überhaupt legen, dann kann das ja nur ein Hochstapler und infamer Angeber sein. Diese Ablehnung der Transzendentalphilosophie Kants hat sich bis heute zum Nachteil der anglo-amerikanischen Philosophie in weiten philosophischen Kreisen erhalten und hat auch aufgrund der großen Siegermacht USA des zweiten Weltkriegs auf Europa und auch auf Deutschland und Österreich mächtig ausgestrahlt. Zur philosophischen Ehrenrettung

---

148 Es ist mir immer wieder ein nicht auflösbares Rätsel, wie sogenannte Gläubige unserer Zeit immernoch meinen, daß dem von ihnen geglaubten allmächtigen Schöpfergott das Prädikat der Bedürftigkeit dadurch beizufügen ist, indem für ihn Dienste, etwa in Form von Gottesdiensten zu leisten sind oder indem er es doch nötig hat, eine besondere Verehrung zu erfahren. Das sind in früheren Zeiten verstehbare Zeichen der Unterwürfigkeit, die das Sicherheitsorgan der Menschen, ihr Gehirn, für ihre Überlebenssicherheit in Form eines Unterwürfigkeitsbewußtseins bereitstellte. Bei Mohammed hat das – im Islam noch immer schon an der Gebetshaltung erkennbare – Unterwürfigkeitsbewußtsein sogar zu den gotteslästerlichen Aussagen geführt, daß Mohammed an weit mehr als 50 Stellen des Koran behauptet, Allah hätte verlangt, daß Menschen, die ihn nicht verehren, sogenannte Ungläubige, zu töten seien. Wie konnte Mohammed so etwas behaupten, daß der allmächtige Allah doch noch der Anbetung durch die Menschen bedarf, die er doch angeblich auch geschaffen hat? Hier handelt es sich um Herrschaftsvorstellungen von menschlichen Herrschern, die natürlich sehr bedürftig sind. Diese menschliche Kümmerlichkeit auf einen allmächtigen Gott zu übertragen ist aber eine gänzlich unbegreifbare Gotteslästerung, die auch unter den christlichen Kirchen bis heute noch immer üblich ist.

Nordamerikas sei aber nicht verschwiegen, daß die amerikanischen und kanadischen Unitarier eine mächtige geistige Bewegung in Gang brachten, deren Mitglieder sich als *Transzendentalisten* bezeichneten und damit besonders die schöpferischen Kräfte im Menschen pflegten; denn zu den Transzendentalisten gehörten alle amerikanischen Dichter des 19. Jahrhunderts von Rang, angefangen mit Ralph Waldo Emerson und David Thoreau bishin zu Walt Whitman und Mark Twain, aber auch der Engländer Charles Dickens gehörte zum unitarischen Dichterkreis der Transzendentalisten. Eigenwilligerweise haben sie Kants Begriff des Transzendentalen nicht übernommen, sondern nur dessen Konsequenzen der apriorischen Schöpferkraft im Menschen. Diese wahrhaft göttlichen schöpferischen Fähigkeiten, die in der Natur des Menschen verborgen liegen, haben Kant schließlich dazu gebracht, von einer *Vernunftreligion* zu sprechen, die er auch selbst vertrat und in der *ein persönlicher Schöpfergott nicht mehr vorkommt*. Wir haben besonders im letzten Semester über nicht wenige Stellen in der KdU gestaunt, wo er gern von *der* Natur spricht, so, als ob diese ein eigenes planendes Wesen besäße, worüber in diesem Semester bei der Besprechung der teleologischen Urteilskraft noch des öfteren zu sprechen sein wird.

Die ersten apriorischen Bestimmungen betreffen im ersten Teil der transzendentalen Elementarlehre die Identifizierbarkeit der sinnlichen Wahrnehmungen, was durch die *reinen Anschauungen des Raumes und der Zeit* möglich ist. Für den Aufbau einer theoretischen Wissenschaft ist festzuhalten, daß apriorische Festsetzungen zu treffen sind, mit denen die Bedingungen von Erfahrungen ihrer Möglichkeit nach aufzusuchen sind. Es müssen *apriorische* Bestimmungen sein, weil diese nach Kant den Wirklichkeitshintergrund für die Mathematiker darstellen, durch welche die Identifizierbarkeit der Objekte der Erfahrung und damit die Erfahrungen selbst erst möglich werden, so wie einzelne sinnliche Erfahrungen für Kant stets erst durch Raum- und Zeitangaben identifizierbar sind.

Im zweiten Teil der transzendentalen Elementarlehre entwickelt Kant apriorische Möglichkeiten, die es einsichtig machen, wie es durch sinnliche Wahrnehmungen überhaupt zur Objektbildung kommen kann und wodurch ihre regelhaften Zusammenhänge bestimm- und erfahrbar gemacht werden können. Diese Möglichkeiten entwickelt Kant durch das *Vermögen des Verstandes*, indem er auf apriorische Weise den *Verstand als das Vermögen zu Begriffen* bestimmt, die er mit Hilfe von vier Klassen reiner Verstandesformen, die er nach dem Vorbild des Aristoteles als Kategorien bezeichnet, bilden und zu Urteilen verbinden kann. Diese vier Klassen von Kategorien kennzeichnet Kant als *Quantität, Qualität, Relation und Modalität*. Dabei fällt auf, daß die Kategorienklasse der Relation die Kategorie der Finalität nicht enthält. Möglicherweise hatte Kant gegenüber Leibniz eine gewisse Antipathie entwickelt, der ja die Kausalität und die Finalität sogar in einer gleichberechtigten Weise angesehen hat, da es für ihn als striktem Deterministen einerlei war, ob man sich das ohnehin eindeutig bestimmte Weltgeschehen aus der Vergangenheit in die Zukunft hineingeschoben zu denken oder in die Zukunft hineingezogen vorzustellen hat. Jedenfalls hat Leibniz in seiner Theodizee die Entschuldigung des Schöpfers für die Übel in der Welt mit der Einführung des Extremalprinzips vollbracht, daß *die Schöpfung immerhin die beste aller möglichen Welten* sei, so daß das Weltgeschehen auch nach

Extremalprinzipien verlaufe. Und das hat dazu geführt, daß in der theoretischen Physik das zukünftige Geschehen bis in die heutige Physik hinein durch Extremalprinzipien wie durch das Hamiltonprinzip oder insbesondere durch das Prinzip der kleinsten Wirkung bestimmt ist. Dies ist eine von den meisten Naturphilosophen übersehene Finalität in der theoretischen Physik, die wohl durch die durchaus dogmatische Einseitigkeit Kants zu erklären ist, der *Kausalität das Alleinstellungsmerkmal* in seiner dritten Kategorienklasse der Relation verliehen zu haben.

Es mag sein, daß Kant die Finalität aus seiner Kategorienlehre bewußt herausgehalten hat, um sich noch ein Schlupfloch für die Rettung der Willensfreiheit zu lassen, was ja für ihn mit der Rettung der Moral gleichkam. Wie dem auch sei, hat er der Finalität in seiner KdU eine Ehrenrettung im Rahmen seiner *Kritik der teleologischen Urteilskraft* zukommen lassen. An dieser Stelle sei bereits vermerkt, daß man im apriorischen Aufbau einer theoretischen Naturwissenschaft nicht um die apriorisch zu bestimmende Rolle der Finalität herumkommt. Dies gilt besonders für die theoretischen Wissenschaften der einzelnen biologischen Wissenschaften, da in ihnen die Möglichkeit der biologischen Evolution und die Erklärung des Überlebenswillens der Lebewesen zu behandeln ist, worauf im Abschnitt 10.8 *‚Die Versöhnung von kausaler und finaler Naturbeschreibung und die naturwissenschaftliche Erklärung der Entstehung und Evolution des Willens und des Bewußtseins‘* schon genauer eingegangen worden ist.

Die weitere Grundlegung der theoretischen Wissenschaften, die freilich auch besonders für die theoretische Physik gilt, betreibt Kant in der KrV vor allem in seinem *‚System der Grundsätze des reinen Verstandes‘*, indem er den *obersten Grundsatz aller analytischen Urteile‘* wie folgt formuliert:

Keinem Dinge kommt ein Prädikat zu, welches ihm widerspricht.

Diese schon auf Platon und Aristoteles und freilich auch auf Leibniz zurückgehende Vernunftwahrheit ist, wie hier gerade gezeigt wurde, zugleich auch die Konstitution von mathematischer Wirklichkeit, die es auch den Mathematikern erlaubt, die Denkmöglichkeiten in den von Kant ihnen zugesprochenen theoretischen Wissenschaften zu entwickeln und darin analytische Urteile zu ermöglichen. Die besondere Leistung Kants aber, die aus unerfindlichen Gründen von den anglo-amerikanischen Empiristen noch immer beargwöhnt oder gar bekämpft wird, sind *die synthetischen Sätze a priori*, zu denen er auch einen obersten Grundsatz formuliert. Eigentlich sollte es gerade für Empiristen selbstverständlich sein, daß sie für ihre empirischen Sätze eine kennzeichnende apriorische Form dieser Sätze angeben können, weil die empirischen Sätze stets als synthetische Sätze zu denken sind, da ihr empirischer Anteil aus den Definitionen der in einem empirischen Satz verwendeten Begriffe nicht erschlossen werden kann, sondern erst durch die Verbindung dieser Begriffe mit Beobachtungsinformationen ausgedrückt werden kann. Kant sagt dazu:

„Also zugegeben: daß man aus einem gegebenen Begriffe hinausgehen müsse, um ihn mit einem anderen synthetisch zu vergleichen, so ist ein Drittes nötig, worin allein die Synthesis zweier Begriffe entstehen kann. Was ist nun dieses Dritte, als das Medium aller synthetischen Urteile? Es ist ein Inbegriff, darin alle unsere Vorstellungen enthalten sind, nämlich der innere Sinn, und die Form desselben, die Zeit.“[149]

Einem aufmerksamen Leser mag sich an dieser die Stelle die Frage stellen, was denn wohl Kants *innerer* Sinn der Zeit mit der *inneren* Wirklichkeit zu tun hat, von der in den Abschnitten 10.4 bis 10.9 so viel die Rede war. Diese Frage ist tatsächlich gleichermaßen tief- und scharfsinnig; denn die innere Wirklichkeit eines Systems ist bestimmt durch die Menge der möglichen Zustände des Systems, wobei freilich diese Systemzustände solche sind, die nicht gleichzeitig auftreten, die sich also in einem logischen Sinn durchaus widersprechen können. Und der innere Sinn der Zeit ist gerade die Selbstwahrnehmung in uns, die es uns gestattet, Veränderungen wahrzunehmen. Kant hebt dies in seinem zweiten Abschnitt der transzendentalen Ästhetik ausdrücklich hervor, indem er betont:

„Hier füge ich noch hinzu, daß der Begriff der Veränderung und, mit ihm, der Begriff der Bewegung (als Veränderung des Orts) nur durch und in der Zeitvorstellung möglich ist. … Nur in der Zeit können beide kontradiktorisch entgegengesetzte Bestimmungen in einem Dinge, nämlich *nacheinander,* anzutreffen sein. Also erklärt unser Zeitbegriff die Möglichkeit so vieler synthetischer Erkenntnis a priori als die allgemeine Bewegungslehre, die nicht wenig fruchtbar ist, darlegt.“[150]

Demnach macht der innere Sinn der Zeit die innere Wirklichkeit eines Dinges, d.h. die Menge seiner möglichen Zustände, welche zugleich die Menge seiner möglichen Veränderungen darstellt, möglich. Einzeln werden diese Zustände zu bestimmten Zeitpunkten, also durch die Zeit, die für Kant durch den inneren Sinn gedacht wird, in der Außenwelt denk- und wahrnehmbar, allerdings über die innere Wirklichkeit des wahrnehmenden Menschen selbst, denn das, was er wahrnimmt, gehört stets zu den möglichen Zuständen von ihm selbst.

Die apriorischen Begriffsbildungen Kants dienen nicht nur zum Aufbau seiner apriorischen Erkenntnistheorie, sondern sie liefern zugleich auch den Anfang des apriorischen Begriffsgerüstes der theoretischen Physik, das er in seinem Werk *Metaphysische Anfangsgründe der Naturwissenschaft* weiter ausgearbeitet hat, in dem er darin ebenso auf apriorische Weise die Kraftbegriffe der theoretischen Physik als Abstoßungs- und als Anziehungskraft definierte. Diese Erwähnung soll hier darauf hinweisen, daß wir im folgenden Abschnitt sogar bei der Frage nach der Grundlegung der theoretischen Wissenschaften vom Leben überhaupt wieder auf Kants Hilfe rechnen dürfen.

---

149 Vgl. Kant, *Kritik der reinen Vernunft*, A155, B194, Meiner Ausgabe Hamburg 1956 S.210.
150 Vgl. ebenda B48f. oder S. 76.

10.10.3 Zum Aufbau der theoretischen Wissenschaften vom Leben überhaupt

Tatsächlich beschäftigt sich Kant in seiner Kritik der teleologischen Urteilskraft in seiner KdU sehr intensiv mit den dem Naturgeschehen zugrunde liegenden Prinzipien, so daß zu erwarten ist, daß wir auch daraus noch einiges über die Bedingungen der Möglichkeit von biologischen Wissenschaften erfahren können. Im Rahmen der Entwicklung einer Begriffstheorie für die Konstruktion und Verwendung von Begriffen und Begriffssystemen in den Wissenschaften wurde mehrfach darauf hingewiesen, daß die wissenschaftliche Beschreibung und Erforschung von Lebewesen erfordert, ganzheitliche Begriffssysteme zu verwenden, da alle Lebewesen für sich stets eine Ganzheit darstellen und weil sie aus kleinsten Ganzheiten entstehen und bestehen, denn bei vielen Lebewesen treten ihre Teile in Form von Organen oder Zellen auf, die wiederum Ganzheiten ausbilden. Der Begriff der Ganzheit ist hier bereits als eine Form der gegenseitigen Bedeutungsabhängigkeit der begrifflich bestimmten Teile des Ganzen oder durch die gegenseitgige existentielle Abhängigkeit der Teile eines in der Erscheinungswelt existierenden Ganzen bestimmt worden. Dementsprehend wurde im Abschnitt 5.7.6 der Ganzheitsbegriff definiert:

▶ **Definition** *Eine **Ganzheit** ist bestimmt durch die gegenseitige Abhängigkeit seiner Teile,* oder *eine Menge von Elementen ist dann eine **Ganzheit**, wenn sie sich in eindeutiger Weise auf ein ganzheitliches Begriffssystem abbilden läßt.*

Ein ganzheitliches Begriffssystem läßt sich außerdem dadurch charakterisieren, daß jeder Definitionsversuch der begrifflichen Systemteile durch einander auf Zirkeldefinitionen führt, so, wie dies für die undefinierten Grundbegriffe in einem mathematischen Axiomensystemen immer der Fall ist. Dieser Umstand erklärt die gegenseitige semantische Abhängigkeit der begrifflichen Teile ganzheitlicher Begriffssysteme. Darum könnten die Mathematiker dem Kantischen Aufruf zur Konstruktion von theoretischen Wissenschaften insbesondere denen, die das Leben zu ihrem Forschungsgebiet gemacht haben, schon dadurch nachkommen, wenn sie es versuchen, eine Klassifikation der möglichen mathematischen Axiomenssysteme herauszufinden, was nämlich zu einer Klassifikation von biologischen Ganzheiten Anlaß geben könnte. Denn alle mathematischen Axiomensysteme sind ganzheitliche Begriffssysteme, und die biologischen Ganzheiten werden begrifflich nur mit Hilfe von ganzheitlichen Begriffssystemen beschreibbar sein. Und eben das scheint Kants Intuition für die Wissenschaften vom Leben bereits vorgeahnt zu haben, was allerdings erst noch nachzuweisen ist.

In seiner *Kritik der teleologischen Urteilskraft* zum Schluß der KdU findet sich bereits sehr deutlich die Spur des Weges zu diesem Nachweis, indem Kant den Ganzheitsbegriff zu bestimmen trachtet und ihn sogar ganz offensichtlich zur Grundlage seiner teleologischen Betrachtungen macht. Um dies auf seinem Erkenntnisweg erfolgreich tun zu können, steht Kant aber ersteinmal vor dem für ihn schier unlösbar erscheinen müssenden Problem, die von ihm unleugbaren unübersehbar vielen Zweckmäßigkeiten in der Natur und die damit verbundene Finalität im Naturgeschehen mit seinen grundsätzlichen Vorstellungen vom notwendigen Naturgeschehen nach Kausalgesetzen zu verbinden. Die besondere Erfahrung, für die Kant die Bedingungen ihrer Möglichkeit aufzusuchen hat, liegt gerade in seiner eigenen Feststellung, daß die Zweckmäßigkeiten in der Natur nicht ignoriert werden können. Die Schwierigkeit, in der Kant mit seinem eigenen Theoriengebäude stand, ist eigenwilligerweise bis heute in den Grundlagenfragen der biologischen Wissenschaften und sogar noch weitgehend bei den Philosophen der Biologie erhalten geblieben. Denn die naturphilosophischen und naturwissenschaftlichen Darstellungen der biologischen Evolutionstheorien leiden unter dem wesentlich durch Kant stabilsierten Kausalitätsdogma der Naturwissenschaften, so daß wir unter Naturwissenschaftlern noch immer die schier unausrottbare Meinung vorfinden, daß alle finalen Erklärungen und finalen Begründungen unwissenschaftlich seien. Dabei wird das Wort ‚final‘ stets so verstanden, daß es einen Bezug zu einem zukünftigen Geschehen ins argumentative Spiel bringt. Und da die Zukunft ja in der Gegenwart nocht nicht stattfinden kann und da wir den mythischen Glauben daran verloren haben, daß sich in der Zukunft Vergangenes wiederholen würde, müßte demgemäß jeder Bezug auf die Zukunft nur aufgrund von unwissenschaftlicher Spekulation zustandekommen. Dieses Problem scheint für viele Wissenschaftler und insbesondere von denen, die sich sogar einer theoretischen Biologie verschrieben haben, noch immer unlösbar zu sein[151], wenngleich wir es hier im Abschnitt 10.8 lösen konnten. Nun soll aber noch gezeigt werden, wie Kant es durch seine Intuition selbst lösbar gemacht hat.

Wir finden in uns und in allen Lebewesen einen Überlebenswillen vor, der stets auf die Zukunft ausgerichtet ist; denn das Überleben soll ja in der Zukunft stattfinden und jetzt leben bedeutet stets: „in der Vergangenheit überlebt haben“. Indem der Überlebenswille so bestimmt ist, alles zu vermeiden, was das Überleben in der Zukunft gefährden kann, läßt sich der Überlebenswille und jeder andere Wille auch nicht ohne einen Zukunftsbezug bestimmen. Der Wille ist grundsätzlich ein finaler Begriff; denn ein Wille besitzt stets die Handlungsabsicht, etwas Bestehendes in der Zukunft zu erhalten, es in der Zuklunft zu verändern oder in der Zukunft etwas Neues zu bewirken. Aufgrund des Kausalitätsdogmas der Naturwissenschaft könnte es mithin keine wissenschaftliche Beschäftigung für das Faktum geben, daß in allen Lebewesen ein Erhaltungswille wirksam ist. Für die Naturwissenschaftler, die dennoch am Kausalitätsdogma und an der biologischen Evolution festhalten wollen, ist diese Lage nicht mehr wissenschaftlich vertretbar, weil sich zeigen

---

151 Heinz Penzlin legt in seinem Buch, *Das Phänomen Leben. Grundfragen der Theoretischen Biologie*, Springer Spektrum, Berlin, Heidelberg 2014, größten Wert darauf, die Biologie als eigenständige Wissenschaft darzustellen, die nicht am Gängelband der Physik und Chemie existiert (Vgl. 10.5 Biologie als autonome Wissenschaft, S. 408–4011), aber er gibt keine Grundlagen einer entsprechend eigenständigen theoretischen Biologie an, stattdessen hält er an einem veralteten und nicht mehr wissenschaftlich vertretbaren Schichtenmodell des belebten Lebens fest (10.2 Der Schichtenaufbau der realen Welt).

läßt, daß die biologische Evolution nur denkmöglich ist, wenn mit ihr das finalistische Erhaltungsprinzip der Erhaltung der Genidentität lebender Systeme wirksam ist.[152]

Kant versucht sich ersteinmal mit der Vorstellung von zufälligem Geschehen zu helfen, etwa gemäß der Auffassung: „Und alles, was man in der Natur als auffallend zweckmäßig zu erkennen meint, kann man auch als zufällige Bildungen ansehen." Und Kant kann dafür auch einige Beispiele angeben, wie etwa das folgende[153]:

> „Denn wenn man z. B. den Bau eines Vogels, die Höhlung in seinen Knochen, die Lage seiner Flügel zur Bewegung, und des Schwanzes zum Steuern usw. anführt; so sagt man, daß dieses alles nach dem bloßen nexus effectivus in der Natur, ohne noch eine besondere Art der Kausalität, nämlich die der Zwecke (nexus finalis), zu Hülfe zu nehmen, im höchsten Grade zufällig sei: d. i. daß sich die Natur, als bloßer Mechanism betrachtet, auf tausendfache Art habe anders bilden können, ..."

Da für Kant solche Zufälligkeitserklärungen alles andere als befriedigend sind, fügt er in einer Quasirechtfertigung teleologischer Beurteilungen noch folgende Ausführungen hinzu[154]:

> „Gleichwohl wird die teleologische Beurteilung, wenigstens problematisch, mit Recht zur Naturforschung gezogen; aber nur um sie nach der *Analogie* mit der Kausalität nach Zwecken unter Prinzipien der Beobachtung und Nachforschung zu bringen, ohne sich anzumaßen, sie darnach zu *erklären*. Sie gehört also zur reflektierenden, nicht der bestimmenden Urteilskraft. Der Begriff von Verbindungen und Formen der Natur nach Zwecken ist doch wenigstens *ein Prinzip mehr*, die Erscheinungen derselben unter Regeln zu bringen, wo die Gesetze der Kausalität nach dem bloßen Mechanism derselben nicht zulangen."

Demnach gehören teleologische oder auch finale Erklärungen zur reflektierenden Urteilskraft, welche ja die Aufgabe hat, das Allgemeine, wodurch erklärt wird, noch zu suchen und womöglich zu finden, während der bestimmenden Urteilskraft dieses Allgemeine bereits zur Verfügung steht, wie es bei den Ursachen, die den Wirkungen zeitlich vorausgehen, der Fall ist, wenn auch eine verbindende Regel zwischen Ursache und Wirkung

---

152 Vgl. W. Deppert, Concepts of optimality and efficiency in biology and medicine from the viewpoint of philosophy of science, in: Burkhoff, D., Schaefer, J., Schaffner, K., Yue, D.T. (eds.), *Myocardial Optimization and Efficiency, Evolutionary Aspects and Philosophy of Science Considerations*, Steinkopff Verlag, Darmstadt – New York 1993 (Supplement to Basic Research in Cardiology, Vol. 88, Suppl. 2, 1993), pp.135–146 oder schon in: W. Deppert, Das Reduktionismusproblem und seine Überwindung, abgedruckt in: W. Deppert, H. Kliemt, B. Lohff, J. Schaefer (Hg.), *Wissenschaftstheorien in der Medizin. Ein Symposion*, Walter de Gruyter Verlag, Berlin 1991, S. 275- 325.

153 Vgl. Immanuel Kant, *Werke in zehn Bänden*, herausgegeben von Wilhelm Weischedel, Band 8, Kritik der Urteilskraft, Zweiter Teil,Kritik der teleologischen Urteilskraft §61 „Von der objektiven Zweckmäßigkeit der Natur", S. 470.

154 Vgl. Ebenda S. 470, A266, B270.

vorliegt. Kant weist darauf hin, daß wir, wenn wir teleologische Erklärungen der bestimmenden Urteilskraft zuordnen wollen, wir eine Kausalität als Ursache zeitlich der Wirkung folgend einen neuen Vernunftbegriff schüfen und diesen der Natur unterschöben, so, als ob die Natur ein eigenes *„konstitutives Prinzip der Ableitung ihrer Produkte von ihren Ursachen zum Grunde legen"* und damit ihre Naturzwecke bestimmen könnte. Damit wäre *„eine neue Kausalität in die Naturwissenschaft"*[155] eingeführt, aber nicht als Kategorie, deren Anwendbarkeit sich auf dem Wege der transzendentalen Deduktion erweisen läßt, sondern als **Vernunftbegriff**, durch den sich Zwecke bestimmen lassen und der als die *objektive Zweckmäßigkeit der Natur* zu denken wäre.

An dieser Stelle wird es nun ganz deutlich, daß Kant tatsächlich wieder seinen transzendentalen Erkenntnisweg benutzt, um das Problem der objektiven Zweckmäßigkeit der Natur zu lösen; denn die Bedingung der Möglichkeit dazu kann nur über einen Vernunftbegriff gedacht werden, *weil Zwecke stets auf die Zukunft gerichtet sind*, welches zu dem Gebiet gehört, über das nur die Vernunft und nicht der Verstand gebieten kann. Kant spricht darum von einer *„neuen Kausalität"*[156], die als eine Forderung seines Erkenntnisweges zu begreifen ist, obwohl Kant noch gar nicht wissen konnte, wie sich diese Forderung später durch die biologische Evolutionstheorie einlösen läßt.

Es mußte für Kant darum gehen, die Denkmöglichkeit eines solchen Vernunftbegriffs als „neue Kausalität" zu klären. Dies nimmt er in seiner *ersten Abteilung der Kritik der teleologischen Urteilskraft* vor, indem er im § 62 damit beginnt, die *bloß formale* von der *materialen objektiven Zweckmäßigkeit* zu unterscheiden.

Als Erstes weist Kant darauf hin, wie sehr doch gezeichnete geometrische Figuren mannigfaltige Zwecke erfüllen. So lassen sich mit Hilfe eines Kreises beliebig viel Probleme der Gleichwinkligkeit oder der Rechtwinkligkeit von Dreiecken lösen, oder die Kegelschnitte ergeben die einfachsten Formen vergleichbarer Ellipsen, Parabeln oder Hyperbeln usw. Und diese Formen lassen sich dann benutzen, um bestimmte Bewegungsabläufe in der Natur, sei es am Himmel oder auch auf der Erde zu beschreiben, so lassen sich die Planetenbewegungen mit Ellipsen darstellen und entsprechend die Bewegungen des freien Falls wie etwa eine Wurfbewegung oder eine Geschoßbahn mit Parabeln. Hier von einer Zweckmäßigkeit zu sprechen, läßt sich allenfalls im Sinne einer formalen Zweckmäßigkeiten rechtfertigen, da die Formen der Arithmetik und Geometrie ebenso aus den apriorischen reinen Anschauungsformen und den reinen Verstandesformen zur Begriffsbildung entstammen, wie die Formen, mit denen wir die Natur etwa mit Hilfe einer Kinematik oder einer Dynamik beschreiben.

Ganz ähnlich steht es mit der relativen Zweckmäßigkeit der Natur, die Kant in seinem § 63 behandelt. Da geht es um die Möglichkeit irgendein natürliches Geschehen für die Überwindung der eigenen Überlebensproblematik zu nutzen. Dazu gibt Kant ein paar nette Beispiele an[157]:

---

155 Vgl. Ebenda S. 471, A266, B270.

156 Vgl. Kant, KdU A266, B271.

157 Vgl. Ebenda § 63, S.477f., A279, B280.

„Die Flüsse führen z. B. allerlei zum Wachstum der Pflanzen dienliche Erde mit sich fort, die sie bisweilen mitten im Lande, oft auch an ihren Mündungen, absetzen. Die Flut führt diesen Schlick an manchen Küsten über das Land, oder setzt ihn an dessen Ufer ab; und, wenn vornehmlich Menschen dazu helfen, damit die Ebbe ihn nicht wieder wegführe, so nimmt das fruchtbare Land zu, und das Gewächsreich gewinnt da Platz, wo vorher Fische und Schaltiere ihren Aufenthalt gehabt hatten. …

Oder, um ein Beispiel von der Zuträglichkeit gewisser Naturdinge als Mittel für andere Geschöpfe (wenn man sie als Zwecke voraussetzt) zu geben: so ist kein Boden den Fichten gedeihlicher, als ein Sandboden. Nun hat das alte Meer, ehe es sich vom Lande zurückzog, so viele Sandstriche in unsern nördlichen Gegenden zurückgelassen, daß auf diesem für alle Kultur sonst so unbrauchbaren Boden weitläuftige Fichtenwälder haben aufschlagen können, wegen deren unvernünftiger Ausrottung wir häufig unsere Vorfahren anklagen; und da kann man fragen, ob diese uralte Absetzung der Sandschichten ein Zweck der Natur war, zum Behuf der darauf möglichen Fichtenwälder. …

Eben so, wenn einmal Rindvieh, Schafe, Pferde usw. in der Welt sein sollten, so mußte Gras auf Erden, aber es mußten auch Salzkräuter in Sandwüsten wachsen, wenn Kamele gedeihen sollten, oder auch diese und andere grasfressende Tierarten in Menge anzutreffen sein, wenn es Wölfe, Tiger und Löwen geben sollte. Mithin ist die objektive Zweckmäßigkeit, die sich auf Zuträglichkeit gründet, nicht eine objektive Zweckmäßigkeit der Dinge an sich selbst, als ob der Sand für sich, als Wirkung aus seiner Ursache, dem Meere, nicht könnte begriffen werden, ohne dem letztern einen Zweck unterzulegen, und ohne die Wirkung, nämlich den Sand, als Kunstwerk zu betrachten. Sie ist eine bloß relative, dem Dinge selbst, dem sie beigelegt wird, bloß zufällige Zweckmäßigkeit; …"

Mit diesen Beispielen werden sich auch die heutigen Naturwissenschaftler in ihrem kausalen Denken gewiß nicht verletzt fühlen, weil dabei nur die ganz normale Kausalität als Kantische Kategorie zu berücksichtigen ist, nach der die Ursachen den Wirkungen zeitlich vorausgehen. Nun läßt sich diese relative Zweckmäßigkeit stets als eine äußere Zweckmäßigkeit beschreiben, bei der es nicht um Zweckmäßigkeiten geht, die sich im Inneren der Naturwesen vollziehen. Beim ersten Überdenken der Überschrift des §63 *Von der relativen Zweckmäßigkeit der Natur zum Unterschiede von der innern,* habe ich gedacht, Kant würde hier auf die mannigfaltigen Zweckmäßigkeiten eingehen, die im Inneren eines jeden Lebewesens zuhauf stattfinden und die auf den Zweck der Überlebenssicherung ausgerichtet sind, wie etwa das Hungergefühl. Diese Vermutung erweist sich aber schon im ersten Absatz des §63 als irrtümlich; denn Kant bestimmt darin die *„innere Zweckmäßigkeit des Naturwesens"*, *„indem wir die Wirkung unmittelbar als Kunstprodukt …* ansehen."* Diese Formulierung ist höchst eigenartig, die ja suggeriert, daß die Natur selbst als Künstlerin auftreten und wirksam werden könnte. Im Folgenden trägt Kant eine Fülle von Beispielen zusammen, durch die scheinbare Zweckmäßigkeiten der Natur beschreibbar wären, was sich aber sehr bald als absurd herausstellt. Da führen etwa die Flüsse allerlei Schlick mit sich, der sich an den Mündungen absetzt und der dann dem Wachstum von Pflanzen sehr zuträglich ist, oder als sich größere Teile der Meere im Laufe der Erdgeschichte zurückzogen hätten und größere Flächen an Sandboden zurückließen, war dies der geeignetste Boden für das Wachsen von Fichten, warum sich dort große Fichtenwälder ansiedelten. Und noch drastischer werden die Beispiele, wenn Kant den Menschen ins

Spiel bringt, der nun planvoll die vorfindbaren Naturwesen zur Sicherung seiner äußeren Existenz nutzt, die niedrigen Pflanzen in Form von Nahrungsmitteln, die Bäume als Baumaterial und die Tiere als Lastenträger, Arbeitstiere oder als Fortbewegungsmittel. Diesen Lebewesen den Existenzzweck zu unterschieben, daß es sie genau deshalb gibt, weil sie für den Menschen so nützlich sein können, das hält Kant für „vermessen und unüberlegt". Demnach gibt es im §63 kein einziges Beispiel für die innere Zweckmäßigkeit der Naturwesen. Das ist sonderbar und bedarf wohl einer Erklärung. Für die Suche nach einer Erklärung könnte die höchst eigenartige Bezeichnung einer Wirkung als Kunstprodukt richtungsweisend sein; denn Kunstprodukte stammen ja stets von einem Schöpfer und im Falle der Zweckmäßigkeit von Naturwesen kann es sich dabei zu Kants Zeiten nur um den christlichen Schöpfergott gehandelt haben. Es war Kant aber unter Androhung empfindlicher Strafen von königlicher Seite untersagt worden, jemals wieder irgend etwas Abfälliges über das Christentum zu äußern. Eine von ihm so bezeichnete „innere Zweckmäßigkeit des Naturwesens" ist aber gar nicht anders als das, was im herkömmlichen christlichen Sinne als eine Schöpfungstat Gottes zu begreifen ist, von der Kant aber keine einzige als glaubhaft zu beschreiben angegeben hat, was freilich gleichbedeutend damit ist, daß Kant nicht mehr an einen Schöpfergott glauben konnte, was er aber auf gar keinen Fall so deutlich hinschreiben durfte, so daß er sich genötigt fand, die Redeweise vom „inneren Zweck des Naturwesens einzuführen", wodurch nun unsere Verwunderung aufgeklärt ist; denn Kants innere Zweckmäßigkeit entspricht der christlichen Vorstellung einer gezielten den Naturdingen innewohnenden Leistung des Schöpfergottes, an den zu glauben es Kant spätestens in seiner *Kritik der Urteilskraft* nicht mehr möglich war, warum er schon mehrfach der Natur eine geniale selbständige Schöpfungsleistung unterschoben hat, womit er wiederum die Theorie der biologischen Evolution vorausnahm. Und außerdem verbindet sich ja die geschickte Ausnutzung bestimmter zufälliger Gegebenheiten für die Überlebenssicherung stets mit dem Vorhandensein eines Überlebenswillens, welches natürlich aufgrund seiner finalen Bestimmtheit ein Vernunftbegriff ist, der allerdings erst später durch die Evolutionstheorie begründbar wird.

Dementsprechend hebt Kant in seinem §64 „Von dem eigentümlichen Charakter der Dinge als Naturzwecke" die wissenschaftstheoretische Tatsache hervor, daß die Ursachen dieser Zweckmäßigkeiten nicht durch kausale Naturgesetze erklärlich sind, sondern durch Begriffe, die nicht durch den Verstand, sondern nur durch die Vernunft bedingt sind, welche durch das Vermögen bestimmt ist, „nach Zwecken zu handeln (ein Wille)", was so viel bedeutet, wie nicht kausal, sondern final bestimmt zu sein, was in dieser Deutlichkeit auszusprechen von Kant noch vermieden wird. Aber er versucht eine – wie er sagt – vorläufige Definition, indem er schreibt[158]:

> „Ich würde vorläufig sagen: ein Ding existiert als Naturzweck, *wenn es von sich selbst (obgleich inzwiefachem Sinne) Ursache und Wirkung ist, …*"

---

158 Vgl. Ebenda S. 482, A282, B286.

Kant sagt dazu, dies könne man zwar denken, aber nicht begreifen, immerhin hätte man damit vermieden, der Natur eine Zweckrelation zu unterschieben. Er denkt dabei vermutlich an die dritte Möglichkeit der denkbaren zeitlichen Relationen, nämlich die der Gleichzeitigkeit. Ob Kant den „eigentümlichen Chararkter der Dinge als Naturzwecke" auch mit dem aristotelischen Begriff der Entelechie zu fassen sucht, bleibt einstweilen unklar. Kant gibt sich aber Mühe, für diese unbegreiflichen aber denkbaren Zusammenhänge Beispiele anzugeben, die durchaus jedermann bekannt sind, wie etwa die Eigenschaften der Bäume, die Kant hier beschreibt[159]:

> „Ein Baum zeugt erstlich einen andern Baum nach einem bekannten Naturgesetze. Der Baum aber, den er erzeugt, ist von derselben Gattung; und so erzeugt er sich selbst der Gattung nach, in der er, einerseits als Wirkung, andrerseits als Ursache, von sich selbst unaufhörlich hervorgebracht, und ebenso, sich selbst oft hervorbringend, sich, als Gattung, beständig erhält.
> Zweitens erzeugt ein Baum sich auch selbst als Individuum. Diese Art von Wirkung nennen wir zwar nur das Wachstum; aber dieses ist in solchem Sinne zu nehmen, daß es von jeder andern Größenzunahme nach mechanischen Gesetzen gänzlich unterschieden, und einer Zeugung, wiewohl unter einem andern Namen, gleich zu achten ist. Die Materie, die er zu sich hinzusetzt, verarbeitet dieses Gewächs vorher zu spezifisch-eigentümlicher Qualität, welche der Naturmechanism außer ihm nicht liefern kann, und bildet sich selbst weiter aus, vermittelst eines Stoffes, der, seiner Mischung nach, sein eignes Produkt ist. Denn, ob er zwar, was die Bestandteile betrifft, die er von der Natur außer ihm erhält, nur als Edukt angesehen werden muß; so ist doch in der Scheidung und neuen Zusammensetzung dieses rohen Stoffs eine solche Originalität des Scheidungs- und Bildungsvermögens dieser Art Naturwesen anzutreffen, daß alle Kunst davon unendlich weit entfernt bleibt, wenn sie es versucht, aus den Elementen, die sie durch Zergliederung derselben erhält, oder auch dem Stoff, den die Natur zur Nahrung derselben liefert, jene Produkte des Gewächsreichs wieder herzustellen."

Diese Zitate weisen tatsächlich die Eigenschaft der natürlichen Lebewesen nach, von sich selbst Ursache und Wirkung zugleich zu sein und zwar was die Erhaltung der eigenen Lebewesen-Individualität und auch die der eigenen Art angeht. Überdies besitzen die pflanzlichen Lebewesen sogar noch die Fähigkeit, unnatürliches Material in natürliches Material verwandeln zu können. Aber Kant gibt noch folgendes dritte Beispiel an, in dem die bereits aufgezählten Eigenschaften der Bäume sich auch noch auf Zusammenhangsformen von verschiedenen Baumarten der gleichen Baumgattung übertragen läßt[160]:

> „Drittens erzeugt ein Teil dieses Geschöpfs auch sich selbst so: daß die Erhaltung des einen von der Erhaltung der andern wechselsweise abhängt. Das Auge an einem Baumblatt, dem Zweige eines andern eingeimpft, bringt an einem fremdartigen Stocke ein Gewächs von seiner eignen Art hervor, und ebenso das Pfropfreis auf einem andern Stamme. Daher kann

---

159 Vgl. Ebenda S. 482f., A282f., B287.
160 Vgl. Ebenda S. 483, A284, B288.

man auch an demselben Baume jeden Zweig oder Blatt als bloß auf diesem gepfropft oder okuliert, mithin als einen für sich selbst bestehenden Baum, der sich nur an einen andern anhängt und parasitisch nährt, ansehen. Zugleich sind die Blätter zwar Produkte des Baums, erhalten aber diesen doch auch gegenseitig; denn die wiederholte Entblätterung würde ihn töten, und sein Wachstum hängt von ihrer Wirkung auf den Stamm ab. Der Selbsthilfe der Natur in diesen Geschöpfen bei ihrer Verletzung, wo der Mangel eines Teils, der zur Erhaltung der benachbarten gehörte, von den übrigen ergänzt wird; der Mißgeburten oder Mißgestalten im Wachstum, da gewisse Teile, wegen vorkommender Mängel oder Hindernisse, sich auf ganz neue Art formen, um das, was da ist, zu erhalten, und ein anomalisches Geschöpf hervorzubringen: will ich hier nur im Vorbeigehen erwähnen, ungeachtet sie unter die wundersamsten Eigenschaften organisierter Geschöpfe gehören."[161]

Mit diesem Zitat erfahren wir, daß Kant sich sogar in der hohen Kunst der Obstgärtnerei gut auskannte und dadurch dieses grandiose Beispiel zur Hand hatte, wonach der erstaunte Leser davon erfährt, daß natürliche Lebewesen durch Wechselwirkung sogar Lebewesen anderer Arten hervorbringen und damit ihre äußere Existenz sichern können. Und auch dies ist für Kant nur durch das Vorhandensein von Überlebenswillen schon in kleinsten Bestandteilen, wie etwa einem sogenannten *Auge* an einem Baumast erklärlich, warum er ja bereits im ersten Absatz seines §64 vorsichtig – in Klammern – von einem Willen spricht.

Gemäß der gezielten Verfolgung seines transzendentalen Erkenntnisweges findet Kant in seinem §65 eine weitere Bedingung der Möglichkeit seiner Erfahrung der inneren Zweckmäßigkeit der Naturwesen heraus und zwar mit ihrer notwendigen Eigenschaft als „organisierte Wesen". Entsprechend lautet die Überschrift des §65: „Dinge, als Naturzwecke, sind organisierte Wesen". Was aber sind „organisierte Wesen"?

Für die Eigenschaft eines Dinges, ein organisiertes Wesen zu sein, fordert Kant von diesem Ding drei besondere Eigenschaften. Sie mögen hier als OW1, OW2 und OW3 bezeichnet werden.

Die Eigenschaft OW1[162]:

„Zu einem Dinge als Naturzwecke wird nun *erstlich* erfordert, daß die Teile (ihrem Dasein und der Form nach) nur durch ihre Beziehung auf das Ganze möglich sind. Denn das Ding selbst ist ein Zweck, folglich unter einem Begriffe oder einer Idee befaßt, die alles, was in ihm enthalten sein soll, a priori bestimmen muß. Sofern aber ein Ding nur auf diese Art als möglich gedacht wird, ist es bloß ein Kunstwerk, d. i. das Produkt einer von der Materie (den Teilen) desselben unterschiedenen vernünftigen Ursache, deren Kausalität (in Herbeischaffung und Verbindung der Teile) durch ihre Idee von einem dadurch möglichen Ganzen (mithin nicht durch die Natur außer ihm) bestimmt wird."

Wenn Kant hier von ‚Dasein' und ‚Form' hinsichtlich der Bestimmung eines Ganzen spricht, dann ist diese Formulierung gleichbedeutend mit der hier schon mehrfach be-

---

161   Vgl. Kant, KdU, A283. B287, 288.
162   Vgl. Ebenda S. 484, A286, B290.

nutzten Unterscheidung von existentiellem und begrifflichem Denken oder auch mit dem sprachanalytischen Gegensatz von Semantik und Syntax. Und in beiden Hinsichten schreibt Kant für die Eigenschaft OW1 für alle Teile die Beziehung auf das Ganze in apriorischer Weise vor, die sich aus der Idee des Dinges als Ganzem ergeben. Weil aber in dieser Forderung der Begriff des Ganzen unbestimmt bleibt, definiert Kant den Ganzheitsbegriff nun erst in der zweiten Eigenschaft OW2, die ein organisiertes Wesen zu besitzen hat.

Die Eigenschaft OW2:

„Soll aber ein Ding, als Naturprodukt, in sich selbst und seiner innern Möglichkeit doch eine Beziehung auf Zwecke enthalten, d.i. nur als Naturzweck und ohne die Kausalität der Begriffe von vernünftigen Wesen außer ihm möglich sein: so wird *zweitens* dazu erfordert: daß die Teile desselben sich dadurch zur Einheit eines Ganzen verbinden, daß sie von einander wechselseitig Ursache und Wirkung ihrer Form sind. Denn auf solche Weise ist es allein möglich, daß umgekehrt (wechselseitig) die Idee des Ganzen wiederum die Form und Verbindung aller Teile bestimme: nicht als Ursache – denn da wäre es ein Kunstprodukt –, sondern als Erkenntnisgrund der systematischen Einheit der Form und Verbindung alles Mannigfaltigen, was in der gegebenen Materie enthalten ist, für den, der es beurteilt."[163]

Offenbar ist es für Kant wichtig, daß ein Naturpodukt nicht als Kunstprodukt verstanden werden soll, das ja stets eines Schöpfers für seine Existenz bedarf. Dazu hat Kant die Idee, daß das Ganze nur durch die Bedingungen seiner Einheit bestimmbar ist, welche darin bestehen, daß die Teile des Ganzen „von einander wechselseitig Ursache und Wirkung ihrer Form sind". Wie ist das aber zu verstehen? Die schlichte Form der gegenseitig bedingenden Bedeutungen von Begriffen werden tatsächlich durch die hier schon vielfach beschriebenen ganzheitlichen Begriffssysteme bestimmt, und genau diese scheinen Kant in Gedanken vorzuschweben, ohne sie auf den Begriff bringen zu können.

Die beiden Eigenschaften faßt Kant noch in einer dritten Eigenschaft OW3 zusammen:

„Zu einem Körper also, der an sich und seiner innern Möglichkeit nach als Naturzweck beurteilt werden soll, wird erfordert, daß die Teile desselben einander insgesamt, ihrer Form sowohl als Verbindung nach, wechselseitig, und so ein Ganzes aus eigener Kausalität hervorbringen, dessen Begriff wiederum umgekehrt (in einem Wesen, welches die einem solchen Produkt angemessene Kausalität nach Begriffen besäße) Ursache von demselben nach einem Prinzip sein, folglich die Verknüpfung der *wirkenden Ursachen* zugleich als *Wirkung durch Endursachen* beurteilt werden könnte."[164]

Demnach hat Kant bereits die Bedingungen der Möglichkeit der Evolution von Naturprodukten, wie er sich ganz allgemein ausdrückt, bereits beschrieben und entsprechend faßt er seine Überlegungen wie folgt zusammen:

---

163 Vgl. Ebenda S. 485, A286f., B291.
164 Vgl. Ebenda S. 485, A287, B291.

„In einem solchen Produkte der Natur wird ein jeder Teil so, wie er nur *durch* alle übrige da ist, auch als *um der andern* und des Ganzen *willen* existierend, d. i. als Werkzeug (Organ) gedacht: welches aber nicht genug ist (denn er könnte auch Werkzeug der Kunst sein, und so nur als Zweck überhaupt möglich vorgestellt werden); sondern als ein die andern Teile (folglich jeder den andern wechselseitig) *hervorbringendes* Organ, dergleichen kein Werkzeug der Kunst, sondern nur der allen Stoff zu Werkzeugen (selbst denen der Kunst) liefernden Natur sein kann: und nur dann und darum wird ein solches Produkt, als *organisiertes* und *sich selbst organisierendes* Wesen, ein *Naturzweck* genannt werden können."[165]

Mit diesem Begriff vom Naturprodukt als eines sich selbst organisierenden Wesens, verwirft Kant endgültig die Vorstellung der Offenbarungsreligionen, daß die Naturprodukte Kunstwerke eines Schöpfers sein könnten; denn diese Selbstorganisation des wechselseitigen Hervorbringens der Organe macht eine Schöpfung überflüssig und gestattet nur noch die Vorstellung eines Zusammenhang stiftenden Göttlichen, welches in allem, was ist, wirksam ist. Mit seiner Vorstellung von der wechselseitig hervorbringenden Organisation der Naturprodukte, von ihrer Selbstorganisation hat Kant nun auf seine Weise den Gegensatz zwischen Finalität und Kausalität aufgehoben und damit die Bedingungen der Möglichkeit für die biologische Evolution beschrieben, obwohl diese zu Kants Zeiten von Darwin noch gar nicht entdeckt war. Genau dies aber ist *der von Kant gefundene Anfang der theoretischen Biologie*, in der schon das Mögliche gedacht wird, bevor es in der äußeren Wirklichkeit gefunden werden kann. Freilich muß zugegeben werden, daß Kant sich zu diesen Gedanken hat durch die möglichst genaue Betrachtung der ihn umgebenden Naturgegenstände hat anregen lassen. Auf der Seite der Weiterentwicklung der theoretischen Biologie ist es nun erforderlich zu denken, daß die sich wechselseitig hervorbringende Organisation der Organismusteile einstweilen nur *durch Attraktoren der beteiligten chemischen Verbindungen* gedacht werden kann, die nachzuweisen *die bereits beschriebene Aufgabe der chemischen Wissenschaften* ist und noch geraume Zeit bleiben wird.

Für die allermeisten meiner wissenschaftlichen Kolleginnen und Kollegen und für mich selbst gibt es schon seit langer Zeit keine andere Ernst zu nehmende Denkmöglichkeit für die Entstehung und Entwicklung des Lebens und der gesamten Natur als die der Evolution der Lebewesen und des gesamten Lebens in der gegebenen irdischen und womöglich auch kosmischen Natur. Damit aber stellt sich sogleich die Frage des Kantischen Erkenntnisweges nach den Bedingungen der Möglichkeit einer biologischen Evolution, d. h. die Frage danach, wie es überhaupt zu einer Evolution, d.h. zu einer Selbsthervorbringung der Natur kommen kann, da wir gerade durch Kants Überlegungen davon überzeugt worden sind, daß die vorhandene Natur in ihren zwecksetzenden Erscheinungen nicht mehr als eine Schöpfungstat eines Schöpfers verstanden werden kann. Die Antorten auf die Fragen nach den Bedingungen der Möglichkeit für evolutionäre Abläufe sind grundlegend für alle Wissenschaften vom Leben, die sich bis heute an den Universitäten gebildet haben, die ja im Unterschied zu den Hochschulen als die ursprünglichen Forschungszentren anzusehen sind. Damit ist eine weitere Grundlagenfragestellung der theoretischen Wissenschaften

---

165 Vgl. Ebenda S. 485f., A287f, B292.

vom Leben gegeben, die allerdings schon intensiv während einiger wissenschaftlicher Tagungen des *Internationalen Instituts für theoretische Cardiologie* (IIfTC) intensiv behandelt wurde[166], und insbesondere auf der Evolutionstagung des Kieler IPTS [167].

Eines der wichtigsten Ergebnisse dieser Bemühungen um die Klärung der Bedingungen der Möglichkeit unserer Erfahrungen mit dem irdischen Leben ist die Einsicht, daß die biologische Evolution nur durch die Wirksamkeit von zwei Prinzipien denkbar ist:

1. das schon von Schopenhauer besonders hervorgehobene *principium individuationis* und
2. das erst zum Ende des 20. Jahrhunderts deutlich gewordene *principium societatis*, welches eine Konsequenz aus dem von Kurt Lewin eingeführten Begriff der Genidentität ist, der auch als die **dynamische Wesenserhaltung** eines veränderungsfähigen Systems deutbar ist, so daß die Erhaltung der Genidentität auf verschiedenen Stufen der Bildung von Systemen von Systemen zum evolutionsermöglichenden Prinzip wird.[168]

Nun führt uns das gründliche Nachdenken über Kants Erkenntnisweg auf ganz erstaunliche Weise zu eben dieser Erkenntnis. Schon beim Nachdenken über den Zusammenhang von Kants innerem Sinn und der inneren Wirklichkeit hätte die Einsicht aufleuchten können, daß doch die reine Form der äußeren Anschauung, der Raum, im Prinzip schon der Möglichkeitsraum ist, in dem alles Geschehen in der Zeitfolge stattfindet. Dann muß aber auch das, was wir hier als innere Wirklichkeit eines Systems bezeichnen, nämlich die Menge aller möglichen Zustände dieses Systems ebenfalls im Raum zu Hause sein. Und dies gilt für alle Systeme, die wir denken können, die atomaren, die molekularen, die makroskopischen und schließlich für uns selbst. Ist dann nicht der Raum das principium societatis schlechthin, das alles Einzelne als ein Allgemeines umgreift? Ja, gewiß doch. Denn wenn der Raum als ein Allgemeines das Einzelne umfaßt, dann ist dies nur möglich, wenn Zeit und Raum so eng miteinander verbunden sind, wie das principium individuationis mit dem principium societatis. Und dann ist ja wohl die Zeit als Kants reine Form des inneren Sinns das principium individuationis schlechthin. Aber was folgt daraus nicht alles?

---

166 Vgl. W. Deppert, Concepts of optimality and efficiency in biology and medicine from the viewpoint of philosophy of science, in: D. Burkhoff, J. Schaefer, K. Schaffner, D.T. Yue (Hg.), *Myocardial Optimization and Efficiency, Evolutionary Aspects and Philosophy of Science Considerations*, Steinkopf Verlag, Darmstadt 1993, S.135–146 oder W. Deppert, in: Teleology and Goal Functions – Which are the Concepts of Optimality and Efficiency in Evolutionary Biology, in: Felix Müller und Maren Leupelt (Hrsg.), *Eco Targets, Goal Functions, and Orientors*, Springer Verlag, Berlin 1998, S. 342–354.

167 W. Deppert, „Bedingungen der Möglichkeit von Evolution, Evolution im Widerstreit zwischen kausalem und finalem Denken", Vortrag während der Tagung des Kieler Instituts für Praxis und Theorie der Schule (IPTS) zum Thema „Evolution" vom 28. Juni bis 1. Juli 1999. Herunterzuladen vom Internet-BLOG <wolfgang.deppert.de>.

168 Vgl. ebenda.

Als erstes drängt sich mir da der Zusammenhang von Zeit und Raum auf, wie er im Abschnitt 6.5.9 über den Gesetzesbegriff und den Regelbegriff zwischen den System-räumen, Systemzeiten und den Systemgesetzen aufgezeigt werden konnte. Und da bereits die Definition von Lebewesen in Abschnitt 5.2.1 und in Abschnitt 10.8 jedes Lebewesen als ein offenes System darstellte, gilt dieser Zusammenhang zwischen Zeit, Raum und Systemgesetzen freilich auch für alle Lebewesen. Aufgrund dieses Zusammenhangs ist demnach die Wirksamkeit der beiden Prinzipien des principiums individuationis und des principiums societatis in jedem Lebewesen gesichert und entsprechend auch die Bedin-gungen der Möglichkeit der Evolution, so daß wir dadurch nicht nur in der Biologie, son-dern besonders auch in der Medizin die Möglichkeit einer Wissenschaft vom Einzelnen[169], nämlich vom einzelnen Lebewesen, ja, vom einzelnen Menschen erwiesen haben. Und dies alles sind Konsequenzen für *eine theoretische Wissenschaft vom Leben überhaupt*, die sich hier mit Hilfe des Erkenntnisweges Kants ergeben haben.

Es fragt sich aber noch, wie Kant selbst den Gegensatz zwischen Kausalität und Fina-lität gelöst hat, der für ihn aus der *Antinomie* der *Kritik der teleologischen Urteilskraft* besteht. Zur Darstellung dieser Antonomie beschreibt er zuvor noch kurz folgendes Zu-sammenspiel von Vernunft, Verstand und Urteilskraft:

„So fern die Vernunft es mit der Natur, als Inbegriff der Gegenstände äußerer Sinne, zu tun hat, kann sie sich auf Gesetze gründen, die der Verstand teils selbst a priori der Natur vorschreibt, teils durch die in der Erfahrung vorkommenden empirischen Bestimmungen, ins Unabsehliche erweitern kann. Zur Anwendung der erstern Art von Gesetzen, nämlich den *allgemeinen* der materiellen Natur überhaupt, braucht die Urteilskraft kein besonderes Prinzip der Reflexion; denn da ist sie bestimmend, weil ihr ein objektives Prinzip durch den Verstand gegeben ist. Aber, was die besondern Gesetze betrifft, die uns nur durch Erfahrung kund werden können, so kann unter ihnen eine so große Mannigfaltigkeit und Ungleich-artigkeit sein, daß die Urteilskraft sich selbst zum Prinzip dienen muß, um auch nur in den Erscheinungen der Natur nach einem Gesetze zu forschen und es auszuspähen, indem sie ein solches zum Leitfaden bedarf, wenn sie ein zusammenhängendes Erfahrungserkenntnis nach einer durchgängigen Gesetzmäßigkeit der Natur, die Einheit derselben nach empiri-schen Gesetzen, auch nur hoffen soll. Bei dieser zufälligen Einheit der besonderen Gesetze kann es sich nun zutragen: daß die Urteilskraft in ihrer Reflexion von zwei Maximen aus-geht, deren eine ihr der bloße Verstand a priori an die Hand gibt; die andere aber durch be-sondere Erfahrungen veranlaßt wird, welche die Vernunft ins Spiel bringen, um nach einem besondern Prinzip die Beurteilung der körperlichen Natur und ihrer Gesetze anzustellen. Da trifft es sich dann, daß diese zweierlei Maximen nicht wohl nebeneinander bestehen zu können den Anschein haben, mithin sich eine Dialektik hervortut, welche die Urteilskraft in dem Prinzip ihrer Reflexion irre macht.
Die erste Maxime derselben ist der *Satz*: Alle Erzeugung materieller Dinge und ihrer Formen muß, als nach bloß mechanischen Gesetzen möglich, beurteilt werden.

---

169   Vgl. dazu den Aufsatz von Hartmut Kliemt „Zur Methodologie der praktischen Wissenschaf-ten" in: W. Deppert, B. Lohff, H. Kliemt, J. Schaefer (Hrsg.), *Wissenschaftstheorien in der Medizin: Ein Symposium*, Walter de Gruyter Verlag, Berlin 1992 so wie in dem Beitrag darin von W. Deppert, „Das Reduktionismusproblem und seine Überwindung".

Die zweite Maxime ist der *Gegensatz*: Einige Produkte der materiellen Natur können nicht, als nach bloß mechanischen Gesetzen möglich, beurteilt werden (ihre Beurteilung erfordert ein ganz anderes Gesetz der Kausalität, nämlich das der Endursachen)"[170]

Kant hebt hier darauf ab, daß durch die unüberschaubare Mannigfaltigkeit und Ungleich-artigkeit der empirischen Gesetze die Urteilskraft über ihre lediglich bestimmende Funk-tion hinauswachsen und „sich selbst zum Prinzip dienen muß", um in reflektierender Wei-se eine „durchgängige Gesetzmäßigkeit der Natur" „auszuspähen". Und dabei könnte es geschehen, daß sich die reflektierende Urteilskraft der beiden genannten sich scheinbar widerstreitenden Maximen bedient; denn bei ihrer genaueren Betrachtung ist zu beden-ken, daß sie keine naturnotwendigen Bestimmungen des Verstandes sind, sondern, daß in ihnen nur Bedingungen der *möglichen* Existenz von Naturprodukten beurteilt aber nicht festgelegt werden, wie Kant es im folgenden Zitat beschreibt und damit die Antinomie erst wirklich etabliert:

„Wenn man diese regulativen Grundsätze für die Nachforschung nun in konstitutive, der Möglichkeit der Objekte selbst, verwandelte, so würden sie lauten:
Satz: Alle Erzeugung materieller Dinge ist nach bloß mechanischen Gesetzen möglich.
Gegensatz: Einige Erzeugung derselben ist nach bloß mechanischen Gesetzen nicht möglich.
In dieser letzteren Qualität, als objektive Prinzipien für die bestimmende Urteilskraft, wür-den sie einander widersprechen, mithin einer von beiden Sätzen notwendig falsch sein; aber das wäre alsdann zwar eine Antinomie, doch nicht der Urteilskraft, sondern ein Widerstreit in der Gesetzgebung der Vernunft. Die Vernunft kann aber weder den einen noch den andern dieser Grundsätze beweisen: weil wir von {der}[171] Möglichkeit der Dinge nach bloß empiri-schen Gesetzen der Natur kein bestimmendes Prinzip a priori haben können.
Was dagegen die zuerst vorgetragene Maxime einer reflektierenden Urteilskraft betrifft, so enthält sie in der Tat gar keinen Widerspruch. Denn wenn ich sage: ich muß alle Ereignisse in der materiellen Natur, mithin auch alle Formen, als Produkte derselben, ihrer Möglichkeit nach, nach bloß mechanischen Gesetzen *beurteilen*; so sage ich damit nicht: sie *sind darnach allein* (ausschließungsweise von jeder andern Art Kausalität) *möglich*; sondern das will nur anzeigen, ich *soll* jederzeit über dieselben *nach dem Prinzip* des bloßen Mechanisms der Natur *reflektieren*, und mithin diesem, soweit ich kann, nachforschen, weil, ohne ihn zum Grunde der Nachforschung zu legen, es gar keine eigentliche Naturerkenntnis geben kann. Dieses hindert nun die zweite Maxime, bei gelegentlicher Veranlassung, nicht, nämlich bei einigen Naturformen (und auf deren Veranlassung sogar der ganzen Natur) nach einem Prin-zip zu spüren, und über sie zu reflektieren, welches von der Erklärung nach dem Mechanism der Natur ganz verschieden ist, nämlich dem Prinzip der Endursachen."

---

[170] Vgl. I. Kant KdU, S. 500, A310f., B 314f.. Zum Schluß dieses Zitats scheint Kant nun doch noch durch die Hervorhebung der Endursachen auf den Begriff des Aristoteles der Entelechie anzu-spielen, der ja schon sehr früh die Finalität in die Naturphilosophie einführt, den auch Leibniz gern übernommen hat.

[171] Zusatz von mir, da hier im Text von Kant offensichtlich der Artikel ‚der' fehlt.

Damit hat Kant die Antinomie der teleologischen Urteilskraft diesmal auf einen Fehler im Vernunftgebrauch der reflektierenden Urteilskraft zurückgeführt. Und darum kann unser Beispiel der Verbindung eines Natriumatoms mit einem Chloratom, daß wir zur Versöhnung von Kausalität und Finalität verwendet haben, nun auch zu einem Beispiel für Kants Argumentation benutzt werden, indem die Ionenbildung nicht nach den Gesetzen der Newtonschen Mechanik erfolgt („Einige Erzeugung derselben ist nach bloß mechanischen Gesetzen nicht möglich"), sondern gemäß ihrer zwecksetzenden Attraktoren, aber in der schließlichen Verbindung zu einem Kochsalzmolekül allen mechanischen Gesetzen der Impuls- und Energieerhaltung sowie der elktrostatischen Anziehung mit der gerade auch von Kant vorgeschriebenen Naturnotwendigkeit folgt („Alle Erzeugung materieller Dinge ist nach bloß mechanischen Gesetzen möglich.")

Demnach hat schon Kant die Versöhnung von Kausalität und Finalität in der Naturbeschreibung möglich gemacht, und aufgrund einer guten Kenntnis von Kants Gesamtwerk wären die Evolutionstheoretiker gar nicht in die Schwierigkeit geraten, sich aufgrund ihres anzunehmenden finalistischen Überlebenswillens den Vorwurf der Unwissenschaftlichkeit einzuhandeln.

10.10.4   Zu den theoretischen Wissenschaften vom menschlichen Leben

Eigenwilligerweise ist in den Wissenschaften vom menschlichen Leben nur selten eine deutliche Trennung von theoretischen und empirischen Wissenschaften vorgenommen worden. Dies liegt weitgehend daran, daß besonders in Deutschland die Wissenschaften vom menschlichen Leben, spätestens seit dem 19. Jahrhundert wie etwa die Soziologie, die Politologie und die Pädagogik unter einen starken Einfluß von Ideologien geraten sind, deren mögliche Praxis schon immer von ihren Theorien bestimmt wird; denn der Wahrheitsanspruch der Erfinder der Ideologien und ihrer Vertreter bewirkt, daß ihre Behauptungen nicht durch eine Praxis überprüft werden müssen. Ideologien lassen sich sogar dadurch bestimmen, daß in ihnen nicht über verschiedene Möglichkeiten nachgedacht wird, sondern daß in ihnen nur über die Möglichkeiten des Seins spekuliert wird, von denen zugleich gefordert wird, daß sie aufgrund scheinbarer wissenschaftlicher Forschungen auch Wirklichkeit werden sollen, wie etwa im sogenannten wissenschaftlichen Kommunismus, in dem eine ideologische Gesellschaftslehre als wissenschaftliches Forschungsergebnis ausgegeben wird: So geschehen mit der im stalinistischen Lyssenkoismus vertretene Vererbungslehre erworbener Eigenschaften oder in einer nahezu in ganz Europa verbreiteten scheinbar wissenschaftlich agierenden Rassenideologie, in welcher behauptet wird, es sei wissenschaftlich erwiesen, es gäbe ethisch minderwertige Menschenrassen. Derartige sich wissenschaftlich gebärdenden Ideologien fanden aufgrund des bereits im 18. und 19. Jahrhunderts stark aufkommenden Wissenschaftglaubens im 19. und 20. Jahrhundert einen verheerenden Zulauf, welcher die entsetzlichen mörderischen Folgen mitbewirkte, deren Irritationen im Zusammenleben der Völker noch lange bis ins 21. Jahrhundert hineinwirken. Erst die strikte Trennung zwischen theoretischer und experimenteller Wissenschaft, wie sie Kant gefordert hat und wie sie hier beschrieben wurde, ist ein sicheres Kennzeichen für die Ideologiefreiheit einer Wissenschaft, die von einem systematisch betriebenen Aufbau der Wissenschaft zu fordern ist.

Es gibt aber noch einen anderen Grund, warum es eine praktische Scheu vor Theorien in den Wissenschaften und insbesondere in den denen vom Leben gibt. Denn Menschen verbringen ihre Lebenszeit vordringlich damit, Mittel und Wege zu organisieren, um ihre Bedürfnisse zu befriedigen, weil schließlich auch die Wirtschaft mit davon lebt. Dazu sind die Menschen zu allererst Pragmatiker und zur Theorienbildung abgeneigt, also entwerfen sie nur selten Theorien. Menschen, die aber sogar Freude am Theoretisieren entwickeln, werden oft als blasse Theoretiker verhöhnt oder gar als weltfremde Spinner verachtet. Das Leben ist ein Spiel, und wer gewinnt, hat recht, und die Gewinner sind die aktiv Handelnden und nicht die nachdenklichen Theoretiker. Diese Einstellung hat sich in unserer Zeit besonders durch den Verlust an herkömmlichen Glaubens- und Orientierungsüberzeugungen in der europäischen Bevölkerung sehr breit gemacht und damit ist der Weg gebahnt worden zu einer bisher kaum dagewesenen Oberflächlichkeit der Menschen in ihrem Glücksstreben nach äußeren Gütern und einer kurzfristigen Lebensgestaltung, verbunden mit einem kaum je geahnten Verlust an sinnstiftender Orientung.

Diese weit verbreitete Einstellung hat schon seit geraumer Zeit dazu geführt, daß immer weniger gründlich nachgedacht und damit auch kaum noch philosophiert wird. Philosophen sind nicht mehr gefragt, nicht in der Politik und auch nicht in den Medien, wenngleich es eine Fülle von kritischen Talkshow-Sendungen gibt mit philosophischen Themenstellungen, aber stets ohne Philosophen. Und auch diese halten sich sehr zurück, als ob sie eine Scheu entwickelt hätten, sich zu den Grundlagenfragen unserer Zeit zu äußern, ganz anders als noch zu Kants Zeiten.

Für Kant war es bereits ausgemacht, daß der Mensch zur Natur gehört und mithin auch ein Naturwesen ist. Und wir haben gerade bemerkt, daß dann auch im Menschen als Lebewesen aus evolutionstheoretischen Gründen das principium individuationis mit dem principium societatis harmonisch verbunden sein muß. Und aus diesem Gedanken läßt sich sogar eine neue Ethik aufbauen, wie es sich bereits in dem Springer-Lehrbuch *Individualistische Wirtschaftsethik (IWE)* im Jahre 2014 vollzogen hat[172]. Darin hat sich durch eine Verallgemeinerung der dem Menschen von Kant zugedachten Erkenntnisvermögen des Verstandes und der Vernunft ergeben, daß der Verstand als die Sicherungsinstanz der äußeren Existenz kultureller Lebewesen zu begreifen ist, und die Vernunft als Sicherungsunternehmen der inneren Existenz derselben. Durch die Definition des Begriffs unseres Bewußtseins hatte sich bereits mehrfach gezeigt, daß der dabei verwendete Begriff eines Lebewesens dazu führt, die diversen menschlichen Vereinigungen als kulturelle Lebewesen zu verstehen, die ebenso wie jeder Mensch eine innere und eine äußere Existenz besitzen, die es zu sichern gilt. Und da die innere Existenz des einzelnen Menschen im Wesentlichen aus der Menge seiner sinnvollen Handlungsvorstellungen besteht, so be-

---

172 Vgl. W. Deppert, *Individualistische Wirtschaftsethik (IWE)*, Lehrbuch, Springer Gabler, Springer Fachmedien Wiesbaden 2014, in Absatz 4.3 ab Seite 81.

stimmt sich die innere Existenz eines kulturellen Lebewesens aus der Menge der gemein-schaftlichen sinnvollen Handlungsziele, welche den Grund für die Gemeinschaftsbildung des kulturellen Lebewesens abgeben. Die äußere Existenz der kulturellen Lebewesen ist entsprechend analog der äußeren Existenz eines Einzelmenschen bestimmt, welche vor allem aus der Wahrnehmbarkeit seiner Handlungen in der äußeren Wirklichkeit, der so-genannten Sinnen- oder Erscheinungswelt besteht.

Die Verallgemeinerung der Erkenntnisvermögen des Verstandes und der Vernunft auf die kulturellen Lebewesen führt – so wie es Kant bereits durch seine Rekonstruktion der theoretischen Physik vorgeführt hat – direkt auf die Einsicht, daß der Verstand für die Wissenschaft zuständig ist und damit für den äußeren Erhalt der menschlichen Gemein-schaften und schließlich der ganzen Menschheit sowie der Natur, von der die Menschheit lebt, durch die Produktion von Erkenntnissen über die äußere Wirklichkeit. Die Vernunft aber ist zuständig für die Sicherung der inneren Existenzen und das heißt für die sinnvol-len Handlungsvorstellungen in den einzelnen Menschen und ihren Vereinigungen bis hin zu ihren Staatenbildungen.

Da nun jedem einzelnen kulturellen Lebewesen sein eigener Verstand und seine eigene Vernunft zukommt, haben wir es – anders als bei Kant, der noch an einen universellen Verstand und eine universelle Vernunft aller vernünftigen Wesen glaubte – in der An-wendung des verallgemeinerten Verstandes- und Vernunftbegriffs mit einer Mehrzahl von Verstandes- und Vernunftbesitzern zu tun, so daß das sprachliche Problem der Mehrzahl-bildung von Verstand und Vernunft zu lösen ist. Dazu möge folgender Vorschlag akzep-tiert werden:

1. Mehrzahl von ‚Verstand' sind die ‚*Verstände*', analoge Bildung zu: der Zustand, die Zustände oder der Aufstand, die Aufstände oder der Vorstand, die Vorstände oder der Bestand und die Bestände, usf.
2. Mehrzahl von ‚Vernunft' sind die ‚*Vernünfte*', analoge Bildung zu: die Zukunft, die Zukünfte oder die Auskunft, die Auskünfte oder die Unterkunft, die Unterkünfte oder die Ankunft und die Ankünfte, aber auch die Zunft und die Zünfte…

Mit dieser sprachlichen Vereinbarung könnte man davon sprechen, daß die Verständigung der einzelnen Mitglieder-„Verstände" einer Gemeinschaft über eine Existenzerhaltungs-maßnahme dieser Gemeinschaft zu einem gemeinsamen Verstand dieser Gemeinschaft führt, welche als kulturelles Lebewesen zur Sicherung seiner äußeren Existenz einen ge-meinsamen Verstand benötigt. Sollte sich später herausstellen, daß das Ergebnis dieser Verständigung den langfristigen Sinnvorstellungen der Gemeinschaft nicht entsprochen hat, dann ist eine gemeinsame Vernunft gefragt, welche für die Erhaltung der inneren Existenz des kulturellen Lebewesens Sorge zu tragen hat, welches durch diese Gemein-schaft gegeben ist. Wie aber kann sich eine Gemeinschaftsvernunft bilden? Diese besteht immerhin schon in der Übereinstimmung der Gemeinschaftsgründungsmitgliederver-nünfte über den Sinn der Gemeinschaftsbildung und die geplanten sinnvollen gemein-schaftlichen Aktionen. Im Laufe des Gemeinschaftslebens geht es dann darum, diese ursprüngliche Gemeinschaftsvernunft zu erhalten. Existiert das kulturelle Lebewesen durch die Gründungstat eines Firmengründers, dann ist die Firmenvernunft in dessen Vernunft zu Hause oder in den Vernünften mehrerer Firmengründer. Wenn die Firma mit der Zeit diverse Mitarbeiter gewinnt, dann sollte die Firmenvernunft in deren Vernünften Einzug halten, was dadurch geschehen könnte, daß die Mitarbeiter mit ihrer Anstellung eine Selbverpflichtung verbinden, dem Wohl der Firma zu dienen und Forderungen der Firmenleitung als Forderungen an sich selbst zu begreifen.[173]

Nun ist jede einzelne Wissenschaft auch als ein kulturelles Lebewesen zu verstehen, welches ebenso für die Sicherung seiner inneren und äußeren Existenz einer spezifischen Wissenschaftsvernunft und eines besonderen Wissenschaftsverstandes bedarf. Dazu haben die einzelnen Wissenschaften ein Traditionsbewußtsein ihrer sinnvollen Forschungsziele entwickelt, worauf sich die gemeinsame Vernunft gründet und ein Traditionsbewußtsein ihrer erfolgreichen Forschungsmethoden. denn anders läßt sich die hier beschriebene grundsätzliche historische Abhängigkeit der wissenschaftlichen Erkenntnisse nicht realisieren. Wissenschaftliche Revolutionen können darum nur als eine grundsätzliche Umorientierung in den grundsätzlichen Auffassungen des Verstandes und der Vernunft dieser Wissenschaft verstanden werden, so wie es Kurt Hübner mit seinem Begriff von Fortschritt II beschrieben hat.

Die Vernünfte all dieser Einzelwissenschaften, werden in einem Bestreben sicher ganz übereinstimmen, welches in dem Willen zur Sicherstellung der Freiheit von Wissenschaft, Forschung und Lehre besteht und der darum weder staatliche noch irgendeine Art von ideologischer oder gar religiöser Gängelung dulden darf. Denn nur unter der Bedingung dieser Freiheit kann sich in den Wissenschaften die segensreiche Wirkung von Zusammenhangserlebnissen ihrer Mitglieder entfalten. Außerdem gehört die Sicherung der Freiheit von Wissenschaft, Forschung und Lehre gewiß auch zu der hier dargestellten Systematik der Wissenschaft, weil die Entwicklung der kreativen Fähigkeiten der werdenden und der bereits arbeitenden Wissenschaftler zu den wichtigsten Bedingungen der Möglichkeit erfolgreicher Wissenschaft, Forschung und Lehre gehört, was ohne die Bedingung der Freiheit nicht möglich ist.

Die Freiheit von Wissenschaft, Forschung und Lehre wird aber zur Zeit in der Bundesrepublik Deutschland entgegen des Grundrechts Art. 5 Abs. 3 GG vom Hochschulrahmengesetz (HRG) und den darauf fußenden Länderhochschulgesetzen (LHGs) durch die Studiengang-Akkreditierungsvorschriften aufgrund von angeblichen Qualitätssicherungsmaßnahmen extrem verletzt und eingeschränkt. Die Qualitätssicherung ist bisher zum weltweiten Ruhm der deutschen Universitäten von den Promotions- und Habilitationsordnungen ihrer Fakultäten ausgegangen, indem in diesen Ordnungen so hohe wissen-

---

173 Dieses Prinzip, über Selbstverpflichtungen, Forderungen anderer als Forderungen an sich selbst umzudeuten, ist grundlegend für das moralische Verständnis einer individualistischen Ethik, in der nicht mehr Forderungen gegen andere, sondern in der nur noch Forderungen an sich selbst ableitbar sind. Vgl. W. Deppert, *Individualistische Wirtschaftsethik (IWE)*, Springer Gabler, Springer Fachmedien Wiesbaden 2014.

schaftliche Anforderungen an die Promovierenden und Habilitierenden gestellt wurden, daß gerade die Freiheit von Wissenschaft, Forschung und Lehre weltweit höchste wissenschaftliche Qualitätsleistungen der deutschen Universitäten garantieren konnte.

Nun ist die Sicherung der Grundrechte der Freiheit von Wissenschaft, Forschung und Lehre vor Grundrechtsverletzungen durch staatliche Übergriffe aufgrund schwerwiegender staatsrechtlicher Fehler des Grundgesetzes in Deutschland bislang nicht gegeben. Darum sei an dieser Stelle darauf hingewiesen, daß der Autor zusammen mit namhaften Mitgliedern des Sokrates Universitäts Vereins e.V. (SUV) die Initiative ergriffen haben, um gemäß des Art. 146 GG mit Hilfe der Möglichkeiten des SUV zum 300. Geburtstag von Immanuel Kant (am 22. April 2024) eine abstimmungsfähige Vorlage einer deutschen Verfassung vorlegen zu können.[174]

Freilich sind es nicht nur die desaströsen Pauk-Schulen-Zustände an den deutschen Universitäten, welche diesen Entschluß zur Verwirklichung von Art. 146 GG veranlaßt und bewirkt haben, es sind vor allem die ungelösten Kompetenzprobleme unserer Demokratie, die im gesamten deutschen Gesetzgebungsverfahren die Bundesrepublik Deutschland in eine äußerst schwierige Existenznot nach innen und nach außen gebracht haben. Auch Deutschland ist offenbar ein kulturelles Lebewesen, dessen äußere Existenz von keinem erkennbaren Staatsverstand in eine völkerverbindende, friedlich gesicherte Zukunft der Menschheit gesteuert und deren innere Existenz von einer noch weniger erkennbaren Staatsvernunft überhaupt erst wieder hergestellt wird, um dann schließlich auch gesichert zu werden.

Dieser wissenschaftliche Untersuchungs- und Aufgabenbereich ist zweifelsfrei den Wissenschaften vom menschlichen Leben zuzuordnen und insbesondere ihren theoretischen Wissenschaften, und die damit verbundenen Probleme sind darum auch an dieser Stelle zu nennen, wenngleich mit dieser Erwähnung keine Schuldzuweisungen an die Sozialwissenschaften verbunden sein sollen, da von ihnen bislang keinerlei Aktivitäten zur Verwirklichung des Art. 146 GG[175] bekannt geworden sind, obwohl diese Verwirklichung seit der deutschen Vereinigung vor nun bereits 28 Jahren längst überfällig geworden ist, zumal die damaligen DDR-Bürgerinnen und -Bürger, durch deren revolutionäre Aktivitäten vor allem in Leipzig und Berlin die Vereinigung Deutschlands überhaupt erst möglich geworden ist, sich die Vereinigung unter einer gemeinsamen deutschen Verfassung sehnlichst gewünscht haben und wie sie auch im sogenannten 2+4-Vertrag und im Einigungsvertrag seit 1990 der Bundesrepublik Deutschland zur Pflicht gemacht worden ist.

---

174 Auch darauf ist bereits aus wirtschafts-ethischen Gründen in dem Wirtschafts-Ethik-Lehrbuch des Autors *Individualistische Wirtschaftsethik (IWE)*, Springer Gabler, Springer Fachmedien Wiesbaden 2014 aufmerksam gemacht worden. Siehe dort S.190f.

175 Der Art. 146 GG lautet in der nach der deutschen Vereinigung geänderten und jetzt gültigen Fassung wie folgt: „Dieses Grundgesetz, das nach der Vollendung der Einheit und Freiheit Deutschlands für das gesamte deutsche Volk gilt, verliert seine Gültigkeit an dem Tage, an dem eine Verfassung in Kraft tritt, die von dem deutschen Volke in freier Entscheidung beschlossen worden ist."

Daß dies wohl aufgrund des Hochmuts westdeutscher Politiker noch immer nicht geschehen ist, scheint das freundliche Zusammenwachsen der durch die Zwangsteilung entstandenen beiden deutschen Völker der Ostdeutschen und der Westdeutschen nicht nur zu beeinträchtigen, sondern sogar zu verhindern, wie es durch das erschütternde letzte Bundestagswahlergebnis deutlich dokumentiert worden ist. Hier ist darum Handlungsbedarf nicht nur für die Theoretiker der Philosophen, sondern zumindest für alle Forscher der Wissenschaften vom menschlichen Leben geboten!

Was nun die theoretischen Wissenschaften vom menschlichen Leben überhaupt angeht, könnten sie einerseits die hier zusammengetragenen Grundsätze der theoretischen Wissenschaften vom Leben überhaupt zu ihrem Aufbau hilfreich verwenden und zusätzlich die Grundlagen, welche durch das Menschsein hinzukommen, nämlich Lebewesen zu sein, in denen nicht nur das principium individuationis sondern ebenso das principium societatis wirksam ist. Denn Menschen sind in der Lage, eine Fülle von kulturellen Lebewesen in Form von Gemeinschaftswesen zu begründen und aufzubauen, die jeweils einen eigenen Verstand zur Sicherung ihrer äußeren Existenz benötigen und eine eigene Vernunft zur Sicherung der eigenen inneren Existenz, die für die kulturellen Lebewesen wesentlich aus ihren eigenen aber gemeinschaftlich im historisch Ablauf tradierten und weiterentwickelten Sinnvorstellungen besteht.

Dieser kleine Hinweis auf die historisch entstandenen Sinnbezüge in den Wissenschaften mag als eine Erinnerung daran gewertet werden, daß es auch für die heute arbeitenden Wissenschaftlerinnen und Wissenschaftler von großem Nutzen sein kann, mehr über **das Werden der Wissenschaft** zu wissen, welches die Thematik des zweiten Bandes im Gesamtrahmen der *Theorie der Wissenschaft* ist.

10.10.5 Ausblick auf die weiteren Bände der *Theorie der Wissenschaft* sowie abschließende Gedanken zum ersten Band *Die Systematik der Wissenschaft*

Im zweiten Band *Das Werden der Wissenschaft* wird besonderes Augenmerk auf die historischen Beschreibungsmöglichkeiten mit Hilfe der anzunehmenden Gehirnentwicklungen in der Menschheitsgeschichte gelegt, welche aus den datierbaren Kulturleistungen erschließbar sind, mit denen sich die Bewußtseinsentwicklungen verbinden. Denn die Kulturleistungen in der Menschheitsgeschichte werden ja erst durch die in den Gehirnen der beteiligten kulturschaffenden Menschen tradierten neuronalen Verschaltungen ermöglicht. Bei diesen Betrachtungen spielt die Entwicklung der religiösen und sinnstiftenden Vorstellungen der Menschen eine besondere und bedeutende Rolle. Dies gilt auch für die Frage nach der möglichen weiteren Zukunft der Wissenschaftsentwicklung.

Nach der heute gegebenen Bewußtseinsentwicklung der Menschen haben sich die ursprünglichen reliösen Bewußtseinsformen eines Unterwürfigkeitsbewußtseins unter Gottheiten in einer verallgemeinerten Form zu einem selbstverantwortlichen Sinnstiftungsbewußtsein entwickelt. Dazu ist von wissenschaftstheoretischer Seite bemerkt worden, daß

dementsprechend die ursprüngliche Theologie die neuen Formen religiöser Bewußtseinsentwicklungen nur dann adäquat erforschen kann, wenn sie sich in eine wissenschaftliche
Religiologie verwandelt, in der der Theismus nicht mehr wie bisher die herausragende Bedeutung besitzt, sondern in der erforscht wird, wie die Bürgerinnen und Bürger ihre eigene
innere Existenz und die ihrer verschiedenen Gemeinschaftsbildungen sichern können.

Von den Sinnstiftungen der Menschen, die durch die Wissenschaft der Religiologie
unterstützt oder gar angeregt und vorangetrieben werden können, sind alle Wissenschaften betroffen, weil die Wissenschaftsvernünfte nur *die* Forschungen vorantreiben werden,
die auch sinnvoll sind. Darum gibt es zwischen der jetztzeitlichen Religiologie und der
mittelalterlichen Theologie eine durchaus aufregende Parallele, nämlich die, daß sie beide,
die wichtigsten Grundlagen der Wissenschaften bereitstellen, welche in der Sinnhaftigkeit
ihrer Vorhaben, Aktivitäten und ihres Erkenntnisstrebens überhaupt bestehen. Und natürlich ist es unser Sicherheitsorgan, das Gehirn in uns Menschen, welches diese Parallelität
hervorbringt. Darüber ist im zweiten Band *Das Werden der Wissenschaft* genaueres zu
lesen.

Der dritte Band der *Theorie der Wissenschaft* trägt den Titel *Kritik der normativen
Wissenschaftstheorien* und beschäftigt sich einerseits mit einem Anspruch der sogenannten normativen Wissenschaftstheorien des *logischen Positivismus*, des *kritischen Rationalismus* und des *Konstruktivismus,* Normen des korrekten wissenschaftlichen Arbeitens
ableiten und von den Wissenschaftlern fordern zu können. Dieser nicht zu rechtfertigen-
de Anspruch hat die Wissenschaftstheorie stark in Verruf gebracht, so daß es an den
Universitäten kaum noch wissenschaftstheoretische Institute mehr gibt und entsprechend
wenig Lehrveranstaltungen. Dies hat für den gesamten deutschen Wissenschaftsbetrieb
extrem nachteilige Auswirkungen, weil für die Entwicklung neuer notwendig interdisziplinär arbeitender Wissenschaften – wie etwa die der Gehirnphysiologie – Grundkennt-
nisse der Wissenschaftstheorie unverzichtbar sind. Andererseits aber kann auch gar nicht
genug betont werden, welche großen Leistungen für die Entwicklung des allgemeinen
wissenschaftlichen Handwerkzeugs von normativen Wissenschaftstheoretikern geleistet
worden sind, insbesondere im Rahmen des logischen Positivismus und des dialogischen
Konstruktivismus etwa von der Erlanger Schule. Aber diese Leistungen können für einen
erfolgreichen Wissenschaftsbetrieb nicht fruchtbar werden, wenn sie aufgrund gänzlich
fehlender universitärer Lehre unbekannt bleiben. Der dritte Band enthält einerseits die
wohlbegründete Ablehung der normativen Ansprüche der normativen Wissenschaftstheorien anderseits aber werden ihre wissenschaftstheoretischen Leistungen nicht verschwiegen, sondern sogar besonders herausgearbeitet und ihre Fruchtbarkeit für das wissenschaftliche Arbeiten aufgezeigt und betont.

Schließlich wird aber auch die wissenschaftshemmende Seite der Theologie erörtert,
die sich besonders in den Gesellschafts- und Erziehungswissenschaften als unerkannte
normative Wissenschaftstheorie angesiedelt hat. Darum fehlt in diesem dritten Band auch
nicht die Darstellung des möglichen Aufbaus einer wissenschaftsfördernden Religiologie,
in der die freie Forschung und Lehre über alle Angelegenheiten der menschlichen Sinnstiftungsfähigkeiten möglich gemacht und verwirklicht wird.

Den Abschluß des vierbändigen Werks *Theorie der Wissenschaft* bildet der Band **Die Verantwortung der Wissenschaft**. In diesem Band geht es weitgehend um den Problembereich, wie die Fragen nach dem Sinn des menschlichen Tuns und Lassens zu beantworten sind und welche Aufgaben sich daraus für die Wissenschaften ergeben. Wie in diesem ersten Band gezeigt wurde, sind aber die Sinnfragen zugleich die sogenannten religiösen Fragen, so daß der vierte Band ein sehr grundlegender Band für die Begründung von Wissenschaft überhaupt geworden ist. Im zweiten Band ist deutlich nachzulesen, daß in den Zeiten des ganzen Mittelalters bis in die Neuzeit hinein die Sinnfragen von der Theologie beantwortet wurden, die damit auch für die Grundlagen der Wissenschaft verantwortlich war. Da aber durch die Renaissance und die darauf folgende Zeit der Aufklärung dieser beherrschende Einfluß der Theologie auf die kulturelle und mithin auch auf die wissenschaftliche Entwicklung mehr und mehr zurückgegangen ist, hat sich heute sogar bei vielen Wissenschaftlern der Eindruck und die Meinung verbreitet, Religion und Wissenschaft hätten gar nichts miteinander zu tun. Nachdem aber inzwischen von philosophischer Seite der Begriff der Religion im Umdenken zu mehr selbstverantwortlicher Innensteuerung zur Bearbeitung der menschlichen Sinnfragen wiederentdeckt wurde, sind freilich die Fragen nach einem Gottesglauben oder gar nach einem Schöpfergott in den Hintergrund verschoben worden, dagegen aber die durchaus religiös zu nennenden Fragen nach einer sinnvollen Lebensgestaltung im menschlichen Miteinander inmitten der Natur in den Vordergrund getreten. Die sich dazu etablierende Wissenschaft der Religiologie schickt sich sogar wieder an, die formale Rolle der mittelalterlichen Theologie quasi zurückzugewinnen, indem sie sich den Fragen zuwendet, wie die Wissenschaftler ihre Forschungen selbstverantwortlich mit Sinn erfüllen können.

Aus der Sicht der Sinnfragen der Wissenschaften fehlt in dem vierten Band freilich nicht eine gehörige Kritik an den etablierten Wissenschaften, wenn sie sich ihrer Verantwortung gegenüber dem menschlichen Gemeinwesen – aus welchen Gründen auch immer – nicht genügend bewußt zu sein scheinen.

Aus eben diesen Gründen wird auch an den neu sich etablierenden Wissenschaften kritisiert, daß sie sich nicht genügend um den Auf- und Ausbau der nötigen theoretischen Wissenschaften bemühen. Am Schluß dieses ersten Bandes mag darum die Hoffnung ausgesprochen werden, daß dieser Band die nötigen Anregungen für die etablierten Wissenschaften enthält, um den Aufbau noch fehlender theoretischer Wissenschaften ins Werk zu setzen oder die Weiterentwicklung der bereits gestarteten theoretischen Wissenschaften voranzutreiben, was etwa für die biologischen, die medizinischen Wissenschaften und insbesondere für die Gehirnphysiologie von allergrößter Bedeutung ist.

Insgesamt wünscht sich der Autor, daß es gelungen sein möge, in diesem ersten Band die Bedingungen für ein künftiges wissenschaftliches Forschen und Lehren zusammengetragen zu haben, die für eine Entwicklung der Wissenschaften erforderlich sind, damit die Wissenschaft auch das große Gemeinschaftsunternehmen der Menschheit werden kann, durch das die Wissenschaft in der Lage ist, das Überleben der Menschheit und der Natur für unabsehbare Zeit zu sichern. Da aber anzunehmen ist, daß dieser Wunsch zu hoch gegriffen ist, mögen künftige Auflagen sich der Verwirklichung dieses großen Ziels allmählich mehr und mehr nähern.

Literatur

Antonovsky, Aaron und Alexa Franke, *Salutogenese: zur Entmystifizierung der Gesundheit.* Dgvt-Verlag, Tübingen 1997.

Aristoteles, *Metaphysik*, Bücher VII(Z) – XIV(N), Griechisch-Deutsch, Übers. Hermann Bonitz, hrsg. v. Horst Seidel, Philosophische Bibliothek Band 308, Hamburg 1991.

ders., *Physikvorlesung* .

ders., *Lehre vom Satz* oder *Hermeneutik* (PERI HERMENEIAS – *Organon II*) Kap. 9, 19a/b, in: Aristoteles, *Kategorien. Lehre vom Satz*, übersetzt von Eugen Rolfes, Meiner Verlag, Philos. Bibliothek Band 8/9, Hamburg 1974.

ders., *Organon Band 2: Kategorien. Hermeneutik oder vom sprachlichen Ausdruck*, gr. – dtsch, übersetzt von Hans Günter Zekl, Meiner Verlag, Philos. Bibliothek Band 493, Hamburg 1998.

Wolfgang Balzer, *Empirische Theorien: Modelle – Strukturen – Beispiele*, Braunschweig 1982.

J. Beatty, Optimal-Design Models and the Strategy of Model Building in Evolutionary Biology, in: *Philosophy of Science, 47*, 1980.

Henri Bergson, *Essai sur les données immédiates de la conscience*, Paris 1889, deutsch: *Zeit und Freiheit*, Westkultur-Verlag Anton Hain, Meisenheim am Glan 1949.

Ludwig von Bertalanffy, *Das biologische Weltbild*, Böhlau, Bern/Wien 1949/90.

Bünning, E., *Die physiologische Uhr, Circadiane Rhythmik und Biochronometrie*, Berlin/Heidelberg/New York 1977.

Volker Bugdahl, *Kreatives Problemlösen*, Reihe Management, Vogel Buchverlag, Würzburg 1991.

Alan F. Chalmers, *Wege der Wissenschaft, Einführung in die Wissenschaftstheorie*, Herausgg. und übersetzt von Niels Bergemann und Christine Altstötter-Gleich, sechste, verbesserte Aufl., Titel der engl. Original-Ausgabe (Queensland 1976): A. F. Chalmers, *What is This Thing called Science?*, Springer-Verlag Berlin Heidelberg 1986, 1989, 1994, 1999, 2001, 2007.

Rudolf Carnap, *Einführung in die Philosophie der Naturwissenschaft*, München 1969.

Wolfgang Deppert, „Neue Formen der Gruppenbildung", in: *Glaube und Tat 23*, S. 276–280, (1972).

ders., „Atheistische Religion", in: *Glaube und Tat 27*, S. 89–99 (1976).

ders., „Hübners Theorie als Hohlspiegel der normativen Wissenschaftstheorien", in: *Geburtstagsbuch für Kurt Hübner zum Sechzigsten*, Kiel 1981, S. 11–26 und in: Frey (Hrsg.) *Der Mensch und die Wissenschaften vom Menschen*, Bd. 2, *Die kulturellen Werte*, Innsbruck 1983, S. 943–954.

ders., „Kritik des Kosmisierungsprogramms", in: Lenk, H. (Hrsg.), *Zur Kritik der wissenschaftlichen Rationalität. Zum 65. Geburtstag von Kurt Hübner.*, Alber Verlag, Freiburg 1986.

ders., „Hermann Weyls Beitrag zu einer relativistischen Erkenntnistheorie", in: Deppert et al., *Exact Sciences and their Philosophical Foundations. Exakte Wissenschaften und ihre philo-*

© Springer Fachmedien Wiesbaden GmbH, ein Teil von Springer Nature 2019
W. Deppert, *Theorie der Wissenschaft*, https://doi.org/10.1007/978-3-658-14024-3

sophische Begründung. Vortr. d. Intern. H.-Weyl-Kongresses, Kiel 1985, Frankfurt/Main 1988, S.445–467.

ders., *Zeit. Die Begründung des Zeitbegriffs, seine notwendige Spaltung und der ganzheitliche Charakter seiner Teile*, Steiner Verlag, Stuttgart 1989.

ders., „Gibt es einen Erkenntnisweg Kants, der noch immer zukunftsweisend ist?" Vortrag auf dem Philosophenkongreß 1990 in Hamburg.

ders., „Der Mensch braucht Geborgenheitsräume", in: J. Albertz (Hg.), *Was ist das mit Volk und Nation – Die nationale Frage in Europas Geschichte und Gegenwart*, Schriftenreihe der Freien Akademie, Bd. 14, Berlin 1992, S. 47–71.

ders., "Concepts of Optimality and Efficiency in Biology and Medicine from the Viewpoint of Philosophy of Science", in: D. Burkhoff, J. Schaefer, K. Schaffner, D.T. Yue (Hg.), *Myocardial Optimization and Efficiency, Evolutionary Aspects and Philosophy of Science Considerations*, Steinkopf Verlag, Darmstadt 1993, S.135–146.

ders. „Mythische Formen in der Wissenschaft: Am Beispiel der Begriffe von Zeit, Raum und Naturgesetz", in: Ilja Kassavin, Vladimir Porus, Dagmar Mironova (Hg.), *Wissenschaftliche und Außerwissenschaftliche Denkformen*, Zentrum zum Studium der Deutschen Philosophie und Soziologie, Moskau 1996, S. 274–291.

ders., „Der Reiz der Rationalität", in: *der blaue reiter*, Dez. 1997, S. 29–32.

ders., „Hierarchische und ganzheitliche Begriffssysteme", in: G. Meggle (Hg.), *Analyomen 2 – Perspektiven der analytischen Philosophie, Perspectives in Analytical Philosophy*, Bd. 1. *Logic, Epistemology, Philosophy of Science*, De Gruyter, Berlin 1997, S. 214–225.

ders., „Zur Bestimmung des erkenntnistheoretischen Ortes religiöser Inhalte", Vortrag auf dem 2. Symposium des „Zentrums zum Studium der deutschen Philosophie und Soziologie in Moskau" an der Katholischen Universität Eichstätt, März 1997, siehe im Weblog <wolfgang.deppert. de> Seite *Unveröffentlichte Manuskripte*, Password: treppedewum.

ders. ‚Zeichenkonzeptionen in der Naturlehre von der Renaissance bis zum frühen 19. Jahrhundert', in: Roland Posner, Klaus Robering, Thomas Sebeok (Hg.) *Semiotik; Semiotics. Ein Handbuch zu den zeichentheoretischen Grundlagen von Natur und Kultur; A Handbook on the Sign-Theoretic Foundations of Nature and Culture*.2. Teilband/Volume 2, Walter de Gruyter, Berlin / New York 1998, Nr. 71. S. 1362 – 1376.

ders., "Teleology and Goal Functions – Which are the Concepts of Optimality and Efficiency in Evolutionary Biology", in: Felix Müller und Maren Leupelt (Hrsg.), *Eco Targets, Goal Functions, and Orientors*, Springer Verlag, Berlin 1998, S. 342–354.

ders. „Die zweite Aufklärung", in: *Unitarische Blätter*, 51. Jahrgang, Heft *1* S. 8–13, Heft *2* S. 86-92, Heft *4* S.170–186 und Heft *5* S. 232–245 (2000).

ders. „Individualistische Wirtschaftsethik", in: ders., D. Mielke, W. Theobald (Hg.): *Mensch und Wirtschaft. Interdisziplinäre Beiträge zur Wirtschafts- und Unternehmensethik*, Leipziger Universitätsverlag, Leipzig 2001, S. 131–196.

ders. „Zum Verhältnis von Religion, Metaphysik und Wissenschaft, erläutert an Kants Erkenntnisweg und dessen Aufdeckung durch einen systematisch bestimmten Religionsbegriff", In: Wolfgang Deppert, Michael Rahnfeld (Hg.), *Klarheit in Religionsdingen, Aktuelle Beiträge zur Religionsphilosophie*. Grundlagenprobleme unserer Zeit Bd.II, Leipziger Universitätsverlag, Leipzig 2003.

ders., *Einführung in die antike griechische Philosophie. – Die Entwicklung des Bewußtseins vom mythischen zum begrifflichen Denken, Teil 3, Platon*, nicht druckfertiges Vorlesungsmanuskript der Vorlesungen WS 2000/2001/2002/2003.

ders., „Relativität und Sicherheit", in Michael Rahnfeld (Hg.): *Gibt es sicheres Wissen?*, Bd. V der Reihe *Grundlagenprobleme unserer Zeit*, Leipziger Universitätsverlag, Leipzig 2006, ISBN 3-86583-128-1, ISSN 1619–3490, S. 90–188.

ders., „Bewußtseinsgesteuerte Salutogenese, Blog: <wolfgang.deppert.de> Bewußtseinsphilosophie und Salutogenese, 21. August 2008.

ders., „Atheistische Religion für das dritte Jahrtausend oder die zweite Aufklärung", erschienen in: Karola Baumann u. Nina Ulrich (Hg.), *Streiter im weltanschaulichen Minenfeld – zwischen Atheismus, Theismus, Glaube und Vernunft, säkularem Humanismus und theonomer Moral, Kirche und Staat*, Festschrift für Professor Dr. Hubertus Mynarek, Verlag Die blaue Eule, Essen 2009.

Pierre Duhem, *La Theorie Physique: Son Objet, Sa Structure*, Paris 1914 und H. Poincaré, *La Science et l'Hypothèse*, Paris 1925.

Torsten Engelbrecht und Claus Köhnlein, *Der Viruswahn*, emu-Verlag, Lahnstein 2008.

Mircea Eliade, *Der Mythos der ewigen Wiederkehr*, Düsseldorf, 1953.

Ludwik Fleck, *Entstehung und Entwicklung einer wissenschaftlichen Tatsache*, Reihe Suhrkamp Wissenschaft (stw 312), Suhrkamp Verlag, Frankfurt/M. 1980, ISBN 3-518-27912-2.

Volker Gerhardt, *Der Sinn des Sinns: Versuch über das Göttliche*, Ch. Beck Verlag, München 2015

Nelson Goodman, *Languages of Art*, Hackett Publishing Company, Indianapolis/Cambridge 1976.

Grundgesetz, Beck-Texte im dtv, 41. Auflage, München 2007.

Werner Heisenberg, „Erkenntnistheoretische Probleme in der modernen Physik", 1928, vor Philosophen an der Universität Leipzig gehaltener Vortrag, abgedruckt in: Werner Heisenberg, *Gesammelte Werke*, Abt. C: Allgemeinverständliche Schriften, Bd.I, *Physik und Erkenntnis* (1927–1955), München 1984, S.22–28.

Carl Gustav Hempel, *Grundzüge der Begriffsbildung in der empirischen Wissenschaft*, Düsseldorf 1974, S. 58. Übersetzung des Originals, *Fundamentals of Concept Formation in Empirical Science*, Toronto 1952.

Kurt Hübner, *Kritik der wissenschaftlichen Vernunft*, Alber Verlag Freiburg 1978.

David Hume, *A Treatise of Human Nature: Being an Attempt to introduce the experimental Method of Reasoning into Moral Subjects*, Buch III, *Of Morals*, London 1740.

Immanuel Kant, *Kritik der reinen Vernunft*, Verlag von Johann Friedrich Hartknoch, Riga 1781/87 oder Felix Meiner Verlag, Hamburg 1976 oder andere Ausgaben.

ders., *Kritik der praktischen Vernunft*, Verlag von Johann Friedrich Hartknoch, Riga 1786 oder suhrkamp taschenbuch 56, Frankfurt/Main 1974.

ders., *Kritik der Urteilskraft*, Verlag von F.T. Lagarde, Berlin 1790 und 1793.

A. Mercier, Physical and metaphysical Time, *EPISTEMOLOGIA I*, 1978, S. 337–352.

Isaac Newton, *Mathematische Prinzipien der Naturlehre*, Herausgabe in dtsch. durch J. Ph. Wolfers, Berlin 1872, Nachdruck, Wiss. Buchges., Darmstadt 1963.

Willy Obrist, *Die Mutation des Bewußtseins. Vom archaischen Selbst- und Weltverständnis*, Peter Lang Verlag, Bern, Frankfurt/Main, New York, Paris 1980 und 1988 und

ders. *Neues Bewußtsein und Religiosität. Evolution zum ganzheitlichen Menschen*, Walter-Verlag Olten und Freiburg im Breisgau 1988 und außerdem

ders. *Das Unbewußte und das Bewußtsein*, opus magnum, Stuttgart 2013.

Henri Poincaré, *Wissenschaft und Methode*, übers. Von F. u. L. Lindemann, Teubner Verlag Leipzig/Berlin 1914.

Hans Reichenbach, *Philosophische Grundlagen der Quantenmechanik*, Verlag Birkhäuser Basel 1949 oder in: Hans Reichenbach, Gesammelte Werke Band 5: *Philosophische Grundlagen der Quantenmechanik und Wahrscheinlichkeit*, hrsg. Andreas Kamlah und Maria Reichenbach, Friedrich Vieweg&Sohn, Braunschweig/Wiesbaden 1989.

Friedrich Schleiermacher, *Der christliche Glaube nach den Grundsätzen der evangelischen Kirche im Zusammenhange dargestellt, Erster Band*, Reutlingen, in der J.J. Mäcken'schen Buchhandlung 1828, (9) S. 38, (36) S. 156ff.

Helmut Schlicksupp, *Ideenfindung, Management Wissen*, Vogel Buchverlag, Würzburg 19893.

Robert Sell, *Angewandtes Problemlösungsverhalten, Denken und Handeln in komplexen Zusammenhängen*, Springer Verlag, Berlin 19903.

Wolfgang Stegmüller, *Probleme und Resultate der Wissenschaftstheorie und analytischen Philosophie*, Band I: *Wissenschaftliche Erklärung und Begründung*, Springer-Verlag, Berlin-Heidelberg-New York 1969 u. 1983, S. 274.

ders., *Theorie und Erfahrung*, 3.Teilband. *Die Entwicklung des neuen Strukturalismus seit 1973*, Berlin 1986,

Willard Van Orman Quine, *From a Logical Point of View*, Cambridge, Mass. 1953, veränderte Aufl. 1961. Deutsche Übersetzung:

ders., *Von einem logischen Standpunkt*, Ullstein Verlag, Frankfurt/M. 1979.

B. L. v. d. Waerden, *Einfall und Überlegung*, 3.erw.Aufl., Birkhäuser Verlag, Zürich 1973.

R.R. Ward, *Die biologischen Uhren* Rowohlt, Reinbek 1973, übers. v. *The Living Clocks*, New York 1971.

A. Winfree, *Biologische Uhren, Zeitstrukturen des Lebendigen*, Heidelberg 1988, übers. v. *The Timing of Biological Clocks*, New York 1987.

Ludwig Wittgenstein, *Philosophische Untersuchungen*, in: Ludwig Wittgenstein, Schriften 1, Suhrkamp Verlag, Frankfurt am Main 1969, S. 279–544.

Register nach Personen und Sachen

12

12.1   Personenregister

© Springer Fachmedien Wiesbaden GmbH, ein Teil von Springer Nature 2019
W. Deppert, *Theorie der Wissenschaft*, https://doi.org/10.1007/978-3-658-14024-3

12.2   Sachregister

Printed in the United States
By Bookmasters